U0210153

圣莫尼卡学派

的建筑革新运动

Santa Monica School's Architectural Innovative Movement

刘顺为 著

中国建筑工业出版社

图书在版编目（CIP）数据

圣莫尼卡学派的建筑革新运动/刘顺为著. —北京：中国建筑工业出版社，2013.3
ISBN 978-7-112-15093-9

Ⅰ.①圣… Ⅱ.①刘… Ⅲ.①建筑学派－研究－美国
Ⅳ.①TU－097.12

中国版本图书馆CIP数据核字（2013）第023180号

责任编辑：何　楠　易　娜
责任设计：赵明霞
责任校对：陈晶晶　赵　颖

圣莫尼卡学派的建筑革新运动

Santa Monica School's Architectural Innovative Movement

刘顺为　著

*

中国建筑工业出版社出版、发行（北京西郊百万庄）
各地新华书店、建筑书店经销
北京嘉泰利德公司制版
北京云浩印刷有限责任公司印刷

*

开本：787×1092毫米　1/16　印张：27¼　字数：570千字
2013年7月第一版　2013年7月第一次印刷
定价：68.00元
ISBN 978-7-112-15093-9
（23102）

序言

众所周知，现代建筑学派在经历了20世纪50年代的盛行以后，其固有弊病逐渐随着后工业时代社会的发展而显现，建筑界的有识之士开始怀疑和挑战该学派曾建立的经典理论和作品，世界建筑潮流随即进入了以晚期现代主义和后现代主义为代表的多元化时期，建筑设计追求个性，不拘一格并充分体现所在环境的特点和地区的文化特征。

在这样的潮流中，1970年代出现在美国洛杉矶圣莫尼卡地区的以弗兰克·盖里为突出代表的一批建筑师，以他们在建筑思想和设计作品上彰显的先锋性和独特性引起了国际建筑界和理论界的关注，并因其群体所持有的共同价值观和后现代主义特征被人称之为圣莫尼卡学派。

这个学派的建筑理论和作品对于国际建筑界产生过较大的影响，因此，曾有一些学者在20世纪90年代对于这个学派做过较多的研究，如查尔斯·詹克斯（Charles Jencks）、约翰·莫里斯·迪克逊（John Morris Dixon）和中国学者沈克宁等人。通过他们研究成果的传播，中国建筑界对于这个学派中的一些杰出建筑师的理论和作品也有不同程度的熟悉和了解，他们不落俗套的思想和作品曾激励过中国建筑师们的创作热情。

但是，迄今为止国内建筑界对圣莫尼卡学派的核心价值观，与所在地区多元文化的关联性以及这个学派建筑师的作品中所展现的对建筑材料、工艺、形式语汇的多样复杂性的追求和驾驭能力等方面的研究意犹未尽，对于这个学派的主要人物的建筑革新思想和设计方法的了解也有待于更深入细致的研究，这也是作者选择这一学派作为博士论文研究课题并撰写本书的主要动机和意义所在。

本书分别深入阐述了圣莫尼卡学派的五名主要建筑师的建筑革新思想和方法，他们是：弗兰克·盖里（Frank Gehry）、富兰克林·伊斯雷尔(Franklin Israel)、汤姆·梅恩(Thom Mayne)、迈克尔·罗通迪(Michael Rotondi)以及埃里克·欧文·莫斯（Eric Owen Moss）。通过作者的努力，在掌握了大量的前人研究成果，书刊出版物的基础上，图文并茂地对这五位代表人物的人生经历、建筑思想和作品案例进行了较客观理性的整理、组织、分析和论述，帮助读者不但加深了解和认识他们每一个人的鲜活个性，独特的思想和动人的作品，而且逐渐领悟到这个学派的核心价值观，即解脱一切固有教条的羁绊，追求建筑设计的多样性、差异性、复杂性和异质性。与此同时，读者在阅读完本书后，也能体味到作者在将这样一个自发形成的松散团体作为研究对象时，所面临的难度以及他所采取的研究架构和模式的匠心独具。

随着经济和社会的发展，我国的设计市场对国际优秀建筑师的吸引力也越来越大，据我了解，上述圣莫尼卡学派的有些建筑师近年来也参与了国内的一些项目设计，其中有的已经建成，建筑作品展示了他们在建筑设计道路上既坚持一贯的思想理论和设计方法，又能顺应时代和地域文化作出改变的睿智。外来建筑文化的近距离输入正在引起人们的关注和兴趣，本书的出版既对于读者阅读和加深理解该学派建筑师的思想和设计方法具有很大的帮助，也充实和丰富了我国建筑理论界对于圣莫尼卡学派的学术研究成果。

丁夏秉仁

同济大学建筑与城市规划学院教授　博士生导师

前言

圣莫尼卡学派是诞生于1970年代美国洛杉矶西区（圣莫尼卡区）的一个建筑学派，弗兰克·盖里（Frank Gehry）是这个学派公认的创立者，这个学派的第二代建筑师被称为“盖里的孩子”（Gehry's kids），包括汤姆·梅恩（Thom Mayne）、迈克尔·罗通迪（Michael Rotondi）、富兰克林·伊斯雷尔（Franklin Israel）和埃里克·欧文·莫斯（Eric Owen Moss）。这个学派的建筑师起步于海边别墅设计，艺术工作室、影视机构的室内改建，但是由于受到圣莫尼卡区独特的艺术、思想氛围的熏陶，洛杉矶特殊片段化城市空间肌理、多元社会构成和多元文化现状，以及后现代思潮的影响，使得这个学派的作品表现出明显的先锋性、革新性和实验性色彩。

在1980年代，这个学派建筑师的作品开始受到国际建筑界、评论界和理论界的关注，并在美国一些重要艺术馆和博物馆展出，其影响越来越大。1993年英国著名建筑理论家查尔斯·詹克斯（Charles Jencks）的《多元都市：洛杉矶·多元建筑学的狂乱、丰富和奇异之美》（*Heteropolis: Los Angeles·The Riots and The Strange Beauty of Hetero Architecture*）一书出版，第一次将这个建筑师群体称之为洛杉矶学派，指出他们的建筑反映了后现代多元社会中，差异巨大（即异质性）的因素间，相互吸引、矛盾共生（即异恋性、多元性）的新型文化特质和趋势，并把这一学派建筑师们所创造的建筑风格称之为多元建筑学（Hetero Architectural，也可称为异恋建筑学）。1995年，美国著名建筑评论家、《进步建筑》（*Progress Architecture*）总编辑约翰·莫里斯·迪克逊（John Morris Dixon），在当年五月版的《进步建筑》（*Progressive Architecture*）杂志上，发表了一篇题为“圣莫尼卡学派：什么是它的恒久贡献？”（*The Santa Monica School: What's its Lasting Contribution*?）的文章，文章解释了为什么以“圣莫尼卡学派”来称谓这一派建筑师的原因，并对这个学派的历史性贡献、建筑语言的美学特征和时代价值给予了充分的肯定。1997年，我国著名旅美学者沈克宁先生在《建筑师》杂志（1997年第8期，总第77期），发表《圣莫尼卡学派的建筑实践》一文，首次将这个学派介绍到中国，4年后，沈先生在原文基础上加以扩展，在重庆出版社出版《美国南加州圣莫尼卡建筑设计实践》一书，该书的副标题为圣莫尼卡学派。

圣莫尼卡学派的发生受到诸多因素的影响，如后现代社会状态及其文化、哲学思潮，当代艺术的新发展、新趋势，洛杉矶不连续、破碎的城市空间肌理，洛杉矶后现代的多元化和社会构成现状，笃信发展和进化力量与规律的西方文明传统，与建筑相关联的其他学科领域知识的更新换代，高科技建造技术的发展，建筑数字化技术的深化、普及和提高等。受这些因素影响而产生的圣莫尼卡学派的作品，则带有一系列明显的独特性、独创性，虽然，这些特征在不同建筑师身上的反映程度不同，但正如英国著名建筑理论家查尔斯·詹克斯所言，倘若从全球的视野来俯瞰洛杉矶地区的这个建筑师群体，作为一个学派的群体，他们思考建筑问题的角度和方法，他们所持的价值标准，他们所创造的多元建筑学风格（Hetero Architecture Style），都展现出与世界其他地区建筑师不同的独特性，这些独特性正是可以将其称之为一个学派的根本原因，这些独特性是在广泛、复杂的时空背景下所形成的，具有明显的时代性、国际性和地域性。

圣莫尼卡学派发生在洛杉矶，这个城市被学者们称之为现代主义的终结形式和后现代主义城市的模板，发生在洛杉矶的这个建筑学派，也因此带有一系列明显后现代主义建筑的特征，正是这些独特的后现代建筑特征，像纽带一样，将他们连接成一个整体学派。

本书以圣莫尼卡学派建筑革新运动理论的发生发展和方法的形成表现为研究重点对象，全面深入地剖析、阐述该学派建筑师在这场重要革新运动中理论、方法的形成、发展和表现。在最后一章，作者从广泛的社会和文化变迁、哲学和艺术思潮嬗变等角度，对这场运动的发起和内在根源做出自己的解读，并剖析了该学派和其他建筑思潮之间的区别。

目　录

第一章　圣莫尼卡学派的兴起

一、圣莫尼卡学派的兴起

1. 神奇的诞生：圣莫尼卡学派的兴起

20 世纪 70 年代，圣莫尼卡学派（Santa Monica School）产生于美国洛杉矶西部临海的圣莫尼卡区，这个学派的建筑师最初起步于海边别墅、旧厂房改造成艺术、娱乐、IT 工作室的工作；1977 年，该学派奠基者的弗兰克·盖里（Frank Gehry）的自宅扩建后，引起了菲利普·约翰逊（Philip Johnson）、美国极少主义雕塑家理查德·塞拉（Richard Serra）、瑞士籍美国波普雕塑艺术家克莱斯·奥登伯格（Claes Oldenburg）和《人物》杂志的广泛关注，他们都先后前往造访盖里自宅。

在 1980 年代中后期，圣莫尼卡学派引起国际建筑界的热议，他们的作品开始在全美一些重要的博物馆、艺术馆参加重要的建筑和艺术展览活动。洛杉矶地区渐渐取代东部的纽约地区，成为全美乃至世界范围内，关于当代建筑讨论的一个热点城市。洛杉矶城市，也因为圣莫尼卡学派的存在和发展，形成了自己特征鲜明的建筑文化。

1989 年，盖里获得普利茨克建筑奖，他的实验建筑在美国西海岸和世界范围内引起了更为广泛的关注，在盖里的提携和影响下，一个日渐突出自身独特性的学派，越来越引起人们的关注。1990 年前后，关于这个学派建筑师及其作品的出版物开始大量发行，他们的一些作品也成了洛杉矶以及该地区以外一些城市的标志性建筑，这批建筑师也成为媒体报道的焦点人物，越来越吸引着世界范围内建筑系学生的眼球，它已经渐渐地从起初的边缘位置，慢慢地走向了人们关注的中心。

1991 年，《洛杉矶的建筑实验》一书出版，盖里为该书撰写了《让百花齐放，让百家争鸣》[1] 的前言，简要地回顾了实验建筑在洛杉矶的发展历程，并

---

[1] Frank Gehry，Let a thousand Flowers bloom，Experimental Architecture in Los Angeles，New York，Rizzoli，P7.

谦逊地解释了自己对实验建筑在洛杉矶发展的作用。也正是在这本第一次较为详细地向全世界介绍洛杉矶实验建筑发展现状的著作中，富兰克林・伊斯雷尔（Franklin Israel），汤姆・梅恩（Thom Mayne），迈克尔・罗通迪（Michael Rotondi）和埃里克・欧文・莫斯（Eric Owen Moss）这些人被正式地称为盖里的孩子（Gehry's kids）。

2005年，汤姆・梅恩（Thom Mayne）获得普利茨克建筑奖，他是美国第八位普利茨克奖的获得者，也是圣莫尼卡学派成员中第二位该奖的获得者，作为评委之一的盖里高兴地说道："我很高兴这届获奖者来自我们的阵营，我认识他已经很长时间了，看着他成长为一名成熟的，真实可信的建筑师。他持续探索新的设计途径，创造出一系列令人兴奋的建筑。"[1] 2002年，这个学派的另外一位人物埃里克・欧文・莫斯（Eric Owen Moss）继迈克尔・罗通迪之后，再次执掌该学派最重要学术传播基地——南加州建筑学院（SCI-Arc，Southern California Institute of Architecture）。2007年他再次连任至今，莫斯是继罗通迪［1987-1997年任该校院长，著名的墨菲西斯（Morphosis）事务所创立者之一，1991年离开］之后，成为这个在世界范围内，在先锋派实验建筑教育领域中享有盛誉的教育机构的掌门人，莫斯也是这个学派成员中在当今世界建筑舞台上，有着一定影响力的建筑师，在美国甚至全球范围内，这个学派正在持续地发生着自己独特的影响力。

2. 闪亮登场：圣莫尼卡学派引起建筑理论、评论界的关注

1993年，英国著名建筑理论家、评论家查尔斯・詹克斯（Charles Jencks）的《多元都市：洛杉矶・多元建筑学的狂乱、丰富和奇异之美》（Heteropolis: Los Angeles・The Riots and The Strange Beauty of Hetero Architecture，以下称《多元都市》，也有学者翻译为"异都"或"异恋之都"，笔者认为翻译成"多元都市"最切近詹克斯所造这个新词在该书中的意思）一书出版，第一次提出了洛杉矶学派的概念。"Heteropolis"是詹克斯为这本书新造的一个词，它由"hetero"[2] 和"metropolis"（大都市）两个词的词首和词尾组合而成，有"多元化的都市"或"异恋的都市"之意，詹克斯用这个词来形容洛杉矶城市，说它是个"多元的"城市。同时，詹克斯用"Hetero Architecture"（多元建筑学）来称谓从1970年代开始，渐渐在洛杉矶地区出现的一种新的建筑风格，詹克

---

[1] 普利茨克网站，http://www.pritzkerprize.com/laureates/2005/announcement.html.

[2] 此词意为异性恋者、异性恋；heterogeneous，则表示由多种差异性元素组成，它含有以下意义：异种的、异源的、异类的、异质的、不纯的、非齐次性的、参差的、不纯一的、不均匀的、多相的、有不同性质和意义的、异质的、异类的、多样化的、多色的、多能的，其中多样性或多元化是其根本性的含义。

斯称这种风格为洛杉矶风格（L.A. Style），把创造此风格的一派建筑师称之为洛杉矶学派（L.A. School），这个学派以弗兰克·盖里为第一代奠基者和核心人物，以富兰克林·伊斯雷尔，汤姆·梅恩，迈克尔·罗通迪和埃里克·欧文·莫斯为第二代主流后续者。

詹克斯在《多元都市》一书中，概略地解释了导致洛杉矶学派产生的各种因素，他主要从洛杉矶地区独特的多样性自然地理环境、独特的多元移民文化、大都市社会的现代人格，以及洛杉矶地区悠久的、具有创造性的折中主义建筑倾向着手，来剖析洛杉矶学派的产生和发展，及其建筑美学特征。不论是"Heteropolis"还是"Hetero Architecture"，詹克斯在这本著作中，主要借用"hetero"（多元性的、异性恋的）一词来解释洛杉矶学派由于注重多种不同因素之间的亲和力（而非排斥力）、混杂（而非单调）、并置（而非等级）所造成的以表现差异性、多样性、矛盾性、异质性[1]、复杂性等为价值的一种建筑风格。这样，从1990年代初期开始，人们就习惯于以"洛杉矶学派"来指称这一派建筑师。

到了1995年5月，美国著名的建筑评论家、《进步建筑》（Progress Architecture）总编辑约翰·莫里斯·迪克逊[2]（John Morris Dixon），在当年5月版的《进步建筑》（Progressive Architecture）杂志上，发表了一篇题名为"圣莫尼卡学派：什么是它的恒久贡献？"（The Santa Monica School: What's its Lasting Contribution?），文章开宗明义地指出，"圣莫尼卡学派是起步于1970年代的海边别墅和艺术工作室设计的一场建筑革新运动，它现在已经在世界范围被看作是洛杉矶设计的商标（L.A. Design Trademark）。"[3]文章进一步指出，詹克斯所说的"洛杉矶学派"建筑师群体，其实只是聚集于洛杉矶西部一个面积较小的区域，他们的活动范围基本上集中在以圣莫尼卡区为中心的几平方英里的范围内，

---

[1] "异质性"是圣莫尼卡学派建筑师作品的一个特征，也是洛杉矶的城市空间与文化的一个重要特征，这个词的英文是"heterogenous"，指由不同的、不相似的（而不是由同性质、同种类的）元素和部分组成，带有完全的不同（completely different）、不协调的（incongruous）、异种的、杂交的之义，这是一个对于理解圣莫尼卡学派思想内容而言，重要的核心关键词，它不同于一般意义上的"复杂性"，它与"复杂性"相比，更强调构成成分的多元、不同种、差异，构成结果的不协调，而"复杂性"是可以通过相同性质的构成元素来造成。

[2] 约翰·莫里斯·迪克逊，毕业于麻省理工学院（MIT），1972–1996年为《进步杂志》的主编，他的工作使得这家杂志获得了世界性的影响力。宽阔的知识面和卓越的见识，使迪克逊成为了一位有着极高水平的建筑观察者（a much-valued observer），迪克逊为美国一些重要的建筑杂志撰写评论文章，如《建筑记录》（Architectural Record），《建筑研究季刊》（Architectural Research Quarterly），《建筑学》（Architecture），《竞赛》（Competitions），《居所》（Domus），《哈佛设计杂志》（Harvard Design Magazine），《住宅与花园》（House & Garden）等，资料来源：http://www.aiaseattle.org/news_040601_honorawards04preview.htm.

[3] John Morris Dixon，The Santa Monica School: What's its lasting contribution? Progressive Architecture，May，1995，P63.

这样，迪克逊就以“圣莫尼卡学派”来指称这一派建筑师。

1997年，我国著名旅美学者沈克宁先生在《建筑师》杂志（1997年第8期，总第77期），发表《圣莫尼卡学派的建筑实践》一文，也是采用迪克逊的“圣莫尼卡学派”的称谓，四年后（2001年），沈先生在原来《圣莫尼卡学派的建筑实践》一文的基础上加以扩充、修订，以《美国南加州圣莫尼卡建筑设计实践》为书名，以“圣莫尼卡学派”为副标题，阐释了圣莫尼卡学派建筑师的建筑美学特征，该书由重庆出版社出版。

“洛杉矶学派”一词自产生以来，其语义也有一定的转化，在《洛杉矶建筑与城市设计论坛》（Los Angeles Forum for Architecture and Urban Design）的论坛刊物第10期（Forum Publication NO.10）《洛杉矶与洛杉矶学派：后现代主义与都市研究》（Los Angeles and Los Angeles School：Postmodernism and Urban Studies）一书中，对“洛杉矶学派”是这样定义的，“从1980年代到现在，最初发源于洛杉矶，后来波及全美，以一系列社会、经济和空间问题，即城市和社会结构转化问题为研究对象。广义地说，以这类问题为研究对象的一批学者和相关著述，构成了洛杉矶学派。”[1]

另外，权威的维基网站也对洛杉矶学派给予了这样的定义：“侧重于都市主义的洛杉矶学派是一场发生于1980年代中期的学术运动，它的学术基地松散地分布于南加州大学（USC，University of Southern California）以及加利福尼亚大学洛杉矶分校（UCLA），这场学术运动对主流的芝加哥学派提出了挑战。如果说，芝加哥学派的现代主义城市理论主要针对于城市的中心区域，那么洛杉矶学派则提出了一种后现代的观点（postmodern vision），其理论关注于城市的郊区，城市的郊区取代了空置的市中心，而成为城市生活的主角。这种修正性的学术观点，引起了人们重新思考一些此前已经被接受了的概念，如都市绵延区和市郊化（urban sprawl and suburbanization）。”[2] 从上述资料可以看出，泛化地讲，洛杉矶学派更主要地侧重于城市问题，它是以社会和城市问题为主要研究对象的学术团体，并不只包括圣莫尼卡学派建筑师们主要所在地的南加州建筑学院（SCI-Arc）。洛杉矶学派牵涉的范围非常广泛，侧重于在有形的社会、经济和城市形式方面，和无形的思维和理论两个方面展开的重建工作，它展现了美国社会在经历了后现代初期的反思之后，试图以一种积极的重建姿态，解决20世纪下半叶以来，随着社会经济的发展所带来的一系列社会文化、经济地理、城市规划和建筑等问题。也就

---

[1] Los Angeles and Los Angeles School：Postmodernism and Urban Studies，Marco Cenzatti，California，1993，P21.

[2] 维基网站，关于洛杉矶学派的词条，http://en.wikipedia.org/wiki/Los_Angeles_School.

是说，从广义的“洛杉矶学派”的定义来看，建筑学领域只是“洛杉矶学派”所涉及的诸多领域的一个方面。

另一方面，在洛杉矶学术界和一些主流媒体上，人们依旧习惯于使用当年由詹克斯所造的词条“洛杉矶学派”，来称谓弗兰克·盖里、汤姆·梅恩、埃里克·欧文·莫斯、迈克尔·罗通迪和富兰克林·伊斯雷尔这个先锋派的洛杉矶建筑师群体，这样，就造成“洛杉矶学派”在称谓对象上的混乱局面，为了避免这种局面，也为了突出本书研究对象仅仅局限于建筑学的领域，笔者采用迪克逊和沈克宁先生所用的“圣莫尼卡学派”一词，而不采用詹克斯的“洛杉矶学派”一词，并强调这个学派的特征，及其发源地的地域性，同时，也便于和广义的洛杉矶学派区别开来。

3. 个性与共性共存：圣莫尼卡学派的松散性

圣莫尼卡学派不是那种传统师徒之间的关系，而是一种“更为现代的，以某个建筑师起模范作用，而其他建筑师对他自动进行模仿、追随，自发形成的一种松散的团体，弗兰克·盖里是这个学派的公认奠基者和长者，他也受到后继者们的尊重。”[1] 在谈到自己对圣莫尼卡学派其他建筑师的影响时，盖里说：“我问过我自己，我是怎样影响年轻一代建筑师的，我确信我对他们确实是产生了影响，但不是以通常的、把这些建筑师聚在一起的方式，来对他们产生影响的。有些是具体的影响，有些是哲学观念上的影响。”[2] “在洛杉矶，你可以用不是很高的价钱来获得各式各样的材料，你可以尝试不同的事物，直到形式在和谐或不调和的状态下，被组织在了一起，你也可以改变其他人的格调，我认为，我把这些经验传递给了和我一起工作的人和洛杉矶的其他建筑师。”[3]

以盖里开创的建筑思想及其美学表征为建筑表现主题的建筑师群体，按照詹克斯和杰恩·默克尔[4]（Jayne Merkel）以及迪克逊的分代标准，盖里无疑是这个学派的第一代奠基者，富兰克林·伊斯雷尔、汤姆·梅恩、迈克尔·罗通迪和埃里克·欧文·莫斯为主流的第二代建筑师。在1991年出版的《洛杉矶的建筑实验》一书中，富兰克林·伊斯雷尔、汤姆·梅恩、迈克尔·罗通迪和埃里

---

[1] Los Angeles and Los Angeles School：Postmodernism and Urban Studies，Marco Cenzatti，California，1993，P22.

[2] Frank D. Israel，Frank D. Israel，buildings and projects，Rizzoli，New York，1992，P10.

[3] Frank D. Israel，Frank D. Israel，buildings and projects，Rizzoli，New York，1992，P11.

[4] Jayne Merkel，Architecture of dislocation: the L.A. school，http://findarticles.com/p/articles/mi_m1248/is_n2_v82/ai_15011465.

克·欧文·莫斯则被正式地称之为“盖里的孩子”（Gehry's kids）[1]，这本书由盖里撰写题为《让百花齐放，让百家争鸣》（Let A Thousand Flower Bloom）的前言，在这篇满怀情感的前言里，盖里首先叙述了他最初在洛杉矶进行实验建筑时所面对的孤独和尴尬，然后，他再回顾了洛杉矶实验建筑的发展历程，这是一篇了解洛杉矶实验建筑发展历史的重要文章。

通过综合对比詹克斯、迪克逊和沈克宁的著述，笔者对圣莫尼卡学派的研究对象就确立在上述五位建筑师的范围之内。

二、他山之石，可以攻玉：研究的意义

圣莫尼卡学派建筑师思考的核心问题是当代建筑的多样性、差异性、复杂性和矛盾性，他们通过对传统建筑语言模式进行改造和革新，以便能够对洛杉矶这个城市的特殊性，在建筑上进行转译、转喻，这个城市最具有本土特性的东西就是詹克斯所说的“异恋性”、“多元性”，多元（或异恋）建筑学的美学特征是把个体化的、差异性的片段，看做占主流的隐喻，片段是在圣莫尼卡学派建筑师中普遍存在的一种手法，他们采用拼贴模式的片段语言，映射出一个带有巨大差异性的、多元混杂的城市和时代特征，采用包容的态度，创造并传播他们的“多元（或异恋）建筑学”（Hetero Architecture），以转喻手法暗示洛杉矶城市在种族、文化、语言、社会成分等各方面所表现出的多元化趋势，以及多元化的时代特征。他们的作品里包容不同的文化品位，但不采用古典主义建筑语言要素来进行创作，而是采用抽象表现的手法，他们通过建筑类比的手法，通过不同的材料和形式，暗示差异性、多样性、异质性和复杂性，在差异并置的建筑手法中，表达他们对重建多元社会及其文化的民主思想，他们的建筑基于时代性和革新性的考量，表达了一种多元文化的景象，创造了一种崭新的建筑风格。

圣莫尼卡学派自产生以来，一直持续地对当代建筑的发展产生着巨大的影响作用，这个学派的五位建筑师中（其中伊斯雷尔已于1996年病逝），有两位已经获得建筑学界最高的奖项：普利茨克奖，盖里于1989年获得，梅恩于2005年获得，莫斯从2002年起担任SCI-Arc的院长至今，罗通迪在亚利桑那州立大学教授建筑学，致力于探寻以图像来象征世界的研究。

在今天看来，随着这个学派建筑师事业在国际舞台上的进一步推展，圣莫尼卡学派一些核心的建筑设计思想和方法，正在大范围地传播开来，探讨这个

---

[1] Aaron Betsky，John Chase and Leon Whiteson，Experimental Architecture in Los Angeles，Rizzoli，New York，1992，P88.

学派理论方法的形成、发展和表现，填补前辈在这个领域所留下的学术空白，正是本论文写作的意义所在。

通过圣莫尼卡学派建筑核心理论和方法发生、发展和传播现象的研究，可以探索当代建筑学科演化转变过程中，一些根本性的问题，它是一个透视当代建筑自身发展的鲜活例证，一扇窗口。圣莫尼卡学派最为突出的历史性作用和贡献是，它在现代主义和后现代历史主义纷争不下的1970–1980年代，在时代剧变的多元化社会现实中，以超越的姿态独辟蹊径，走出一条实验性的道路，在形式探索、材料使用、美学特征的创新方面，取得了举世公认的成就，反映了多元化社会的文化要求，他们的事务所在全球范围内的建筑实践，和SCI–Arc实验性教学体系不断增强的影响，对全世界建筑系学生和年轻建筑师，产生着极其深刻、深远的影响，圣莫尼卡学派的建筑实验和实践，极大地拓展和丰富了当代建筑理论和方法的边界范围。

三、圣莫尼卡学派能不能称为一个学派?

从1993年詹克斯首次提出洛杉矶学派概念至今（2010年），已经过去了17年的时间，在美国，大多数人还是习惯于称它为“洛杉矶学派”（L.A. School），虽然这个群体由于美国个人主义文化因素的影响，使它难以形成传统意义上的，以某个人为绝对权威和中心的团体，但作为一个学派，在建筑思想、理论和方法及其美学特征这些方面，他们有着非常相通、相似和相近之处，而这正是这个群体之所以能够称为一个学派的根本原因；另外以下几方面的因素，也是这个学派能够得以延续的原因：

（1）从学术影响力来看，他们有着不断放大的世界性的影响力。SCI–Arc在罗通迪和莫斯的带领下，不但在先锋建筑教育领域，在世界范围内占有重要地位，该校在全美2008年最激进建筑设计课程（most progressive and design based curriculum）排名中，居第二位，仅次于哈佛大学；而且，对洛杉矶城市规划和建设的影响力，正在进一步加强，SCI–Arc的学术地位是不容置疑的。

（2）从学术阵营来看，圣莫尼卡学派有着自己稳定的学术传播阵地SCI–Arc，这个学院的教学体系和特色，无不打上圣莫尼卡学派的特征，甚至可以说它就是圣莫尼卡学派思想的试验地，圣莫尼卡学派中的五位成员，有四位是（或曾是）这个学院的学术指导委员会成员和教师（除伊斯雷尔之外，他在离世前就职于加州大学洛杉矶分校建筑系）。

（3）从学术思想的受众来看，这个学派有着长期稳定的受众面，这个受众面就是SCI–Arc，以及这个学派建筑师在洛杉矶地区的事务所为平台，在设计、传播和实践过程中的受众面。

（4）从学术传播来看，大量关于这个学派建筑师个人的作品集，已经成为炙手可热的读物，大量的学生和年轻建筑师，如朝圣般争相涌入他们的事务所学习和工作。

（5）从取得的业绩来看，这个学派随着它的成员在国际舞台上的声誉鹊起，越来越引起媒介和公众的注目；继盖里之后，汤姆·梅恩在2005年也获得了普利茨克奖，莫斯也是享誉世界的国际明星建筑师，罗通迪在美国也是非常出名的建筑师，圣莫尼卡学派作为南加州建筑设计的商标，在世界范围内的影响正在扩大。

第二章　圣莫尼卡学派产生的时空背景分析

本章分析产生圣莫尼卡学派的时代、社会和文化等多方面的因素，这对于理解该学派思想的本质和特征，具有重要的意义，文章从时代性的因素和地方性的因素两方面来分析圣莫尼卡学派产生的时空背景。

一、产生圣莫尼卡学派的时代性因素分析

1. 不要挡着我的路：反传统的现代主义思想的持续影响

20 世纪是现代主义得到充分发展的世纪，现代主义思想一个最根本的特征就是其反传统的精神，这种精神持续地对圣莫尼卡学派建筑师的思想产生了极其重要的影响。从这个学派建筑师的生活、实践年代上，可以看出，他们的生活年代跨越现代和和后现代两个时期，在他们的身上，既体现出了现代主义思想的反思、质疑和批判的超越精神，同时也展现出后现代时期的混杂和多元化倾向。

2. 故事也可以这样叙述：后现代主义思潮的深刻影响

这个学派是产生在 1970 年代的后现代时期，但它跳出了后现代历史主义的范畴，因为它产生于一个并不太注重历史传统的城市：洛杉矶，它的建筑风格带有典型的后现代主义建筑注重“复杂性和多样性”的特征，后现代建筑的片段拼贴、多元混杂、折中主义、界线模糊等重要特征都出现在这个学派的作品中。由于该学派产生于一个后现代的多元文化之中，在这些建筑师的思想中，都不同程度地表达了“多元构成，平等对话”的社会理想。

伊斯雷尔在其第一部专辑的序言中写道：“在这篇短文（指序言）中，我想表达的是，我的许多作品是受到我所在城市特性的积极影响而形成的，在南加州设计师们所遇到的、这种少有的城市情形中，是可以建立一种对话关系的。对一个设计师而言，从洛杉矶建筑实践中的所学，对他在今天任何一个不断变化的文化（dynamic culture）中，懂得如何去建造，都是有着非常重大的价值。

我也希望我的建筑，对理解洛杉矶这个城市、或那些或多或少有些像洛杉矶的城市，能够提供一些新的方向。”[1] 正因为这个学派在如何适应、反映和重建一个后现代多元社会的文化方面，所表现出卓越的示范性价值，才使得它具备了国际性和时代性的理论价值。因为，当今世界各地，都不同程度地要面临一个普遍性的社会问题，即社会多元化问题，这是一个多元文化不断加深、扩展的时代问题。

对圣莫尼卡学派的评价和认识应该持以一个后现代的视角，它在诸多方面的革新和突破，如果离开后现代的文化语境，将难以对其进行评价，如果站在古典主义和现代主义的立场来看，那么它的一些极端的表现形式，无疑是一堆胡说和浑话，是难以让人接受的。在这方面，表现最突出的就是莫斯的建筑思想体系，他的思想完全根植于后现代文化和哲学土壤，几乎体现了后现代哲学的所有特点。这个学派建筑师的思想，都是产生于 1960 年代美国社会思想大变革期间，他们看待世界的观点，也因为社会思潮的巨大变化，而发生了根本性变化。在建筑上，他们通过建筑理论和方法的整合、应变，来回应来自于社会变革时代的演变趋势。盖里特别强调“我是 1960 年代的产物”（“I am a product of the 1960s”）[2]，他认为“民主导致了混乱，造成了我们思维的混乱，但这令人兴奋。”[3] 莫斯在《感知建筑学》一书中，明确表示他在加利福尼亚大学伯克利分校读研究生时，在 1966 年所爆发的学生运动的混乱现场上，形成了自己的“相对主义”认识论态度，因为在这样极其混乱的现场，他发现了群情激愤的人群里截然相反的两种思想，都存在着一定的“合理性”；梅恩则被看作是 1960 年代美国狂飙运动的遗物，普利茨克奖执行主任比尔·莱斯（Bill Lacy）认为，“从根本上讲，梅恩是狂飙的 20 世纪 60 年代的产物，他把反叛、质疑、求真的态度和对改变的炙热渴望带进了自己的建筑实践，从而，形成了自己原创性的建筑语言，带有强烈的时代气息和个人色彩。”[4] 所有这些都证明，圣莫尼卡学派与后现代思潮的渊源关系。

1960 年代的西方国家，正经历着一场重大的思想变革——后现代思潮。在 20 世纪 50、60 年代，一些西方学者提出了“后现代”或“后工业社会”的概念，明确地表达了“后现代”社会形态对“现代”社会形态的告别。美国学

[1] Frank D. Israel，cities within，in Frank D. Israel，buildings and projects，Rizzoli，New York，1992，P13.

[2] Laurence B. Chollet，The Essential Frank O. Gehry，Harry N. Abrams，Inc.，Publishers，New York，2001，P31.

[3] Richard Lacayo，《The Frank Gehry Experience》，http://www.time.com/time/magazine/article/0，9171，997295，00.html.

[4] Ann Jarmusch，Innovator picked for top architecture prize，http://www.signonsandiego.com/news/features/20050321-9999-1c21prize.html.

者丹尼尔·贝尔把这种若即若离的“告别”表达得相当清楚，“对于我们生活于其中的西方社会来说，我们的感觉过去是、现在仍然是：它处于一种巨大的历史变革之中，旧的社会关系（由财产决定的）、现有的权力结构（集中于少数权贵集团）以及资产阶级的文化（其基础是克制和延迟满足的思想）都正在迅速销蚀。动荡的根源来自科学和技术方面，也还有文化方面……这种新的社会形式究竟会像个什么样子，现在还不完全清楚……‘后’这个前缀语，是要说生活于间隙时期的感觉……后现代时期或者后现代社会不是一个定义，而只是一个问题。”[1] 1969 年在巴黎爆发的学生运动，被西方学术界公认为是西方社会由现代社会进入后现代社会象征性的转折点，后现代文明形态在西方社会渐渐呈现出来，对人们的价值观念、思维模式、审美标准、生活方式等等方面产生着越来越重要的影响。

“后现代性”实质是一场思想文化革命，一种对近四个世纪以来的重要价值观提出质疑的革命，它所隐藏的虚无主义内在精神，则是“晚期资本主义”的精神分裂症（参看第 8 章相关内容）。“后现代性”的社会意义主要在于批判资本主义现代化的消极作用：传统文化的毁灭、理性价值观的崩溃、社会道德的沦丧、电子传媒的破坏性、通俗文化和反审美对精英文化的全方位攻击。后现代性说明了两点：一是当代西方社会的新转化；二是当代资本主义文化矛盾的根深蒂固。[2] 后现代性被看作是当代资本主义社会危机的术语，这种危机主要包括：权威的危机、传统价值观念的危机、合法化的危机、逻格斯（logos）中心主义的危机、启蒙运动的危机。从根本上看，后现代性是当代资本主义政治、经济、技术、文化以及物质文明和精神文明不平衡发展的产物，它的崛起，标志着当代西方社会文化、哲学观念、思维方式、价值取向、文化心理、行为方式正在发生着重大的变化。[3]

（1）作为表征危机的后现代性被理解为一种启蒙危机，指的是自启蒙运动以来的乌托邦理想、自由与解放，由于缺乏现实性和真实性，都已成了历史的泡影；后现代性把资本主义所谓的进步、平等和人的完善性称作“天真的总体化”。从此，作为历史主体的人开始消失、历史意识不再存在、理性走向崩溃、现代性的承诺成为泡影。

（2）同社会危机相联系的是审美危机，传统审美价值、审美信条和审美标准遭到了后现代人们的普遍质疑；因为传统审美准则在后现代思想家、文论家

[1] 丹尼尔·贝尔，《后工业社会的来临——对社会预测的一项探索》，商务印书馆，北京，1984 年中译本，P47、P62 .

[2] 同上，P23.

[3] 同上，P31.

和经济学家看来，它已无法适应当代资本主义文化的生产机制。换言之，当代资本主义的文化产品难以用传统的审美观念去评鉴，如先锋派小说、达达主义绘画、后波普艺术等，无不表现出反审美的倾向，使得传统的审美信条在后现代主义文化中束手无策，反审美的后现代主义是对审美特权王国的否定。

“后现代性”被理解为当代西方社会危机、启蒙危机和审美危机，这在客观上反映了资本主义制度的危机，同时，还反映了西方两千多年来建立在逻格斯中心主义基础上的文化，尤其是资本主义的文化精神和价值体系正经历着重大的转变、涅槃与再生。[1] 后现代思潮最突出、最集中地体现在后现代主义哲学中，在后现代哲学里，一切表现主体对世界审美态度和终结价值的关照，被视为毫无价值；一切维护权利话语世界的文本，被看作语言的游戏；一切超越现实的理想，被认为是否定现实。传统和现代哲学中所追求的“中心性”、“整体性”、“本质”、“理性”、“在场”、“确定性”、“明晰性”、“深度性”、“整体性”、“结构”、“实证”、“累积”、“二元”等，被置换成“边缘”、“不在场性”（德里达）、“不确定性”（哈桑）、“多元性”（费耶阿本德）、“证伪性”（波普尔）、“主客融合”（霍兰德）、“生存”（弗罗姆）、“理解”（莱恩）、“实在性”（夏皮尔）、“收敛、发散、不可通约性”（库恩）、“深度消失”（杰姆逊）、“悖论”（利奥塔）等。于是形成了“中心隐遁”、“主体消失”、“作者死亡”、“价值崩溃”、“结构瓦解”、“规范失效”、“视点错位”、“实证虚设”、“累积实无”、“哲学终结”等后现代现象。[2]

萨特说：“最彻底的自我否定并不是自杀，而是想以一种与以前不同的方式，重新拥有一次已经失去的时光。对于我来说，这段时光是一年，三年，还是十年，我还在想，也许更长。这并不是因为虚度岁月或是做错过什么，我猜这只是一种命运。”作为近代人类重要思想策源地的法国思想界风起云涌，成了这一时期全世界思想的领头羊，一大批杰出的后现代思想家崭露头角，一大批后现代学术著作开始广泛传播，从各个不同的角度把后现代思潮引向深入。在法国，思想主流从20世纪50年代之前的结构主义为主的局面转化到后半叶以解构主义为主的局面，整个西方思想界表现出强烈的批判性，哲学家德里达的解构理论，为这股“破坏”力量的顶峰标志，与德里达解构理论交相辉映，建筑界也迅速地掀起了一场狂飙式的“解构主义”建筑革命。

时代的风云变幻，旧有价值体系的崩溃，价值评判标准的多元并存、莫衷一是和矛盾对立，知识和理论体系的不断更新和层出不穷，一切变得变动不居，科技的昌盛和精神家园的沦丧，多元文化的竞争、对立和共存，所有这一切都

---

[1] 佟立，《西方后现代主义哲学思潮研究》，天津人民出版社，2003，P25.
[2] 佟立，《西方后现代主义哲学思潮研究》，天津人民出版社，2003，P40.

成了后现代时期普遍的社会现象。社会生活的混乱与矛盾、人性的分裂、人与自然的疏离、人与传统历史文化的断裂、价值观的多元并存与冲突、人性的膨胀与迷惘、社会政治、经济结构的快速演化，这就是20世纪后半叶，圣莫尼卡学派面对的后现代时代背景，而他们的建筑也无不深深地打上了后现代的时代烙印。

3. 超越昨天：当代艺术潮流的熏染

后现代时期，审美趋势一个最大的转变就是：形式乌托邦（或称形式中心主义）中的形式（能指），渐渐摆脱指涉物（所指）的束缚，成了形式（能指）的游戏；形式开始变成了一个趋于自我指称的符号，对该形式的理解，只能放在该形式出现的文本内部，才能实现这种理解，离开这个文本，这种理解即无法实现。脱离文化意义的形式质料（绘画的颜料、色彩；雕塑的材质；一切出现在艺术品的物质材料）开始在艺术作品中越来越强调自身的“自性和物性”，“艺术就是形式”、“艺术史就是风格史”的艺术观念开始时兴、流行，“你所看见的就是你能看见的”的极少主义艺术开始大行其道。

与现代主义艺术相比，作为艺术意义表现中介的材料与形式，在后现代主义时期，渐渐抢占了意义在传统、前现代和现代时期艺术的中心地位，越来越凸现自身的重要性，甚至，形式比意义还要重要。在古典时期，对艺术作品“形式—内容（意义）”的解读方式，在后现代时期，开始失效，“文不必载道”、“形式可以没有意义”，字词解放，形式解放，色彩解放，这些在传统艺术中属于表达艺术思想的中介材料，在后现代时期获得了独立性，它们可以不必依赖于传统的艺术主题和意义而独立存在；它们以自身独特的新创造，建构了一个来自于新时代的新意域。

在后现代主义时期，挣脱意义羁绊的符号和幻象，伴随消费文化和大众文化开始成为刺激经济的增长点，图像、符号和广告充斥着人们的生活，后现代人开始真正地进入了读图时代，符号经济开始取代空间经济，数字虚拟经济开始取代实物货币经济。大众文化、消费文化、媒体文化、影视文化等等文化领域，开始越来越凸现其在社会生活中的重要性，而在古典时期的贵族文化、现代时期的精英主导型文化开始消退，社会迅速走向平面化。历史的深度感在消费文化的冲击下，丧失昔日的光辉和尊严而走向平面化、点缀化、装饰化，由于不能指导世俗生活的意义，历史的深度和厚重，开始渐渐为人们所忽视，而代之以快餐文化。同时文化、艺术、传媒走向产业化发展，使得一个无中心、无深度、扁平化，浸透着虚无和无根的后现代社会形态，在大范围国家出现，成为最重要的时代特征，圣莫尼卡学派的建筑思想正是在这样风云变幻的当代艺术语境里形成的。正如迪克逊所指出的那样，“虽然圣莫尼卡学派的设计方法已经被广泛认可，但它还是保留了一些只有专家（connoisseur）们才能欣赏的任性因素，这就使得整个学派更多地是与当代艺术，而不是与大多数的建筑委托任务联系在一起。"[1] 圣莫尼卡学派不是那种面向现实大量性设计工作的建筑学派，它从一开始，由于其产生环境（圣莫尼卡区）的艺术氛围，就带上明显的与艺术相结合的特征。

20 世纪后半叶的西方社会，大众文化开始渐渐占据主流，精英文化日趋势弱，崇高、宏大、乌托邦、中心主义、理想主义……这些曾经主导西方文明的重要价值词语，渐渐淡出人们的生活，社会走向扁平、世俗和虚无，在科技和物质生产不断进步的刺激下，现实生活呈现出"吃了摇头丸"的狂欢状态。这种快速消费的快餐文化极大地影响了人们对艺术作品（包括建筑艺术）的审美心态，波普艺术的兴起就是大众俚俗文化在艺术上的反映。而通观圣莫尼卡学派建筑师的作品，可以发现，波普艺术在不同程度上对他们的思想都有影响，尤其在弗兰克·盖里和埃里克·欧文·莫斯的身上表现得特别明显。盖里自称不是宗教徒，宗教信仰（即固定的中心主义思想）在他身上很少反映，这让他能够迅速面对现实生活，接受俚俗性的大众文化、高雅的极少主义以及抽象表现主义的艺术手法，他的思想和手法是在熔炼了这诸多影响因素之后而形成的。莫斯早期建筑常常出现大块面的色彩，呈现出明显的波普化倾向。詹克斯认为莫斯的建筑有丑陋的一面，约翰逊则用"垃圾珠宝匠"（jeweler of junk）来形容他的风格。伊斯雷尔则把抽象表现和人文主义思想进行融合，形成自己独特的亲密建筑学，而墨菲西斯（Morphosis）的建筑美学，则带有明显的技术美学成分。

4. 俄狄浦斯，老路上的新作为

西方文明在近代科技昌明时期，呈现出一种不断辩证否定、进化发展的态势，它是一种直线式的、进步性的文明，在不断地对过去辩证否定的过程中，超越过去，向前发展，这就是被学者们称为的西方文明的"俄狄浦斯"情结。在圣莫尼卡学派建筑师们的大量言论和他们的实际行动中，无不体现出美国文化中的个人英雄主义色彩，不断进取、超越自我的顽强精神，和对进化发展的乐观态度，莫斯的"暂时性"认知理论，正是这种开放进化、辩证发展、包容整合精神的化身。应该把圣莫尼卡学派的革新运动看成是，建筑学作为一门学科体系，在特定的历史时空下，对自身的辩证否定和超越发展，这也就是这个学派的革新性所在。

---

[1] John Morris Dixon，The Santa Monica School: What' s its lasting contribution? Progressive Architecture，May Edition，1995，P64.

5. 权威来自媒体

虽然不可否认这个学派的进步性和革新性，但不可不看到传媒、互联网、出版物、主流杂志对这个学派影响的不断放大作用。例如，盖里在自宅扩建后，一段时间内，他还是受到很多来自洛杉矶建筑界的攻击，直到菲利普·约翰逊、雕塑家理查德·塞拉和克莱斯·奥登伯格，以及《人物》杂志开始关注盖里自宅，尤其是约翰逊对盖里自宅的大加称赞和表扬后，盖里自宅的影响力才不断放大；詹克斯在《多元都市》一书中，也指出《时代》杂志把盖里自宅，完全当作一件重要的历史性事件来报道了。美国《时代》杂志评选的21世纪初100个对整个世界有影响的名人当中，盖里也成了唯一受此殊荣的建筑师。另外，这个学派的建筑师也是频频出现在美国《纽约时报》、《洛杉矶时报》等主流新闻媒体上；盖里在毕尔巴鄂博物馆之后，也曾不无调侃地指出，自己已经快成了建筑界的比尔·盖茨了，一个专门用来表达建筑师明星现象的英文单词，也在盖里的毕尔巴鄂博物馆之后被炮制了出来，这个词就是“明星建筑师”（starchitect），由“star”和“architect”两个词合成，并且随之产生“毕尔巴鄂效应”之说，用以表达城市依赖于明星建筑师而走红的现象。梅恩在2005年获得普利茨克建筑奖之后，建筑生涯立刻迎来巨大的转机，他的墨菲西斯事务所，几乎要被各地的求职者挤破。梅恩曾这样抱怨过，他说自己就是不明白，为什么这些业主，在自己60多岁的时候（已经获得普利茨克奖），把这些自己在20年前就能做得很好的项目交给自己，而那时他们为什么不把这些项目交给自己做。从梅恩的抱怨中，不难看出明星效应的巨大力量。

二、产生圣莫尼卡学派的地方性因素分析

谈到圣莫尼卡学派不可能离开它所产生的城市，洛杉矶，里昂·怀特森称这个城市为美国城市中最美国化的城市，[1] 伊斯雷尔称它为现代主义终结形式的城市，詹克斯称它为后现代城市的精粹和模板。洛杉矶是美国第二大城市，全美移民比例最高的城市，也是一个国际性的大都市，圣莫尼卡学派诞生在这样的城市，它必然受到这个城市方方面面的影响。

1. 重多元、重矛盾观念的影响

洛杉矶是个充满着多样性的城市，它拥有沙漠、山地、海洋等多样自然

---

[1] 里昂·怀特森，建筑新纪元，http://arts.tom.com/1004/2003/10/31-54551.html.

景观，这里也是世界上动植物种类最为繁多的地区，“洛杉矶动植物的多样性，就像洛杉矶的气候和自然景观一样，对于洛杉矶而言，它是一种自然属性，承认动植物多样性这种自然属性对洛杉矶的重要性，就迫使我们思考和评价洛杉矶文化多样性的重要性，这些是我们一直视之为当然的东西，它的价值在于它的‘不在场’，在‘丢失’了这些东西后，它的重要性才会越发显示出来。”[1]

洛杉矶是美国最大的移民城市，所以这里汇集了世界上语言种类最多（洛杉矶中小学校教授的语言达到 86 种）、种族类型最杂（100 多个不同的种族群体，40 多个不同生活方式的族群）的大量移民，洛杉矶一个城市中的人种类型，甚至比一个欧洲国家的人种类型还要多，多种族聚居形成了多元化的生活和文化形态，所有这些因素，造成了洛杉矶市民普遍尊重多样性、差异性的文化和价值观念，它对于圣莫尼卡学派的形成具有重大价值，并且深刻影响到这个学派的设计理论和方法。矛盾性因素，对于这个学派的建筑师而言，是一种可以导致创造性作品产生的重要资源，而不是一种消极性的不利因素，所以，他们普遍地对矛盾性给予了高度的关注和表达。

洛杉矶是世界上最具有异质性、多元化特征的地方，各种差异性巨大的因素并列而置，形成了洛杉矶社会和文化中的多元化倾向，它是产生这个学派的社会和文化基础，对异质、多元因素的尊重则是圣莫尼卡学派最根本的建筑思想。詹克斯在《多元都市》一书中这样写道，“洛杉矶城市所呈现出的各种异质性和多样性，对于洛杉矶而言，是个非常突出的问题，而对于全世界而言，它则具有典型性。”[2] 正是这种讲求多元化的思想，才使得该学派具备了一种国际性、时代性的建筑学理论价值，因为在今天，世界各国都不得不面对多元化、民主化的文化问题。

2. 平民化、民主化观念的影响

多种族杂居导致的经济、政治冲突与矛盾，一直是困扰这个城市的严重社会问题，这促使在洛杉矶形成了一种讲求矛盾抗衡、平等协商、相互尊重的民主观念，这是多种族、多文化聚居状态下，避免社会冲突的最好途径，因为没有一种价值观念、文化和生活形态，可以成为中心、权威，所有的存在者都是以“少数者”的身份出现的，这也是一种带有美国色彩的民主思想，它所要求

---

[1] Charles Jencks, Heteropolis: Los Angeles · The Riots and The Strange Beauty of Hetero Architecture, New York, Ernst & Sohn, 1991, P13.

[2] Charles Jencks, Heteropolis: Los Angeles · The Riots and The Strange Beauty of Hetero Architecture, New York, Ernst & Sohn, 1991, P33.

的平等对话、整体考虑、辩证均衡等思想，则在不同程度上，反映在圣莫尼卡学派建筑师的思想上。

3. 无根化的城市文化的影响

洛杉矶的居民大多远离故乡，他们来自美国和世界各地，所以，这里的人们对传统文化的观念就不像一些城市（如纽约）那样根深蒂固，也就是说，这里不存在太多的历史包袱，这就为人们快速接受新思想、新观念扫除了心障，这一点对于圣莫尼卡学派的兴起也具有极端重要的意义，盖里和梅恩不止一次地强调，他们的建筑不可能产生于洛杉矶之外的任何城市，其根本原因也正在于此。

由于洛杉矶没有自己悠久的历史所带来的包袱，它给年轻的建筑师一种无需处于 19 世纪的历史文脉，无需对太多的东西表达尊敬的创造自由，开放、多元、包容的城市文化允许这种创作自由一定程度的成长。这种创作自由对于一个先锋性建筑学派的成长，具有极端重要的意义，盖里在谈到自己的建筑与洛杉矶城市及其文化特质的关系时，这样说道："我想如果欧洲人来到这儿，看到这儿的景象，除了文脉不同之外，他们也不会认为这儿的建筑师在做着和他们一样的设计工作，洛杉矶允许一种不同的、对外界的反映方式。我认为这样的自由是积极而富有意义的……从 1947 年以来，洛杉矶就是我的家，是洛杉矶这个城市塑造了我的建筑，因为这儿的一切是一个可调整的、不确定的状况，而不是那种像患了幽闭恐惧症式的状况。我想，如果我的建筑生涯是在纽约成长的话，我是不可能像现在这样从事着我的设计工作。纽约是那种典型的像患了幽闭恐惧症式的都市。我的许多朋友也都好像患了这种幽闭恐惧症，他们总在观察谁在做什么，而不是投身于现实之中，对现实也不予以关注。如果我成长在多伦多的话，那儿的保守主义氛围会遏制任何创作，像我的自宅、但泽住宅和诺顿住宅这类对我非常重要的项目的可能性。在那里，起初他们也许会承诺给你向前的信心，但这并不重要。因为当你开始真正需要获得这种信心时，那就像攀登珠穆朗玛峰那样困难，你得在登山过程中获得某种帮助，这是一个信心建立的过程。你需要机会来建立自己的信心，但倘若社会的氛围对这种信心建立的过程，并不能提供某种帮助，那么这种信心也就建立不起来。那就是我认为在加拿大一直没有产生一些伟大的艺术和建筑作品的原因所在。但现在，在电影和戏剧方面的氛围要好一些，因而这方面的好作品也就产生了。但建筑学方面，在那儿确实一直滞后，绘画和雕塑要好一些，但建筑学确实没有拔尖之作。"[1] 正

---

[1] EL Croquis 117：Frank Gehry 1996−2003：from A-Z，P25，Spain，2004，P38.

是洛杉矶的较为宽松的城市文化为圣莫尼卡学派的建筑师们，提供了得天独厚的进行建筑自由创造的文化氛围，滋养了盖里那稀有的想象力。

在成熟的商业社会里，人对事业成功的追求是人存活于世的物质基础，这就使得这里的市民很早就培养了强烈的成功意识，对事业成功的热衷和追求，也在一定程度上，刺激了这个学派的建筑师锐意求新、追求成功的事业抱负，通观圣莫尼卡学派建筑师们的事业发展历程，可以发现，他们的事业无一不打上"强力意志"的烙印，而他们事业的成就，也无不伴随着艰辛的奋斗和探索，这在一定程度上，也体现了美国文化的英雄主义色彩。"自我创造"（self-made）、"自我完善"（self-fulfill）、"自我发明"（self-invent）是普遍存在于这一派建筑师身上的共同点，他们追求差异性的个性，"甚至把自我个性的某个方面，发展成为一种商标性的东西，"[1] 喜爱偏执性的追求，这一点，在盖里的身上，得到了最为淋漓尽致的表现。他们大多数创造了自己的建筑风格，并获得了社会的认可，取得令人瞩目的成就，因为在一个被标准和技术统治的时代，差异性建筑风格的存在往往是一个建筑师真正冲破束缚，证明自身存在的最好途径。

4. 破碎的城市空间和社会构成现状的影响

洛杉矶基本上由一批较小规模的城市和郊区组成，自从加利福尼亚州由墨西哥并入美国领土，在过去的150年历史中，洛杉矶逐渐演变成一个鳞次栉比、无规则发展的地区，偏好流动与不定性，强调活力而非固定。它的经济是流动性极高的经济类型。它的文化也是一种流动的大都市文化。一切都处于流动、变化之中，城市呈现出一系列无定向的现象：多样不同的、无关的事物在同一时间内纷呈，它是个充满着活力、变动的地方。二战后，随着城市经济的快速发展，洛杉矶的城市空间不断向外蔓延，但洛杉矶是个与众不同的城市，它没有一个真正意义上的城市中心，而是由大大小小不同规模的集镇、次中心或乡村构成，是一种多中心并存的构成格局，随着社会的发展，不同的社会势力、阶层，对城市空间进行划分割据和占有，令人担忧的社会治安状况，又导致了这里的建筑往往采取一种对外封闭防御、对内开敞的建造方式；大量存在的高速公路是这里主要的快速交通，它连接着一个个次中心，所有这些因素导致了洛杉矶城市空间的碎片化、无秩序（复杂秩序）。二战后，南加州人口急剧增加，洛杉矶受战争刺激的经济呈跳跃式增长，郊区似乎无尽头地延伸，急速膨胀的人口见缝插针地在城市内驻扎，结果，南加州成了典型的大都会绵延区，洛杉矶成了八爪鱼式的都会混杂模式，阶层与种族分群而居的情况普遍存在，城市

---

[1] Charles Jencks，Heteropolis: Los Angeles · The Riots and The Strange Beauty of Hetero Architecture，New York，Ernst & Sohn，1991，P18.

空间的碎片化，成了洛杉矶的一个重要特征，这样，洛杉矶的城市越发展就越发趋向于差异化和整合复兴。

建筑师德·扬·苏吉奇在他的《百里城》一书中这样写道："80年代，这个工业城（洛杉矶）终于抖掉了其最后一丝19世纪的自我痕迹，变身为一个全新的生物物种。移民潮与经济发展使它变得面目全非。创新科技淘汰了传统工业，新兴发展的企业要在更远，甚至是无法预测的地方落脚。"苏吉奇用了一个说服力很强的比喻来形容此时的洛杉矶，"试想像一条高压电线周围的力场，在电线所及的任何一点，储满能量，准备放电，90年代的洛杉矶就是这个样子……作为新千年的大都会，洛杉矶走在世界前列，它是一股无边无际的电流，而非一个固定的有界线的地方，是一个真正的举棋不定的演示场：永远静不下来，精于创新发明，不断涌现新的心理与文化体验。这个背景驱使我们那些想象力丰富的建筑师，用大胆创新的方法来思考、感觉与创作。"[1]

急速成长的城市经济和无序的城市空间，有助于形成无权威、多元并存、个人主义和开放的文化形态，受其影响一种不确定的、不完整的、不连续的建筑审美趣味，在圣莫尼卡地区一批建筑师中成了共同的手法特征。盖里就明确地说："我的工作是要表达一个由串联多元而互不相干面貌组成的城市，从这些面貌中，我找到了某些美德与价值。"洛杉矶的生活总是充满着动感，它的建筑很难达到和平年代社会所具备的永恒或圆满感，而总呈现出一种动态的过程和未完成感，这正是盖里最具洞察力之处，他把这种洞察转化到自己的建筑语言和风格之中。

流动性、不确定性、多中心（无中心）、开放性、零散性是洛杉矶城市空间、地方文化的重要特征，它启发了建筑师们背离传统，尝试新手法的建筑创作冲动。盖里回忆道："当我于20世纪50年代来到洛杉矶时，也算是一种拓荒者，在战后，洛杉矶的快速成长是因为气候及国家经济成长的结果，此地吸引人们的是它所提供的机会。洛杉矶城在变动，每件事情都非常快速地发生；由于气候及能源的发展，你不必建立永久性的题材，它正是战后的快餐文化可以达到最高表现的地方。在经过战争后，我们想要每件事都是快速的……整个体系被设计成可以立刻获得所要的东西，没有后续的结构，没有合法的结构，没有历史……所以我们可以很快地反应，每个人都在寻找工作，政策是膨胀性的、多元化的。洛杉矶是一块白色的画布；它是空白的。"[2]不确定、不连续、不稳定成为圣莫尼卡学派共同的特征：快速发展的城市，一再打破连续性和确定性，新东西层出不穷，似乎一切都处于不稳定之中。埃里克·欧文·莫斯认为"不稳定问题同

---

[1] 里昂·怀特森，建筑新纪元，http://arts.tom.com/1004/2003/10/31-54551.html.

[2] 佚名，《解构主义建筑师弗兰克·盖里访谈录》，http://renwu.chda.net/show.aspx?id=119&cid=13.

建筑师和文化中的恒久不稳定心理状况有关，建筑界应该正视这种情形，并做出评价，它是存在的、困难的，提出并找出从中可供学习的方法，然后继续前进，这才是聪明的方法。”[1] 莫斯宣称他要“先建构不稳定，然后将之推翻”。盖里说，激发出这些创新思想的能量与经验来自现实生活，及自己在实际生活中的体验。“今天的现实世界像架失控的货车向你冲来，你要不就吓呆，让它撞倒你，要不然你可以闪到一边，飞跃上去，死命爬上车，从车窗爬到驾驶座，在座位上你可以扭转方向盘和控制刹车器，那是我试图驾驭作品的能量，你可以说这种动感令我迷惑不已”。[2]

5. 慷慨远见的客户提供了实验的舞台

洛杉矶的特色是零散而不完整，这个城市的创意能量，只在边缘而非主流建筑中才能找到。在洛杉矶处于边缘并非意味人微言轻，相反，这是一种边缘者才重要的文化氛围，洛杉矶的特色是谁也不会执意成为中心，它的建筑风格一如它的生活，常常由忙于做无关痛痒的事，但却才华横溢的人来创造。虽然，在洛杉矶先锋派建筑起初也常常遭到边缘化的命运，但这个城市存在着一批大胆创新的客户，他们敢于放手让设计师去实验和创新。在历史上，洛杉矶就有一批客户愿意给那些不肯走传统老路的建筑天才提供施展才华的机会，客户愿意尝试新的东西，这为洛杉矶较有想象力的建筑师们提供了许多黄金机会。[3] 埃里克·欧文·莫斯曾经说过，“在洛杉矶，你可以拥有在其他地方绝不会有的创作自由。”连一些洛杉矶以外的设计师也受惠于这种开放风气，知名建筑师安托万·普里多克说：“我宁愿在洛杉矶工作，也不在波士顿或纽约工作。这里的生活方式多姿多彩，客户出奇地头脑开放，因而给设计师有充分的余地去表达自己，没有让一班审美眼光古板的人指指点点，绑手绑脚。”[4]

6. 后现代“模板城市”的文化和全球文明的合力影响

詹克斯指出，“今天世界上各个重要的国际性大都市都存在与洛杉矶相类似的情况，世界经济、科技的迅猛发展，国际政治军事矛盾的不断演化，导致大量人口在世界范围内，出于政治因素、经济因素，在世界主要国家的城市间迁徙、

---

[1] 里昂·怀特森，建筑新纪元，http://arts.tom.com/1004/2003/10/31-54551.html.

[2] 里昂·怀特森，建筑新纪元，http://arts.tom.com/1004/2003/10/31-54551.html.

[3] 在历史上，洛杉矶的客户们常为前卫建筑师提供施展才华的黄金机会：1920 年代初，弗兰克·劳埃德·赖特有知音顾客艾琳·巴斯达尔为他护航；1930 年代，洛弗尔斯获现代派先锋鲁道夫·申德勒和理查德·诺伊特拉的委托，设计具地标意义的居所，在 1940−1950 年代，杂志出版商约翰·恩特萨促成了“住宅个案研究”计划，发展商弗雷德里克·史密斯给埃里克·欧文·莫斯提供机会，发挥他的大胆想象。

[4] 里昂·怀特森，建筑新纪元，http://arts.tom.com/1004/2003/10/31-54551.html.

流转，地区冲突的加剧等等，造成了一个不稳定的世界格局，多元文化的特征，在各地城市和地区间日趋明显。世界上每一个大城市都必须面对这个问题，调整自身的应对策略，既要考虑到普世性原则（politics of universalism），也要考虑到差异性原则（politics of difference）。通过混合性的分类、边界交叉、转化习惯，采用非主流、不普遍的方法，洛杉矶学派展现了该学派的创造性，它不仅仅只意味着冲击，或是对普遍的逾越，它更是一种有智慧的、创造性的、杂交的设计策略，有着激进的包容主义的方针，可以克服普遍流行的看待事物‘非此即彼’的缺陷。二元对立的逻辑，已长期地统治了现实世界。”[1] 正是在这个层面上讲，圣莫尼卡学派“多元建筑学”（Hetero Architecture）的社会实践，在某种程度上，起到了建筑文化转型的作用，因为它展现了多元（异恋）性因素间的多元并置、混合杂交、差异并存的震撼力量，这是面对后现代大都市一系列复杂、矛盾的社会、文化问题后，所成长起来的一种新型的建筑理论和方法，它所面对的社会状况是那些未来的后现代都市，都将要面对的，所以，圣莫尼卡学派具有一种独特的时代性和典范性的价值。

圣莫尼卡建筑学派，不仅仅是个地域性的建筑现象，它还同时受到全球文明的影响，汤姆·梅恩曾经毫不客气地批评那种把圣莫尼卡学派仅仅看作是“洛杉矶土特产”的观点。他反对把他的建筑完全归结为只受加州或洛杉矶文化的影响，他说，洛杉矶和伦敦、巴黎、东京等城市一样，它是个国际性的大都市，在一个全球化的时代，把一个建筑师受影响的文化，只归结为一地一处的文化，是与事实不符的。事实是，他的建筑不仅仅受到洛杉矶一地文化的影响，而且，也受到当今整个全球化文明的影响。 查尔斯·詹克斯在其《多元都市》一书中，也明确提出，洛杉矶学派（詹克斯所称谓的“洛杉矶学派”，就是本书的“圣莫尼卡学派”）的重要价值在于，它产生在一个后现代的典范城市——洛杉矶，洛杉矶将会成为世界范围内，后现代城市的一种模板，洛杉矶城市所遇到的城市、社会、建筑问题，将是这些后现代城市必将遇到的，只不过，这些问题在洛杉矶，显得特别的突出而已。圣莫尼卡学派的突出价值也就在于，它是在一个最为典型的后现代城市里所产生的建筑现象。同样地，在《洛杉矶与洛杉矶学派》一书中，也明确地提到“在解释洛杉矶建筑时，不能过分强调它的地理、经济、政治和文化，这些因素只是理解这个城市现象的一部分，因为它与其他新发展起来的城市如达拉斯、菲尼克斯、亚特兰大和硅谷存在着相似性。而应从全美甚至全球的社会变迁、经济发展和城市化进程中，把洛杉矶作为一个个

---

[1] Charles Jencks，Heteropolis: Los Angeles: The Roits and The Strange Beauty of Hetero Architecture，New York，Ernst & Sohn，1991，P26.

案加以思考。”[1] 正是因为洛杉矶的城市发展和建筑风格的演化，具有这种案例性的价值，才能够兴起研究范围更为广大的、广义的洛杉矶学派。

全球化文明的滋养，早已使得圣莫尼卡学派建筑师开始走向国际化的建筑舞台，流行杂志《大都会之家》的一位作者这样写道："你无须是洛杉矶人亦会相信，目前洛杉矶可能比任何其他美国城市有更多的建筑式样。洛杉矶不单只以建筑设计业的巨型市场而扬名，它已经是全球化了。"[2] 事实上，洛杉矶的许多建筑师，包括盖里、墨菲西斯建筑事务所、埃里克·欧文·莫斯，还有理查德·迈耶、弗雷德里克·费希尔的事业虽然起步于洛杉矶，当他们在这里成长成熟后，就开始渐渐走上国际建筑舞台，现在，在美国本土之外，有越来越多洛杉矶建筑师作品诞生。

7. "泛滥成灾"的个人主义和自由主义思想的影响

圣莫尼卡区是一块方圆只有几平方英里的地区，它是相对较为封闭的区域，这里的主要人群是加利福尼亚大学洛杉矶分校的教授、南加州建筑学院的师生，洛杉矶本地的艺术家群体也以此地为主要活动区域，这里的人们思想活跃，锐意创新，视野开阔，是一块诞生新思想的理想处所，这也是一块个人主义极端"泛滥"的地方，艺术家们自以为是，我行我素，彰显个性。这里也是圣莫尼卡学派建筑师活动的重要区域，盖里、梅恩和莫斯，经常以"洛杉矶的坏男孩"、"闹独立的人"和"打破偶像者"的形象出现在媒体上；盖里坦承自己是个"自由主义的犹太人"，梅恩则被媒体称为"洛杉矶坏男孩"，而莫斯则坚称建筑完全是一种个人的艺术行为。通观圣莫尼卡学派建筑师的言行，可以看出，个人主义和自由主义思想是这个学派建筑师们的共同点，是这个学派重要的思想力量。

---

[1] Los Angeles From Exception to "Model", in Los Angeles and Los Angeles School：Postmodernism and Urban Studies，Marco Cenzatti，California，1993，P9.

[2] 里昂·怀特森，建筑新纪元，http://arts.tom.com/1004/2003/10/31-54551.html.

第三章　先驱者的足迹：弗兰克·盖里的建筑世界

图 3.1　盖里的手与制作过程中的模型

“作为一个建筑师，我最好的技巧就是手眼之间的协调合作，我可以把一张草图转化成一个模型，随后，转化成建筑物。” [1]

——弗兰克·盖里

“我坐下，我观察，我挪动模型，挪动一堵墙，挪动一张纸，我观看着模型的演化，变化和不同总会在下一步发生。” [2]

——弗兰克·盖里

“当所有的人都在为终点做准备之时，我还在准备开始启程，这就是我的人生故事，而我的人生也确实如此。” [3]

——弗兰克·盖里

---

[1] 2000 年华盛顿州西雅图亨利艺术画廊举办的盖里建筑艺术展，盖里所做的题词，http://www.arcspace.com/gehry_new/index.html?main=/gehry_new/html/acknow.htm.

[2] Gehry Partners，Gehry Talks :Architecture + Process，New York，Rizzoli，2007，P30.

[3] Karen Templer，Frank Gehry，http://www.britannica.com/eb/article-9002407/Frank-O-Gehry.

“我们是世界上唯一的一家做着自己独一无二建筑设计的公司，我想我们已处在了对建筑实践道路产生革命的边缘。”[1]

——弗兰克·盖里

“有很多人来到我这儿，希望可以改变自己，缓解他们的焦虑，解决他们在婚姻和其他方面的问题，他们希望知道怎样改善他们的生活。一天，有一位艺术家来找我，他却想知道怎样去改变这个世界。”[2]

——米尔顿·韦克斯勒

本章导读

弗兰克·盖里是公认的圣莫尼卡学派奠基者，他抱着面向未来的革新观念，执著于建筑的实验探索，从一个有才华的洛杉矶建筑师，成长为这个时代最重要的建筑师（菲利普·约翰逊的评价），他认为“建筑学的道路应该像科学那样，凭借着突破，创造新的信息，而不是重复老的观念。”[3] 他对建筑艺术抱着表现主义的态度，通过冲撞、运动的动态建筑，象征这个充满着矛盾、快速运动转化的时代，通过多样、差异的材料和“并列而置”的形式，象征多元文化并存、民主理念和平民主义思想；通过暴露材料的真实属性，展现他追求真实、直面现实的求真精神。他讲求反复推敲和注重过程的设计方法；注重差异性、矛盾性和多样性的价值观念；对新建筑美学维度的探索突破；对洛杉矶多元复杂的社会和文化构成格局的隐喻表达，所有这些重要思想，在圣莫尼卡学派第二代建筑师的身上，都得到了再现。

富兰克林·伊斯雷尔称盖里为自己的良师益友，他说：“盖里为包括我、莫斯、墨菲西斯和霍杰茨（Hodgetts），这些年轻一代的建筑师，创造了一个平台（platform），让我们可以在此工作、生根和繁盛，我们的成绩应归功于他：他是一个先驱者（pioneer），在曾是荒无人烟、贫瘠无果的荒野上，铸造了一条通向未来的道路。”[4]；莫斯（生于1943年）则在1988–1990年间，跟随盖里

[1] Gehry Partners，Gehry Talks :Architecture + Process，New York，Rizzoli，2007，P50.

[2] 米尔顿·韦克斯勒（Milton Wexler），在由盖里老朋友 Sydney Pollack 执导、关于盖里生平和建筑的纪录片《Sketches Of Frank Gehry》中，这样回忆。1971年，盖里处于人生的低谷时，在他的艺术家好朋友 Ed Moses 的陪同下，前往米尔顿·韦克斯勒处问医，米尔顿·韦克斯勒这里所说的艺术家指的就是盖里。

[3] Gehry Partners，Gehry Talks :Architecture + Process，New York，Rizzoli，2007，P173.

[4] James Steele and Franklin D Israel Interview，in Architecture Monographs No34，Franklin D Israel，New York，Academy Editions，1994，P12.

设计、学习，[1]这时的莫斯已是SCI-Arc（南加州建筑学院）的教授，有着自己的事务所，盖里关于混乱关系、复杂秩序的思想，成为莫斯根本性的建筑思想。盖里也是梅恩的良师益友，梅恩在2005年获得普利茨克奖后，这样说道："弗兰克·盖里，也是在我这样的年龄获得普利茨克奖，他所做的事就是我应该做的，他没有沉迷于那些我们熟悉的项目类型，而是努力尝试更多的建筑实验，改变事物并保持成长壮大，我想弗兰克就是我应该追随的、那种可爱的、建筑道路的典范。"[2]

作为先驱者，盖里与圣莫尼卡学派其他成员相比，其思想的前后变化和差异巨大，思想的演化现象明显，这一点是认识圣莫尼卡学派建筑师设计思想时，一个不可忽视的现象，这种现象的存在，充分说明了盖里对第二代圣莫尼卡学派建筑师的引导和示范作用，也印证了伊斯雷尔对盖里作为先锋者、奠基者作用的描述。毫无疑问，第二代圣莫尼卡学派的建筑师们，不同程度、有区别地吸纳了盖里的一些建筑思想，他们的成绩如同伊斯雷尔所言，应该部分归功于盖里作为先驱者的开拓性的奠基工作。

盖里对圣莫尼卡学派第二代建筑师最大的影响在于，他把洛杉矶城市文化和这个时代中，所蕴含的注重差异性（difference）、多样性（diversity）、复杂性（complexity）、多元性（heterogeneity）和非正式性（inform）思想，以及个人主义、自由主义的行为风范，对建筑永无止境的探索和进化精神，注入到了第二代建筑师的思想深处，对他们自我创造、自我建构的实验道路探索，起到了重要的启示、引导和影响作用。

本章将围绕以下几个问题展开论述：

（1）盖里建筑革新思想探源，探讨导致盖里建筑革新思想发生的社会、家庭和个人等多方面影响因素；

（2）探讨来自艺术界朋友新艺术思想对盖里建筑的决定性影响；

（3）按照时间顺序，剖析盖里建筑思想转变、演化的轨迹；

（4）在案例分析的基础上，归纳总结盖里建筑具体的手法特征；

（5）从实践中产生的盖里技术－数字化设计软件，该软件功能的设置代表了盖里的设计方法，介绍其具体内容，及其对盖里思想和方法传播的意义；

（6）盖里建筑室内空间组织模式分析。

---

[1] John Morris Dixon，Eric Owen Moss in Context，[韩]C3设计，连晓慧译，世界著名建筑师系列-8，艾瑞克·欧文·摩斯和查尔斯·柯里亚，郑州，河南科学技术出版社，2004，P11.

[2] Christopher Hawthorne，Architect of Unyielding Designs Takes Top Prize，http://articles.latimes.com/2005/mar/21/entertainment/et-mayne21.

一、弗兰克·盖里在当代建筑历史中的地位和意义

1.“另一个弗兰克”：盖里生平简介

在美国，人们往往称盖里为“另一个弗兰克”，以与弗兰克·劳埃德·赖特相区别，这两位弗兰克，对美国建筑，乃至世界建筑的发展都起到了重大的影响作用。弗兰克·欧文·盖里（Frank Owen Gehry），原名弗兰克·戈德伯格（Frank Goldberg），他与另一个著名的犹太人建筑师丹尼尔·里勃斯金（Daniel Liebeskind）一样，是祖籍波兰的犹太人，但盖里的祖父很早就移民美洲。1929 年 2 月 28 日，盖里出生于加拿大多伦多。犹太家庭传统的《塔木德》（Talmud）教育，对盖里人格和思想的形成，产生了重要影响，并进而影响到他对建筑独特思考方式的形成。1947 年，盖里父亲欧文·戈德伯格（Irwin Goldberg）破产，盖里一家迫于经济原因，举家迁往当时正处于快速发展状态的洛杉矶，从那时起，除了短期离开洛杉矶之外，盖里就生活在这个被称为最美国化的美国城市中。[1]

1951 年，盖里在南加州大学（USC，University of Southern California）取得建筑学士学位，1956–1957 年在哈佛大学研究生院学习城市规划。在 1962 年创立自己的事务所（Frank O.Gehry and Associates，Inc.）之前，他曾在洛杉矶的维克托·格伦（Victor Gruen，1953–1954）事务所、佩雷拉与勒克曼（Pereira & Luckman，1957–1958）事务所，巴黎的安德烈·勒蒙代（Andre Re-mondet）等事务所工作，在法国工作期间，他曾多次参观勒·柯布西耶作品，尤其钟爱他的朗香教堂。1954 年，盖里应征入伍，但由于他一条腿有点顽疾，被留在作战指挥部帮助绘制部队所需的各种图纸、标志和房屋图纸，从工作室、俱乐部到军衔标志，甚至包括战地厕所，1956 年退伍后返回洛杉矶。

盖里曾在南加州大学（USC，1972–1973）、加利福尼亚大学洛杉矶分校（UCLA，1988–1989）担任助理教授，在哈佛大学（Harvard University，1983 年）、莱斯大学（Rice University，1976 年）、加利福尼亚大学（University of California，1977–1979 年）担任客座评论教师。1982、1985、1987、1988 及 1989 年，担任耶鲁大学建筑系夏洛特·达文波特（Charlotte Davenport）教席职位，他是南加州建筑学院（Southern California Institute of Architecture，SCI–Arc）的创办人之一，并一直长期担任该校董事会成员。1984 年，担任哈佛大学艾略特·诺伊斯（Eliot Noyes）教席职位。1986 年 10 月，由沃克艺术

[1] 里昂·怀特森，《建筑新纪元》，http://arts.tom.com.

中心（Walker Art Center）首次举办盖里作品回顾展，这是盖里建筑和家具实验的首次展览。

盖里曾先后在世界各地举办过30多场个人建筑展，1974年，他被评选为美国建筑师学会（AIA）会员，1987年他成为美国艺术与文学学会成员，1991年成为美国艺术与科学学会成员。1989年，获普利茨克（Pritzker）建筑奖，同年被提名为在罗马的美国建筑学院理事；1992年，获得建筑艺术奖（Wolf Prize in Art），并被提名为1992年建筑界最高荣誉奖（Praemium Imperiale Award）的获奖人，此荣誉奖由日本艺术协会颁发；1994年，成为莉莲·吉什奖（Lillian Gish Award）的终生贡献艺术奖项的第一位得奖人；同年，他被国家设计学院授予院士头衔。

盖里还获得加州艺术学院等多所大学的荣誉博士学位，是国家艺术勋章、美国建筑师学会金奖、英国皇家建筑师学会金奖的获得者，他先后获得100多项重要奖项，其中包括AIA为表彰杰出建筑而设的奖项、进步建筑奖等。

2. 不一样的思考：对盖里建筑的评价

在苹果计算机名为“不一样的思考”（Think different）广告上，盖里成了苹果计算机的形象代言人（图3.2）。在美国，盖里（Gehry）就意味着不同（different）。盖里最重要的一个客户杰伊·查特（Jay Chiat），这样评价盖里：“我认为盖里有

图3.2
在苹果电脑“不一样的思考”广告上的盖里形象

着不可思议的天赋本能，他把这种本能转化进冲动的建筑形体中，他有着杰出的天赋，锐利的直觉。”[1]

盖里无疑是我们这个时代最著名的、最有影响力的、最有引导力的少数几个建筑师之一，早在1982年，对建筑艺术的潮流趋势，一向有预见眼光的菲利普·约翰逊，就这样评价盖里："盖里是独一无二的，他充满激情地使用奇特的形态，带给你一种史无前例的视觉的反应。他的建筑是震撼人心的……他能带给你一种神秘快乐的情感体验。”[2] 此后的1986年，盖里参加了由约翰逊参与组织的纽约现代艺术馆“解构建筑七人展”[3]。《时代》杂志资深建筑评论家理查德·拉卡约（Richard Lacayo），在2000年的一篇题为《盖里的实践》（The Frank Gehry Experience）的文章中，明确地把盖里的影响提到了时代性的高度，他指出："盖里的影响正在促成一种新美学观点的形成和传播，激发了采纳盖里美学观点的洛杉矶学派的产生，盖里的建筑不仅仅是有趣，它更是未来建筑潮流的走向。”[4]《纽约人》杂志资深建筑评论家保罗·戈德伯格（Paul Goldberger）则这样评价盖里："盖里的建筑是几何形式和材料的强有力表达，从美学的观点来看，他的建筑已经跻身于我们时代那些最永久的、最杰出建筑作品的行列。”[5]

在1989年普利茨克授奖辞中，评委们对盖里的建筑实践，给出这样评价："授予盖里普利茨克建筑奖，是因为盖里有着坚强不屈、特立独行的精神，勇于承担风险的品格，还有他堪与毕加索相媲美的、对建筑新形式永无止境的探索精神。”[6] 盖里所开启的圣莫尼卡学派建筑革新运动是颠覆性和彻底性的，他给这个时代带来了完全不同的建筑思维和美学视野，他远远地走在了时代的前面，引领着一场彻底的建筑革命。在获得普利茨克奖后10年的1999年10月，盖里这样谈到了自己的建筑人生："当所有的人，都在为终点做准备之时，我还在准备

---

[1] Gehry Partners，Gehry Talks :Architecture + Process，New York，Rizzoli，2007，P19.

[2] Richard Lacayo，The Frank Gehry Experience，http://www.time.com/time/magazine/article/0，9171，47703，00.html.

[3] 这是盖里参加的唯一的一次与解构主义建筑有关的展览，实质上，盖里的建筑与解构主义建筑思想没有关系。盖里建筑相对于传统现代主义建筑而言所产生的形式变异，主要是因为受到艺术思想的影响而造成的，盖里也不曾研究过德里达的解构主义哲学，“有一次我和德里达谈论他的理论，我认为他的资料有不同的焦点，我无法感受到他当时正在描述的状况”（《弗兰克·盖里 1991-1995》P25），说明盖里和德里达之间，没有什么共同的话题，再者，在德里达解构主义哲学兴起之前，盖里建筑的典型手法和特征已经形成，参看何昕《弗兰克·盖里建筑理念及其作品研究》P45，电子版，资料来源，中国知网。

[4] Richard Lacayo，The Frank Gehry Experience，http://www.time.com/magazine/article/0，9171，47703，00.html，理查德·拉卡约所说的洛杉矶学派，即本文的圣莫尼卡学派。

[5] Laurence B. Chollet，The Essential Frank O. Gehry Harry N. Abrams，Inc.，Publishers New York，2001，P19.

[6] Laurence B. Chollet，The Essential Frank O. Gehry Harry N. Abrams，Inc.，Publishers New York，2001，P63.

开始启程,这就是我的人生故事,我的人生确实如此。"[1]在2004年,美国《时代》杂志评选21世纪初100个对世界有影响的名人当中，盖里是唯一受此殊荣的建筑师，盖里的影响早已超越美国本土，而达到时代性的高度和全球性的范围。

3. "范式的革命"：弗兰克·盖里建筑革新的成就和意义

盖里的建筑革新发生在建筑与艺术的交叉领域，创造性地拓展了设计思想、方法和美学范畴，作为先驱者，盖里的建筑思想也经历了一个不断演化的过程，它沿着消解现代主义的方盒子，以化整为零的小体量，代替集中式的大体量，以变化丰富的曲线雕塑形态，代替传统直线型的、单调的建筑形态，以复杂、动态的室内空间组织模式，替换传统简单的空间组织关系，他的建筑强调复杂、多样、奇异、反常、异质、矛盾的创作取向。从美学方面而言，他的建筑呈现出一些新的美学特征，如怪诞、歧义、反讽、艳丽、奇异、费解、陌生；从形式方面而言，他的建筑，借助计算机技术，把极其复杂的双曲形态建筑的设计、建造和社会接受程度，大大地向前推进了一步，达到史无前例的高度，人类对复杂建筑形式的想象和设计能力，通过他的实践，得到了根本性的提高；从技术性方面而言，他借用计算机数字科技，把人类建造复杂建筑的能力大大地向前推进了，创造了人类建造史上的奇迹和神话，以前看来不可能设计、施工的建筑，通过他的实践，被建造了起来。

盖里的建筑是发生在当代建筑历史中的一场"范式"革命，他"引发了一场足以令建筑改头换面的革新风暴"[2]。"范式"概念最早由著名科学哲学家托马斯·库恩提出，指某一学科领域内，普遍认同的假设及其基本法则。每一个学科，只有在有了一个基本的"范式"之后，才能判断某项工作或研究是不是符合基本的原则，是不是能将本领域的研究向前发展一步。相反，如果一项研究违背了本领域的基本原则，那么，其研究工作可能完全是错误的。

所谓"范式革命"，是指某个学科领域里出现了新的学术成果，它打破了原有的假设或法则，从而迫使人们对本学科的很多基本理论和原则，做出根本性的修正。例如，16世纪之前的地心说，被哥白尼的日心说所代替，就是天文学上的一场"范式革命"。这样，旧的"范式"，就要被一个新的"范式"所代替，这就是"范式革命"。从根本上说，"范式革命"就是冲出原有的束缚和限制，为人的思想和行动开创新的可能性，它标志着某一学科领域，发生了根本性的变革、突破和进化，过去通用的、合法的基本原理、法则，遭到了否定、扬弃，新的学科规则被重新制定了出来。

---

[1] Karen Templer，Frank Gehry，http://www.britannica.com/eb/article-9002407/Frank-O-Gehry.

[2] 佚名,《现代建筑派大师：法兰克·盖里》,http://build.woodoom.com/zhuanjia/200705/20070510032809.html.

清华大学建筑系周榕教授在《物质主义：弗兰克·盖里的建筑主题与范式革命》一文中指出："的确，永不回头的盖里在不经意间，就引发了现代建筑的一场范式革命，今天，我们看到高擎物质主义大旗的建筑师们已浩然成军。也许，他们中的大多数人，并不认同盖里个性化的建筑风格，但无论是追随还是背离，他们都无法摆脱盖里投下的荫翳，因为盖里就是他们奋斗在其中的坐标系的原点；在这个坐标系中，无论走到哪里、走向何方，他们所有的成就还是要从盖里开始量度。因此，弗兰克·盖里注定会超越时尚的意义，成为现代建筑史上屈指可数、不可逾越、也无法忽视的巨大身影之一。"[1] 盖里对自己建筑革新实验的颠覆性和彻底性也毫不讳言，他说："我们是世界上唯一的一家做着自己独一无二建筑设计的公司，我想我们已经处在了对建筑实践道路产生革命的边缘。"[2]

盖里被公认为圣莫尼卡学派的奠基者、开拓者，那么是什么样的因素和机缘，塑造了盖里的建筑世界呢？

二、"自然天成"：弗兰克·盖里建筑思想的形成因素

思想是解开历史迷雾的钥匙，隐藏在盖里建筑世界背后的，正是他离奇的思想世界，人的思想受性格、家庭、教育和社会文化这几方面影响最大、最深。

1.《塔木德》的教化：弗兰克·盖里的性格

"性格决定命运"的说法，虽然有些绝对化的嫌疑，但一个人的事业和人生，不可避免地同他与生俱来的气质和性格息息相关。

（1）盖里是个喜爱冒险，而又坚韧不拔的人

首先，盖里是个乐于进取、敢于冒险的人。他曾这样追问："当人类已经第一次登上月球，人们应该反思这样的问题，如果这样的事都是可能的，那么，还有什么样的事是不可能的呢？"[3]

中学时代的盖里，并不想以后成为一名建筑师，而是想做一名化学工作者，但一位资深化工专家曾告诉盖里，他并不适合于从事化学行业，因为他发现，盖里并不关心实验本身的化学内容，他对化学实验的热情，只是因为化学实验

---

[1] 周榕，《物质主义：弗兰克·盖里的建筑主题与范式革命》，http://arts.tom.com/1004/2003/10/31-54362.html.

[2] Gehry Partners，Gehry Talks :Architecture + Process，New York，Rizzoli，2007，P50.

[3] Richard Lacayo，The Frank Gehry Experience，http://www.time.com/magazine/article/0，9171，47703，00.html.

与他的冒险天性相契合。1947年，随家人从多伦多迁往洛杉矶后，盖里起初学的也不是建筑学，而是在一家艺术学校里学习平面艺术，他的老师在对盖里有了进一步的了解后，劝他改学建筑学，因为，勇于尝试、关注变化和喜欢冒险的天性，在此时的盖里身上，已经开始显示了出来。

《塔木德》有这样的记载："人的眼睛是由黑、白两部分所组成的，可是神为什么要让人只能通过黑的部分去看东西？因为人生必须透过黑暗，才能看到光明。"《塔木德》里还有这样的教诫："用真理去战胜谬误，用屈辱去谋取生存。"由于自幼就接受传统的家庭教育，修习《塔木德》，所以古老的犹太文明，在盖里儿时，就已经把坚韧顽强、敢于特立独行的优秀品性，注入到了盖里的灵魂深处。犹太人的历史，历经了各种苦难和磨砺，他们面对灾难的方法就是坚韧和智慧，顽强不屈是历史深深地刻印在这个民族身上，让他们得以繁衍生息、延续不灭的精神支柱。从盖里的经历可以看到，他的成功除了个人专业能力外，是在敢于坚持己见的不屈精神中，一步步地顽强成长起来的，没有坚韧、顽强、无畏的精神，难有他的非凡造诣和成就。

盖里冒险、坚韧的品性，还和盖里家庭的犹太身份、不太宽裕的家庭经济条件有关。盖里一家在加拿大的时候，经济状况并不好，他父亲为了家庭生计，四处奔波，破产后举家迁往洛杉矶。另外，有着犹太身份的盖里，在儿时，还经常受到"反犹"同伴的欺凌和殴打。盖里的原名是"Goldberge"（美国俚语，犹太老板，尤指在黑人聚居区开店或雇用黑人的犹太老板），在盖里未出名前，他的前妻阿妮塔·斯佘德（Anita Snyder）为了消除这个名字容易引起的反犹情绪，会对他们子女造成伤害，就让盖里把名字改成"Gehry"，盖里改名是他年轻时期的一段酸涩回忆。盖里在成名后承认，自己非常后悔把犹太名字改了，这种言论，与他后来在设计中，反复借用鱼的主题一样，表明盖里希望向自己犹太身份复归的深层心理，这也与他年轻时期，因犹太身份而遭到的侮辱和贬损有关。

由于经济原因，盖里一家在迁到洛杉矶后，首先面对的就是陌生的艰难生活，为了谋生，他首先成了一名卡车司机，这项工作他干了3-4年，时间在1947-1950年间，为了谋生，盖里还在洛杉矶一些偏僻的角落，做过早餐外买的小摊贩生意，此时盖里一家，几乎一贫如洗（have nothing）。他利用晚间先修习平面艺术设计，后来在老师的建议下，于第二年改学建筑学，但在班里，他经常受到授课老师的嘲笑，说这不是他呆的地方，他的作业被同学讽刺、抨击。盖里是在他的前妻阿妮塔·斯奈德资助下，才得以完成在南加州大学的学业。

盖里因为自己的建筑革新实践，遭到了洛杉矶本地建筑师们的挖苦、讽刺和嘲笑，他被渐渐排除在当地建筑界的边缘地带，在不被同行认同的时候，盖里还雪上加霜地不被自己的妻子阿妮塔·斯奈德认同，他的第一次婚姻因此触礁。1966年盖里和前妻正式离异，濒临一无所有的盖里，去看心理医生，心理医生对他说："既然你已经这般光景，反正是不能更糟了，你就干脆豁出去吧！"[1] 由此可见，盖里在走上革新道路的起初，所经历的困难和挫败。1975年盖里与贝尔塔·伊莎贝尔·阿吉莱拉（Berta Isabel Aguilera）结婚，1977年，盖里自宅扩建后，一开始，也是遭到了部分洛杉矶本地建筑师的强烈抨击和诋毁，这个住宅甚至还遭到邻居的枪击，因为邻居们担心扩建后的盖里住宅，会导致他们住宅房价的下跌，他们认为，不会有人愿意住在盖里住宅的旁边。

第一位站出来支持盖里的人是菲利普·约翰逊[2]，随后，美国极少主义雕塑家理查德·塞拉、瑞士籍美国波普艺术雕塑家克莱斯·奥登伯格和《人物》杂志，都先后前往盖里自宅探访，正是因为有了他们积极肯定的评价，洛杉矶主流建筑界才开始越来越重视盖里自宅的时代意义和价值。盖里自宅扩建后，虽然盖里在洛杉矶地区有了一定的影响力，但他未来事业的走向还非常不明显，在此之前，盖里把自己的业务分为两类，一类是商业性质的项目，这是为了事务所能够生存下去而运作的项目；另一类项目，是可以将自己的思想加以实验的项目，在这类项目上，盖里投入了大量精力，他在为自己日后真正的事业，做着扎实的、无声的积累工作。

1979年的一天，盖里像往常一样，和他的商业客户卢斯公司（Rouse Company）的委托人，就一个圣莫尼卡区、造价为5000万美元的大型商业购物中心项目洽谈业务，这位委托人也是盖里的好朋友，非常欣赏盖里自宅的风格，他对盖里说："如果你的自宅就是你想设计的那种建筑类型，那么你应该跟随自

---

[1] Sydney Pollack，Sketches of Frank Gehry（DVD），Sony picture home entertainment，2006.

[2] 菲利普·约翰逊（Philip Johnson，1906–2005），美国建筑师、建筑理论家，1906年生于康涅狄格州，年轻时期曾在哈佛大学学习哲学，1927年毕业。后同建筑史学家H·R·希区柯克游历欧洲，结识了很多现代派建筑师。归国后的1932年，担任纽约市现代艺术博物馆建筑部主任，同年与希区柯克合著《国际式风格》一书，并举办展览，首次向美国介绍欧洲的现代主义建筑。1939年进入哈佛大学建筑研究生院，师从M·布劳耶，但其真正的导师是密斯·凡·德·罗。1943年获得建筑学位，1945年开设事务所，1946–1954年，重新担任纽约市现代艺术博物馆建筑部主任，其专著《密斯·凡·德·罗》于1947年出版，久负盛名，1949年设计自己的住宅：玻璃之屋，确立了他作为建筑师的声望。1979年，约翰逊成为普利茨克奖的第一届得主。约翰逊对盖里有过多次重要帮助，盖里自宅扩建后，最先给予承认和表彰的人就是约翰逊，他对盖里的建筑生涯产生了极其重要的影响，这包括两方面，一方面是对盖里的设计思想产生影响，另一方面是对盖里培养自己的实践和生存能力，产生影响。盖里说，约翰逊创造了一种气候和氛围，在其中，盖里和其他圣莫尼卡学派的成员们，能够比较轻松地去实践建筑的革新运动，盖里认为约翰逊对他而言，就是一种楷模，他对年轻人非常慷慨大方、宽容有度，盖里也说，约翰逊对他的影响，相对于他对圣莫尼卡学派第二代建筑师们的影响。参见Bill Lacy，Susan de Menil，Innovative Architecture from Los Angeles and San Francisco，New York，Rizzoli，1992，P11–12。圣莫尼卡学派第二代建筑师富兰克林·伊斯雷尔，也是在约翰逊的帮助下，才和盖里认识的，并和盖里结下了深刻的友谊，同样在约翰逊的帮助下，伊斯雷尔获得了前往罗马美国研究院进行为期两年的学习机会，这是对伊斯雷尔思想发展，影响较大的一个时期，请参见伊斯雷尔章节的相关内容。

己的心愿，撤出现在的商业购物中心项目。”这位朋友的话，引起了盖里内心的强烈反响，盖里认为这位朋友对他事业的判断是非常准确的。在随后三个月时间里，盖里就把他的事务所，由原来的45人精简到了3人，他要为自己的新事业，重新组织设计队伍，同时从此前大量（为了事务所能够生存下去而运作）的商业项目中撤退出来，把全部精力投到他一直热衷的实验建筑的探索上来。盖里后来在谈到这次重大的人生转向时说道："那就像跳下悬崖，那是一种令人惊异的感觉，从那以后，我真是高兴。我的意思是，即使这样做有压力，但它就是让我非常高兴。”[1]在50岁时，敢于冒险的天性，让盖里实现了自己最重要的人生转向，这也体现了他作为先驱者破釜沉舟的勇气，和自信乐观、豁达慷慨的性情。[2]

《塔木德》里记载着："生命有限，时光荏苒，只有奋斗不已，方能生生不息。”在盖里的身上，可以清晰地看到犹太人锐意进取、坚韧不屈的精神。受尽迫害和歧视的犹太人，从来不消极悲观，而是积极进取，不停奋斗，对生活始终充满信心，在别人认为不可能的地方找出可能，把别人觉得不可思议的事情，变为现实，盖里建筑的奇迹，也是在不可能中，建立起来的现实，正是顽强不屈的追求精神，造就了这位杰出的犹太建筑师。在1989年普利茨克奖的授奖辞中，评委们也对盖里这种独立、自由、勇敢、顽强的精神品性给予了极高的评价："在一个过于向后看而不是向前看，回顾历史比承担风险更为流行的艺术风格时期，把普利茨克奖授予弗兰克·欧文·盖里是非常重要的。”[3]在这段授奖辞中，依稀可辨盖里革新思想发生时代的保守气氛，也正是因为有了如此沉闷和保守的时代背景，盖里建筑的横空出世，才突显出了它的革命性、颠覆性、狂飙性和彻底性。

（2）盖里是个慷慨大度、具有长者风范的人

盖里不但是个先驱者、开拓者，他还是个乐观、慷慨和大度的人，他性情豁达耿直，大方随和，他身上始终洋溢着一种平民主义的风采。他许多艺术圈子的朋友，对他这一优点都交口称赞，[4]随着年龄的增长，盖里身上那种长者风范越发凸显了出来，查尔斯·詹克斯在《多元都市》一书中，对此赞不绝口，他认为盖里和查尔斯·摩尔一样，具有一种难得的亲和力，这种亲

---

[1] Sydney Pollack, Sketches of Frank Gehry (DVD), Sony picture home entertainment, 2006.

[2] Laurence B. Chollet, The Essential Frank O. Gehry, Harry N. Abrams, Inc., Publishers New York, 2001, P46.

[3] http://www.pritzkerprize.com/gehry.htm.

[4] 参看由Sydney Pollack执导的《盖里草图》，可以清楚地看到盖里的这种性格，以及朋友们对他的评价。

和力在建筑师们的身上，少有发现，而且认为这种亲和力，对一个建筑师的成长将会起到积极的促进作用，因为他可以和不同性格的设计师和人员一起，组成团体性的合作组织，这一点，从现在盖里事务所的人员构成情况，即可清楚地看出。

盖里后来事业的巨大发展，也印证了查尔斯·詹克斯的这个论断，毫无疑问，盖里和不同领域的专家们（年龄差距相当大）一起，把他的事业和他的事务所发展壮大了，没有这些杰出的建筑设计、工程管理和计算机人才的加入，盖里的事业不可能得到后来蓬勃的发展。在 1990 年前后，盖里吸纳了一批优秀人才成为事务所的合伙人，尤其是计算机领域的吉姆·格里姆夫（Jim Glymph）和理查德·史密斯（Richard Smith）。这样，使得他的建筑设计，在全球范围内率先步入了数字化时代，1992 年，盖里就使用卡特亚（CATIA）计算机软件，首次以电脑绘制复杂双曲面的鱼形雕塑图纸，1997 的毕尔巴鄂古根海姆博物馆，则全面依赖于计算机数字化技术。数字化技术的应用，奠定了盖里事务所在数字化建筑设计领域的领军地位，为他事业的进一步发展，打下了坚实的基础。盖里的这种性格，在他所创造的建筑中也体现了出来，盖里的建筑空间里，始终洋溢着一种令人惬意、舒服、快乐、安详的气氛。

（3）盖里是个思想开放的人

开放的思想意识，使得盖里能够广泛学习吸收其他相关艺术门类的知识，这些新知识，正是盖里革新思想真正得以成长的源泉，他认为“建筑学的道路应该像科学那样，凭借着突破来创造新的信息，而不是重复老的观念。”[1] 盖里的开放意识，突出地表现在对相关艺术领域（电影、音乐、绘画、雕塑）都持着吸纳的态度，广泛吸收其有益的思想营养，尤其对当代艺术，他格外关注。盖里长期沉浸在相关艺术门类里，他爱阅读普鲁斯特（Marcel Proust）等先锋派的意识流文学作品，但绘画和雕塑比文学领域，对盖里的影响要大，[2] 他爱逛各地的艺术馆和博物馆，这成了伴随他一生的兴趣。根据项目的不同，他能够抱着开放的心态，体验不同门类的艺术，例如，在做华盛顿州西雅图的体验音乐项目（EMP，experience music project，Seattle，Washington，1995-2000）时，他要和年轻人一起去体验摇滚乐、说唱音乐等多种音乐形式的艺术气氛。

另外，他对古典音乐有着浓厚的兴趣，他与一些著名音乐人都保持着联系和合作，“是的，我也得与古典音乐世界有所牵连，我曾经做过康克德镇临时建

---

[1] Gehry Partners，Gehry Talks :Architecture + Process，New York，Rizzoli，2007，P173.
[2] Robert Ivy，Architectural Record interview with Frank Gehry，November 12，2000，http://www.arcspace.com/gehry_new/index.html?main=/gehry_new/html/acknow.htm.

筑（Con–corde Pavilion），我被位于好莱坞区的音乐协会所聘请。所以，我必须认识一些音乐家，不只是本地的，像经过这里的阿尔弗雷德·布兰德尔（Alfred Brendel）[1]和皮耶尔·玻尔兹（Pierre Boulez）[2]……我有一阵子没见过他们，但我仍和他们保持联络。透过我的工作，我必须认识这些人，当时我正和他们一起工作，所以这是一种自然的过程。但是我们之间大多并非是工作关系，而多半是社交关系。我有过这种形态的生活……”[3]

对于电影艺术，盖里说："我曾经认真思考过电影的基本制作技术，一套连贯的活动行为，被分解成一系列构成电影动态画面的静止画面。对于建筑艺术和其他经过一系列由精确技术手段构建起来的东西来说，这是一种能够找到动态画面最基本元素、所需要使用的、不可思议的隐喻手法。没有任何理论能比埃德沃德·迈布里奇（Eadweard Muybridge）的摄影作品，更能清晰地概括出建筑艺术与动态理论之间的关系。在建筑创作中，这些理念不是去创造动态而是去停止它、分解它、解构它，去精确地添加必要的平衡，去展现动态、去分析并最终重构。"[4]

对于那些打动他的艺术家和艺术作品，盖里则加以消化吸收，转化到自己的设计中去，盖里对雕塑和绘画领域，保持着特别浓厚的兴趣，他把建筑首先看作雕塑艺术（architecture as sculpture），这与他长期受到雕塑和绘画领域艺术思想的影响，有着根本的关系。

2. 来自家庭的影响和熏陶

（1）儿时培养起的艺术兴趣，对盖里产生了终生的影响

在多伦多，当盖里还是小孩子的时候，他的母亲就有意识地培养盖里兄妹对艺术的兴趣。盖里的母亲特尔玛·卡普兰（Thelma Caplan）是多伦多市一所音乐学校的大学毕业生，当她有了孩子后，这位年轻的妈妈，就时常带着盖里兄妹参加当地犹太人音乐会演，观看地方交响乐队的演出，她还经常带他们参观当地艺术博物馆，盖里回忆道："追溯以往，我就对艺术感兴趣；在加拿大，当我还是小孩时，妈妈就带我到博物馆去。我的意思是我时常去，而且我现在仍然如此。"[5]加拿大童年时期培养起来的艺术兴趣，伴随了盖里一生，当出差外地时，只要有机会，盖里就会参观当地的博物馆、美术馆，这已经成了他的

---

[1] 阿尔弗雷德·布兰德尔（Alfred Brendel），1931年生于捷克，20世纪下半叶最优秀的古典主义钢琴家，他也是个诗人和超现实主义者。

[2] 皮耶尔·玻尔兹（Pierre Boulez），1925年生于法国，当代古典主义音乐作曲家、指挥家。

[3] 佚名，《弗兰克·盖里访谈录》，http://build.woodoom.com/zhuanjia/200705/20070510032953.html.

[4] Gehry Partners，Gehry Talks :Architecture + Process，New York，Rizzoli，2007，P28.

[5] 佚名，《弗兰克·盖里访谈录》，http://build.woodoom.com/zhuanjia/200705/20070510032953.html.

生活习惯。盖里之所以对建筑学持以高格调的艺术口味，与他一生对艺术的喜爱是分不开的。正是把建筑首先当作艺术来看待这一点，把盖里与大多数职业建筑师区分了开来。盖里称那些技术成熟的职业建筑师为“在艺术上浅薄鄙俗，但技巧娴熟的”建筑师；对他而言，建筑首先是造型艺术，是雕塑，其次才是供人使用的功能性的房屋，这是盖里对建筑学的根本看法；“元素间的构成关系，对形式、比例、材料、色彩的选择，所有这些都是绘画和雕塑必须面对的问题，建筑学确实是艺术，而那些投身于创造建筑艺术的人也确实是艺术家。”[1]也就是说，在盖里看来，建筑学和绘画、雕塑艺术，有着相同的构成和创作规则，建筑学就是艺术。

17岁之前的盖里，常在祖父的家具厂帮忙，在这里，他最大的收获是学会用工厂的废料来制作漂亮奇异的东西，和材料面对面直接接触的手工制作经验，也是一种难得的巧合机缘，它无意中提高了盖里对材料性能的认识和兴趣，对形式的敏感性和控制形式的能力。这段经历，对以后盖里在建筑上，关注展示材料本身的力学和美学性能，在设计过程中，使用以不同比例实体模型推敲建筑形式、比例和细部，都有着莫大的帮助。盖里一直以不同比例、材质的模型进行建筑创作，与他的这段经历有关。

（2）犹太家庭习俗培养了盖里对鱼形的独特兴趣

盖里的家庭除了带给他艺术熏陶外，犹太家庭习俗还极富机缘地培养了盖里对鱼形的偏爱。在犹太文化中，鱼是生生不息的生命象征，也是犹太人救世主的化身；鱼在犹太文化里，不但具有浓厚宗教文化色彩，同时还是犹太人的重要食物；犹太人吃鱼要吃活着被杀的、带鳞的鱼，无鳞的鱼对犹太人而言是不洁净的、亵渎神明的。在幼时，盖里的祖母常常在前一天去集市买回活着的鲤鱼，在浴缸里养一天后再宰杀，做一道犹太人的传统大菜：Gefilte Fish[2]，这是犹太人的古老传统，吃鱼被赋予了对宗教教规信守的意义，在犹太文化中延续下来。儿时的盖里，常常与鱼儿戏玩，慢慢地，盖里对鱼的形态、表皮和运动功能之间有机完美的契合关系产生了兴趣。然而，在加拿大的童年时期，盖里因为吃鱼，却时常遭受到“反犹”儿童们的戏弄，他们恶作剧地以“食鱼者”、“带有鱼味的人”来嘲笑盖里的犹太身份，亵渎其宗教信仰。因而，鱼给盖里带来了一种被侮辱和贬损的心理情结，这都是他的犹太身份招惹的“祸害”，让年

---

[1] Frank Gehry，Ceremony Acceptance Speech，http://www.pritzkerprize.com/laureates/1989/ceremony_speech1.html.

[2] Gefilte Fish 通常在周五晚餐成为犹太人的一道重要大菜，以迎接犹太人每周一天的“圣日”（安息日）的到来，安息日从星期五晚间日落时分开始到周六相同时间结束，犹太教规定安息日停止工作，专事敬拜上帝。

幼的盖里苦不堪言，可这并不妨碍盖里自己成为一个宽容大度、慷慨亲和的人，盖里验证了《塔木德》要求犹太子民通过黑暗看到光明的古训。

另一方面，鱼的形态对盖里而言，意味着不可到达的完美，他视此种完美为自己追求的终结目标。鱼形是盖里塑造建筑动态之美的参照物，盖里事务所的电脑技师雷克·史密斯（Rick Smith）曾叙述自己初到盖里工作室工作时，盖里就让他到市场买一条大草鱼，然后将鱼摆成一个姿势，放到冷冻柜冻结之后，拿出来由上往下纵剖，盖里让他将这实体鱼剖切面的形，输入电脑使之数字化。[1]由此可见，鱼形对盖里的建筑形式，具有特别重要的启示意义。“鱼形后来成了盖里的符号，他的颂歌，他的护身符，一个对他而言最具煽动性的建筑灵感。”[2]在探索新形式的过程中，他时常重回到鱼的主题。鱼形成了盖里对一些被忽视（但或许也是不可到达的）事物的速记，成了激发他创造性思维的刺激物。鱼，对盖里而言，意味着几层意义：（1）剥掉文明外衣，走向远古，鱼是未被文明玷污的完美形式；（2）鱼的造型是形式、表皮与运动功能的完美结合，在建筑中表达时代的运动和速度感是盖里建筑的重要特点，所以鱼形对盖里在建筑中塑造动感有着极大的参考价值；（3）鱼的符号成为盖里建筑革新精神的象征符号和宣言。

当有人问盖里，为什么人们称他为鱼·弗兰克时，盖里这样回答：“我一直坚持画它，用草图表达它，对我来说，它渐渐变成一种完美的象征，这种完美是我在建筑中所无法达到的。后来在我一些没完成的作品中，我会画一条鱼作为标记。但它不是作为一块美丽的遮羞布，而是作为一个标记，一个我想让它比现在难以深入的方案更好的标记，我想让这个设计更美丽。”[3]就这样，鱼成为盖里设计中经常引用的一个主题和激发灵感的重要来源。

盖里先后设计了1983年洛杉矶景观建筑“监狱”（图3.3），1986年日本神户“鱼舞餐厅”（图3.4），1991年，在明尼苏达州的魏斯曼博物馆里（Weisman Museum，Minnesota），他使用鱼形制作灯具（图3.5，图3.6），除了鱼灯，盖里还创作过蛇灯、章鱼灯和老鹰灯；在1992年，巴塞罗那奥运村中，他设计了鱼形雕塑标志（图3.7），在杰伊·查特广告机构（Chiat/Jay advertising agency）项目中，他用鱼形做成室内雕塑性的小会议室（鱼腔）（图3.8），1994年，在瑞士维特拉国际总部项目（Vitra International Headquarters，Switzerland，1994）中，他使用鱼形和蛇形制作室内装饰物（图3.9，图3.10）；在德国汉诺威他做了个带鱼鳞

---

[1] 佚名，《现代建筑派大师：弗兰克·盖里》，http://build.woodoom.com/zhuanjia/200705/20070510032809.html.

[2] Laurence B. Chollet，The Essential Frank O. Gehry，Harry N. Abrams，Inc.，Publishers New York，2001，P12.

[3] 转引自刘松茯，李鸽《弗兰克·盖里》，中国建筑工业出版社，2007，P57.

图 3.3　鱼形景观建筑“监狱”模型照片，美国，洛杉矶

图 3.4　“鱼舞餐厅”（左为外形，右为鱼鳞细部），日本，神户

图 3.5　魏斯曼博物馆里的鱼灯，美国，明尼苏达州

图 3.6　鱼灯

图 3.7　巴塞罗那“鱼形”雕塑（上为雕塑外形，下为雕塑细部），西班牙

的公交站（图 3.11），他还采用钢丝网和玻璃创作室内鱼形雕塑（图 3.12）。通过这些不同功能、不同形式和不同材料的鱼形灯具、装饰物、雕塑或建筑的创作，他逐渐摸索出如何创造三向度扭转的动态形体，以及对鱼鳞状皮肤的不同表达、建造方式，这些实验和尝试，对于盖里关心的动态建筑形式和不同材料的使用，起到了重要的启发作用。在 1997 年的毕尔巴鄂古根海姆博物馆中，他用巨型的鱼形躯干，来创造动态的建筑形式（图 3.13），盖里的这种手法不是一蹴而就的，而是经过了长时间的不断探索和完善。

图 3.8　杰伊·查特广告机构办公楼，鱼腔会议室，美国，洛杉矶

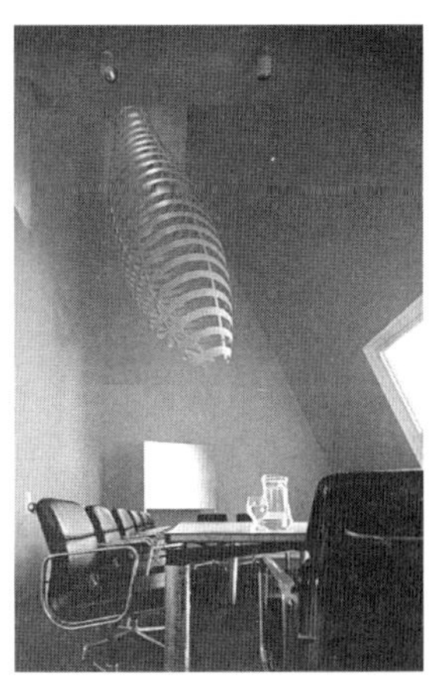

图 3.9　维特拉国际总部会议室里的鱼形装饰物，瑞士

图 3.10　维特拉国际总部会议室里的蛇形装饰物，瑞士

图 3.11　鱼形公交车站，德国，汉诺威

图 3.12　室内鱼形雕塑，美国，洛杉矶

图 3.13　呈现出巨型鱼躯干形态的毕尔巴鄂古根海姆博物馆，西班牙

鱼形是大量出现在盖里作品中的形式主题，通过对鱼形的采纳，盖里既创造出了独特的动态形式，也宣示了他反抗传统的革新精神，以及对自己曾遭到侮辱和贬损的、犹太民族身份的复归、认同和张扬。这种复归过程，同时也宣告了盖里注重平等、多样、变化（动态）价值的思想，他以反常、奇异、复杂、动态、曲线的建筑形式，以多样混合、差异共存、平等表现的思想，向简单、单调、静态、庸常、直线形式的中心权威和等级制度思想宣战，盖里的思想和埃里克·欧文·莫斯的彻底叛逆如出一辙，莫斯经过对知识形成过程的考古分析，彻底地站在了相对主义的立场，并大胆地向世界宣示："世界本可以不必如此"，而盖里以这种几乎处处和现代主义背道而驰的建筑行为，彻底地宣示了自己和历史的决裂。

3.“海纳百川，有容乃大”：多文化的兼收并蓄

在当代建筑发展过程中，盖里是产生重要影响的一位建筑师，这种影响力来自于他的思想深处，盖里明确地表示：他生活在这个时代，而不是生活在过去，作为建筑师，他可以从历史中吸收营养，但他不会活在历史之中，所以“他所要创造的建筑，是面向未来的建筑，”[1] 而不是面向过去的建筑，这也是他思想的本质所在。

（1）优秀的犹太文化，培养了盖里的独立人格和求真精神

在各个历史时期乃至今日，犹太人都为人类文明做出了巨大的历史性贡献，犹太民族被公认为是一个优秀的民族。古代犹太人对人类文明的贡献仅次于古埃及人，近现代，在商业的繁荣、资本主义的兴起，在马克思主义、古典政治经济学、相对论、现代物理学、精神分析学、现象学、科学哲学、现代画派及其他文学和艺术领域中，都有着一长串杰出的犹太人名单。犹太家庭和世界上其他民族的家庭一个最大的不同就是，在孩子很小的时候，犹太家庭就会用《塔木德》[2] 来教育他们的孩子，这种绵延千年的传统家庭教育，影响并塑造了犹太人的文化和精神世界，犹太人将这本被称为“犹太人智慧书”的《塔木德》，作

---

[1] Gehry Partners，Gehry Talks: Architecture + Process，New York，Rizzoli，2007，P226.

[2] 公元前 586 年，犹太王国被灭后，大批犹太人被沦为“巴比伦囚徒”。这样，巴比伦逐渐发展为犹太人最主要的文化和精神中心，集中了许多有影响的犹太贤哲和宗教研究人员，形成了一个享有很高威望和领导地位的学者阶层——拉比阶层，他们以维护犹太教传统及犹太精神价值为己任，潜心研究神学，著书立说，在公元 2 世纪至 6 世纪之间，编纂了犹太教的口传律法集，即《巴比伦塔木德》和《巴勒斯坦塔木德》，统称《塔木德》，形成了塔木德文化。在整个中世纪，欧洲犹太人对《塔木德》的研究非常活跃。1948 年以色列复国，犹太文化得以复兴，《塔木德》再次受到重视，犹太教正统派认真研习《塔木德》，并试图争取将《塔木德》定为以色列国的大法。今天，在西方国家，有越来越多、自发研习《塔木德》的青年和民间组织，他们热衷于对古老《塔木德》智慧的研修。

为自己精神和行为的指南，代代相传，伴随着他们走遍天涯海角。

《塔木德》作为犹太人宗教的教义书，和世界上其他任何宗教的教义书有所不同，它不是教人相信什么，而是教人不要轻信，教人要独立思考。《塔木德》一书的第一句不是以“是什么”开头，而是以“为什么”开头。“为什么”是一种穷究事物的来龙去脉，不断对事物的发生发展过程，展开追问的方法：事物为什么会是这样，而不是那样？事物是从什么样的过程，逐渐发展、进化而到达了现在的状态？它又会往哪个方向演化发展？

盖里的建筑思想也是这样建立起来的，盖里建筑思想转变的第一步工作就是在“为什么”的追问中，与当时的国际主义和后现代历史主义划清了界限，完成了对自己不能信从的建筑思想的否定工作。他既然要确立自己的新思想，就必然要思考自己的建筑，与那些已经成为历史的、旧的建筑知识体系之间的关系问题，不和过去告别，就无法向前迈进一步，正所谓“不破不立”。

盖里强调了《塔木德》对自己的莫大影响：“你们知道，我生在一个犹太家庭，并研习《塔木德》(Talmud),《塔木德》以‘为什么(why)’开篇，对一切事物都追问为什么(Why everything)，其他的宗教有一种规定的模式，让你来适应它，像天主教等其他的宗教。在《塔木德》里，第一个词就是‘为什么’，‘为什么’已经深深地浸入了犹太文化，这不是什么宗教性的东西，它是一种追问，为什么事情是这样发生的？为什么这把小刀比那把小刀好？为什么？我认为这种追问的习惯，自从我跟随我爷爷学习《塔木德》那时起，就已经深深地植入了我的思想。古代的拉比们(犹太人的学者，法师)，都对所有这些《塔木德》里的问题追问过，追问是一种通向理解的、非常漂亮的工作模式……”[1]

一旦追问“为什么”，就必然把事物置于发生发展、运动转化的过程之中来观察思考，在这一点上我们看到了盖里和墨菲西斯、莫斯几乎完全相同的思考方式，他们都把当代建筑置于一种过程性的、开放性的理解和考察之中，这就必然会导致一种批判性、颠覆性、革命性的辩证扬弃理解方式，认识对象被分析、肢解，这是一种科学式、实验式的、进化论的思维方式，旧的认识对象在经过分析、肢解之后，只能作为新对象、新知识的素材，而不再是不可改变的结论，认识进化发展了，随之世界和事物亦进化发展了，于是，现代文明就呈现出一种不断发展和超越自身的态势，在现代西方文明中，进化是其根本的思维特征。在这种理解方式中，就不会把现代主义建筑当作某种一成不变的、不可更改的、坚固的历史结论，来全盘接受，而是会对它进行革新改造，这种狂飙式的革新态度，在莫斯的身上，更是得到了登峰造极的展现，毕竟“一切在历史中产生

[1] EL Croquis 117：Frank Gehry 1996–2003：from A-Z，Spanish，P27.

的对象，都将在历史的洪流中消亡”，这就是发生在圣莫尼卡学派建筑师们身上传奇故事的本质内容。只有在一个狂飙突进的时代，才会产生如此狂飙突进的革新学派。正是对事物持以“为什么”的追问和反思精神，培养了他的独立人格，把他从一个有一定才华，但处于洛杉矶边缘位置的建筑师，带到了世界建筑舞台的中心。

《塔木德》为什么会对人的思维具有这种点石成金的功用呢？因为对于《塔木德》中的每个事例，既可以用演绎，也可以用归纳的方法来探寻问题的答案，《塔木德》既需要横向的思考，也需要纵向的探索。对于受教育者，具备全方位的思考方式是十分必要的，所以说，一个人如果思想狭隘，或者是拘泥于条例，是不可能理解《塔木德》的。希伯来大学的教授莱巴·比奇（Lyuba Bici）是世界驰名的生物学家，他一有时间就研读《塔木德》，有学生问他：“老师，你研究《塔木德》对你研究生物学有什么帮助吗？”他回答说：“是啊，它可以让的我的思考方法时刻保持新鲜。”[1] 今天，在西方，一些年轻人自发组成研修《塔木德》的团体，他们围绕《塔木德》的学习，相互切磋、交流，由此可见，这部被称为犹太人的智慧书的重要价值。

（2）后现代思潮对盖里的滋养

盖里曾明确地表示自己的思想受到 1960 年代社会思潮的巨大影响，他认为自己是 1960 年代的产物，[2] 这是因为“民主导致了混乱，造成我们思维的混乱，”[3] 但这着实让盖里兴奋。1960 年代被称为美国的狂飙运动时期（请参看第五章的相关内容），在早期，盖里创新思想的能量与经验，正是来自于 1960 年代的现代生活，来自他对现实生活的鲜活体验，所以他称自己是 1960 年代的产物，因为社会的政治、经济和文化内容是建筑学的本质背景，“今天的现实世界像架失控的货车般向你冲来，你要不就吓得让它撞倒你，不然你可以闪到一边，飞跃过去，死命爬上车，从车窗爬到驾驶座，在座位上你可以扭转方向盘和控制刹车器，那是我试图驾驭作品的能量。你可以说这种动感令我迷惑不已”。[4] 盖里所感知到的时代剧变，正是一种新型的文明形态——后现代主义时期的来临，它引发了社会全方位的深刻变革，包括生产、经济、政治、文化、审美、通信、传媒等等人类社会生活的方方面面。

---

[1] ［日］手岛佑郎，连载《犹太人为什么优秀》，http://book.sina.com.cn/longbook/1098758717_youtairen/27.shtml.

[2] Laurence B. Chollet，The Essential Frank O. Gehry Harry N. Abrams，Inc.，Publishers New York，2001，P31.

[3] Richard Lacayo，The Frank Gehry Experience，http://www.time.com/time/magazine/article/0，9171，47703，00.html.

[4] 里昂·怀特森，《建筑新纪元》，http://arts.tom.com.

后现代时期，一些新的价值标准开始在不同程度上渐渐取代了此前的标准，关于这一部分内容可参看第二章的相关内容。后现代主义重要的哲学家福柯认为："没有现实，只有对世界的不同解释。一切都不是只有单一的意思，必须根据现有的许多看待事物的不同方法来理解它们，看待任何事物，你的观点越多越好，因为这意味着你对其理解越深。"[1] 哲学思想是美学观念的基础，当哲学思想转变之时，也必然会导致审美意识的变异。人们开始认为，存在着多种不同的看待事物的方式和视角，每个人对事物的认识，都因为自己的爱好、气质、性格、经历、教育水准和环境不同，而形成自己的视角来进行的。

美国是世界上最具有后现代特征的国家，"如果你想知道为什么美国社会是现在这个样子，你就必须了解后现代主义及其影响。"[2] 后现代主义反对所谓的精英文化和大众文化之间的界限，强调风格的折中主义，对生活的反讽态度，平面化代替历史深度；后现代主义者，模糊了现实和梦想、非现实之间的界限，他们把文学作品的不同类型混在一起，沉迷于嘲讽、模仿和大批量的生产。社会思潮的巨变，清晰地反映在建筑设计上，圣莫尼卡学派建筑师们的作品，也充分地印证了后现代的时代性对建筑理论和方法的影响。

富兰克林·伊斯雷尔（圣莫尼卡学派第二代建筑师）与罗伯特·文丘里和盖里两人都认识，他认为虽然前者（文丘里）以理论的形式宣告了后现代建筑的来临，但从将《建筑的复杂性和矛盾性》中一些观念真正付诸实施方面而言，后者（盖里）比前者（文丘里）表达得还要充分，有过之而无不及。在盖里自宅的扩建项目中，后现代建筑的复杂与矛盾特征，得到了淋漓尽致的表达。非常明确的一点是，在盖里的建筑中出现了一系列典型的后现代建筑特征，如"偶然性"（contingency，反视觉合理性、反因果关系、反功能对位的各种物质材料的随意性使用与组合）、"临时性"（temporariness，粗糙的廉价材料、不精密的节点处理、匆忙的配置关系、形态上的未完成感）、"不定性"（indeterminacy，违反既定的形式规则与几何秩序的非确定形态）、"无向度性"（adimensionality，建筑材料既无统一的物质向度，也不依循笛卡儿坐标系的基本维度，而利用复杂的位置关系与多变的空间指向性扰乱人的定位参照）、"异质性"（heterogeneity，在传统意义上不相统属、非和谐，甚至相互冲突的多种材料并置）、"断裂"、"碎片"、"扭曲"等[3]。

1989年盖里获得了普利茨克奖，在授奖辞中，评委们指出了剧变的时代思潮对盖里的莫大影响："盖里时而引起争论，但总能引人注目的作品，被外界描

---

[1]（美）阿瑟·A. 伯格著，洪洁译，《一个后现代主义者的谋杀》，广西师范大学出版社，2002年，P98.
[2]（美）阿瑟·A. 伯格著，洪洁译，《一个后现代主义者的谋杀》，广西师范大学出版社，2002年，P31.
[3] 转引自，章建刚《后现代建筑出现的意义》一文。

述成各种各样的偶像破坏、打破常规、粗暴不羁和朝存夕亡，但是评委授予盖里普利茨克奖的原因，却是因为称赞他永无止境的探索精神，盖里以他的建筑形式，独特地表达了当代社会及其矛盾的价值。”[1] 时代思潮影响了盖里的建筑观念，盖里的建筑也表达了这种时代思潮，切合了时代特征。“如果盖里的建筑仅仅是对无理性的拥抱，那么，他的建筑也就基本上等同于胡说。真正提升盖里建筑的是他的建筑是怎样反映了我们现代文明在运动、速度和变化这些方面的迷惑。”[2] 从上面两则评价中，可以明确地得到这样的结论，盖里建筑的根本价值在于：它反映并切合了时代的思潮、特征和精神。

盖里自己在 1989 年接受普利茨克奖的答谢辞中，也明确地谈到了时代性对他的巨大影响，“我们生活在一个价值观念及其等级秩序，不断受到挑战的时代，在这样的时代，如果我们仅仅期待某一种单一正确的答案，就会把复杂问题过于简单化，建筑学正是人类当前生存境况的一种写照。但对建筑师而言，我相信建筑学依旧具备这样的潜力：它可以创造差异性，启发、开导并提升人类的生活，打破误解和偏见的障碍，并为人类生活的舞台，提供一种更为优美的文脉背景。”[3] 在这段答谢辞中，盖里阐释了其思想中最重要的后现代特征如复杂性、差异性和平等观念。对于后起者而言，这些特征起到了极其重要的引导作用，在圣莫尼卡学派第二代建筑师的作品里，这些时代特征都得到了不同形式的、鲜活的展现。

在怎样对待 20 世纪下半叶新兴的后现代文明这个问题上，盖里表现出开放的思想态度，他说：“事物在变化，变化带来差别，不论好或坏，世界是某种发展过程，我们同世界不可分，也同样地处于发展过程中。有人不喜欢发展，而我喜欢。”[4] 多文化的兼收并蓄，国际性大都市文化所滋养的宏大眼界，解放了盖里的思想，使他能够开放、积极地对待新兴的文明形态，这与他乐观、慷慨的天性也是相符的。在急剧变革的时代面前，盖里感受、接纳这个时代，从中抽取、吸收文化养分（既包括大众文化，也包括先锋文化），最终形成了自己独特的建筑观念，他说：“我是从大街上获得灵感的。我不是罗马学者，而是街头战士……我热爱民众，也许我的作品流露出迎合民众的人文主义倾向。”荷兰建筑师学会（NAI）主席，著名建筑评论家、建筑策展人阿隆·别茨基（Aaron Betsky），将盖里与东海岸的罗伯特·文丘里（Robert Venturi）、彼得·埃森曼

---

[1] http://www.pritzkerprize.com/gehry.htm.

[2] Lynn Becker，Frank Gehry，Millennium Park and the development of the Techno-Baroque，http://www.lynnbecker.com/repeat/Gehry/gehrybaroque.htm.

[3] Frank Gehry，Ceremony Acceptance Speech，http://www.pritzkerprize.com/laureates/1989/ceremony_speech1.html.

[4] 刘松茯，李鸽《弗兰克·盖里》，中国建筑工业出版社，2007，P43.

（Peter Eisenman）、约翰·海杜克（John Hejduk）四人并称为“美国建筑四教父”，后三位侧重于从理论上将“潜藏在建筑形式特征下的可能性解放出来，”[1] 而盖里与他们明显不同，他把现实世界作为创造的源泉，从现实世界中抽取思想观念，并进一步重构现实——即超现实。盖里的作品带有明显的大众文化色彩，但他的建筑和后现代历史主义建筑有所区别，盖里作品更多地体现出了一种典型的后现代折中主义思维方式和混杂美学的倾向，而后者依旧跳不出历史符号、守旧怀旧的窠臼。

“洛杉矶大众化美学的主调是：将以前被人普遍认为粗糙而难登大雅之堂的工业用材及平庸的建材，如钢丝网和波纹马口铁，引入正规的建筑中；给一系列已失去原来价值及风格的民居、商用及工业建筑物重新构想出新的用途。这种方法在翻天覆地的重构当下的同时，亦不失对过去的尊重；解构大众熟悉的轮廓，从固有的社会与美学之间的关系释放出新的能量，赋予新的意义。”[2] 盖里许多作品中都流露出他对洛杉矶大众化美学因素的吸纳和提升，这方面最为突出的例子就是盖里把普遍存在但为人们轻视的钢丝网，创造性地引进自己的建筑语言。

钢丝网是在洛杉矶城市景象中出现最多的元素，建筑边界、球场的边界，几乎到处都可以看到钢丝网，但人们一般看不起这种东西，盖里说道：“这让我对外界产生好奇，我发现文明否认了这些已被世界各地广泛使用材料的真实存在性，钢丝网（Chain link）对我而言，也不是什么好东西，但它被大量使用（图 3.14），吸收进了我们的大众文化中，也有很多对它否定的看法，但我不相信这点，在我的作品中，这是与艺术相对的平民主义。钢丝网有什么错呢？我也不怎么喜欢它，但是我能把它弄得漂亮些吗？我说：‘或许你把它弄得美了，如果你大量地使用它，你可以用一种漂亮的方式来使用它。’”[3] 这样，盖里就用钢丝网，创造出了许多漂亮的面纱般的表皮，在他的自宅扩建中，钢丝网成了一种重要的建筑材料。有一阶段，钢丝网几乎就成了盖里留在人们印象中的“负面”符号，人们还是不能理解这位建筑师，为什么在对待如此廉价、平庸的材料上，表现出如此的热情。但对于盖里而言，这是他设计思想的表现，他通过把大众文化中，这种真实存在于现实之中、最普通的元素进行积极转化，创造出大大地超出了普通使用方法所达到的艺术水平，这也说明了盖里对待材料的观点：对待材料的关键是使用它的方法。盖里使用胶合板、硬纸板来制作家具，正是这种创造性地使用材料独特方法的体现。

---

[1] 沈克宁，《美国南加州圣莫尼卡（学派）建筑设计实践》，重庆出版社，2001，P14.

[2] 里昂·怀特森，《建筑新纪元》，http://arts.tom.com.

[3] Gehry Partners，Gehry Talks :Architecture + Process，New York，Rizzoli，2007，P47.

图 3.14 喜爱曲棍球的盖里坐在球门前，背景是广泛使用的钢丝网，他坐的椅子是自己的曲木家具系列产品

图 3.15 盖里自宅中，钢丝网作为重要建筑材料，1977 年

盖里对钢丝网的引用，在许多项目上都表现了出来，如在他的自宅（图 3.15）扩建中，钢丝网作为重要的建筑材料得到了使用；在他早期重要的商业项目，圣莫尼卡广场项目（Santa Monica Place）中，他使用钢丝网塑造了大规模透明的建筑肌肤，造成变化丰富的光影关系（图 3.16）；在后来的圣佩德罗的卡布里罗·马琳博物馆（Cabrillo Marine Museum，San Pedro，1979，图 3.17），盖里也使用钢丝网作为表皮材料。他使用钢丝网主要是看到了钢丝网能够造成特殊的光线和阴影变化（如图 3.18 所示），图 3.18 是在艾杰玛农场改造项目中，使用钢丝网前后视觉效果的对比，钢丝网造成了既混乱又有序的视觉感受，带有模糊、朦胧、含蓄的美感。

盖里的这种手法，直接影响到墨菲西斯作品对建筑表皮的表现，在墨菲西斯诸多项目中，汤姆·梅恩采用多种透明度、渗透性的金属穿孔板和玻璃，塑造了丰富多变的建筑表皮，在墨菲西斯早期一个重要的高层建筑项目上——韩国首尔太阳大厦（Sun Tower，Seoul，Korea，1994-1997），可以清晰地分辨出梅恩建筑表皮对盖里钢丝网“面纱”状视觉关系的模仿（图 3.19）。对建筑表皮多样化的处理，是墨菲西斯建筑极为重要的特征之一，墨菲西斯在 2006 年获胜的“巴黎灯塔”竞赛方案中，不但继续使用和发展双层表皮的“面纱”手法，还大胆采用盖里的双曲线型建筑形态模式（图 3.20），来塑造超高层（324m）建筑的形体。另外，迈克尔·罗通迪即便在离开墨菲西斯之后，也在一些项目上，有意识地塑造这种“面纱”（veil）状界面。图 3.21 为美国得克萨斯州农工大学建筑与艺术大楼（Architecture and Art Building，Prairie View A & M University，2003）的室内，罗通迪大量采用钢丝网作为室内空间的界面材质。

如今，采用这种面纱手法，已经成为了一种流行的语汇，但作为创始者的盖里，因为坚持使用钢丝网这种材料，他有许多项目遭到了业主的拒绝，这是

图 3.16　洛杉矶圣莫尼卡广场，1980 年

图 3.17　卡布里罗·马琳博物馆，圣佩德罗 1979 年

图 3.18　钢丝网造成融合的视觉感受（上为使用钢丝网的情况，下为未使用钢丝网的情况），洛杉矶，圣莫尼卡，1987-1989 年

图 3.19　太阳大厦的面纱状表皮，韩国，首尔

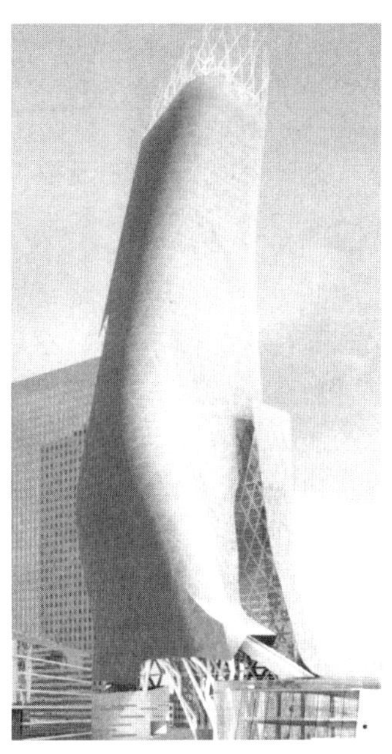

图 3.20　巴黎灯塔双层面纱状表皮及其双曲线型形态，法国，巴黎

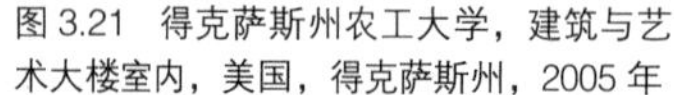

图 3.21 得克萨斯州农工大学，建筑与艺术大楼室内，美国，得克萨斯州，2005 年

图 3.22 温顿客房，美国，明尼苏达州，1987 年

先驱者必然要承担的风险。

盖里自称不是理论家，而是实践者，来自现实生活、鲜活的社会思潮剧变，极大地刺激了有着艺术家敏感细胞的盖里，促使他的建筑由早期较为传统的现代主义风格，开始发生根本性的转向。盖里开始把眼光投向那些深刻地感受着时代的现实，并以艺术形式，表达这种时代特性的艺术家群体，正是在同这些艺术家的交流、切磋过程中，在艺术的世界里，盖里重新定位了自己的风格追求，而其建筑最深刻的变革时期，也随之而来。

4. “建筑也可以这样去玩耍”：当代艺术对盖里的重要影响

（1）建筑与艺术的交叉，导致了盖里建筑思想的根本变革

1960 年代，盖里的建筑思想发生了根本性的转变，他开始把建筑看成雕塑（architecture as sculpture），这是他的根本思想，他不但把建筑的实体形态当作雕塑来塑造；他还把空间当作空的容器，对之进行雕塑化处理，建筑空间在注入了光线后，呈现出抽象画的艺术品质。不论是 1980 年代小规模温顿客房（Winton Guest House，明尼苏达州，韦扎塔，1987，图 3.22），还是后来大规模的各类建筑，盖里的建筑无不体现出一种雕塑作品的艺术气质，“我不知道建筑和雕塑之间的分界线在哪里，对我而言，它们是同样的东西，建筑和雕塑都是三维造型的东西。”[1]

---

[1] Laurence B. Chollet，The Essential Frank O. Gehry Harry N. Abrams，Inc.，Publishers New York，2001，P72.

1960年代，盖里在其事务所所在地的圣莫尼卡区，结交了一批艺术家朋友。圣莫尼卡区，是个相对较为封闭的区域，这里是个先锋派艺术家“扎堆”的地方，既是加利福尼亚大学洛杉矶分校的教授们主要的活动区域，也是南加州建筑学院的所在地，同时，好莱坞影视界的名流也活跃于此地，所以，这里是个思想活跃、开放前卫的区域，这里到处走动着“自以为是”的艺术家，个人主义思想在这里“泛滥成灾”。

艺术家朋友们的思想观念，对盖里的思想转变产生了重要的促进作用，加之盖里自幼就培养起对艺术的兴趣，这样他就能够冲破时间限制，与他自己喜欢的任何艺术家进行思想对话，汲取营养。他的事务所墙壁上，不定期地更换着不同的艺术家照片及其艺术作品。对盖里造型思想产生影响的因素，既包括远古时期的鱼形（还包括蛇形等动物形态），也包括一些艺术家（主要是后者），这里有中世纪的雕塑家克劳斯·斯吕特（Claus Sluter）和画家贝利尼（Bellini），也有当代的克莱斯·奥登伯格和比利·阿尔·本斯顿（Billy Al Bengston）。“绘画和雕塑对我的生活和设计世界有着非常重要的意义，现代主义的马克·罗斯科（Mark Rothko）、贾斯珀·约翰斯（Jasper Johns）还有马蒂斯（Matisse）、毕加索（Picasso），那些我在博物馆可以看到的作品，所有这些人的作品我都喜欢，它们让我兴奋不已”[1]不同时期的艺术观念、思想对盖里的建筑思想产生了根本影响，如果没有这些艺术因素的影响，就没有盖里建筑革新观念的产生。

1992年，盖里在接受《洛杉矶和旧金山的革新建筑》（Angels & Franciscans: Innovative Architecture from Los Angeles and San Francisco）一书作者比尔·莱斯（Bill Lacy）的采访时，说道：“作为一个建筑师，我相信我们已经步入了一个新的时代，在这样的时代里，我们的城市不会由弗兰克·劳埃德·赖特，或者勒·柯布西耶这样的人来建造，这些都已成为过去。我想，对于今天的建筑学而言，唯一可以追寻的方向就是和媒体、计算机以及艺术实行大联合，我们建筑师必须得接受这样的合作。”[2]可见在面向未来的盖里思想里，艺术占有极其重要的地位。正因为长期对绘画和雕塑艺术的关注和思考，与洛杉矶及国外艺术家间的互动影响，盖里才形成了自己个性鲜明的建筑思想：以雕塑艺术的眼光看待建筑，创造变化丰富的建筑形态，并列使用多种不同材料，表达它们的差异性；用强调复杂而不是简单，多样而不是单一，多元而不是同质，差异而不是同一的建

---

[1] Laurence B. Chollet，The Essential Frank O. Gehry Harry N. Abrams，Inc.，Publishers New York，2001，P10.

[2] Bill Lacy，Susan de Menli，Angels & Franciscans: Innovative Architecture from Los Angeles and San Francisco，Rizzoli International Publication. Inc，1992，P8.

筑艺术，来象征这个充满着矛盾变化的复杂时代。

艺术界，不但给盖里带来了一些让他可以表现自己理念的工程项目，最为重要的是，艺术界的新思想、新观念和新精神，点燃了盖里建筑创新的激情，坚定了他走一条与众不同的建筑道路的决心和信心。盖里有一些项目正是得自于艺术界朋友的介绍而承接的，如维特拉家具厂和毕尔巴鄂古根海姆博物馆；他也和艺术家们在一些项目上进行合作，例如，他和克莱斯·奥登伯格、库斯杰·范布吕根（Coosje van Bruggen）夫妇在洛杉矶威尼斯区的杰伊·查特广告机构（Chiat/Jay advertising agency，1985–1991）项目上进行合作，这个项目中，作为会议室的望远镜，就是利用此前他们合作产生的一个雕塑作品调整而成。他还和爱德华·鲁斯查（Edward Ruscha）、比利·阿尔·本斯顿和理查德·塞拉在一些项目上进行合作。在盖里刚刚走上实验建筑道路的时候，经常受到洛杉矶主流建筑界的嘲讽、挖苦和攻击，倒是艺术界的朋友们和他打成一片，艺术界朋友们对他工作的肯定和支持，给了盖里莫大的信心，也更加坚定了走实验建筑道路的决心。在盖里成名前，他基本上是个“我行我素”的独行侠，远离洛杉矶主流建筑界的圈子，处在一种边缘的位置。当然，在洛杉矶的城市文化中，边缘并不意味着不重要。

当代艺术思潮，如雨后春笋，层出不穷，艺术家们通过不同的途径，阐释现实世界那种钢铁般的、狂热的疾驰生活。先锋艺术重视个人主观情感的宣泄和表达，通过个人的艺术创造，阐明对时代和世界的看法，他们冲破传统美学既定的边界，建立新的审美评价标准。盖里对先锋派艺术产生了强烈的共鸣，“艺术总是吸引我的，当我离开学校并开始建筑师的工作时，我觉得建筑师们并不是非常易于接纳我。当时在洛杉矶我有几栋建筑物正在建造，我到工地去，在那里发现有多位艺术家正在观看我的建筑。我看到本斯顿、爱德华·摩西（Edward Moses）、肯尼·普赖斯（Kenny Price）、拉里·贝尔（Larry Bell），以及一些我只知其名不知其人的艺术家们。能让这些我认为比建筑师更好的人，来欣赏我的作品，是一种有趣的感觉，事情就是这样，我们成了朋友。这可不只是一些社交的事情，我也被列入他们许多活动计划之中，而且，我是他们唯一愿意交谈的建筑师，所以我会认识罗恩·戴维斯（Ron Davis），劳申伯格·贾斯珀·约翰斯（Rauschenberg Jasper Johns）以及理查德·塞拉等人……，”[1] 在盖里的建筑生涯中，许多艺术界的朋友，都对他产生了影响，“许多艺术家朋友，对我的作品都产生影响，爱德华·摩西对我的生活有着很大的影响，我从他那里学到很多，也和他交流很多，他对我影响之大，让我觉得有愧于他。我也从罗伯特·欧

[1] 佚名，《弗兰克·盖里访谈录》，http://renwu.chda.net/show.aspx?id=119&cid=13.

图 3.23 克劳斯·斯吕特的雕塑作品，左为《哀悼者》，中为《摩西之泉》群雕的部分，右为摩西头部细节

文（Robert Irwin）那里学到很多，我过去非常喜欢和他聚会，我现在也非常怀念和他在一起所度过的那些美好时光，虽然我搞不懂他对我所说的一半，但那种亲密、令人兴奋的情感却围绕在我们周围。克莱斯·奥登伯格和库斯杰·范布吕根对我也非常重要，……”[1]

据盖里所言，对他产生重要影响的艺术家包括：

①克劳斯·斯吕特（1395–1406）[2]：是 14 世纪最具影响力的荷兰文艺复兴时期的雕塑家，1990 年代盖里开始接触其雕塑作品，斯吕特以犹太人先祖摩西为题材的一系列雕塑作品，以及在法国第戎一个坟墓中发现的“哀悼者”雕塑，深深地震撼了盖里，图 3.23 为斯吕特的部分雕塑作品。

②扬·弗美尔（Jan Vermeer，1632–1675）：[3] 是 17 世纪荷兰最优秀的画家之一，图 3.24 为弗美尔的代表性绘画作品。

---

[1] Laurence B. Chollet，The Essential Frank O. Gehry，Harry N. Abrams，Inc.，Publishers New York，2001，P19.

[2] 克劳斯·斯吕特（Claus Sluter），1350–1406 年，是 14 世纪最具影响力的荷兰文艺复兴时期的雕塑家。他以个人主义、自然主义的艺术风格，超越了当时占统治地位的法国艺术水准，确立了自己在西方艺术史中的地位，并广泛地影响了 15 世纪北欧的绘画和雕塑。最著名的作品是关于摩西（《圣经》故事中犹太人古代领袖、领导者、立法者）题材的一系列雕塑。克劳斯·斯吕特以优美的曲线型雕塑传达着对犹太传教者——摩西的缅怀之情，作品奇异，但饱含情感。盖里时常对着克劳斯·斯吕特的雕塑，陷入深深的沉思，后来盖里将这种情感转化为 DZ 银行项目中的“马头”（horse's head）。斯吕特是对盖里曲线型艺术风格影响最大的艺术家。

[3] 扬·弗美尔（Jan Vermeer），17 世纪荷兰最优秀的艺术家，他和伦勃朗、梵高名列荷兰三大画家。

图 3.24　扬・弗美尔的代表作品，左为《挤奶女工》(The Milkmaid，1660 年)，右为《戴珍珠耳环的女孩》(The Girl With the Pearl Earring，1665 年)

图 3.25　爱德华・摩西作品，左为《衣物》(Riko)，右为《疲倦的狗》(Tired Dog)

③爱德华・摩西：他是洛杉矶地区杰出的抽象主义艺术家，涉及抽象表现、色彩派和极少主义，图 3.25 为爱德华・摩西的部分作品。[1]

---

[1] 爱德华・摩西，1926 年出生于加州的长岛 (Long Beach)，在加州大学洛杉矶分校 (UCLA) 获得学士和硕士学位，是洛杉矶地区杰出的抽象主义艺术家，在他的职业生涯中，开拓了许多艺术风格，先是抽象表现主义 (abstract expressionism)，还对色彩派和极少主义绘画 (color field painting and minimalism painting) 感兴趣。他的作品范围，从以重复装饰图案为特征的构成，到硬边几何设计。颜色对他而言不是用来描绘物体，而是用来建立纯粹的美学体验，他的楔印 (Wedge prints) 绘画，展示了他对作画方法的兴趣，他把作画过程和作画所用的材料融合成一种纯粹的抽象，和只能参照自身 (refer to) (即，只在自身范围内才能获得有效解释) 的图像。在这些作品中，浸渍了颜料的纸张形成阶层肌理，浸入在绘画材质里的颜色，形成了互相穿插的位面 (planes) 关系。重叠搭接的色彩面和楔状几何图案 (geometric patterns of the Wedges)，暗示着纳瓦霍人 (美国最大的印第安部落) 的设计，但是他的作品却从纳瓦霍人的文化中抽象分离出来，成为独立的抽象艺术作品。参考：http://www.nga.gov/cgi-bin/pbio?235410.

图 3.26 罗伯特·欧文反映空间和光线关系的装置艺术作品

④罗伯特·欧文（Robert Irwin，1928- ）[1] 是美国艺术界长达 30 年的领跑者，欧文关于光和空间的理论对盖里的建筑设计产生较大的影响。图 3.26 为欧文的装置作品，光线和空间关系是这两个装置所表达的主题。

⑤克莱斯·奥登伯格 [2] 和库斯杰·范布吕根是一对夫妇，他们以制作大尺度的公众雕塑而著称，盖里多次与他们夫妇合作，图 3.27 为克莱斯·奥登伯格夫妇雕塑作品。

⑥拉里·贝尔（Larry Bell，1939- ）[3]，他是由洛杉矶本土艺术氛围中，成长起来的最杰出的、最有影响力的极少主义艺术家之一，作品致力于在光线和空间关系、玻璃光线反射的复杂性方面的表现，图 3.28 为拉里·贝尔的作品。

---

[1] 罗伯特·欧文（Robert Irwin，1928–）是美国艺术界长达 30 年的领跑者，他既是艺术领域的实践者、参与者，也是一位杰出的艺术理论家。欧文的职业起于抽象表现主义，但到 1960 年代，他从绘画领域转向光和空间的创作者，他使用那些短暂的材料，如平纹棉麻织物和舞台灯光，来改变和提高观者对他作品展示处所空间的感知，从 1980 年代早期，欧文开始在公众空间以亲切宜人的手法使用自然元素、植物栽培和地形特征来创造"场地发生"作品，并因此而赢得了国际性的声誉。罗伯特·欧文关于光和空间的理论对盖里的建筑设计产生较大的影响。

[2] 克莱斯·奥登伯格，1929 年出生于瑞典的斯德哥尔摩，1936 年 7 岁随家迁往美国，他常采用对日常用品进行大比例复制、放大的手法，制作公众艺术装置，他最著名的也最令人难以忘怀的就是这些巨大的雕塑品。通过足够大的体积，这些雕塑往往和观众之间产生了一种互动的能力，如 1974 年的唇膏主题的雕塑。他的另外一个艺术主题是以普通的硬质材料，制作给人柔软感觉的雕塑（比如以大理石雕塑服装的褶皱）；在 1960 年代，他开始涉及波普艺术和行为艺术，影响及于今天。1976 年他与荷兰籍波普艺术家库斯杰·范布吕根合作，之后结为伉俪。他是盖里交往最多的一位艺术家，他们合作的案例有位于洛杉矶威尼斯街区的 Chiat、Day 广告公司总部和剪刀雕塑。

[3] 拉里·贝尔（Larry Bell），1939 年出生于美国，他的作品出现于 1960 年代的中期，在 1960 年代重要的极少主义艺术（Minimal Art）展览上都可以看到他的作品。在 1960 年代，他是由洛杉矶本土艺术氛围中，成长起来的最杰出的、最有影响力的艺术家之一。拉里·贝尔对当时洛杉矶重要的艺术运动都有涉猎，如"光与空间艺术"（Light and Space art），和后来被批评家约翰·科普兰斯（John Coplans）称为"结束偶像"（Finish Fetish）的艺术运动。1960 年代之后，拉里·贝尔（Larry Bell）继续对高度精制的玻璃表皮的复杂性，和大比例的雕塑装置展开研究。他的作品现在遍及世界主要的公众收藏机构，如纽约的现代艺术博物馆等世界重要的博物馆都收藏有他的作品。在 2005 年 9 月，Pace Wildenstein（美国非常著名的私人艺术收藏和展示机构）举办了一场题为《拉里·贝尔：60 年代》（Larry Bell: The Sixties）的展示，全面回顾了拉里·贝尔（Larry Bell）对美国 1960 年代艺术思潮的影响。

图 3.27 克莱斯·奥登伯格夫妇雕塑作品，左为《飞舞的大头针》(Flying Pins，2000 年)，右为《汤匙桥与樱桃》(Spoonbridge and Cherry，1985-1988 年)

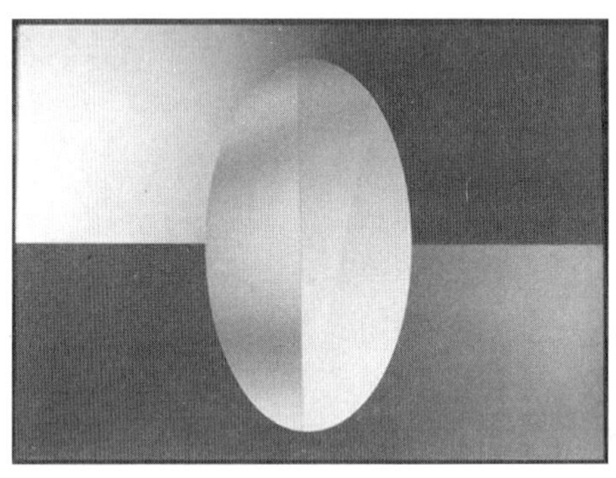

图 3.28 拉里·贝尔绘画和雕塑作品，左是编号为 720-art-500 的绘画作品，右是题为 Robinson12-3-7 的雕塑作品

⑦罗恩·戴维斯（Ron Davis，1937-）[1] 与拉里·贝尔一样，是南加州先锋派艺术的重要成员，作品涉及的领域较为广泛，盖里曾为他设计住宅，即罗恩·戴维斯住宅，图 3.29 为罗恩·戴维斯的部分作品。

⑧比利·阿尔·本斯顿（Billy Al Bengston，1934-）[2] 是加州 1960 年代波普艺术的重要人物，他创造性地利用工业材料和喷漆绘画，他是美国 1960 年代艺术界的重要人物，图 3.30 为本斯顿的绘画和装置作品。

---

[1] 罗恩·戴维斯（又名罗纳德·戴维斯，Ronald Davis），1937 年生于美国，画家，作品涵盖几何抽象主义（Geometric abstraction）、抽象抒情（Lyrical Abstraction）、抽象幻想主义（Abstract Illusionism）、硬边绘画（Hard-edge painting）、立体画布绘画（Shaped canvas painting）、色彩派绘画（Color field painting）以及 3 维电脑图案（3D Computer Graphics）领域。

[2] 比利·阿尔·本斯顿，1934 年出生于美国堪萨斯州的 Dodge 市，1948 年随家人迁往加州，1953－1957 年在洛杉矶和旧金山的多所艺术学院求学，最后毕业于洛杉矶艺术学院（现在的奥蒂斯艺术学院），从 1956 年开始他开始数十次在美国众多城市重要的画廊、博物馆，参与或独立举办自己的作品展览，同时身兼美国艺术界众多的要职。他是加州 1960 年代波普艺术的重要人物，同时也是利用工业材料和喷漆绘画技巧的先锋人物，他把这种技巧结合在中心构图、对称均匀的图案中，产生令人眼花缭乱的视觉效果，他是美国 1960 年代艺术界的重要人物。

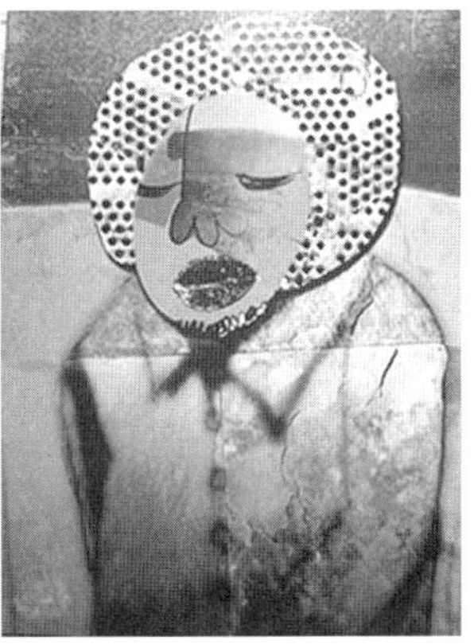

图 3.29 罗恩·戴维斯绘画和装置作品，左为“散热器”（Radiator）装置设计，右为《电子拼图》（digital collages）绘画作品

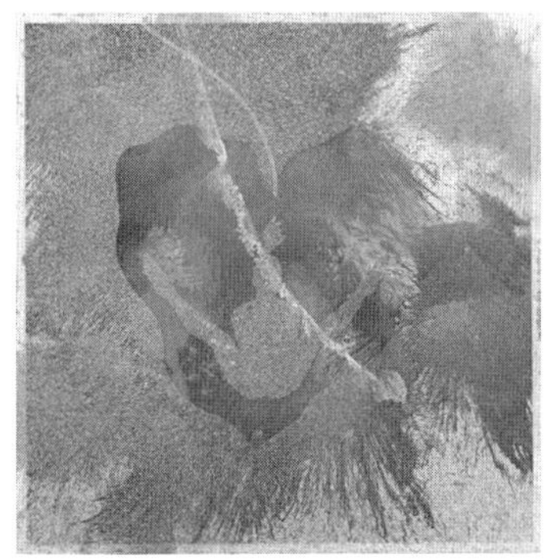

图 3.30 比利·阿尔·本斯顿的绘画和装置作品，左为卡拉塔华（Calatrava，2007）油漆绘画，右为色当 98（Sedan 98）装置作品

⑨爱德华·鲁斯查（Edward Ruscha，1937– ）[1]，洛杉矶地区著名波普艺术家，他的作品从 1960 年代以来，一直在国际性的重要博物馆收藏展中得到展示，数字绘画是其特长，与盖里有较密切的私人关系，参与《盖里草图》的拍摄过程。图 3.31 为爱德华·鲁斯查的部分数字绘画作品。

---

[1] 爱德华·鲁斯查，1937 年出生于内布拉斯加州，1952 年随家迁往并永久定居于洛杉矶，1956–1960 年就学于洛杉矶乔伊纳德（Chouinard）艺术学院。1960 年代早期，他以绘画、版画复制、电影摄制，以及同 Ferus 画廊组织的合作而出名，该组织还包括罗伯特·欧文、爱德华·摩西、肯尼·普赖斯和爱德华·金霍尔茨（Edward Kienholz）等艺术家。鲁斯查后来以他的结合词和短语的绘画与画册而得到承认，这些作品都深受波普艺术的影响。作为天主教徒的鲁斯查，欣然承认自己的作品受宗教影响，他的作品从 1960 年代以来一直在国际性的、重要博物馆收藏展中得到展示。

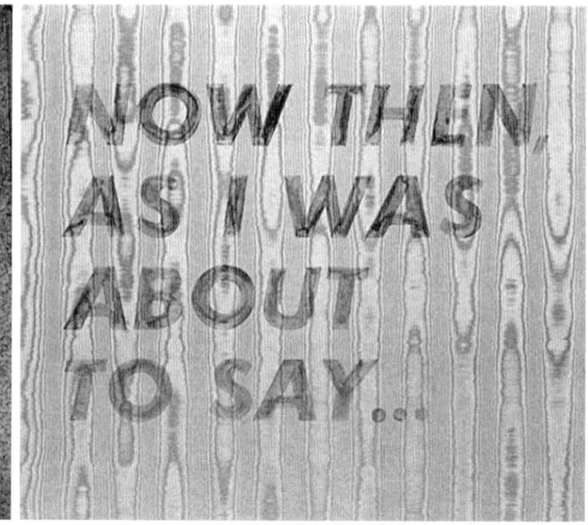

图 3.31 爱德华·鲁斯查的数字绘画，（左右两幅）

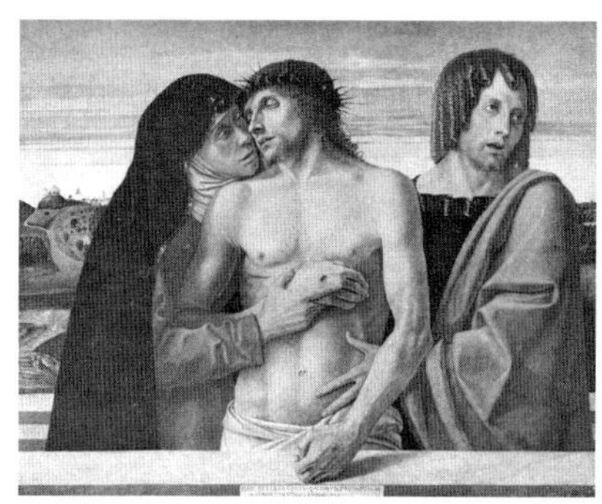

图 3.32 乔瓦尼·贝利尼绘画作品，左为“圣母怜子图”（Pietà，1460 年），右为“镜前裸妇”（Naked Young Woman in Front of the Mirror，1515 年）

⑩乔瓦尼·贝利尼（Giovanni Bellini 1430–1516）[1]，威尼斯画家，威尼斯画派的奠基者，出身于绘画世家，其父亲和兄弟在绘画史上都占有一席之地。图 3.32 为乔瓦尼·贝利尼的代表作品。

⑪范德维尔德（van de Velde）[2]，17 世纪晚期荷兰著名的风景画家，图 3.33 为维尔德的绘画作品。

---

[1] 乔瓦尼·贝利尼，威尼斯画家，威尼斯画派的奠基者，他个人的绘画元素基本上成为了威尼斯文艺复兴绘画的全部特征，他把威尼斯城市提升到文艺复兴艺术的中心，使它可以和佛罗伦萨和罗马两地的绘画相竞争，把绘画中的现实主义提升到新的高度，在对光线、色彩、空气和对象在绘画中的表现与运用，有历史性的开拓，使得绘画的主题得到极大的丰富，同时在形式和色彩上给绘画带来了新的知觉体验。

[2] 范德维尔德，17 世纪晚期荷兰著名的海洋风景画家，其晚年作品为 18 世纪英国海洋风景画奠定了基础，他的绘画都是以船只和重大的航海事件为代表。

图 3.33　范德维尔德画作品，左为《静船抛锚》(Calm Dutch Ships Coming to Anchor，1665-1670 年)，右为《家畜渡口》(The Cattle Ferry，1622 年)

范围广泛的艺术思想，对盖里产生了综合性的影响，下面择其主要的方面展开分析。

（2）波普艺术（Pop Art）对盖里的影响

1950-1960 年代的波普艺术，对盖里建筑思想的形成起着至关重要的作用，这些艺术家反对主流艺术观念，尝试发展新途径来使用光线、空间和材料，如爱德华·金霍尔茨就到洛杉矶的废物堆积场，寻找破旧钟表、生锈的铁床骨架、破旧人体模特，把这些东西组合起来，创作一种奇异的雕塑，给人们留下了深刻难忘的印象（参考图 3.34）。而贾斯帕·约翰斯和唐纳德·贾德（Donald Judd），则利用破旧之物，甚至是垃圾，创造出艺术品。当时洛杉矶的波普艺术家们很少作画，他们非常感兴趣的事情是汽车的装饰和喷漆的方式。

盖里在谈到波普艺术家们创作方式对自己的影响时说道："比利·阿尔·本斯顿在金属表面上，做了一些花与军人的图像、星星与条纹之类的东西，由这些东西，我明白了，可以在我的四周找到灵感，以发展出对每一样东西的欣赏……" [1]（参看图 3.35）这就是说，从那些平常的事物和形式中，探寻可以进行艺术表现的潜在因素。"在我职业生涯的早期，威尼斯区的一位建筑师要我学会创造完美，但在我第一个作品中，我难以找到创造这种完美的工艺。我的艺术家朋友们，如贾斯帕·约翰斯、鲍勃·劳申伯格（Bob Rauschenberg）、爱德华·金霍尔茨、克莱斯·奥登伯格，他们都是用廉价材料来进行创作的（参看图 3.36），他们把纸板和木板劈开，创造出美的艺术品，这不是表面上肤浅的细节，他们非常直截了当。这就向我提出了这样的问题，什么是美？之后，我选择可以获得的工艺，和工匠们一起工作，从这些有着缺陷的事物中创造出真正美好的事物。

---

[1] 佚名，《弗兰克·盖里访谈录》，http://build.woodoom.com/zhuanjia/200705/20070510032953.html.

图 3.34 爱德华·金霍尔茨利用都市废弃汽车和肉体模特创作波普作品

图 3.35 比利·阿尔·本斯顿利用废旧木材制作波普作品

图 3.36 鲍勃·劳申伯格波普作品《拼合文字》(Monogram)，利用油漆、纸纤维、金属、木材、橡皮鞋后跟、网球、木板、安哥拉山羊毛、油画布、橡胶轮胎等废旧材料

绘画对我而言有着一种即时性，我用它来创造建筑，我把利用生疏材料建造的过程，给暴露了出来，给它们的形式赋予感觉和精神，以此来寻找建筑表现的本质和精髓。"[1]

在这段文字中，清楚地表达了盖里的建筑思想，这就是对不完美、有缺陷的事物（与完美事物相对），赋予它富含感觉和精神的形式，展现暴露其自身真实的材料本质，达到建筑表现的本质。也就是说，构成盖里建筑表现有两个因素，其一是形式，其二是材料，在形式方面，他创作出基于时代的"梦幻"般的超现实主义形式，而不受古典、正统现代主义的约束，超越传统对建筑观念和形式既定结论；在材料方面，忠实表现出材料自身美学属性和潜能。可以看出，盖里的建筑表现思想，主要根源于先锋派的艺术思想。

[1] Frank Gehry，Ceremony Acceptance Speech，http://www.pritzkerprize.com.

盖里对待平常、有缺陷甚至是被时代所抛弃旧物（材料）的态度，正体现了彼得·谢尔达（Peter Schjeldahl）的这种观点，他认为，在盖里所创造的完美外在形式背后，隐藏着他对不完美人性的热爱。[1] 受到犹太文化的影响，盖里对普通生命和事物，保持着一种平等的关爱和信心，这是他多元化平民思想的本质，是一种积极的、无差别的、对人类整体的博爱和信任。同时，对这种被抛弃、有缺陷材料的重视，也与他青年时期所受到的挫折有关。“我认为建筑师的角色是鼓舞人们，以及去充实他们的生活，给他们一个事情会愈来愈好的希望……去参与它们。我想这并不只是我们建筑师的责任，同时也是人类的责任，而这是从你固守的价值观、个人行为的原则、互相尊重的惯例等分离出来的。爱周围所有的人及事物，我全然确信此事。”[2] 这是一种无差别地对待世界的平等观点，它暗示盖里平民主义思想色彩，有了这样的思想，盖里才能够把那些带着缺陷的平常之物，转化为高品质的建筑艺术。

在波普艺术的影响下，盖里提出了这样的问题：“如果贾斯帕·约翰斯、唐纳德·贾德可以从垃圾中创造出美好的事物来，那么这一点为什么不可以转化到建筑学领域来呢？”[3] 盖里开始使用粗制而便宜的、批量生产的人造工业材料，像厚纸板、链条、胶合板、沥青等，并有意地在细节处予以粗制，发展出一种对于粗糙品的审美观，他得出了这样的观点：“材料并非紧要，关键是看你怎么使用它。”[4] 这就是以艺术表现的要求来使用材料，这样，材料所展现出的美，也就必然刻印上建筑师的精神和情感痕迹，这也就是盖里所强调的建筑表现应该具有情感维度的思想。

作为对这种思想的实验探索，盖里首先在曲木家具设计中，探索材料的力学和美学性能的表现潜能，创造出令人耳目一新的系列家具，家具设计的经历，对盖里在建筑中探索材料力学性能、表现材料真实属性的美学观点，起到了引导作用，虽然，盖里在纸板椅子方面的成就，引起很大的反响，但他的兴趣主要还是在建筑上，之后，他还是将精力放在建筑上。1979 年，虽然，纸板家具系列二“实验边界”获得成功，但由于经济和生产的原因，盖里在 1982 年最终退出了家具的生产领域。“纸板椅子这件事，充分展现了盖里把日常普通材料，转化为某种超乎预料事物的才能。”[5] 图 3.37 为盖里在家具设计过程中，尝试不同途径和方法对木材进行弯曲试验，以探索材料在受力性能、加工方法

---

[1] Peter Schjeldahl，Silver Dream Machine，Frieze，Nov/Dec 1997，P51.

[2] 佚名，《弗兰克·盖里访谈录》，http://build.woodoom.com/zhuanjia/200705/20070510032953_3.html.

[3] Laurence B. Chollet，The Essential Frank O. Gehry，Harry N. Abrams，Inc.，Publishers New York，2001，P28.

[4] 同上，P30.

[5] Laurence B. Chollet，The Essential Frank O. Gehry Harry N. Abrams，Inc.，Publishers New York，2001，P38.

图 3.37　家具实验中，尝试不同途径和方法来弯曲木材

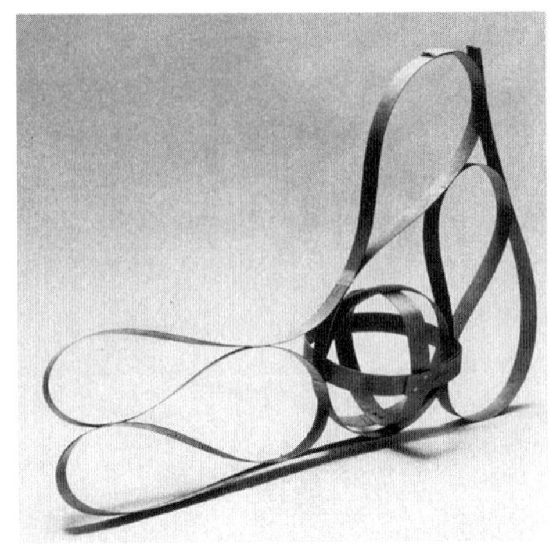

图 3.38　经过受力实验后得出的曲木家具受力骨架形态

和材料形态三者之间的关系，图 3.38 为一个已经经过实验考核的曲木椅子的受力骨架部分。

受到波普艺术思想的影响，1975 年，盖里开始用一些奇异的材料来制作新的结构形式，特别是采用钢丝网护栏、链条（参看图 3.16 ~ 图 3.18），以至于钢丝网成了他背叛传统的象征符号。盖里认为钢丝网是一种从家庭院落到军事基地，都广泛使用的材料，但因为它太习以为常，反而没人关注它的真实存在。盖里却看到了钢丝网特别的阴影效果，在长岛港的岸线水上公园，他首次试验性地使用钢丝网，并取得令人震惊的视觉效果。

另外，盖里大胆启用普通材料（如抹灰），甚至是为一般人所轻视的建筑材料，如链条、钢丝网、波纹金属板、马口铁、破碎符号等，这些不入流的材料，在盖里的手中都转化成了艺术作品。在 1977 年的盖里自宅（参看图 3.15），1981 年的加州威尼斯海滨诺顿住宅（Norton House，Venice Beach，图 3.39）项目中，就体现了盖里的这种思想，这两个项目的材料都是非常普通、难登大雅之堂的材料，有钢丝网、波纹金属板、沥青屋面板、胶合板、天蓝色的粉刷和原木。

（3）极少主义艺术（Minimalism Art）对盖里的影响

极少主义，又称 ABC 艺术或硬边艺术，是 20 世纪 50 年代以美国为中心的一种艺术流派，源于抽象表现主义，一般按照杜尚的“减少、减少、再减少”的原则，进行画面处理，语言简练，色彩单纯。极少主义在绘画、雕塑、音乐和建筑中都有所表现，在建筑上，以减少、否定、净化来摈弃琐碎，去繁从简，以表现建筑最本质的元素，获得简洁明快的空间和形态效果，追求空间的质量

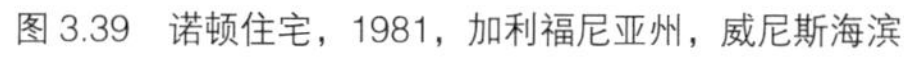

图 3.39　诺顿住宅，1981，加利福尼亚州，威尼斯海滨

图 3.40　唐纳德·贾德的极少主义雕塑作品

和材料的纯粹表现，通过精简到极致的形式来表达高强度的情感。极少主义思想对盖里的影响表现在两方面：采取“剥饰”（strip）手法对待材料，采取“纯粹”（purify）手法对待形式。

“剥饰”，即剥去一切对表现材料自身特性而言，是多余的东西，去除可有可无细节，尤其是去除那些就表现材料本质特性而言，是附加的、多余的、不必要的虚饰、遮掩，把材料最本质的属性（受力性能，色彩，质感，触觉）赤裸裸地表达出来。当这样的“剥饰”手法施之于建筑材料和细节的时候，就产生了接近唐纳德·贾德雕塑（图 3.40）的建筑品质，即材料本质的纯粹化表现。

“剥饰”手法，可以追溯到但泽格住宅和盖里自宅的扩建（相关图片参看后文），在盖里住宅扩建中，他把原来受力木构件外面的抹灰全部铲除，暴露原有木材本质。“剥饰”手法创造了特殊的视觉效果，造成生疏感、未完成感、粗野感。赤裸裸地表现材料本质，丝毫不加修饰，给建筑赋予了一种反伪装、反虚饰的真实感，这种气质与那些靠虚假的装饰，把建筑打扮得温文尔雅，所谓典雅主义美学特征相去甚远，盖里采用“剥饰”手法，目的在于追求一种质朴原始、原质原味、不加修饰、粗野难驯、直白赤裸的美学效果。图 3.41 为瑞士维特拉国际总部管理办公楼的外立面造型，盖里以异质共存的态度，把不

图 3.41
纯粹化对待材料和形式

同形式和材料聚集在一起，不同色彩的抹灰和金属墙面板包裹的形体，以雕塑化的语言得到清晰的表现，虽然是一个细节，却显示出盖里对待材料和形式的纯粹化思想。

从早期开始，盖里就关注于形式的纯粹化，他说道："在相信纯粹性方面，我是个现代主义者，你不能去搞装饰。"[1] 如 1964 年的好莱坞的但泽格工作室和住宅（Danziger Studio/Residence，Hollywood，1964）项目中，就表达了他的纯粹性思想。在他的设计思想发生转化，把建筑体量化整为零后，他采取每一个房间对应一种形态的"单一空间"（One-Room）方法，来达到建筑形式纯粹化的目的。"单一空间"的建筑形式纯粹化思想，最早表现在 1987 年的温顿客房中（Winton Guest House，1987，参看图 3.22），此后它就成了盖里处理形态的根本思想。对于盖里"纯粹"性思想，应该这样理解：对于表达建筑思想而言，建筑的形式是节制精炼的，但这与他要创造复杂建筑形态的思想并不矛盾，也就是说，形式对于思想而言，是恰如其分、不多余的。

（4）抽象表现主义和超现实主义思想对盖里的影响

从技巧上说，抽象表现的前身是超现实主义，超现实主义拒绝简单逻辑的线性叙事，转而强调想象的世界，梦幻的世界，无意识的、自发的世界。例如

---

[1] Gehry Partners，Gehry Talks: Architecture + Process，New York，Rizzoli，2007，P47.

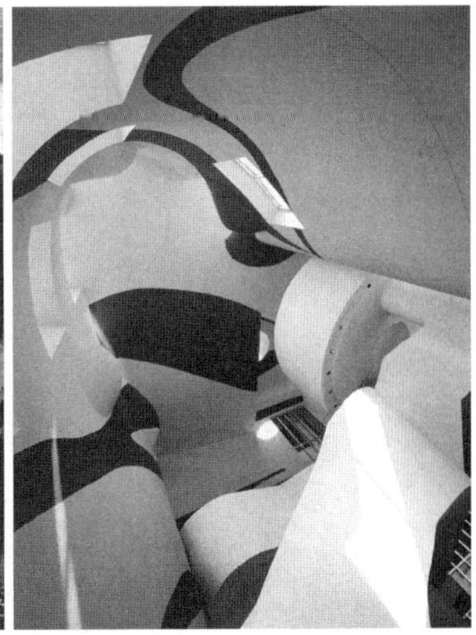

图 3.42　盖里建筑与超现实主义绘画之间对比，库普卡的绘画《线、面及深度》与迪斯尼乐园管理办公楼门厅对比

盖里在加州迪斯尼乐园管理办公楼（Team Disneyland，Administration Building，California，1987–1996）的门厅内，就创造了一个梦幻般的超现实视觉幻象，对比库普卡[1]的抽象现实主义绘画《线、面及深度》，可以看出，两者之间在视觉构图上的异曲同工之妙（图 3.42）。同样，在费宁格[2]超现实主义绘画《建筑 II》和麻省理工学院的雷和玛丽亚数据管理统计中心（Ray & Maria Stata Center at MIT，1998 年）外部造型之间，也存在这种视觉上的相似性（图 3.43）。抽象派艺术之所以能自成一派，原因在于它表达了艺术情感的高强度和自我个性特征。抽象派与表现主义反具象美学，和欧洲一些强调抽象派的艺术学校：如包豪斯，未来派，或是立体主义等，都有呼应关系。

盖里称自己的建筑是一种表现主义（expressionist）的建筑，这就是以一种表现的态度和手法，来组织各种建筑元素“出场”（presence）表现。在这种表

[1] 弗朗齐歇克·库普卡（Frantisek Kupka，1871–1957 年），出生于捷克的波希姆，20 岁时进入维也纳美术学校，1895 年到巴黎定居，自 35 岁起他的艺术发生深刻的变化，以卓越的技巧服务于想象的世界，绘画摆脱了对于真实的屈从，而获得解放，是最早创作完整的抽象现实主义艺术家之一，他曾说过：“作为本身就是抽象现实的艺术作品，要求自己由发明出来的成分组成。”库普卡的作品以其严谨的结构和内部的逻辑，被认为是构成抽象艺术的重要组成部分。参考 http://www.artist.org.cn/.

[2] 莱昂内尔·费宁格（Lyonel Feininger，1871–1956 年），美国抽象派画家。他的画以善于捕捉船与海、德国古镇的氛围而出名。他的作品反映了表达无限空间的愿望。费宁格出生于纽约。1887 年他离开纽约前往汉堡、柏林和巴黎学习。1913 年，他的作品首次在德国与蓝骑士一起展出，1919–1933 年间，费宁格在包豪斯学校教书。1937 年，纳粹主义兴起后，他返回纽约。参考 http://baike.baidu.com.

图 3.43　盖里建筑与抽象表现主义绘画之间对比，费宁格的《建筑 II》与麻省理工学院雷和玛丽亚数据管理中心造型对比

现性思想的背后，隐藏着的是盖里的超现实主义的艺术观念，盖里明确表示自己的手法就是以一种超现实的、抽象的方式来表现建筑的各种元素，如建筑形态、材料、空间、色彩、光线等，达到艺术力量的再现。[1] 如对建筑形式的雕塑化处理，采用金属表皮和广泛的材料，在光线变化下造成丰富多变的视觉效果，在室内创造梦幻般的光线和宁静的空间，剥蚀暴露材料的本质，纯粹化地表现建筑的形态，这些无不是在表现主义思想指导下进行的。任何一种艺术风格，都是在艺术强力意志的指引下，对艺术思想的表现，盖里通过抽象表现和超现实主义的手法，所表现的也正是他的建筑思想和价值观念：多样可能性、动感、复杂、矛盾、差异、异质性。

（5）化整为零的小体量策略是建筑表现的基础

建筑的体量和形态是建筑抽象表现的前提和基础，为此，盖里先后建立了三种形式策略，来对建筑形态做化整为零的处理，目的是为建筑表现提供必要的形态基础：

①单一空间（One–Room）。它应用于规模较小的建筑，实质就是一个房间，一种体量形态，这种方法首先出现在 1987 年的温顿客房（Winton Guest House，

[1] Richard Lacayo，The Frank Gehry Experience，http://www.time.com/time/magazine/article/0，9171，47703-1，00.html.

Minnesota，参看图3.22），之后，在刘易斯住宅（Lewis Residence，Ohio，1985-1995，参看图3.75）中经过长达10年时间的发展，成为盖里处理形式的根本原则，其目的在于强调形态各自的差异和特征。

②“形式村落”（Village of forms）。盖里认为整块的、集中的形体模式，遮蔽了建筑的形态、体积和表情的表现，他以一组更小的、化整为零的形式来代替原来的集中式体块。“形式村落”是盖里的基本的形式策略，“我所有的设计，实际上是小小的几何群落村庄，我把所有东西拆成基本块，然后凭直觉重新组装，在它们之间建立新的关系，平凡的外形由此变得不平凡。”[1]“形式村落”就是把一个建筑拆解成许多不同部分，各个部分都有自己不同的形式，或材质的特殊性和差异性，然后把这些部分聚集起来，组织成“形式村落”式的整体建筑，其目的是要创造一组既具有差异性的部分，又用这些差异性的部分，组装成作为整体的建筑。这种对待建筑形式的态度，在很大程度上，强调了各个组成部分之间的差异性，而由差异性很大的部分组成的整体，已远远超出了现代主义那种简单的统一性原则，这种整体是一种混沌的整体，复杂的秩序，带有自然有机形态中常见的复杂性和有机性，这种思想与仿生学相关。

对构成整体的部分之间差异性的强调，是普遍存在于圣莫尼卡学派建筑师思想上的一个共同点，它特别地表现在盖里、伊斯雷尔、莫斯的建筑形式上，尤其是莫斯在这一点上，与盖里的思想几乎不谋而合。“形式村落”与传统现代主义建筑语言构成技巧的最大区别在于，它可以赋予建筑每一部分以自己独特的形式、材质，这样势必就使建筑形式走向了复杂、差异和多样，现代主义的那种整体感和控制感，在多元异质并存的建筑形式中，就被渐渐消解了，而每一部分，都获得了一种表现性的身份和出场的机会，这就是盖里表现性（expressionist）的建筑思想。他最初把这种想法在洛杉矶市中心的荣格（Jung）学院里进行实验。这个项目既要融入周边工业建筑的环境，同时还要提供适用不同功能的空间，盖里的设计是一个类似于板条箱状的盒式建筑物，从周边建筑物中凸现了出来，从屋顶上升起一系列切片状的几何形体，每一个切片状的形体，标志着一种不同的办公空间，同时自身还作为天窗使用。

虽然，荣格学院的业主放弃了盖里的设计，但“形式村落”的概念，在后来的洛亚拉法律学校（Loyola university law school, 1981, Los Angeles）的项目里，得到了进一步的发展。这个项目需要不同的空间，来对应于不同的科系办公室、教室，以及小礼拜堂和演讲厅，这些部分都将有自己特征明显的可识别性，盖里把这个工程打碎成一些元素：他修复了一个狭窄的三层建筑，然后在它的前面，

---

[1] 里昂·怀特森，《建筑新纪元》，http://arts.tom.com.

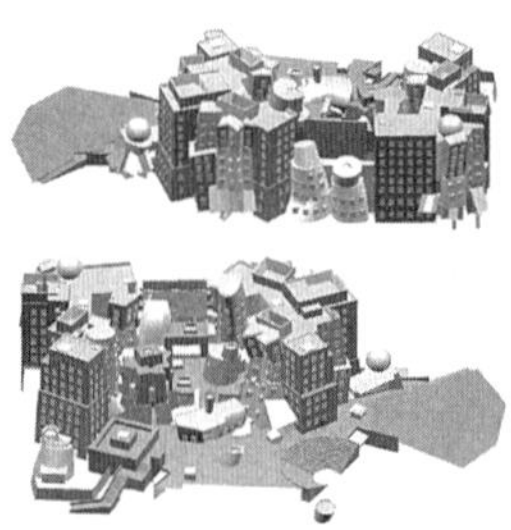

图 3.44 盖里的“形式村落”概念举例
左为：洛亚拉法律学校，洛杉矶
中为：麻省理工学院雷和玛丽亚数据管理中心
右为：美国科罗拉多州，特鲁利得住宅模型的组成部分，这些片段在一起也构成了“形式村落”的概念

造了一个微型露天广场，在它的周边聚集着一些单间建筑，也就是“单一空间”，包括一个小教堂，一个演讲厅，一个教导厅。每一个“单一空间”都有自己的独特形式和覆面材料，盖里是通过三种途径来区分这些小体量的建筑，即形状、材料和功能。“形式村落”概念是盖里处理建筑形式的根本性策略，它几乎体现在每一个盖里的建筑中。图 3.44 为体现“形式村落”概念的部分建筑案例。

“形式村落”不免使人想起洛杉矶地区的小村落和小城镇的形式，这一点与伊斯雷尔的“内部城市”的构思几乎如出一辙，伊斯雷尔受到了盖里“形式村落”思想的影响，才发展出自己“内部城市”的形式策略，他们都是由许多各不相同的部分聚集在一起，仿佛是一种自动分形、自治的有机体的集合。盖里正是通过这种化整为零的策略，发明了自己的建筑语言，“形式村落”以强调差异性的手法，表现了建筑不同部分的不同形态和表情，在一些建筑中，这些差异性的形态，都有着明显的雕塑感，如维特拉家具博物馆，既表达了建筑形态的差异，也把这种差异给纯粹化、雕塑化了。

③“簇群”（cluster），即以一系列形态各异的小形体围绕在中心建筑形态外周，周边的建筑形态，簇拥着中间较大的中庭（或建筑），或呈带状的通道类公共交通空间。盖里以“簇群”手法来表现建筑丰富多变、差异多样的形体构成关系，以纯粹精简的雕塑化手段，对周边建筑形体加以塑造，每一个小体量的建筑形态，都各不相同，都有表现自己的机会，都展示着自己形体的差异和特征。“采取小体量建筑簇群、分散布局的策略，虽然反映了盖里对建筑形式控制的策略，但它还意味着创造建筑形式自治性（autonomy），而不是等级，这种方法可以称为建筑的公民权（architectural citizenship），”[1] 在建筑中表达某种民主、平等的观念，是普遍存在于圣莫尼卡学派中的一种思维方式和价值观

[1] Gehry Partners，Gehry Talks :Architecture + Process，New York，Rizzoli，2007，P33.

念，它以建筑和评论的方式，对现代文化中的片段、差异状态做出隐喻式的反映。这种风格，有时会对外面表现出过度的防御性，往往呈现出一种个人主义的气质。

“簇群”是盖里组织建筑空间、形态和平面最常用的手法，基本上出现在每一个项目上，它的外周，有着如同细胞分裂般的差异和有机，各不相同，但又构成一个整体，这就是“簇群”化的“单一空间”，诸多的“单一空间”聚集在一起，也就形成了“形式村落”。例如，在 1999 年德国杜塞尔多夫的德尔·纽·佐尔霍夫（Der Neue Zollhof，Dusseldorf，Germany，）综合体，和 2003 年的巴拿马城生命之桥博物馆（Museo Puente De Vida，Panama City，见图 3.45），这两个项目中，都体现了盖里的“簇群”形式策略。一定程度上讲，作为“簇群”的单栋建筑，就是扩大了的“单一空间”。由于对“簇群”采用雕塑化的处理手法，所以它一般有着变化丰富的周边形态界面、变化丰富的阴影关系，以及特征明显的雕塑效果。

追溯盖里“簇群”概念的起源，它与盖里早期设计的一系列购物中心有着很大的关系。在这些项目中，往往围绕一个或两个中庭，在周边布置一些形式各异的建筑体积，形成一种“簇群”式的形式特征。这种布局模式直接影响到盖里最重要的一种空间组织模式的形成，即中庭式空间组织模式，它以中庭为空间核心，周边布局“簇群”式化整为零的小体量建筑。这种手法广泛地出现在盖里众多的作品中，成了盖里组织平面空间的基本模式。

在毕尔巴鄂古根海姆博物馆中，那些专业性的展览空间，就布置在一个处于中心位置的中庭空间周围。这种模式可以让周边的小体量建筑聚集，以一种可以是不正规的组织方式，发展出自己的自治性，这样单独的个体，就能够

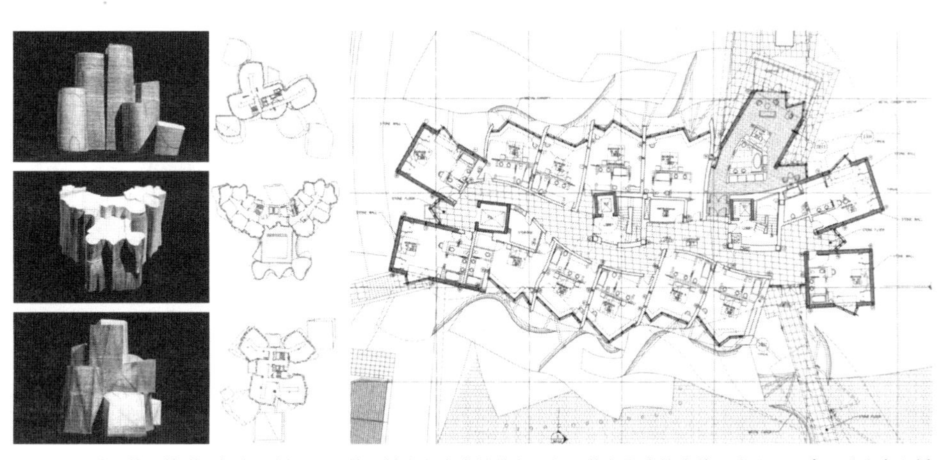

图 3.45 盖里的“簇群”概念举例左为：德国杜塞尔多夫的德尔·纽·佐尔霍夫综合体；右为：巴拿马城生命之桥博物馆平面图

保持住各自的独特性。这种思想从小规模的温顿客房（Winton Guest House，1985）直到后来一系列大规模项目，如纽约古根海姆博物馆（Guggenheim Museum，New York，1998），巴拿马城生命之桥博物馆（The Puente de Vida Museo，Panama，2003），它是盖里贯穿始终的平面、形体组织方式，和追求个体差异表达美学原则的实施途径，它显示出盖里从艺术家群体里习得的对自由主义、个人主义思想的尊重和表现，但同时最为重要的是盖里从艺术家群体那里所感知到的时代性焦虑的影响[1]，分裂，造成差异，分裂，造成变化，分裂，造成运动，分裂，造成矛盾，不可否认，在"簇群"形式策略里，正体现了这种时代分裂、人格分裂的时代特征。

艺术家群体，通过夸张表达差异性的艺术形式，宣泄和表达了对时代的焦虑，当代艺术正是建立在时代的焦虑之上，时代的分裂性之上，当代艺术正是把艺术表现，当作是个人表达主观情感和思想的一个通道，来对分裂的时代进行分裂地表现。盖里也是一位充满着焦虑感的艺术家，"我们通过早期的生活，关注于自身，以为世界围绕着我们而旋转，当你成熟时，你把自己向世界扩张，你成为世界文化的一部分，你发现道路的艰难，也发现世界并不旋转，除非你自杀。"[2] 由此可见，盖里有时内心的分裂和苦闷状况，在盖里苦闷的时候，他也要前往他的心理医生米尔顿·韦克斯勒（Milton Wexler）那里寻求帮助，在《盖里草图》中，米尔顿·韦克斯勒不止一次地提及，盖里在事业初期所经历的苦闷和焦虑情绪。然而，正是追求差异性的艺术思想，把盖里从一个看来似乎不可避免的、普遍主义的时代结论中拯救了出来，也正是从艺术家的圈子里，盖里获得了一种可以聊以自慰的观念：在先锋派艺术中，可以存在和表达自己的政治观念：平等，差异和自由。

"簇群"思想，还来自于盖里对乔瓦尼·贝利尼绘画作品《圣母与子》构图关系的分析和引用。在这幅作品中，圣母位于中间，占据较大的面积，其周边为小面积的圣子。这种中间大而整，周边零碎的构图方式，就被盖里应用于平面和形态的组织之中，"我最开始的时候，把这种母与子之间的关系，作为我的建筑设计策略，你可以看到一些大的建筑物，周边带着一些小的建筑物，而那些小体量的建筑物排在靠前的位置，我认可这种构成关系。"[3]（图 3.46）

---

[1] "时代性的焦虑"是个普遍存在于当今世界的共同问题，按照美国社会学家丹尼尔·贝尔（Daniel Bell）的解释，导致"时代性焦虑"的根本原因，乃是以下三个方面之间的断裂、冲突、矛盾和对抗，那就是"掌管经济的是效益原则，决定政治运转的是平等原则，而引导文化的是自我实现或自我满足原则（self-realization or self-gratification）"这是一个时代性的普遍问题，它鲜明地昭示出当代社会的一种磨砺与对抗的状态。参见丹尼尔·贝尔：《资本主义文化矛盾》，赵一凡、蒲隆、任晓晋译，生活·读书·新知三联书店，1989 年版，P61.

[2] Sydney Pollack，Sketches of Frank Gehry（DVD），Sony picture home entertainment，2006.

[3] Gehry Partners，Gehry Talks :Architecture + Process，New York，Rizzoli，2007，P42.

图 3.46 乔瓦尼·贝利尼绘画作品《圣母与子》

图 3.47 盖里与奥登伯格夫妇合作的“刀之行动”表演装置，1985 年

（6）与艺术家的合作

就像 19 世纪末的西班牙著名建筑师高迪（Antoni Gaudi，1852–1926，有很多艺术家朋友替他执行建筑上的装饰品）一样，盖里的一些作品，也是与艺术家们互动合作的产物，他替艺术家朋友们设计工作室或住宅，把他们艺术创作过程的语言、态度、能力和技巧，与自己建筑设计做巧妙的结合。然而正因为如此，正统的建筑界则把盖里推到了边缘，对他的作品不屑一顾，视他为傻瓜，但来自艺术界朋友的认可和鼓励，却坚定了他的信心，他喜爱艺术界朋友们那些非传统的创作方法：克莱斯·奥登伯格的雕塑，把日常物件如棒球棒、卷烟锡盒、唇膏盒、自行车把手，转换成巨大的户外雕塑，推翻了传统所认可的纪念性，实际上，奥登伯格创造的不是纪念性，而是反纪念性。

奥登伯格和他的妻子（即合作者）库斯杰·范布吕根，在 1982 年来到盖里位于圣莫尼卡的家中，他们关于艺术的思考与盖里不谋而合，各自对对方的设计策略都很感兴趣，之后他们便开始了在一些工程上的合作。在众多杰出的合作项目中，1985 年的“刀之行动”值得一提，这是一个在意大利威尼斯的表演装置，他们三个人合作设计并建造这个装置，然后把它们一个个布置在一条运河的河岸，最后一个装置，做成了一个巨大的瑞士军刀的雕塑，这个瑞士军刀沿着运河漂流而下，它有着超大尺度，已经是介于建筑和雕塑之间的一种形态（图 3.47）。

杰伊·查特广告机构（Chiat/Jay advertising agency，1991，Los Angeles）项目，是盖里和艺术家们合作的鲜活例子，这个项目位于洛杉矶市威尼斯区的主街上，盖里大胆地把三种形态、材料完全不同的建筑形式，并列摆放在沿街立面上，一个是普通外墙抹灰的建筑，它与周边建筑物没有什么大的差异，一个是铜板覆面、柱子斜置、尺度反常的办公楼，中间则是放大了的、作为多层会

图 3.48 盖里与艺术家们合作设计的杰伊・查特广告机构项目，1991 年

图 3.49 奥登伯格拼贴绘画作品《伦敦之膝》，1969 年

议室使用的望远镜。其中望远镜是此前盖里与克莱斯・奥登伯格夫妇为一个项目所做的雕塑，但是没有实施，这次经过了业主杰伊・查特（Jay Chiat）的同意（业主也很喜欢这个望远镜），盖里就和奥登伯格夫妇一起重新把原来的望远镜雕塑调整了一下，应用到这个项目上，成了一栋建筑物，而不是一个雕塑（图 3.48）。另外，盖里还邀请了一些他的艺术家朋友们，一起来合作这个项目，如肯尼・普赖斯、比利・阿尔・本斯顿、迈克・凯利（Mike Kelly），他们按照各自的兴趣，每人做一部分室内设计，而整个项目则是由不同艺术家的不同风格组成，这个项目让盖里很高兴，盖里说，“在这个项目中才真正体会到，艺术家们要是真的加入到建筑设计的过程中来，那将是一种什么样的令人兴奋的事情。”[1]

盖里还会从艺术家们的作品中，寻找创作的启示，将之应用到自己的设计中，位于捷克首都布拉格的荷兰国家保险公司（Nationale-Nederlanden Insurance building）大楼项目，就是这方面的例证。它的设计受到了克莱斯・奥登伯格 1960 年代的“伦敦之膝”（The London Knees）拼贴绘画（photo collage）的影响，在奥登伯格绘画作品中的雕塑，既有着巨大的尺度，又有着反常形态，他想借此在城市环境中形成标志性。奥登伯格的妻子库斯杰・范布吕根指出，盖里一直都从他所尊重的艺术家的作品里，寻找那些让人记忆深刻的形象，盖里也公开指出自己这个设计，受到奥登伯格“伦敦之膝”绘画作品的影响（图 3.49）。[2]

这个项目的基地在布拉格城伏尔塔瓦河（Vltava）畔，基地的右前方为一座桥，基地处于一个在二战时期被炸毁街区的转角地带，基地两面临城市道路，

[1] Gehry Partners，Gehry Talks :Architecture + Process，New York，Rizzoli，2007，P60.

[2] Peter J. M. Nas，A Note on Anthropomorphic Architecture，http://www.leidenuniv.nl/fsw/nas/pdf/NasBricksofmovement.pdf.

图 3.50 好莱坞黄金舞伴，弗雷德·阿斯泰尔与然热·罗赫尔斯

图 3.51 舞伴：然热和弗雷德（Ginger & Fred，The Dancing Couple）2000 年，捷克，布拉格

右边道路垂直于伏尔塔瓦河，为了尽量减少建筑体量对后面建筑，朝向伏尔塔瓦河视线的遮挡，盖里把形体分为两栋塔楼，其中一栋在塔楼的中部往后收缩，形成较大转折（象征然热·罗赫尔斯的舞姿）。原来的建筑为 5 层，而新建的建筑为 7 层，为了调整着两者间的差距，盖里把新建筑的窗户位置做上下细微的调整，使人感觉不到新建筑有七层高度。这项目在建成后，获得了另一个名称"Ginger and Fred"，因为盖里在设计时，还参照了一对好莱坞著名影星，弗雷德·阿斯泰尔（Fred Astaire 男）与然热·罗赫尔斯（Ginger Rogers 女）的舞姿造型（图 3.50），来塑造这两栋塔楼的形态，其中，Fred 楼为实体，上面开有错落变化的窗户，Ginger 楼为全玻璃幕墙塔楼，在形态塑造上，为了表现弗雷德·阿斯泰尔与然热·罗赫尔斯优美的舞姿，盖里第一次尝试在建筑表面上加上虚假的水平向飘动线脚，来塑造建筑的动感，这种虚假的技法盖里很少用，但在这里却取得了较好的效果（图 3.51）。

除了上述的项目外，罗恩·戴维斯住宅也是盖里和艺术家罗恩·戴维斯的合作产物。

（7）对建筑革新道路的执着追求

在先锋派艺术的影响下，盖里探索了用破旧材料，如老旧的头饰、破裂的符号、纸板、动物玩具、皱褶的金属板、上蜡的毛毡和木材，来创造艺术的方法，这在他的建筑模型里都清楚地表现了出来，虽然，这是在雕塑领域内探索造型艺术的新途径，但这是一种崭新的看待世界和建筑创作的方法，这种方法可概括为“创造性的玩耍”（creative play）。建筑艺术并不只有一条路可走，关键是真正忠诚于自己所认定的建筑思想观念，人的创造性是面对这个世界最为可贵的智慧资源。而且，在盖里的眼里，建筑和雕塑艺术并没有泾渭分明的分界，盖里想把自己在先锋派艺术领域里所受到的启迪，转移、嫁接到建筑设计上。在1980年代，盖里的视野和事业扩大了，同时，他与洛杉矶地区以外艺术家的交往也在加深，对艺术的参考引用的范围也在扩大。在纽约，他和理查德·塞拉、克莱斯·奥登伯格和库斯杰·范布吕根这些朋友的友情发展，也进入到了重要的合作阶段。绘画和雕塑界的艺术思想，持续地对盖里的建筑产生着重要的滋养作用，“我在讲演中不大谈论这些艺术家对我的影响，因为我觉得自己的工作没有克劳斯·斯吕特、乔瓦尼·贝利尼或者扬·弗美尔他们做得那样好，他们的作品，比我对他们作品在建筑中的借鉴后所做的工作要好得多，这也是我一直在继续着这种借鉴和尝试的原因。我从中消化吸收（assimilate）他们的营养，然后，他们的艺术理念和形式在我的建筑中，以一些其他的途径表现了出来，这个途径就是转化（translate），但是，当人们看到我的作品时，没人会说，‘噢，看啦，这是斯吕特的艺术风格’。”[1] 把艺术思想和风格转化到建筑之中，以提高建筑的艺术水准，这就是盖里借鉴、利用艺术资源，提升建筑品质的经验之谈。

和艺术家们的交往点燃了盖里走实验建筑的强烈欲望，可在实际工作中这一点做起来，并非易事；但是盖里坚信自己的天赋是在艺术上，他不愿放弃尝试新观念、新想法，他要在建筑界发出自己的声音。为此，他有意地把自己承接的项目分成两类，一类是商业项目，以满足开发商的要求为目的；另一类是可以做建筑实验的项目，在这类项目上，盖里的想法可以尽情发挥。

从家具系列开始，盖里开始探索材料的力学性能和美学表现，渐渐开始了他的实验建筑之路。后来盖里在谈到自己和先锋艺术的关系时，这样说道：“当我开始逐步发展并开始从业的初期，艺术家们对我的作品显示出了浓厚的兴趣。我后来找到了我知道名字的一些艺术家，像爱德华·摩西，罗恩·戴维斯，比利·阿尔·本斯顿，所以慢慢地我被拉进了绘画艺术领域，主要是被爱德华·摩西。我从艺术家那里得到了很多积极的支持，那是我从建筑师那里，所无法得到的。那些建筑师们认为我太怪异了。”[2] 当盖里被问及他从艺术领域获得了什么收获时，他的回答很简单；“高格调、许多的构想……那是令人非常振奋的。”[3]

---

[1] Gehry Partners，Gehry Talks :Architecture + Process，New York，Rizzoli，2007，P43.

[2] Bill Lacy，Susan de Menli，Angels & Franciscans: Innovative Architecture from Los Angeles and San Francisco，Rizzoli International Publication. Inc，1992，P14.

[3] 佚名，《弗兰克·盖里访谈录》，http://renwu.chda.net/show.aspx?id=119&cid=13.

正是先锋派的艺术滋养，让盖里远离了在艺术上毫无创意的建筑模式，在盖里看来这样的建筑意味着复制、重复和机械劳动，毫无艺术品质的提高可言，这种建筑可不是他所追求的建筑。

三、“我只带着自己去旅行”：弗兰克·盖里建筑革新道路的探索

作为一个学派的奠基者，盖里的建筑世界是建立在对代表性建筑思想的辩证批判基础之上的，经过这样的批判过程，盖里区分了自己与当时占据主流位置的现代主义和后现代历史主义之间的界限；另一方面，盖里的建筑也是在形式和材料两方面进行探索实验的结果；这两方面，正是盖里建筑革新性的本质所在。通过辩证批判和探索实验，盖里最终形成了自己的技术巴洛克（Techno-Baroque）风格，而他所开拓的，通过对建筑历史和现状进行辩证批判，通过对个人感兴趣的艺术领域与传统建筑学交叉实验，探索对传统建筑学实现革新改造的实验道路，则对圣莫尼卡学派的后继者们，起到了重要的引导、示范作用。这些后继者们，抱着积极面对历史资源，应对社会现实的态度，从个人兴趣和现实条件出发，通过探索尝试，对传统建筑学的边界范围，进行了否定、突破和超越。作为一个学派，他们的探索和突破，表现出一定的相同、相通和相似性，他们的建筑思想大同小异，这也是建筑的时代性、地域性和文化性使然，也正因为如此，他们才被称之为一个学派。

1.“国际主义的错误”：对现代主义的批判

盖里对现代主义的批判也经历了一个过程。在早期，他深受当时南加州杰出的现代主义建筑师影响，他们是拉斐尔·索里亚诺（Raphael Soriano）、理查德·诺伊特拉（Richard Neutra）和哈韦尔·哈里斯（Harwell Harris），这三个人的艺术造诣，在1950年代，都已达到了各自的顶峰，当时盖里正在南加州大学学习。在盖里的职业早期，他也设计过一些典型的、直线型的现代主义建筑，例如1959年的斯蒂夫斯住宅（Steeves House，1959），1964年的但泽格工作室和住宅（Danziger Studio/Residence，Hollywood），就是典型的现代主义作品，有着清晰的体量构成关系，对材料的使用也比较纯粹。然而，在1960年代晚期，在与洛杉矶艺术家们相互感应中，盖里对材料和形式那种随心所欲的天性，日渐显露了出来。这些先锋派的艺术家，不仅对南加州独特的自然环境（充沛的光线、浓烈的色彩、适宜的气候、无常的环境）做出反应，而且围绕着洛杉矶的本土特性，持续地在其作品中加以表达，这一点和盖里的建筑如出一辙。如果说盖里建筑中，对现代主义的一些合理内核还有所坚持的话，那么讲求建筑

适应自然环境，正是盖里从那里所继承的重要方面。不过，从先锋派艺术那里所习得的全新风格，激发了他对传统现代主义建筑风格的突破，在这种突破性的建筑学里，他以抹灰粉刷、胶合板、钢丝网和起伏皱褶的金属，这些非永久性的材料，来表达洛杉矶城市那种朝生暮死、转瞬即逝的气质特征。[1]

盖里的灵感始于20世纪60年代末，这时他开始了一连串大胆的创新实验，他开始认识到现代主义在讲求纯粹性的同时，丢失了人的比例、尺度。[2] 同时，盖里对二战以后现代主义已经过时的建筑语言，也感到不满，批评它只关注于"阶级层次空间和拘泥的规划"，这样，他就开始重新思考自己总体的建筑思想，并最终导致了其设计思想的根本变化，所以，"对待盖里的建筑，如果以旧有的建筑评价体系来评判，将会是完全失效的，如以现代主义的缜密、完整、连贯的建筑理论体系，来评价盖里的建筑也是失效的，将面对一个无从评价或失语状态，因为盖里的建筑，在许多方面已经完全背离了现代主义建筑的设计传统。"[3]

在建筑思想形成的过程中，1960年代，是他在辩证否定中前进的关键时期，通过对当时两种占据主流位置的建筑思想，现代主义和后现代历史主义，进行辨证批判，盖里理清了自己的思想方向。此后，盖里开始纯熟地运用立体构成和拼贴等雕塑性的手法，进行建筑创作，渐渐背离了早期现代主义的纯正，对现代主义的盒子形态进行消解，产生曲线流动的形体效果，以及用材大胆、取材广泛、做法取异、讲究构造直截搭接、暴露材料本质、表现材料自身美学的用材方法和技巧，对普遍存在于人们思维中，关于"什么样的建筑算是现代主义的好建筑"的意象进行了突破、消解和颠覆，创造出评论建筑美学的新维度、新标准。

1950–1960年代，正是现代主义在西方得以广泛深入，大规模实践并取得主流地位的时期，现代主义的顶峰是国际主义，其象征形式即为密斯的玻璃盒子。这个时期，国际主义也在洛杉矶占据着主流地位，面对建筑界的这种流行潮流，盖里的独立思考显示出了它的价值，他在三个方面对现代主义给予了批判：

（1）现代主义对空间的认识是建立在最低限度、最经济地满足功能使用这种模式上的，以一种最低纲领（最低要求、最经济）的、保守性的功能主义来

---

[1] 造成洛杉矶城市的这种气质和特点的因素有：（1）洛杉矶处于地震断裂带上，人们在建造城市时往往采取一种不求永恒的建造办法；（2）典型的后现代主义城市，建筑也是一种快速的消费品，城市更新速度快；（3）破碎的社会结构和城市空间组织；（4）有多民族移民所造成的，极其多元化的城市文化构成状况。

[2] Gehry Partners，Gehry Talks :Architecture + Process，New York，Rizzoli，2007，P48.

[3] 周榕，《物质主义：弗兰克·盖里的建筑主题与范式革命》，http://arts.tom.com/1004/2003/10/31-54362.html.

处理人类对建筑的要求，这是资本主义性质的泰勒主义[1]在建筑学领域的反映。同时，他还反对以一种模式性的、普适主义的解决办法，而非个体性的观点来解决建筑的问题，而最低纲领（经济性至上原则）和普适主义（模式化），却正是现代主义和资本主义处理建筑的最基本的方法。

（2）批评密斯美学的简单化抹煞了建筑的创造性；“密斯的建筑是通过缩减多样性来达到一种本质上的最少，把古希腊神庙中的完美比例加以韵律化表现，虽然密斯建筑从不过分的单纯化，但它总是可以让你一目了然地抓住他的基本概念：绝对的条理性。密斯式的‘玻璃盒子’在世界各地城市泛滥，这种模式在经济利益和标准化制造方面取得了很好的平衡，但却忽视了建筑的原创性，导致千篇一律、冷漠乏情、缺乏人的尺度，这些弊端在世界范围内扩散，这是现代主义失败的根源所在”[2]。

（3）批判密斯“玻璃盒子”的模仿者，在模仿者的建筑里，“玻璃盒子”丧失了在密斯本人的设计中，所具有的精神品质，使得这些模仿物变成了毫无表情的物体。盖里认为，抄袭或许能够模仿到别人的形式，但这种模仿形式，从根本上看，难以重现在原创者那里的精神品性，因为在原创者那里，在建筑的形式背后，存在着某种精神品性，原创者正是把这种感觉和精神，转化到有形的建筑材料和形式中去，但 99%的后续模仿作品，却丧失了这种精神品性，堕落成了僵化冷漠的死物。[3]

对现代主义“单调”和“乏情”的批判，对于盖里建筑的“复杂”和“重情”特征的产生，起到重要的推动作用。盖里建筑的“复杂性”表现在两个方面，一是建筑形体的复杂，二是建筑所传达的意义复杂。盖里建筑和现代主义建筑相比而言，不但形体复杂，而且，还在解读上造成多义。盖里建筑形体的“复杂”有一个成熟的过程，在卡特亚（CATIA）软件[4]未引进盖里建筑设计过程之前，

---

[1] 泰勒主义的基本思想是：专业化首先就是基于效率的人性束缚，没有对人性的约束，就没有专业化之上的物质财富。所以，工业化大机器只是结果，约束人性的利益理性机制才是原因。

[2] Lynn Becker，Frank Gehry，Millennium Park and the development of the Techno-Baroque，http://www.lynnbecker.com/repeat/Gehry/gehrybaroque.htm.

[3] Richard Lacayo，The Frank Gehry Experience，http://www.time.com/time/magazine/article/0，9171，47703，00.html.

[4] 卡特亚，（CATIA，Computer Aided Three-Dimension Interactive Application）是一种 3 维计算机软件，用来设计、表达复杂的三维物体，它原来是用在法国航空工业设计上的一个软件。盖里事务所一个重要的合伙人吉姆·格里姆夫首次将它引进到建筑设计领域。在 1989 年吉姆·格里姆夫加入盖里事务所之前，盖里还是用普通的画法几何来制作维特拉家具博物馆的图纸，这极大地限制了盖里对更为复杂形体的探索，吉姆·格里姆夫加入盖里事务所后，盖里才有了卡特亚软件，这样，工作效率大大提高了，盖里也敢于更大胆“玩味形式”了（play with shapes），复杂双曲面工程的设计、造价估算、成本控制和施工问题得到了解决，这极大地促进了盖里事业的发展。卡特亚软件在盖里事务所的应用，充分展示了数字化技术对建筑工程领域的强大支持作用，以及数字化技术对建筑审美观念的更新影响。

他为自己建筑复杂的曲线形体，伤透脑筋，在此之前，曲线形体的建筑所占的比例还很少，但在这个软件引进后，复杂形体的建筑从设计到施工变得简单了许多，复杂曲线形体在设计和施工上问题的解决，对盖里的建筑风格发展具有极端重要意义，此后的盖里建筑，基本上就以曲线形态出现，建筑形体愈加复杂。卡特亚软件的引进，是盖里建筑实践道路的一个分水岭。

另一方面，与现代主义“乏情”相反，盖里强调在建筑中表达情感，他首先把建筑看作艺术，这样，建筑中的情感因素，就必然受到格外关注，他认为，建筑就是把情感通过建造过程，附着到建筑上。[1]“我希望我的建筑有感觉，有情绪，有激情，能让人们感觉到点什么东西，哪怕让他们为之疯狂也好。”[2]盖里在一次访谈中特别提到，他参观里勃斯金（Daniel Liebeskind，出生于二战后的波兰犹太家庭，他的父母曾饱受纳粹和苏共的虐待，但仍坚强地保持着人的尊严和价值）犹太人博物馆（柏林）时的感受，他说，犹太人博物馆最打动他的地方，是作品所表达的对纳粹暴行无法控制的愤怒情感。在建筑中表达情感是盖里重要思想，盖里认为“产生作品气氛最重要的因素就是设计者的情感，设计者的品行，自始至终通过作品表达出来。如果，你跟随自己的本能、天性去设计，那么作品就成为你自己的东西。我们的作品，就是我们的，它就是我们的签名，我们的感情，就如同我看待理解它的方式一样。”[3]

2.“我的鱼形更古老”：对后现代历史主义的批判

当盖里处于最佳状态时，他总是设法让他的建筑，从建筑原型的限制中解脱出来，而采取史无前例的形式，因为盖里认为建筑师应该面向未来，而不能落在历史的泥潭之中，“你不能重复旧的思路，收获的唯一路途就是向前走、不回头。你可以从过去学习，但你不能活在过去。”[4]

盖里建筑革新和探索的目标在于建立新的、切合时代特征的新建筑文化，他反对以文丘里、格雷夫斯等人为代表，引用历史符号的后现代历史主义做法，对此种做法，盖里给出了尖锐的批评，“如果，我的同辈们都愿意回到古罗马，在那里寻找索引、参考，那么，我甚至可以回到更古远的时代，那时鱼类和爬

[1] Richard Lacayo，The Frank Gehry Experience，http://www.time.com/time/magazine/article/0，9171，47703，00.html.

[2] Laurence B. Chollet，The Essential Frank O. Gehry Harry N. Abrams，Inc.，Publishers New York，2001，P8.

[3] Jennifer Minasian，Mark Dillon，Bernard Zimmerman，《Revisiting the LA 12 – interview with frank gehry santa monica，may 9，1997》，http://www.volume5.com/ghery12/revisiting_the_la_12__frank_ge.html.

[4] Laurence B. Chollet，The Essential Frank O. Gehry，Harry N. Abrams，Inc.，Publishers New York，2001，P12.

行动物一统天下。后现代所索引的符号还不够久远，它们还是文明时代的符号，而我的索引则比后现代主义走得更远，我的符号就是鱼形，它在人类出现前的300万年，就已经生活在这个地球上，它是比人类古老得多的 种动物 后现代历史主义的建筑有着古典主义的参照和隐喻，以及联想性的混合图像，在这个地方采用希腊的柱廊，在那个地方采用拜占庭式的穹隆。他们的理想是在过去和现在之间制造一种紧张，来提出关于这两个历史时期的问题，但是这场运动很快就堕落成附会历史以抬高自己的争论，在这场争论中，胜出者就是能够把一个建筑物模糊的索引符号，全部说出由来的人，这是件很无聊的事。”[1] 盖里基本上没有设计过以具象的历史符号，来隐喻对历史尊重的建筑物，即便在洛亚拉法律学校的设计中，盖里都是以纯粹的几何圆柱体来隐喻古典柱式，可以说，他对历史符号的使用，在一开始就抱着否定的态度。

3.“城市里的巨型雕塑”：对文脉关系的尊重和关注

对后现代历史主义的批评，并不意味着盖里忽视文脉关系，他有大量洛杉矶地区以外的作品建成，那么他是怎样处理这些外地作品的文脉关系呢？“当我在国外工作时，我不可能成为一个和在国内工作时完全不同的自己，你总是带着自己的思想，但我要让我的作品，成为每一个不同地方的一部分：我努力在文脉下工作，但我不迎合传统，我有其他的原则；我活在我的时代，而不是活在过去，我以我所看到的内容、所感知的方式来解释现在，或许我把洛杉矶带在了我的思想里，但我不是有意这样的，我只带着我自己，不论它是什么。所以，我认为毕尔巴鄂属于毕尔巴鄂，而布拉格也属于布拉格，我不可能在洛杉矶做出这样的作品。”[2] 这就是盖里面向时代现实的设计态度。

“文脉”（context）指上下文的关系，在建筑设计中，通常指设计与它的自然环境、历史文化间的逻辑呼应关系，毕尔巴鄂古根海姆博物馆是最能证明盖里用完全不同于后现代历史主义风格的技术巴洛克风格（Techno-Baroque），在设计中追求文脉关系的一个例子。项目处于西班牙北部、昔日盛极一时港口城市毕尔巴鄂一个废弃的仓库基地，面临内尔维翁（Nervion）河。盖里在设计中，非常妥帖地处理了从城市主要街道空间，向河面下降过渡的竖向设计，以及建筑与内尔维翁河面上的桥梁等环境要素间的关系。最为重要的是，他以隐喻的手法，让人仿佛看到在历史上，这个城市曾经辉煌的旧影，它以高举的独特曲面形体，让人联想起往日远航的帆影，在阳光下熠熠生辉的钛金属表皮，暗示着，金属曾在这个城市的历史中，所扮演过的重要角色（该市在历史上以产铁出名）。该市民众

---

[1] 佚名，《弗兰克·盖里访谈录》，http://renwu.chda.net/show.aspx?id=119&cid=13.
[2] Gehry Partners，Gehry Talks :Architecture + Process，New York，Rizzoli，2007，P169.

博物馆不但与周边道路、河流、高架路中间取得良好的契合关系，而且，还与这个在19世纪基本成形的城市尺度之间，取得了很好的契合关系，它仿佛是从17世纪航海归来的一艘巨轮，静静地停泊在内尔维翁河畔。

左，博物馆以高科技的钛金属表皮，与周边城市工业文脉之间取得了呼应，右，从远山俯瞰，博物馆的尺度与毕尔巴鄂在17世纪所形成的城市尺度之间，取得了良好的契合关系。

左，雕塑化的形体，犹如盛开的银花，绽放在古老的城市和远山之间，并且，与高架道路之间视觉关系良好。右，从老城区看博物馆与远山之间的尺度关系。

图3.52　毕尔巴鄂古根海姆博物馆与城市文脉之间关系分析

认为，这个设计尊重城市的历史文化，让他们重温了城市昔日的辉煌和骄傲，盖里的设计采用的是抽象表现和隐喻的手法，它抛弃了具象的历史符号，但达到尊重地方文脉的目的（参看图 3.52）。

毕尔巴鄂的成功证明了，杰出的建筑，可以改变那些曾被忽视城市的面貌和精神，通过一个建筑物，可以提升一个城市的品位和知名度，再现城市的历史精神，毕尔巴鄂古根海姆博物馆已经成为该市民众身份认同的象征物，它不仅仅是一件建筑艺术品，还意味着对城市历史文化的觉醒。毕尔巴鄂古根海姆博物馆的这种社会作用，源自它符合伟大的建筑作品，必须切合于地域文化和新时代艺术的标准，它不是那种以僵死的虚假符号，表述历史文化的传统作品。通过神秘美感的弯曲形体，毕尔巴鄂古根海姆博物馆，仿佛暗示着人类的欲望、需求和情感，以及一个城市生生不息的发展精神。

4. 革命从家具开始

盖里的家具设计是其建筑思想的“试验田”，当现实还不能提供条件，可以把他的思想进行实验的时候，他首先在家具中，进行着思想的试验。家具实验，相对而言，既快捷又廉价，为检验他所关心的材料和形式问题，提供了令人满意的实验平台。在家具实验中，盖里以非传统方法加工传统材料，产生了高品质的家具作品。

在第一个家具实验系列，“流畅边界”（Easy Edges，如图 3.53 所示）中，盖里采用简单的皱折纸板，这是他在建筑模型制作中，经常使用的一种材料。当他发现单张纸板在层叠以后，其受力性能成指数级增加后，他就开始把这个简单的材料制作成优雅的弯曲桌椅。在这些平展的表面，再覆以硬纸板后，家具就持久耐用了。通过家具实验，他得出这样的结论：“材料并非紧要，关键是处理材料的方法”。以非传统方法处理材料，使材料的受力性能大大改观，再把这种改变了受力性能的材料，加工成想要的形式，这就是盖里通过家具试验所获得的最大的收获。

1979–1982 年的“实验边界”（Experimental Edges，如图 3.54 所示）是体积庞大的硬纸板家具系列，外表粗糙、蓬松，是以不同宽度的纸板片，经过参差不齐的重叠达到材料的密度，纸板故意斜放、边界不合，造成细微的波状线条纹理，这个实验最后产生了曲木家居系列。盖里办公室的隔壁就是一个车间工场（图 3.55），在这里，盖里持续地对芬兰曲木家具的制作过程展开研究，在展开研究的 120 种原型中，有四种椅子、两种桌子先后投入市场（图 3.56）。“家具实验，展示了盖里把普通常见的材料，转化成意料之外作品的杰出能力。”[1]

---

[1] Laurence B. Chollet，The Essential Frank O. Gehry Harry N. Abrams，Inc.，Publishers New York，2001，P38.

图 3.53 “流畅边界”的家具作品之一

图 3.54 “实验边界”的家具作品之一

图 3.55 盖里的家具车间

图 3.56 盖里的椅子系列

正是在家具实验中所积累的、创造性地对待材料的经验，挖掘材料力学性能和美学性能，才导致他后来在建筑中，可以创造性地使用材料，形成取材广泛的手法特点。对材料力学潜能的关注，还让他在毕尔巴鄂古根海姆博物馆项目中，通过实验，把钛金属材料降到只有 0.38mm 厚度，极大地降低了工程的造价。

5.“你看，我的鱼形有多美”：沃克艺术中心建筑展

1986 年，沃克艺术中心（Walker Art Center）举办了一场盖里建筑展（The Architecture of Frank Gehry，图 3.57，图 3.58），当时只有新建筑圈子里的少数人，对这次展览表现出兴趣，展览的主题是“建筑何以发生”（How Architecture Happens），通过对盖里已建项目图纸、图片和模型的展示，让观众明白，一个概念是怎样从盖里原始草图阶段，慢慢演变成现实的作品。这个展览还展

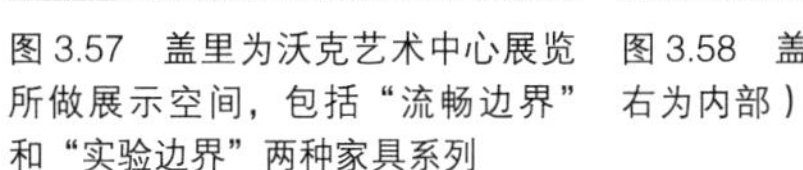

图 3.57　盖里为沃克艺术中心展览所做展示空间，包括“流畅边界”和“实验边界”两种家具系列

图 3.58　盖里为沃克艺术中心展览所做的“鱼腹状”展示空间（左为外部，右为内部）

示了盖里的家具实验系列：流畅边界（Easy Edges）和实验边界（Experimental Edges），以及盖里设计的动物灯具，突出地展现他以不同的方法来使用材料（如铅、铜、硬纸板、胶合板，芬兰胶合板）的技巧。另外，鱼腹状的展示空间，充分展示了盖里对形式和材料的成熟驾驭能力。

6.“情有独钟”：对巴洛克艺术的崭新继承

盖里对巴洛克曲线艺术和皱褶形态的喜爱，可以追溯到他的青少年时期，在儿时，盖里就对鱼形产生兴趣，17 岁时，盖里随家人迁往洛杉矶后，他的母亲曾是洛杉矶百货公司织物部门的经理，经营布匹、家纺，帮助客户设计家装，盖里经常到母亲的店铺里，在那里会接触到各种柔软、皱褶的织物形态，正是在母亲的家装店里，盖里培养起了自己对皱褶形态的喜爱。盖里在谈到青年时期的这段经历时说：“创造性的遗传因子就在那儿，正是我母亲推动了我对曲线和皱褶形态的兴趣”[1]。后来，盖里在建筑中，就有意地营造安全温暖、圣净寂静的空间气氛。例如，在柏林的 DZ 银行（DZ Bank，Berlin，Germany，2001）的“马头”，表面为复杂皱褶的钛金属材料所包裹，人在“马头”之内，如同置身于鲸鱼的内脏，被包围保护，内部空间宁静、温暖。多种与皱褶织物相似的形态，在他看来，也与巴洛克艺术形态相通，“水和皱起的纸张，在我看来就是另外一种装饰形式，从某个角度而言，它们就是巴洛克艺术的另外一种方式。”[2] 在盖里看来，连续双曲面形态，就与巴洛克艺术相通的形态。图 3.59 为盖里采用巴洛克（织物）形态，为纽约康德·纳斯特自助餐厅（Conde Nast Cafeteria，New York，2000），所设计的枝形吊灯；图 3.60，为盖里采用巴洛克形态，为纽约的

---

[1] EL Croquis 117：Frank Gehry 1996–2003，Madrid，el Croquis editorial，2004，P45.

[2] Gehry Partners，Gehry Talks :Architecture + Process，New York，Rizzoli，2007，P48.

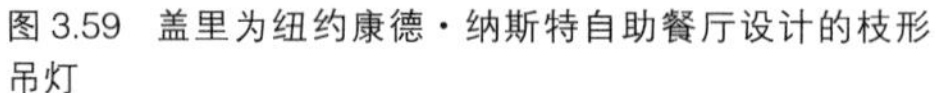

图 3.59　盖里为纽约康德·纳斯特自助餐厅设计的枝形吊灯

图 3.60　盖里为纽约巴德学院表演艺术中心所做的巴洛克建筑形态

巴德学院表演艺术中心（Bard College Center for The Performing Art，New York，1997），所设计的外部建筑造型。

盖里在设计中，有意参照引用巴洛克艺术的做法，始于柏林 DZ 银行的“马头”（horse's head），也就是刘易斯住宅（Lewis Residence，Lyndhurt，Ohio，1985–1995）中，作为入口门厅的“马头”），这个项目位于柏林勃兰敦堡门（Brandenburg Gate）附近。1993 年 6 月，盖里与欧文·拉文（Irving Lavin）进行了一次短途的旅行，途中他们前往法国东部城市第戎，观看当时盖里还不太了解的、文艺复兴时期雕塑家克劳斯·斯吕特的作品，克劳斯·斯吕特纪念性雕塑所表达的情感，深深地震撼了盖里，[1] 这个雕塑作品以大块面的曲线织物形态，勾勒出喷泉中摩西 [2]（Moses）的神秘力量、英勇精神和内在生命。对盖里而言，建筑首先是艺术，而艺术首先就是一种情感的表现形式，罗丹曾经明确地表示：“艺术就是情感”，美籍哲学家、符号论美学的代表人物苏珊·朗格，在其代表作《情感与形式》中也明确表达“艺术就是情感表现形式”的美学观点。

盖里在返回洛杉矶事务所后，又收到了欧文·拉文寄给他一本由凯瑟琳·莫兰德（Kathleeen Morand）撰写的关于斯吕特雕塑作品的专论，此后，盖里对斯吕特的雕塑，产生了浓烈的兴趣。盖里将斯吕特巴洛克雕塑《哀悼者》

[1] EL Croquis 117：Frank Gehry 1996–2003，Madrid，el Croquis editorial，2004，P56.

[2] 摩西（Moses）是纪元前 13 世纪的犹太人先知，旧约圣经前五本书的执笔者，希伯来民族英雄，带领在埃及过着奴隶生活的以色列人，到达神所预备的流着奶和蜜之地——迦南（巴勒斯坦的古地名，在今天约旦河与死海的西岸一带），神借着摩西写下《十诫》给他的子民遵守，并建造公墓，教导他的子民敬拜他。

图 3.61 DZ 银行的“马头”，左为斯吕特的巴洛克雕塑《哀悼者》的头巾，右为，DZ 银行的“马头”形态

（mourners，是一组雕塑）的头巾织物形态，转化进了 DZ 银行“马头”形态的设计之中，“马头”几乎拷贝了斯吕特《哀悼者》雕塑的头巾（图 3.61）。在此之前，盖里在刘易斯住宅中，已经开始实验性地对斯吕特《哀悼者》头巾形态进行研究，他以头巾覆盖住宅的入口门厅，这个实验一直进行到 1993 年底，由于刘易斯住宅搁浅，“马头”（图 3.62）未能建造起来。但在刘易斯住宅中，采用“单一空间”方法，把每个房间塑造成不同的形态，这些形态对后来项目产生了影响。在 DZ 银行项目中，盖里把刘易斯住宅中的“马头”经过细微的调整后，直接引用；毕尔巴鄂古根海姆博物馆的设计，也受到这个刘易斯住宅设计方法的深刻影响。DZ 银行完成后的“马头”，从外面看，会唤起人们对神秘地隐藏在大脑里思维活动的猜想；而从里面看，好像置身在一个由自然木材支撑的神经组织结构里，其形态非常类似于被模仿物——那个戴头巾《哀悼者》的小脑，作为会议室的“马头”，也非常切合其功能，内脏般的内部空间，给人温暖感，全副武装的金属表皮，带给人安全感，内部空间能激发人的思维和回忆，盖里自称“马头”是他做过的最神秘的设计。

在盖里追随巴洛克艺术的过程中，除了对斯吕特雕塑进行引用外，他还学习乔治·伊·奥尔（George E. Ohr，1857-1918）的陶艺，盖里曾为他设计过一个博物馆。盖里对巴洛克艺术形态的追求，还与他对运动的兴趣有关，“我很早就对运动感兴趣，我在鱼形中发现这种动感。鱼形巩固了我对怎样让

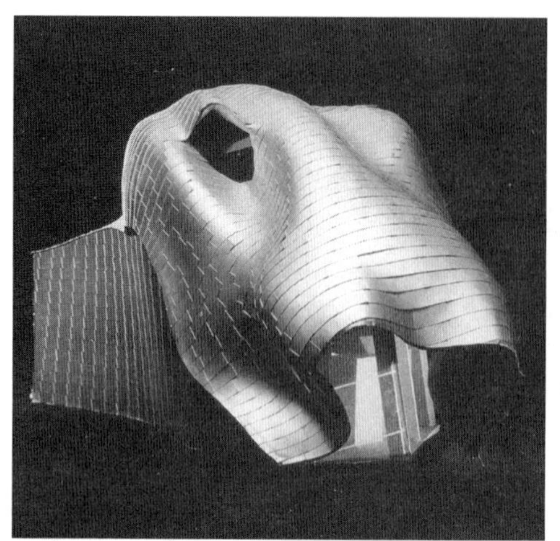

图 3.62　刘易斯住宅中门厅的“马头”形态

图 3.63　克莱斯·奥登伯格曲线形态的雕塑作品大扫帚（Big Sweep）细部，2006 年

建筑动起来的理解。”[1] 另外，长期对曲线形式艺术作品的兴趣，也是导致他在建筑中采用曲线形态的一个原因，“曲线型的绘画和雕塑对我的影响很大，我认为我的理念源自它们，不论什么时候我到博物馆去，我都会爱上那些东西，比如波提切利[2] 的《春》（Botticelli’s Primavera），但每次我对画作的感受都会和上次不同。今天，我可能去看织物，但我会以建筑学的眼光来欣赏。”[3] 从盖里的建筑形态和克莱斯·奥登伯格的曲线式雕塑作品“大扫帚”（Big Sweep，2006，图 3.63）细节形态之间的关系中，可以看到盖里受到曲线形式艺术作品的深刻影响。

7.“一路狂奔”：盖里建筑革新探索过程分析（暨作品分析）

盖里的思想革新存在着明显的过程性，起初在洛杉矶，他也只是一位被同行们认为是有一定才华的优秀建筑师，从 1960 年代起，盖里开始受到当时一些新兴艺术思想的影响，他的建筑思想开始发生了变化。盖里建筑思想的探索过程，大体可以分为三个阶段：第一阶段，是比较纯正的现代主义阶段，这一阶段以 1964 年的好莱坞但泽格工作室和住宅作为结束标志，随后步入第二阶段的

---

[1] Gehry Partners，Gehry Talks :Architecture + Process，New York，Rizzoli，2007，P42

[2] 桑德罗·波提切利（Sandro Botticelli，1445–1510）是 15 世纪末佛罗伦萨的著名画家，他画的圣母、圣子像非常出名，他是意大利肖像画的先驱者，其画风到了 19 世纪，又被大力推崇。《春》（Primavera）和《维纳斯的诞生》是他一生最重要的两幅作品。

[3] Gehry Partners，Gehry Talks :Architecture + Process，New York，Rizzoli，2007，P42

探索期。这一阶段大体上又可分为前后两个阶段，前一阶段以消解直线型的现代主义盒子、探索对多样化材料的创造性使用为目标，它始于 1968 年加州的圣胡安·卡比斯曲诺的奥莱尔草料场（O'Neill Hay Barn，San Juan Capistrano），终于 1977 年的自宅扩建。自宅扩建是这一阶段探索工作的集大成者，标志着盖里一些重要思想趋于成熟。此后盖里渐渐转向探索双曲线型建筑形体的雕塑效果，从 1991 年开始设计，1997 年建设完工的毕尔巴鄂古根海姆博物馆（1991–1997）和 1987 年开始设计，1999 年开始建设，2002 年完工的洛杉矶沃尔特·迪斯尼音乐厅（Walt Disney Concert Hall，Los Angeles）的建成，标志着建筑史上一种全新的建筑风格，技术巴洛克风格的来临，也标志着盖里建筑思想和风格探索阶段的完成，至此盖里重要的建筑思想全部形成，此后并无重大突破和发展，所以，作为对盖里思想的分析，重点在探索期的建筑实验。随后进入第三阶段，即稳定的成熟期，指沃尔特·迪斯尼音乐厅之后的建筑实践，这一阶段，虽然项目较多，但从思想性来讲，并无太多进一步发展之处。

这里所选的建筑案例，考虑两个方面的因素，首先，能够较为全面地反映出盖里建筑思想发展的顺序和脉络，其次，作品本身具有一定的代表性和重要性。

（1）第一阶段，现代主义时期作品分析

案例 1，斯蒂夫斯住宅（Steeves House，California，1959，盖里时年 30 岁，图 3.64）

这是盖里的第一个加利福尼亚州项目，住宅平面呈十字形。在早期，盖里也对弗兰克·劳埃德·赖特的作品很感兴趣，这个建筑在许多方面都流露出受到赖特影响的痕迹，如十字形的平面构图，深深的挑檐，在细节设计上，还可以看到受南加州现代主义建筑师理查德·诺伊特拉的影响，这个作品在室内外空间的转化和渗透方面，体现了气候条件对建筑的影响，在深深的挑檐下，有着丰富的户外活动灰空间。

图 3.64　斯蒂夫斯住宅，1959 年

图 3.65　但泽格住宅，1964 年

图 3.66　奥莱尔草料场，1968 年

案例 2，好莱坞，但泽格工作室和住宅（Danziger Studio/Residence，Hollywood，1964，盖里时年 35 岁，图 3.65）

1964 年，图像设计师卢·但泽格（Lou Danziger）邀请盖里为他设计一个位于好莱坞的半工作室（占地 1000 平方英尺）、半住宅（占地 1600 平方英尺）的综合项目，盖里的设计分为两个独立的混凝土方盒子，这两个盒子，通过一个由高墙围合起来的内部花园相连接，这样，从街道看来，整个综合体是由三个材料相同的混凝土盒子组成。但泽格项目对于盖里来说是个带有突破性的项目，它的造价控制在甲方的预算范围之内，同时盖里首次有意识地把建筑与极少主义艺术相结合，整个建筑物仿佛是一个巨大的，由三个矩形体块相互搭接、形式洗练的极少主义雕塑作品。

（2）第二阶段，探索阶段的作品分析

案例 1，加利福尼亚州，圣胡安·卡比斯曲诺的奥莱尔草料场（O'Neill Hay Barn，San Juan Capistrano，1968，图 3.66）

在这个项目中，盖里第一次采用倾斜屋角（四个屋角中，有一个为最高点），也是第一次使用金属板材作为建筑的屋面和外墙面，这种打破规则（双坡或单坡）坡屋面的手法随后在罗恩·戴维斯住宅中得到进一步的演化，变得更为复杂。

案例 2，加利福尼亚州马利布的罗恩·戴维斯工作室 / 住宅（Ron Davis Studio/Residence，1972，图 3.67）

这个项目的业主是著名的抽象几何主义画家罗恩·戴维斯，在这个项目中，盖里第一次尝试以透视线为控制形体变形的手段，对规则的方盒子进行变形，这是把画法几何上的透视画法，反推到建筑形态上，对规则方盒子进行变形的逆向操作，其思想来源于戴维斯的绘画。盖里看到戴维斯在作画，画的是透视构图（图 3.67 左），这让盖里很着迷，戴维斯能够作画，但他无法把它们建造出来，无法将它们变为三维空间的物体。于是盖里就想把戴维斯在二度平面上所描绘出的透视变形关系，通过真实的建筑物表现出来，从而实现了建筑史上首次对方盒子进

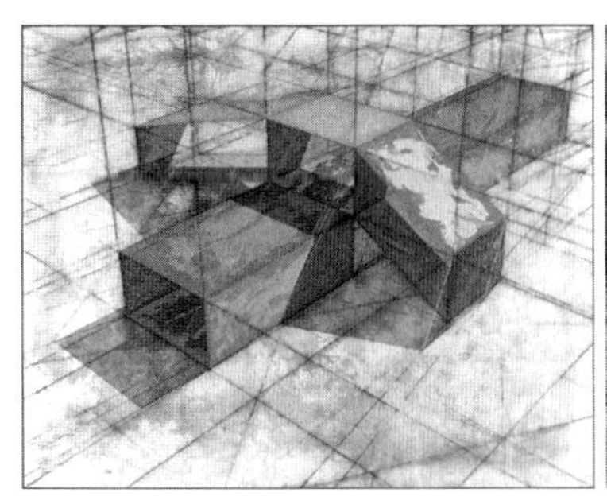

图 3.67 罗恩·戴维斯住宅，1972 年，左为产生这个作品的戴维斯的几何绘画，右为建成后的戴维斯住宅

行消解的实验。其方法是找一个房间，在房子中间摆放一个方形木块（罗恩·戴维斯住宅的原始盒子模型），用笔将透视消失点画在墙上，然后拉细绳，将模型和墙上的透视灭点联系起来，这样当移动各灭点时，建筑（虚拟）模型也就跟着变形，戴维斯则根据情况对空间做出奇怪的描线图，这样就会借助移动透视灭点，得出一系列变形的形体模型，也就是把三维的建筑形体悬吊在不断变化的，由透视线控制的虚拟模型之上，进而让建筑的形体推敲处于快速不断实验、探索的状态之中，直到建筑形体，契合于基地所处的环境，而两位艺术家也对形态满意为止。经过这种推敲得出的房子也很漂亮，它对海洋有着很宽广的视野，从外部观察房子，与从房子内部眺望远景之间的关系也调整得很好，盖里让屋顶高与山丘平行，这样就可以看到整个房子，屋顶也倾斜地指向车道的轴线上，这样，对于驾车而来的客人来说，走到车道上，倾斜的屋顶就呈现出一种欢迎的姿态，当驾车环绕它时，建筑的轮廓慢慢地展现，屋顶变为建筑欢迎姿态的标志。

在罗恩·戴维斯住宅项目上，盖里以透视变形为手段，对现代主义的传统方盒子，进行了首次变形实验，查尔斯·詹克斯在《多元都市》一书中，称盖里在这个项目上所进行的旋转和变形为“建筑史上最重要的旋转”。[1] 之后，在盖里自宅中，在偏转之后的形体外面，盖里再附上第二层钢丝网表皮，偏斜的形体赤裸裸地暴露无遗。

在戴维斯住宅建成后很久，盖里谈到了当时的创作心情，“这个方案曾经令我感到有点不安，我担心那样的角度是不是太古怪，会让人不舒服。而事实上，它给人的感觉是平静的。它的建成，让我放心大胆地尝试各种可能性，我在那儿呆了很久，很多个日日夜夜，我坐在它的旁边，欣赏它，欣赏它的倒影，它帮助我进一步了解我的设计。因为没有一个面或线是平行的，你不可能预测出影子，日光和倒影会落在哪里。如果你面对的是一个带有矩形窗口的平直的方

[1] Charles Jencks, Heteropolis: Los Angeles · The Riots and The Strange Beauty of Hetero Architecture, New York, Ernst & Sohn, 1991, P40.

盒子，你能判断出这些变化会是怎样的，如果建筑物完全没有平行的部分，你的判断也就截然不同，这成为我工作中非常具有吸引力的一部分。”[1] 盖里通过戴维斯住宅的实验，探索了非矩形、非平行线面构成关系，对建筑可能带来的影响，这对于他渐渐冲破现代主义方盒子的建筑模式，起到了极大的促进和鼓励作用。

案例 3，盖里自宅扩建（Gehry Residence，California，1977）

盖里住宅扩建无论是对于盖里本人，还是对当代建筑的历史发展而言，都是具有里程碑意义的，重要的历史事件。对于盖里而言，自 1960 年代以来，在形式和材料两方面的探索成就，在这个项目上，得到了不受约束的展现，这是一次表达他思想的难得机会，因为是自己的住宅，所以，可以充分自由地驰骋于自己的思想境界，而无需顾及别人的态度。查尔斯・詹克斯在《多元都市》一书中写道：“盖里自宅扩建之后，建筑学就不再会和从前的情形相同了，这一点无论是在洛杉矶，还是在洛杉矶之外的其他地方，都是如此，它开启了一个新的时代；这个建筑作为一个精心制作的宣言，立刻就被后来者继续，因为它与建筑思潮的转变相得益彰，这就是建筑转向了非正式性（informal）和表现主义（expressionist），甚至主流的《时代》杂志也能懂得这一点，开始大肆报道，现在来看，它已经成为了一起重要的建筑历史事件。”[2]

1966 年盖里和前妻阿妮塔・斯奈德离异，他们于 1952 年结婚，当时盖里 23 岁，正是他的前妻建议盖里把原来的名字 Frank Goldberg 改为现名。离异后，盖里与两个女儿生活，直到 1975 年与贝尔塔・伊莎贝尔・阿吉莱拉（西班牙人）结婚，至 1977 年，盖里又有了两个儿子，这样盖里就已经有了四个孩子，他们原来的住宅就显得拥挤不堪，无法再继续住下去了，但他们又没有足够的经济能力，去买一栋自己喜欢的新房子，他的妻子贝尔塔就在圣莫尼卡区，买了一栋 1920 年代建造的，毫无特征可言的荷兰殖民风格的旧房子（图 3.68），这个旧房子外表近橙红色的，屋面为石棉屋面板，内部木结构框架为绿色。他的妻子贝尔塔，一直为盖里在建筑事业上的挫败感而替他担心，于是她就建议盖里把这个自宅当作自己思想的实验品，来好好玩味一次，这个想法让盖里兴奋不已，于是，这个在当代建筑史上占有极其重要地位的作品就产生了。

为了创造更多可供使用的空间，盖里把原来的住宅往外扩了一点，在地产红线（property lines）和原来住宅之间的区域，增加了一个呈倾斜“L”形的、介于室内和室外之间的模糊空间，这个空间与原建筑之间，稍微偏斜了一点角度，盖里把厨房安置在这个模糊的空间里。“L”形空间围绕旧建筑的两侧布局，它

---

[1]（英）内奥米・斯汤戈编著，陈望译，《弗兰克・盖里》，中国轻工业出版社，2002，P14.

[2] Charles Jencks，Heteropolis: Los Angeles · The Riots and The Strange Beauty of Hetero Architecture，New York，Ernst & Sohn，1991，P42.

图 3.68 扩建前的盖里住宅

图 3.69 扩建后的盖里住宅，从上到下依次为：厨房外观，钢丝网围栏，住宅入口，厨房室内

的结构直截了当，毫无虚饰，胶合板的龙骨外面覆以普通的波纹金属板和玻璃，与原建筑形成鲜明的对比，模糊空间很好地契合了南加州的气候，半室内和半室外的空间感觉，非常适合于南加州气候条件下，频繁的室内外之间的日常生活，钢丝网护篱围合而成两层高的空间，贴在原来建筑的外面，带有一些杂乱、匆忙、兴奋的感觉，盖里把新建围护部分的材料，进行折叠包裹。在这个模糊空间上方盖上屋顶，这就成了现在的厨房和餐厅空间，它占据了住宅原来的户外空间。整个项目新旧之间的构成关系，得到了清晰表达，旧建筑保持原样，新建部分则呈现出倾斜、突兀、混乱的性格。厨房的屋顶由玻璃做成，光线透过倾斜的玻璃立方体倾泻而下，户外的树荫在厨房里投下斑斑驳驳的光影效果，从室内仰观外面的高树，恍如置身于充满神秘魔力的华丽教堂。

盖里把原住宅一些表面重新粉刷，把一些结构骨架外面的粉刷铲除掉，暴露原结构的材料本色。在二层主卧室，还将原吊顶拆除，所有这些展示结构本质、材料本质、形式本质的赤裸裸的暴露（strip）手法，表明盖里建筑开始走向表现性的新途径，建筑物带给人一种惊讶、兴奋的空间体验，差异性很大的多种因素被混杂在一起，造成了异质共生现象和矛盾性的观感，建筑物如同草草收场，尚未完工，带有一种强烈的生疏感（raw）。这个项目一完成，立即遭到邻居们的强烈反对，因为他们认为这个怪物会让自己的房子贬值，有人开始控告盖里，有人开始骚扰盖里，还有邻居直接向厨房开枪射击。但是后来证明，邻居们的担心是多余的，他们的房价，并没有因为盖里自宅的扩建而贬值。

盖里自宅是盖里设计思想的一次重要展现，标志着盖里革新思想和手法已经日趋成熟，这个项目除了连续双曲面，这个盖里建筑中最突出的特征尚未出现外，基本上已经包括了他的全部手法特征（参见图 3.69）：

①皱褶、折叠、包裹的形态，以金属波纹板折叠包裹空间，这种手法到后来，渐渐演变成用高科技的钛金属板材，采用连续双曲面的形态来包裹建筑的外部形态，塑造雕塑感。

②暴露重要部位的结构构造细节，如柱头、螺栓、结构部件交接处，暴露材料自身肌理，加工痕迹，展现材料的自性之美。

③以差异性的部分构成整体，空间存在着分层现象，建筑形式已经打破了规则方盒子的限制，倾斜、破裂、偏转、剥离等一系列手法特征已经出现，标志着盖里建筑越来越走向复杂性、差异性、异质性和反叛性的轨道，越来越偏离现代主义传统。

④作为盖里建筑思想象征符号的钢丝网（平庸、普通）在这里得到创造性地使用，这种材料和鱼形一样，已经成了盖里反叛思想的象征。

⑤突出地展现了盖里的吝啬鬼美学（cheapskate aesthetic），这是盖里长期在低造价条件的限制下，所培育出来的特殊才能，意思是采用廉价材料，却创造出高品质的美学效果。

⑥一些重要价值观念和态度得到了充分表达，如对差异性价值的强调胜过对一致性的强调，对创造性价值的强调胜过对适宜性的强调，对复杂性价值的强调胜过对简单性的强调；对异质性价值的强调胜过对同质性的强调，对矛盾性价值的强调胜过对一致性的强调，对反常性价值的强调胜过对正常性的强调。这些价值观念是根本的指导思想，它在圣莫尼卡学派的后继者们那里，会有不同的表现方式，但盖里作为该学派的奠基者，他首先实现了这些不同于现代主义的价值标准，这也正是盖里建筑作为先驱者的探索性、开拓性的价值所在。盖里谈到自宅扩建时说道："我并不试图破坏秩序，而是彻底改造它，最初人们对此并不理解。我拆掉实的部分，将虚的部分搓搓磨磨，颠覆之，摇之，烘之，炸之。用这个办法，我从旧世界的灰烬中释放出了新的形态秩序。"[1]

尽管盖里自宅扩建，在洛杉矶本土淹没在一片谴责之声之中，但"墙内开花墙外香"，菲利普·约翰逊、理查德·塞拉和克莱斯·奥登伯格，则先后来到了圣莫尼卡区的盖里自宅，他们对这个项目的态度截然不同，菲利普·约翰逊说："盖里是今天这个时代最重要的建筑师（the leading architect），这一点毫无疑问，当你步入一个空间，然后惊讶地大喊一声'哇'，那么，在这里，肯定发生了重大的历史性事件。"[2]这些在建筑和艺术界有影响的人物，为盖里自宅的新风格而震惊。站在传统的立场上看，这是一个令人费解的建筑，但它却是一个里程碑式的建筑，它对盖里建筑生涯的重要性，与菲利普·约翰逊的玻璃住

[1] 里昂·怀特森，《建筑新纪元》，http://arts.tom.com.

[2] Sydney Pollack，Sketches of Frank Gehry（DVD），Sony picture home entertainment，2006.

图 3.70 家庭住宅方案，未建，1978 年

宅、弗兰克·劳埃德·赖特的流水别墅，对他们的重要性一样，美国建筑师学会（American Institute of Architects，AIA）授予盖里自宅权威荣誉奖（prestigious honor award），称其为“新时代美国梦的新发展”[1]。但实质上，只有把盖里自宅看作是一件接近于雕塑的波普艺术品，才能抓住这个建筑想要表达的新观念。

全新的造型，全新的空间，全新的表现态度，这场发生在圣莫尼卡的建筑地震，预示着当代建筑一场重大的变革时代已经来临。后来罗通迪回忆道：“我和梅恩就那样站在那里凝视着这个建筑物，盖里在洛杉矶因为这个建筑物而遭到攻击的事实，让我和梅恩相信，盖里无疑干了件正确又漂亮的事情。”[2] 盖里自宅传达出“山雨欲来风满楼”的时代信息，从中，他们感受到了的洛杉矶实验建筑的新气息，这让他们兴奋不已。

案例 4，家庭住宅（Familian House，未建，1978，图 3.70）

盖里自宅成了他事业的转折点，它立即引起了广泛的热烈讨论，它颠覆了那些站在传统建筑理念立场上的人们，对建筑的认可范围。此后，那些想做出

---

[1] Laurence B. Chollet，The Essential Frank O. Gehry Harry N. Abrams，Inc.，Publishers New York，2001，P19.

[2] Julie V. Iovine，An Iconoclastic Architect Turns Theory Into Practice，Published: Monday，May 17，2004，http://www.nytimes.com/2004/05/17/arts.

与众不同建筑的客户，就开始慢慢地找上门来，请盖里来为他们设计建筑。盖里自宅扩建数月后，就有人邀请盖里为其设计一个位于圣莫尼卡区的住宅，这就是家庭住宅（Familian House），这是一个没有建起来的作品。盖里设计了两个不同形态的、被打破的盒子，一个盒子是 40 英尺 ×40 英尺，为起居和家庭娱乐空间，另一个是 20 英尺 ×110 英尺，为卧室区域，两个盒子外墙面都是粉刷抹灰，一系列天桥把两个盒子联系在一起，这些天桥和结构骨架呈现出一种未经精心加工、漫不经心的面貌，被包在玻璃之内，桥身得到夸张的表现，窗户和天窗部分暴露出清晰的构成关系，但却呈现出一种暧昧矛盾的观感，人们不禁要问：这个建筑物是处于正在建设的过程之中呢？还是倒塌成现在这个样子？

自宅扩建打开了盖里思想发展进化的闸门，此后，他沿着建筑艺术化（准确地说是雕塑化）的道路发展，这种探索经历了直线型和曲线型的前后两个阶段，同时为了把建筑纳入表现性的轨道，盖里先后发展出“单一空间”、“形式村落”、“簇群”等化整为零的平面和形态组织策略，经过一系列小项目的实验准备，最后形成了在毕尔巴鄂古根海姆博物馆和迪斯尼营业厅这样大项目上的技术巴洛克风格。

首先，盖里探索建筑语言构成的新途径，其方法就是化整为零的小体量策略，具体内容请参看本章相关内容。

其次，盖里渐渐开始强调建筑的雕塑性格，他开始把一些本可以做得很集中、很完整的建筑形体，进行了化整为零、强调部分、强调差异的体积处理，使得建筑的雕塑体积和表情变得丰富、多样、差异，最早出现这种技巧的项目是加利福尼亚航天博物馆（California Aerospace Museum，1982-1984，图 3.71），在这个项目中，盖里开始尝试以不同雕塑形态的部分，构成整体建筑形象的手法，它包括一个金属表皮构成的、倾斜的多边形，一个屋顶有天窗的棱柱形玻璃幕墙，一个抹灰粉刷的平直立方体（但其屋顶做得零碎），和一个上悬飞机模型的巨大入口，这个建筑已经呈现出明显的雕塑感。

在 1986-1989 年间，位于加利福尼亚布伦特伍德的施纳贝尔住宅（Schnabel House，Brentwood，California，图 3.72）中，建筑雕塑化的趋势已经有着明显的表现，在 1987 年的温顿客房（Winton Guest House，图 3.73，图 3.22）设计中，建筑雕塑化的探索已经达到了形态纯粹化的高度，这个项目采用“单一空间”手法，赋予每个房间不同的形式和材质，其平面组织呈现风车形，平面为一系列小房间围绕中心布局的“簇群”形式。

到了 1980 年代，盖里使用小体积、低造价的材料，带着革新观念进行的建筑实验，充分证明：不需要太多的投资，采用奇异的材料也可以创造出伟大的建筑。但上述这些建筑雕塑化手法的探索，还基本上停留在直线式形体的范围里，

图 3.71　加利福尼亚州航天博物馆，1982–1984 年

图 3.72　加利福尼亚州施纳贝尔住宅，1986–1989 年

图 3.73　温顿客房住宅模型，1987 年

图 3.74　德国魏尔城维特拉家具博物馆，1988–1989 年

建筑的运动感还不够强烈，此后盖里把在家具实验中，对曲线形体塑造的经验，结合鱼形运动感，引进到对建筑曲线形体的塑造中来。最早在建筑上体现这种曲线形体动感的建筑，是 1988–1989 年间，位于德国莱茵河畔魏尔城的维特拉家具博物馆（The Vitra Museum，Weil am Rhein，Germany，图 3.74）。这是一个把曲线形态的运动感与建筑形体的雕塑感进行了很好结合的案例，建筑的形态像盘踞的蛇，盖里自称，维特拉博物馆中那个曲线流转的楼梯，是自己走向曲线建筑革命开始的地方，也是当代建筑史的一部分。[1] 在建筑中表达运动感是盖里表现建筑时代性的重要途径，这是一个快速变化的时代，一切都在运动之中，盖里对于在建筑中去表达这种运动感，一直抱着浓厚的兴趣，他对鱼形的兴趣也正出于此。运动感，自从 20 世纪初的未来主义以来，就与先锋派建筑结下了不解之缘，“如果说，当代先锋派建筑——毫无疑问它起源于盖里的作品——有某种共同的执著追求（shared obsession），那就是在建筑中去表达运动。那种要把运动，而不是把音乐，在一瞬间冻结的抱负与使命，确实已经导致大量把立

[1] 佚名，《现代建筑派大师：法兰克·盖里》，http://build.woodoom.com/zhuanjia/200711/20071121171729.html.

面倾斜、把形体旋转的奇思异想，这种对不稳定性的模仿，已经成为近来大量作品的标志。”[1] 运动感对于盖里建筑而言，具有极端的重要性，但到 1989 年维特拉家具博物馆时期，盖里建筑中曲线、曲面的绘制，还依赖于传统的画法几何，这极大地制约了盖里对动态形式的探索，可是，这种制约在一个技术快速更新的年代，很快得到了解决。

1989 年，盖里获得了普利茨克建筑奖，在答谢辞中，他满怀豪情地宣誓，他要像前辈那些伟大的普利茨克获奖者一样，在获奖后，继续创造更为优秀、契合时代的建筑，为普利茨克奖增添光彩。纵观盖里建筑生涯，可以看出，在 1989 年，获得普利茨克奖时，他最有特征的语言风格还尚未出现，最优秀的建筑也未建起来，这种尚未出现的风格，就是要依赖于计算机数字化技术的技术巴洛克风格。1990 年代初期，盖里对连续双曲形体的探索，对他建筑风格的转向起到了极为重要的引导作用，正在这关键时期，盖里遇到了后来成为他合伙人的格里姆夫，“当吉姆·格里姆夫（原为法国航空公司飞机设计师，精通计算机绘图领域的国际发展状况）在 1989 年加入我的公司时，我对他说，我们还在使用画法几何的传统方法，来绘制像维特拉家具博物馆工程上那样的曲面，我说：‘现在，我想做更为复杂的形态了’。他说：‘没问题，我们将让计算机来干这种事’。他跑到航空航天工业领域去会晤、讨论此事，从那里他搞来了卡特亚（CATIA）程序软件，随后这方面一些专业人员也加入了进来，包括计算机专家理查德·史密斯。”[2]

1992 年，盖里为巴塞罗那奥运村做了个鱼形雕塑（图 3.7），这是一个去头去尾只保留了鱼身，元素精简、形态纯粹的雕塑，盖里剔除了那些对表现本质而言，可有可无的东西，这是盖里试图通过连续双曲面形体，塑造运动感和雕塑感的一次极为重要的尝试，这也是盖里第一个利用卡特亚程序软件，进行复杂双曲面形体设计的项目，此后，盖里事务所在计算机数字化技术的支撑下，就步入了一个全新的数字化建筑时代。计算机技术的应用，让盖里能够实现复杂形态的探索目标，这大大地推进了他走向新风格的步伐，这种依赖于计算机技术的新风格就是技术巴洛克风格，它是融合计算机数字化技术、巴洛克雕塑艺术、高科技材料技术、精确高效营造技术为一体的，具有明显时代特征的新建筑风格。

在探索技术巴洛克风格的过程中，有一个规模不大，但时间跨度长达 10 年的特殊项目——刘易斯住宅，对盖里的建筑生涯起到了难以估量的重要影响作用。盖里说：“刘易斯住宅是我最重要的设计作品，它对我的重要性，相当于后

---

[1] Gehry Partners，Gehry Talks :Architecture + Process，New York，Rizzoli，2007，P29.
[2] Gehry Partners，Gehry Talks :Architecture + Process，New York，Rizzoli，2007，P48.

来的毕尔巴鄂博物馆。”[1] 盖里在这个项目上花费了10年时间，这是一个对盖里思想而言，具有承前启后重要作用的小项目，它虽然没有建起来，但它直接促发了在盖里建筑生涯中，最为重要的、一个项目的诞生，这个项目就是毕尔巴鄂古根海姆博物馆，有了毕尔巴鄂博物馆的巨大影响效应，才有了后来在洛杉矶建起来的迪斯尼音乐厅，在此基础之上，盖里的建筑生涯才步入了鼎盛时期，他才得以一步一步地，在世界各地建起与众不同、独一无二的技术巴洛克风格的建筑，再凭此影响，成为当今世界上，最为耀眼的建筑明星。盖里的声誉，往往先从洛杉矶本土之外建立起来，然后再返回来，影响他在洛杉矶的建筑事业，他的自宅扩建，也是在得到洛杉矶地区之外的认可后，才在洛杉矶受到重视，这大概就是所谓的“墙内开花墙外香”吧。

案例5，最反常的住宅——刘易斯住宅，林德赫斯特，俄亥俄州（Lewis Residence，俄亥俄州，林德赫斯特，1985–1995）（图3.75）

刘易斯住宅的业主是彼得·刘易斯（Peter B. Lewis），他首先是个超级大富翁，他挑战了世界上最大胆的建筑师，来为他创造世界上最令人叹为观止的住宅设计，他曾直白地问盖里，比尔·盖茨的住宅造价是多少？他想让自己住宅的豪华程度和造价（6000万美元）超过比尔·盖茨的住宅（5000万美元）。其次，他是个有着一定社会身份的人，他是古根海姆博物馆的董事会成员，他对艺术有着一定的修养，所以，他才会雇佣盖里来为他设计住宅。再次，他是个摇摆不定、犹豫不决的人，所以，这个项目前前后后进行了10年时间，中间反复变化规模、功能和造价，到最后还是不了了之，但彼得·刘易斯仿佛感到欠了盖里的人情，因为，盖里在10年时间里，一直始终如一，耐心地为刘易斯住宅做着反反复复的调整和修改工作，这样，在1997–2002年间，彼得·刘易斯就又交给了盖里一个规模更大的项目，这个项目就是位于俄亥俄州克利夫兰的华盛顿天主教大学的魏泽海德商学院（The Weatherhead School of Management at Case Western Reserve University，1997–2002）。

盖里一系列的重要的手法特征，在刘易斯住宅中趋于成熟完善，这个项目最后一次确定的规模为22000平方英尺（2044m^2），它为盖里提供了追求纯粹形式理念的机会，在一定程度上讲，这不是一般的建筑师可以获得的机会。盖里在这个项目中所尝试和发展的不同形式种子，在他随后的一系列作品中都得到了应用，例如，作为住宅入口的“马头”（horse head）造型，后来就应用于柏林的DZ银行。在刘易斯住宅设计过程中，盖里所达到的超现实主义、梦幻般的创作状态和境界，则被他带进了毕尔巴鄂古根海姆博物馆的设计中去，刘易

[1] Gehry Partners，Gehry Talks :Architecture + Process，New York，Rizzoli，2007，P108.

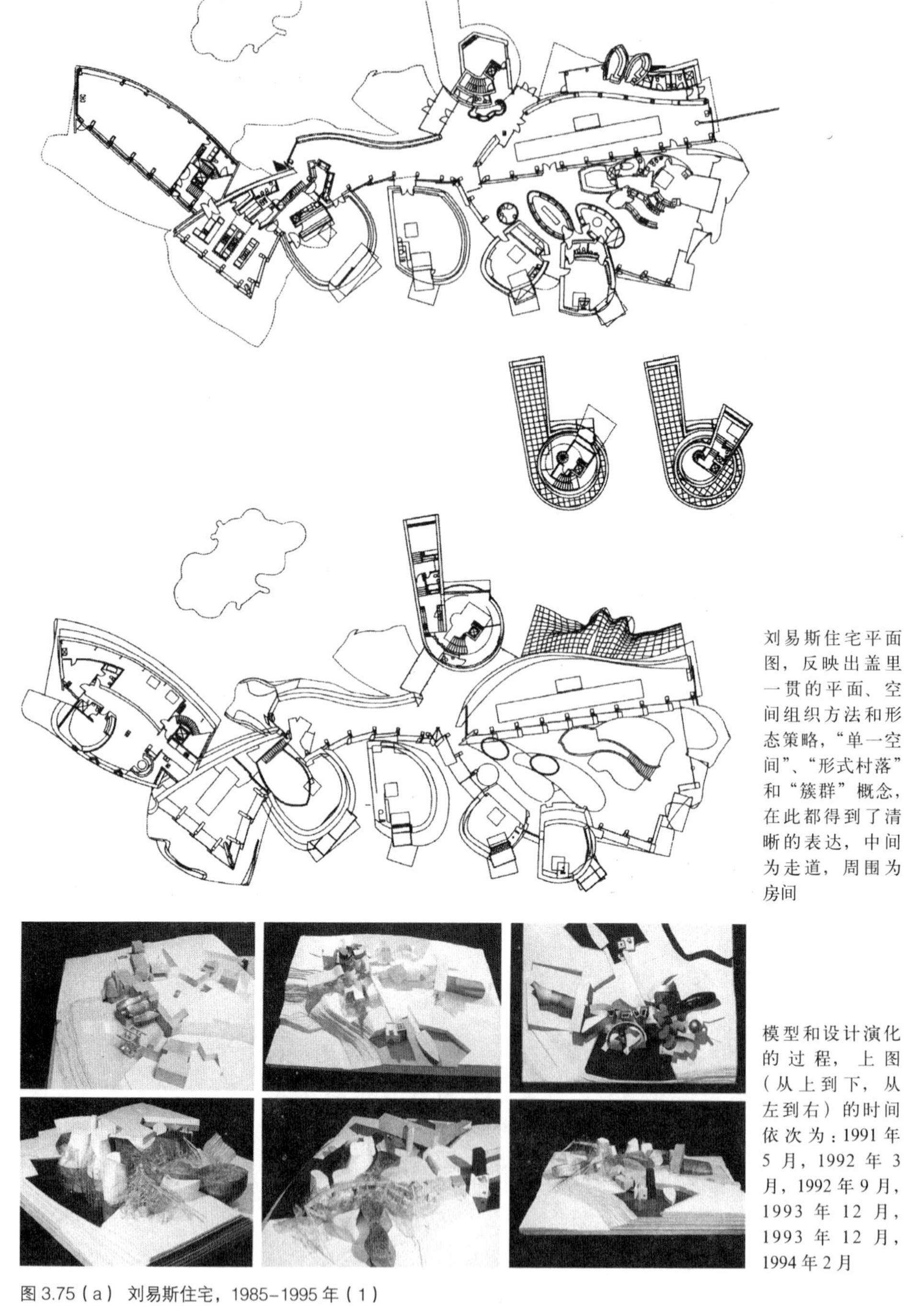

刘易斯住宅平面图，反映出盖里一贯的平面、空间组织方法和形态策略，“单一空间”、“形式村落”和“簇群”概念，在此都得到了清晰的表达，中间为走道，周围为房间

模型和设计演化的过程，上图（从上到下，从左到右）的时间依次为：1991年5月，1992年3月，1992年9月，1993年12月，1993年12月，1994年2月

图3.75（a） 刘易斯住宅，1985–1995年（1）

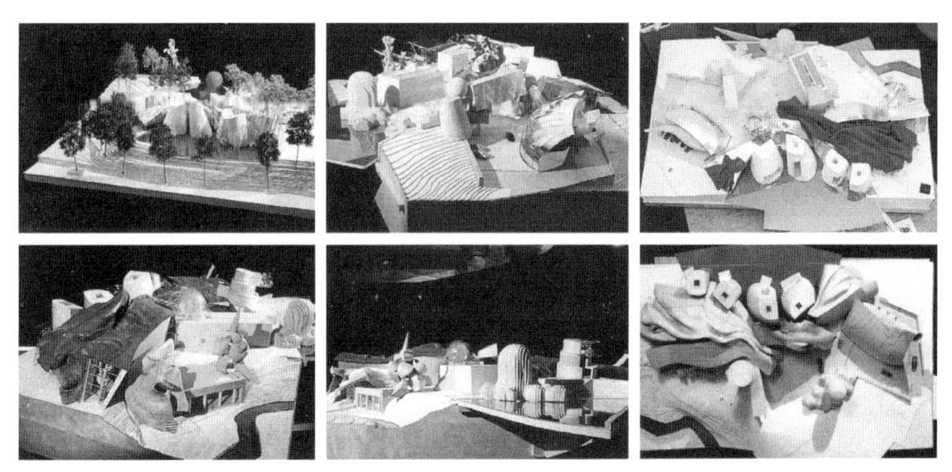

模型和设计演化的过程（续前图），上图（从上到下，从左到右）的时间依次为：1994 年 5 月，1994 年 11 月，1994 年 12 月，1995 年 2 月，1995 年 2 月，1995 年最终模型

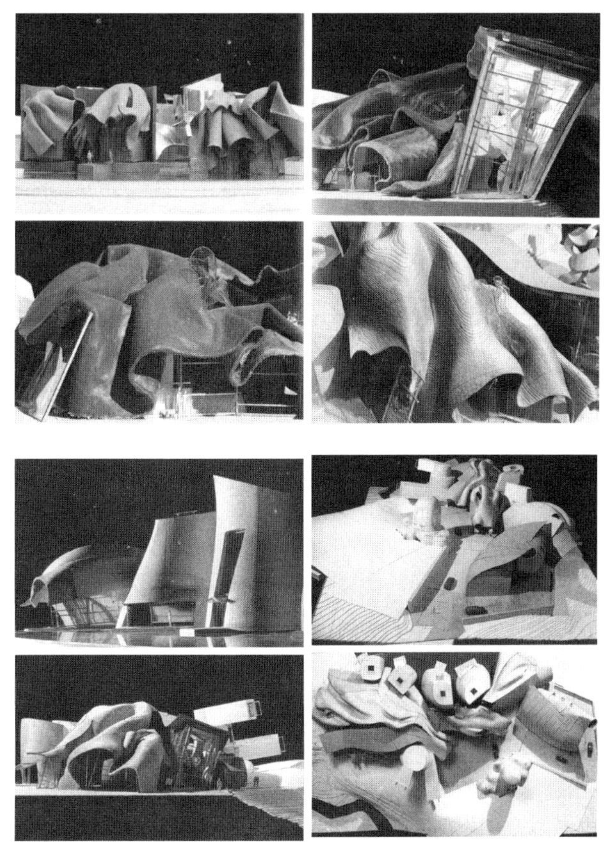

刘易斯住宅过程模型的细部

刘易斯住宅最终模型的细部

图 3.75（b）刘易斯住宅，1985–1995 年（2）

刘易斯住宅最终模型

图 3.75（c） 刘易斯住宅，1985-1995 年（3）

斯住宅之所以对盖里如此重要，是因为它在盖里设计思想和手法发展演化过程中，起着特殊的承前启后的作用：

（1）在刘易斯住宅中，盖里继续以“单一空间”的概念，赋予不同单个房间以不同形态，差异性很大的形态间，继续呈现出“形式村落”的关系。

（2）平面组织依旧采取“簇群”化的策略，单个房间沿着走道呈带状布局，中央走道把一个个形态各异的房间串联起来。

（3）这个项目最大的价值在于，单个房间的形态，不但超出一般人对建筑的认可范畴，而且也超出了盖里自己的预想，一个个形态各异的卧室空间，织物皱褶形态的入口门厅，呈鱼形的化妆间和浴室，还有一些无法命名的形态。可以说，建筑物就是由一组形态各异的单个建筑雕塑，组成了作为群体的“形式村落”，它们远远地超出了人类集体和盖里个人对建筑样式的设想范围，所以盖里说道：“当你画这个住宅的图纸时，你会发现它是怪异和超自然的，而且不可思议，我从未见过这样的东西，然后，我就决定把这种观念带进毕尔巴鄂古根海姆博物馆的设计中去，当我在画毕尔巴鄂博物馆的规划图纸时，我非常兴奋，因为我意识到它将是个美丽的建筑，除了刘易斯住宅和毕尔巴鄂博物馆，我还从未见过这样的建筑物。设计在往前进化，但我并不是有意识地（consciously）那样去做，这种演化完全是直觉性的（intuitively）。”[1] 也就是说，盖里在刘易斯

[1] Gehry Partners，Gehry Talks :Architecture + Process，New York，Rizzoli，2007，P140.

住宅的创作中，已经完全达到了一种“物我两忘”（庄子语）幻境，它证明了：只要建筑师有想法，总可以找到一个途径把它的设计理念表现出来。

1995年，刘易斯住宅项目的结束，意味着盖里对最复杂的双曲面建筑形态的探索，也随之结束。复杂的织物形态、连续双曲面的“马头”已经出现，这是盖里迄今为止最为复杂的建筑形态，盖里以后建筑形态的复杂性程度，还没有超出这个“马头”的，可以说，它是人类迄今为止，所设计过的最为复杂的建筑形态（连续双曲的织物形态）。

（3）第三阶段，成熟期的作品分析

案例1，西班牙毕尔巴鄂古根海姆博物馆（Guggenheim Museum，Bilbao，Spain，1991-1997，盖里时年62-68岁）

“老骥伏枥，志在千里；烈士暮年，壮心不已”（曹操《龟虽寿》）。1997年，人类历史上亘古未见的一种建筑形态，悄悄地在西班牙港口城市——毕尔巴鄂建成，它无疑是20世纪人类最重要的建筑之一，随着它的建成，一个新的英语词汇产生了，“明星建筑师”（Starchitect），它由明星（star）和建筑师（architect）两个单词合成，用来表达盖里与毕尔巴鄂古根海姆博物馆之间的关系、毕尔巴鄂效应（Bilbao Effect）以及一种让人惊叹（‘wow-factor’ architecture）的先锋派建筑的兴起。[1] 从时间上看，毕尔巴鄂古根海姆博物馆与刘易斯住宅的设计时间有重叠，这就为盖里把在刘易斯住宅设计中的一些思想和手法，引进到这个项目的设计中来，提供了机会。

①厚积薄发，毕尔巴鄂博物馆的准备基础

毕尔巴鄂博物馆，对于盖里而言，完全是水到渠成的一件事情，此前盖里已经在两方面做好了迎接这个项目的准备工作，其一是对建筑形态艺术的探索，这件工作在刘易斯住宅中已经完成；其二是技术上的准备工作，也在1990年代初期之后宣告完成。1990年后，盖里事务所的人员构成发生了很大的变化，他吸收了几个关键性的人物，成为了公司的合伙人，吉姆·格里姆夫是个计算机系统专家，负责制定整个公司的数字化系统工程，他以很慢的速度向前推进，但保证了事务所对数字化方面的技术需求，在1997年的毕尔巴鄂博物馆项目上，吉姆·格里姆夫成功地实现了对造价的控制，这得益于卡特亚（CATIA）软件，它的精确度可以达到小数点后7位数字的精度。[2] 兰迪·杰斐逊（Randy Jefferson）的主要工作是负责工程技术，他是个经验丰富、老练成熟的项目管理人才，而克雷格·韦布（Craige Webb）和埃德温·陈（Edwin Chan）则主要负

[1] 参看维基网站，http://en.wikipedia.org/wiki/Starchitect.

[2] Gehry Partners，Gehry Talks :Architecture + Process，New York，Rizzoli，2007，P51.

责模型制作、扫描的具体工作，另外理查德·史密斯也是个计算机专家。这样，从 1980 年代中期以来，一直制约着盖里事务所的数字化和工程技术问题已经得到解决，在合理的既定造价限制下，设计任何复杂的建筑形态，现在对于盖里来说已经不成问题。由于技术因素的支持，毕尔巴鄂博物馆的外表皮钛金属板材，经过试验可以控制在 0.38mm，只相当于几页普通的纸张厚度，造价竟然可以控制在只有理查德·迈耶格蒂中心单方造价 1/10 的水平，这是令人匪夷所思、几乎难以想象的事情，造价的成功控制，对于这个项目的实现，起到了极为重要的保证作用。

凭借技术支持，盖里克服了所有大型建筑都要面对的空间、结构、材料、单元生产、现场安装等多种难题，“数字化技术”，因为在毕尔巴鄂博物馆的设计实践中，把创造性、控制性和艺术性首次进行了成功的结合，已经开始把人类建筑的实践带进一个崭新的时代。盖里是带领建筑步入数字化时代的第一位建筑师，在盖里之后，数字化建筑开始了在世界范围内的大规模实践：伦佐·皮亚诺（Renzo Piano）在 2002 年的新作罗马音乐厅（Rome Auditorium）、福斯特爵士（Sir Norman Foster）在 2002 年设计的伦敦市政厅（London City Hall）、理查德·迈耶（Richard Meier）在 2003 年完成的罗马千禧教堂（Jubilee Church）、斯蒂文·霍尔（Steven Holl）在 2003 年完成的麻省理工学院西门斯学生宿舍（Simmons Hall），所有这些建筑的生成都得自于数字化技术的支持，数字化建筑已逐渐延伸到建筑实践中，对人类未来建筑发展将会起到越来越重要的影响作用。

②设计策略的制定

创造一个动感强烈的建筑雕塑作品，依旧是盖里在这个项目上的设计策略，但他第一次面临着一连串的设计难题：（A）怎样让它既是一个扭动的雕塑，同时，又能够保证它还是个建筑物？解决办法是必须抛弃网格轴线对设计的硬性制约，而走一条雕塑家自由创作的道路，这就得几乎抛弃传统的建筑概念，而玩起了雕塑。盖里说道：“我曾经也是个在设计中，讲求对称和网格应用的人，我顺从网格来设计，但后来我开始意识到这些东西就是锁住我的链条，弗兰克·劳埃德·赖特也是个被网格锁住的建筑师，所以，对他而言设计中就难有自由，网格是一种被迫和困扰，也是一种寄托和支撑。如果你可以创造空间和形式，你就无需网格，艺术家们就是这样做的，他们的创作无需网格来支撑。”[1] 可见，卡特亚（CATIA）软件对盖里抛弃网格，采用自由塑形的雕塑手法，起到了根本性的保证和支持作用，离开卡特亚软件的数字化技术，就不可能有毕尔巴鄂博

---

[1] Gehry Partners，Gehry Talks :Architecture + Process，New York，Rizzoli，2007，P140.

物馆的产生。（B）怎样解决建筑雕塑尺度与城市尺度之间的关系问题？毕尔巴鄂不同于刘易斯住宅，它不是小规模、小体量的项目，而是个有着庞大体量的大型公共建筑，其总建筑面积为27592m^2，高度达到6层，怎样把建筑雕塑以合理的比例尺度，安插到特定的环境中，就成了设计中一个必须认真仔细、严肃思考的问题。为此，盖里选择把基地周边的桥梁、河流、道路作为设计参考的尺度因素，通过将建筑物周边新设计的通道、坡道、广场与这些桥梁、河流、道路等尺度因素连接起来，从而达到城市尺度对建筑尺度的控制作用，通过将建筑形体进行一些化整为零的分割调整，努力把建筑物的尺度契合进一个19世纪城市的规模和尺度。

③双向选择的契机

西班牙北部港口城市毕尔巴鄂，虽然曾是西班牙称雄海上贸易年代最为重要的海港城市，但随着时间的流逝，这个城市从17世纪开始就已经日渐衰落，在19世纪，由于它能够产出大量的铁矿，曾经一度再次振兴成为重要的造船中心，然而20世纪下半叶，这个城市再次被历史抛弃，整个城市在1983年的一场洪水后，更加呈现出衰败的颓势。虽然政府百般努力，但苦无良策，找不到一条振兴城市的途径，因为这个城市看起来历史不算久远，自然风景没什么特殊之处，也缺乏历史名人效应，所以政府对开发旅游业也抱着将信将疑的态度。经过多方考虑，政府最后决定兴建一家现代艺术博物馆，希望借此来带动整个城市的复兴。

纽约的古根海姆博物馆，是收藏现代艺术品的一个重要机构，它一向有向欧洲扩展的意图，这样，毕尔巴鄂市就与古根海姆博物馆达成合作意向，在该城兴建一个新的博物馆，他们打算要将这个新博物馆打造成当代艺术的“奇葩”。纽约·古根海姆博物馆基金会负责人托马斯·克伦斯（Thomas Krens）是当今世界上最著名的先锋派建筑的资助者，他对设计提出了一个指导性的要求：博物馆要有一个中庭空间。因为他觉得弗兰克·劳埃德·赖特设计的纽约·古根海姆博物馆的中庭非常成功，中庭在组织室内参观人流方面，起到了重要的作用，这个要求对盖里的方案产生了根本性的指导作用。

④具体的设计方法

毕尔巴鄂古根海姆博物馆选址于城市门户之地，它位于旧城区边缘，内尔维翁河（Nervion River）南岸的艺术区，内尔维翁河从城市中心区穿过，流入大海，它曾经在城市的复兴计划中扮演着重要的角色。在内尔维翁河面上还有一座人行桥，它是西班牙建筑师圣地亚哥·卡拉特拉瓦（Santiago Calatrava）的设计作品，毕尔巴鄂市政府要求新建博物馆，应该与这座具有纪念意义的桥发生关系。

由于博物馆基地接近于河面，处于较低位置，这样从街道上望去，它衬托了城市里的其他建筑，而不是压倒它们。盖里让建筑穿越在高架路下部，并在

图 3.76　毕尔巴鄂古根海姆博物馆外部雕塑形态，1997 年

桥的另一端设计了一座 50m 高的石灰岩塔，使建筑对高架桥形成抱揽、涵纳之势，进而与城市融为一体（参见图 3.13）。整个建筑物，由一群外覆 0.38mm 厚的钛合金板构成的、不规则双曲面体量组成，凌乱的形式有着极强的雕塑感，它既如同一组盛开的“银花”，也像一艘即将远航的巨轮，它的建筑形式超越了人类的建筑历史。流动的建筑造型，在不断变换的光影下，显示出特有的运动感，它与波光粼粼的内尔维翁河相得益彰，而钛金属闪亮的表皮则暗示着该城在传统工业时代曾经拥有的辉煌。钛金属可以保持在 100 年内不生锈，而且，由于板材很薄，风大的时候，板材都会晃动（但强度和刚度没有问题，这是经过试验后确定的厚度），这样建筑物的表皮，在天光云影的照耀下，就显得特别的楚楚动人（图 3.76）。

在毕尔巴鄂博物馆施工期间，盖里去巡视工地时，不只一次地望着那婀娜多姿的建筑轮廓，发出喟叹：“我的弧线，我的弧线，那是我画的。”（My curve，my curve，I drew that）因为北向逆光的原因，建筑的主立面终日处于阴影中，盖里聪明地将建筑表皮处理成向各个方向弯曲的双曲面，这样，随着阳光入射角的变化，建筑的各个表面都会产生不断变动的光影效果（图 3.76），避免了大尺度建筑在北向的沉闷感。外墙面所使用的钛金属材料厚度只有 0.38mm，尺寸约为 60cm × 90cm，这个材料本来是很贵的，但是因为它轻，所需的结构支撑就不必太多，所以，整体算下来，反而比用其他种类的金属板还要经济、划算，再加上事有凑巧，俄罗斯当时正要将一批钛金属存货出清，盖里就建议业主用极低的价钱买下这批存货。

博物馆的室内设计极为精彩，尤其是入口处的中庭设计，由于采用曲线形式，中庭室内步移景异，处处可以入画，它创造出以往任何中庭空间都不曾具有的、打破简单几何秩序后所带来的视觉冲击。曲面层叠起伏，奔涌向上，旋转的姿态有如花朵向着太阳开放，而光影倾泻而下，直透人心，使人目不暇接，整个

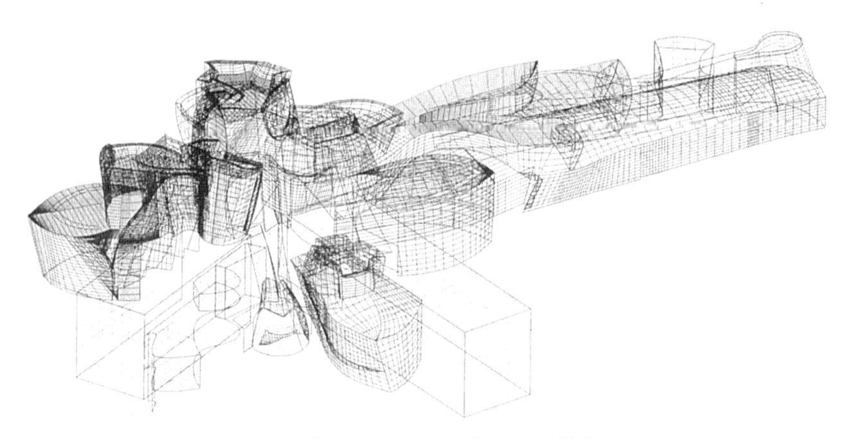

卡特亚（CATIA）软件绘制的博物馆线性模型

博物馆门厅仰视

博物馆门厅俯瞰

图 3.77　毕尔巴鄂古根海姆博物馆室内，1997 年

建筑空间，充满着复杂性和一种爆发的动感能量。中庭采用不规则白色墙面的旋转形态，曲面形的玻璃隔断附着在弓形的钢架上，它们环绕着几组楼梯和电梯，并将参观人流导向各层不同展厅，步行通道既连接着不规则空间的展览部分，又为观众提供了参观的不同路线，博物馆中的展品与其所处的空间相得益彰，从中庭到各个不同展厅的参观路线自由、轻松。“在空间的流动中，传统建筑设计观念中的墙面屋顶、入口、门窗等单位都不复存在，在这座博物馆内，艺术品和参观者都在三维空间的自由转换中，被相互感受着。”[1] 整个门厅仿佛一副抽象主义的绘画，带有明显雕塑感（图 3.77）。

古根海姆博物馆极大地提升了毕尔巴鄂市的文化品格，1997 年落成开幕后，它迅速成为欧洲最负盛名的建筑胜地与艺术殿堂，自古根海姆博物馆修建以来，该市的旅游收入增加了近 5 倍，而花在古根海姆博物馆上的投资，两年之内就

[1] 方海，《现代建筑名家名作系列—弗兰克·盖里毕尔巴鄂古根海姆博物馆》，中国建筑工业出版社，2005，P16.

尽数收回，毕尔巴鄂一夜之间，成为欧洲家喻户晓之城，一个新的旅游热点，弗兰克·盖里也由此确立了自己在当代建筑中的宗师地位。英国建筑师诺曼·福斯特在古根海姆博物馆开幕之际说："毕尔巴鄂博物馆掀开了建筑领域的新篇章。" 盖里的朋友，雕塑家理查德·塞拉说："弗兰克演绎了对当代建筑的突破，他的建筑迥异于任何既定的模式。从他开始，才真正打破了建筑上正统直角形式的羁绊。" [1]

案例 2，洛杉矶，沃尔特·迪斯尼音乐厅（Walt Disney Concert Hall，Los Angeles，California，1987–2003）见图 3.78（a）、（b）、（c）

在开始设计迪斯尼音乐厅前后，盖里对双曲线的鱼形已经做了多方尝试，他把鱼形从简单的鱼灯，渐渐扩展到了建筑尺度。在 1986 年明尼苏达州沃克艺术中心举办的建筑展上，他做了个约 3 层楼高的玻璃鱼雕塑；1987 年，在日本神户的"鱼舞餐厅"旁，做了个约 8 层楼高的由金属网制作的鱼雕塑（图 3.4）；随后在 1988 年，他在杰伊·查特广告机构（Chiat/Jay advertising agency）项目中，设计了一个鱼腔会议室，18m 长的鱼腔，外身覆以鳞状镀锌金属片，内露鱼骨结构般的木料，把观众带进了一个梦幻般的空间体验之中（图 3.8）；最后是 1992 年，盖里对双曲线鱼形运动感的塑造已经到达了高潮，他在西班牙巴塞罗那奥运村中，设计了一个巨型地标，一个 54m 长，约 12 层楼高的、去头去尾只留有鱼身的雕塑（图 3.7），这是盖里首次使用卡特亚软件。

单纯从时间的先后上来讲，迪斯尼音乐厅开始设计的时间，要在毕尔巴鄂古根海姆博物馆之前，它开始于 1987 年。真正在建筑上，首次采用鱼形的想法，也是最早出现在迪斯尼音乐厅上，而不是出现在（1991 年）盖里才接手的毕尔巴鄂古根海姆博物馆上。可见，迪斯尼音乐厅外部形态的设计，对毕尔巴鄂博物馆是有影响的。但由于多种错综复杂的原因，迪斯尼音乐厅断断续续地持续了 16 年，1994 年，由于经济原因一度搁浅，1997 年由于"毕尔巴鄂效应"（Bilbo Effect），迪斯尼音乐厅再次上马，迪斯尼音乐厅的建成标志着盖里技术巴洛克风格的完全成熟。查尔斯·詹克斯在《多元都市》中指出："迪斯尼音乐厅的建成，无疑宣布了一个崭新建筑风格的来临——洛杉矶风格，它开放包容、充满活力，甚至有些无政府主义的嫌疑。" [2]

这个音乐厅是洛杉矶爱乐乐团（Los Angeles Philharmonic Orchestra）的总部建筑，它是盖里在洛杉矶本土地区第一个重大项目，位于洛杉矶市中心，是该市重要文化建筑。自盖里竞赛获胜后，方案就经历过多次调整，包括将原设

[1] （英）内奥米·斯汤戈编著，陈望译，《弗兰克·盖里》，中国轻工业出版社，2002，P10.

[2] Charles Jencks，Heteropolis: Los Angeles · The Riots and The Strange Beauty of Hetero Architecture，New York，Ernst & Sohn，1991，P34.

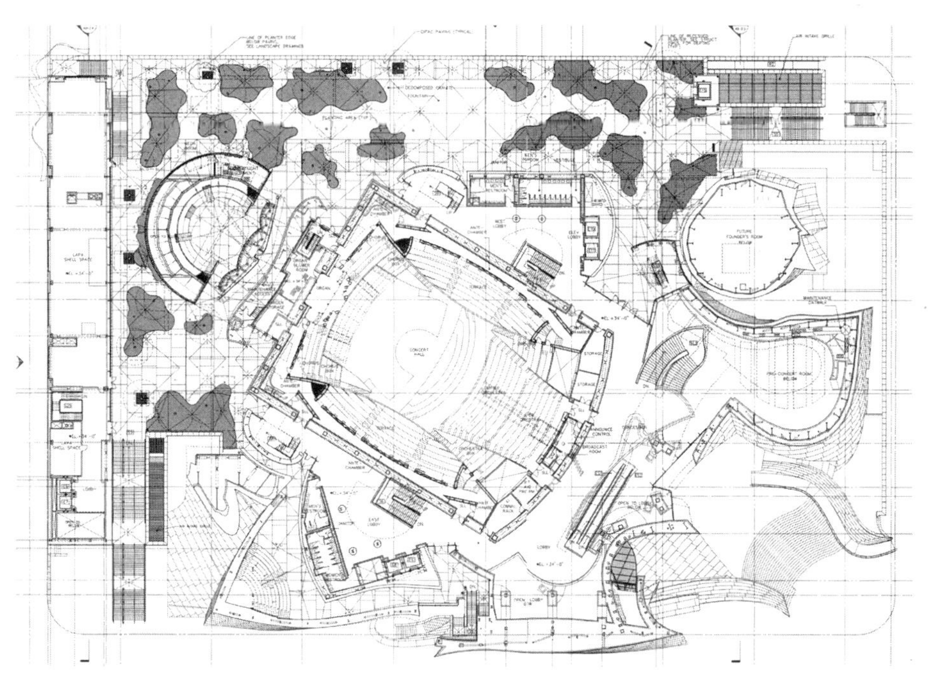

迪斯尼音乐厅二层平面图，中间为观众厅

迪斯尼音乐厅观众厅，中间为表演区，四周为观众区

图 3.78（a） 洛杉矶迪斯尼音乐厅（1），观众厅平面和室内，2003 年

图 3.78（b） 洛杉矶迪斯尼音乐厅（2），外部造型

图 3.78（c） 洛杉矶迪斯尼音乐厅（3），室内空间

计的石材外墙面，改为不锈钢板材的要求。原来的观众厅设计为一簇朝向表演区域的箱体，但在咨询了一些声学专家后，观众厅被改成后来的凸状箱体——矩形在长边部位向表演区外凸，观众厅的形式是对声学传播规律的忠实表达，2265 座观众席围绕中间的表演区，在四个方向布置，这样既可以创造最好的交响乐音响效果，也塑造了观众区和表演区之间亲密的视线关系。观众厅的剖面形态渐渐演变成建筑的外部形态，波动的不锈钢板材包裹着观众厅，室内观众厅顶棚为下垂的织物形态（木质材料）见图 3.78（a），在观众厅的端部，把管风琴的设计与室内设计结合在一起。

建筑物的表皮闪烁着金属光泽，动态的形体在蓝天微风之下舞动，从室外到室内，空间处处充满着动感，这是因为设计中基本上采用曲线形态的结果。沉浸在自然光线里的观众厅，打破传统等级划分布局模式，表达出一种无差别的平等思想，建筑物外在形式，见图 3.78（b），表现出对观众的欢迎姿态。无论室外还是室内形态，盖里都采用曲线形态创造了一种步移景异雕塑化的视觉效果，处处皆可以入画，见图 3.78（c）。洛杉矶迪斯尼音乐厅和毕尔巴鄂古根海姆博物馆的建成，标志着技术巴洛克风格在大型公共建筑项目上的成功实现，盖里的建筑生涯也由此进入了鼎盛时期。

案例3，德国，柏林DZ银行，马头，（DZ Bank at Pariser Platz，Berlin，Germany，1995-2001，图3.61，图3.79）

这个项目位于柏林巴黎广场（Pariser Platz），靠近勃兰登堡门，功能为半商业、半居住，其特别之处在于盖里为它设计了一个中庭，中庭里布置了一个形态像“马头”的会议室，这个“马头”形态原来是刘易斯住宅入口门厅和画廊，盖里在DZ银行竞赛中，就用这个“马头”暂时应付竞赛工作，因为他没有充足的时间调整“马头”形态，但建设方却对“马头”表现出浓厚的兴趣，这样，盖里就把刘易斯住宅中的“马头”稍作调整后，直接用在了DZ银行项目上，之所以这样做，是因为开发方和盖里本人都非常喜爱这个雕塑作品（其实是一个会议室）。“马头”原型来自于克劳斯·斯吕特的雕塑“哀悼者”（mourning monk）头部（图3.61），正是斯吕特这个作品里所洋溢的复杂情感，深深地触动了盖里的情感世界，[1]从这个雕塑作品中，可以体会到肃穆、庄严、高贵、孤寂等多种复杂丰富的情感，这也是盖里投入情感强度最大的一个项目，盖里每次去柏林，都要前往DZ银行，在“马头”面前，盖里肃然沉默，迟迟不愿离开。

盖里说他设计的作品就像是自己的孩子，而“马头”是他最满意、最喜爱的作品。克劳斯·斯吕特以犹太人先知摩西[2]作为题材的雕塑作品，深深地触动了犹太人盖里的内心世界，这是因为雕塑作品强烈而鲜明地表现了摩西的冷静、反抗、顽强、高贵、庄严、真诚、追求自由等复杂丰富的情感世界，让盖里的内心世界久久不能平静。盖里通过奇异而神秘的“马头”雕塑，试图通过建筑语言表达“哀悼者”，这位传道者的情感和精神世界，这位僧侣仿佛就是犹太民族精神的化身，这也是盖里每次回到DZ银行的“马头”面前，总沉浸在一种肃穆庄重、惘然若失的情绪里，流连忘返、迟迟不愿离去的根本原因，“马头”寄托了盖里一作为一名犹太人建筑师在成长过程中所体验到的丰富、复杂的情感。

毕尔巴鄂古根海姆博物馆、迪斯尼音乐厅和DZ银行马头项目的完成，标志着盖里新手法、新风格的全面成熟，虽然此后盖里有一系列重大作品问世，例如华盛顿州西雅图的体验音乐工程（EMP，Experience Music Project，1995-

[1]《EL Croquis 117：Frank Gehry 1996–2003》，Madrid，el Croquis editorial，2004，P45.

[2] 在犹太人的历史中，有一阶段他们因为全国性的饥荒而移居埃及，但在那里他们沦为了奴隶，几个世纪之后，摩西率众人出埃及，摆脱奴役，奔向自由，最终返回以色列故土，在那里形成了一个民族，并接受了包括“十诫”在内的摩西律法。犹太人的始祖们所创立的一神教从此初具规模，犹太人的“一神教”（犹太教）信仰，既是他们受苦的根源，也是他们取得今日辉煌的根本原因，从一神教起源的那一刻开始，就注定了犹太人要成为这个地球上最另类的民族，他们有着坚定的信仰，两千年在世界各地漂泊流浪，但最后重新建立了自己的国家以色列；他们的历史多灾多难，饱受欺凌，但灾难最终并没有让这个民族灭亡；犹太人智慧出众，技巧超群，在各个领域犹太人都有出色的表现。

2000，Seattle，Washington），华盛顿天主教大学的魏泽海德商学院（The Weatherhead School of Management at Case Western Reserve University，1997-2002），麻省理工学院数据管理统计中心综合体项目（Massachusetts Institute of Technology Stata Complex；Cambridge，1998），纽约古根海姆博物馆（Guggenheim Museum New York），但在思想、手法和风格特征方面，盖里基本上沿着成熟时期的技术巴洛克路线，并没有太多新的突破和发展。具体地说，就是以"簇群"为平面组织策略，化整为零，扩大建筑周长和面积，给建筑充分表现形体变化和表情以充分的机会，以雕塑化手法塑造建筑群体关系，平面或围绕中庭布局，或沿着带状交通枢纽组织，以扩大了的"单一空间"手法，赋予每一个独立的平面单元以独特的形态，建筑群体呈现出"形式村落"的群组关系，连续双曲形态是其建筑别具一格、独一无二的特征，这种技术巴洛克风格大量出现在盖里成熟期的作品中，由于篇幅有限，这里不再展开分析。

四、"我以自己的眼睛观察世界"：盖里建筑的革新手法特征

"我们最想要画的，是某种在昏暗中无人知晓的东西，而不是在光明中人尽皆知的东西，……然而，真正的绘画也正隐藏在这无人能见，也无人能表现的痛苦之中，它就在那些最初人人都会说是坏的，没画好的、没有信仰的图画里。一位真正的细密画家明白他必须达到那个境界，但与此同时，他也害怕到了那个境地后的孤独。"[1] 与艺术家一样，盖里的艺术世界是在承受巨大风险条件下，不断探索出的崭新艺术道路，这正映衬了他作为先驱者、披荆斩棘的开拓形象。"恍兮惚兮，其中有物，恍兮惚兮，其中有象"，盖里的建筑世界是在颠覆了传统方盒子建筑形态之后，在冥暗和模糊之中，探

俯瞰"马头"形态

平视"马头"形态

每次回到"马头"面前，盖里都沉浸在一种肃穆庄重、流连忘返的情绪之中，"马头"寄托了盖里太多的情感，这是盖里最喜欢的"孩子"

图 3.79　柏林 DZ 银行"马头"会议室

[1]［土耳其］奥尔罕·帕慕克著，沈志兴译，《我的名字叫红》，世纪出版集团 上海人民出版社，2006，P201.

索出的全新艺术形式，他以超现实主义的艺术思想、雕塑化的手法，象征他所感知到的这个转瞬即逝、快速变化的现实世界。

1.“当代建筑史上的第一次扭动”：消解直线盒子

盖里建筑革新道路的起点在于打破现代主义方盒子，通过扭曲（distortion）、错位（stagger）、劈裂（split）、倾覆（overturn）、破碎（fragment）、皱褶（corrugate）、弯曲（curve）等手法，对其封闭模式进行消解，造成外部形态和内部空间，都出现破碎、畸变和流动的复杂化特征。2004年7月23日，在由芝加哥艺术学院设计界发起的座谈会上，有人问盖里，他的建筑是否和意大利的未来主义（未来主义描绘的不仅仅是物体，而是物体的能量）之间有某种联系，盖里回答说；“未来主义和它的作品，或许都来自相似的、通过惰性物质表达运动感的渴望…… 在这个世纪，用运动来创造一种情感知觉，看起来好像合情合理。”[1] 盖里建筑正是通过曲线形态动感的塑造，创造了一种语言特征。这种表达运动思想，同样出现在莫斯的建筑思想中，成为莫斯设计思想的重要基石，莫斯说，他要下定决心在建筑中表现某种运动的思想（请参看第七章相关内容），只不过，两者所采用的具体手法存在差异，盖里采用曲线形态来表达运动感，而莫斯采取对规则几何形体进行连续变形处理，来表达运动主题。

传统的现代主义建筑以直线为主，虽然在晚期的赖特、柯布西耶和阿尔托的作品中也出现过曲线式的设计，如赖特的纽约古根海姆博物馆、柯布西耶的朗香教堂，但纵观现代主义建筑的大家庭，直线式的建筑占绝大多数。“当大多数建筑师用直线和简易的几何形体时，盖里却喜爱奇异的曲线、扭曲和比例奇特的形状，这是一种令人兴奋的形式和功能的混合，如果说，一个正规的建筑物是一种警察式艺术家的草图，那么，盖里的建筑却是毕加索式的草图。”[2] 盖里成熟期的作品，以曲线形态为创作的主要方法，形体和空间呈现出明显的流动感。盖里事务所在引进卡特亚（CATIA）软件后，使得曲线形式的建筑从设计到施工变得简易，技术巴洛克风格（Techno Baroque）甚至成了一种流行的趋势。

20世纪初，从新艺术运动开始，尝试雕塑性、曲线式风格的建筑师就不乏其人，例如高迪、赖特、阿尔瓦·阿尔托以及晚期的柯布西耶，他们留下了令后人羡慕的优秀作品，并且将曲线风格推向一个个新的高度。但是盖里的曲线风格与20世纪以来的曲线风格不同的是：盖里作品激发了未来的潮流趋势，因为他的建筑契合了运动、变化、矛盾的时代特征。在二战后的几十年里，玻璃

---

[1] Lynn Becker，Frank Gehry，Millennium Park and the development of the Techno-Baroque，http://www.lynnbecker.com/repeat/Gehry/gehrybaroque.htm.

[2] Sydney Pollack，Sketches of Frank Gehry（DVD），Sony picture home entertainment，2006.

和钢的现代主义盒子，从工业厂房建筑借用来的工业建筑词汇，从理性、标准、合作而来的资本主义和商业主义的精神，仿佛与20世纪的工业经济契合得完美无缺，现代主义建筑也正契合了这种时代特性；但当制造业让位给无形的电子商务，当公众消失在无边的英特网中，盖里的建筑模式，解释了后现代时期大众思想普及、流通和传播的方式，事物都处在快速的流变、运动和转化之中，他的建筑敏锐地捕捉了这种时代特征，隐喻了洛杉矶城市多样化的自然风情特色和矛盾冲突的多元社会文化，在他所创造的建筑形式里，人们能够更好地理解他们所生活其间的时代、城市和文化。

盖里打破方盒子，走向巴洛克自由形式、动态运动设计思想的转化过程，清晰地反映在他的住宅设计上，如果按照他的住宅设计的年谱顺序来考察：（图3.64）斯蒂夫斯住宅，1959年，（图3.65）但泽格住宅，1964年；（图3.66）奥莱尔草料场，1968年；（图3.67）罗恩·戴维斯住宅，1972年；（图3.39）诺顿住宅，1981年；（图3.22）温顿客房，1987年；图（3.72）加州施纳贝尔住宅，1986–1989年；（图3.75）刘易斯住宅，1985–1995年，可以清晰地看出盖里设计思想的转变轨迹。

至1989年，维特拉家具博物馆之后，盖里明确表示对设计形态更为复杂，动感更为强烈建筑的浓厚兴趣，所以，他称维特拉家具博物馆那个旋转上升的楼梯，为自己走向动态建筑革命开始的地方，它是当代建筑最为重要的一个组成部分。1990年代之后，随着计算机专家吉姆·格里姆夫加入事务所，引进计算机数字化技术，盖里在卡特亚（CATIA）软件的技术支持下，就开始步入探索数字化和双曲线巴洛克形态结合的道路，作为这种探索的结果，就是技术巴洛克风格的产生。毕尔巴鄂古根海姆博物馆和洛杉矶迪斯尼音乐厅的建成，标志着这种全新风格探索的成功，随后他开始在大量各类项目上，如博物馆、观演建筑、教育类建筑等等，像华盛顿州西雅图的体验音乐工程（图3.80）、麻省理工学院数据管理统计中心综合体（图3.81）、华盛顿天主教大学的魏泽海德商学院（图3.82）等等项目上，开始大范围、大规模的应用，技术巴洛克风格成了盖里个人独一无二的建筑商标。

2. 建筑，就是雕塑

盖里的建筑物看起来都像放大了的雕塑品，有人曾私下问盖里，他最醉心于建筑史上哪位大师，他却拿起一张罗马尼亚裔法国雕塑家康斯坦丁·布朗库西（Constantin Brancusi，1876–1957）的雕塑照片回答道：“他对我的影响比任何建筑师都要多。”[1] 对于盖里而言，“建筑即艺术”。盖里以雕塑艺术的语言方式

---

[1] 里昂·怀特森，《建筑新纪元》，http://arts.tom.com.

图 3.80　华盛顿州西雅图的体验音乐工程

图 3.81　麻省理工学院数据管理统计中心综合体

来展现自己的内心世界。他把每一个房子当成雕塑品来进行思考，对建筑形态和空间进行雕塑化处理，但他的视觉语汇是曲线和弧度。由“单一空间”的或大或小房子，构成一组“形式村落”，它们的形态间存在着巨大差异，相互对比、表演。他把每一空间当成是空的容器来雕塑，注入光线、空气，在毕尔巴鄂古根海姆博物馆、杰伊·查特广告机构、华盛顿天主教大学的魏泽海德商学院和洛杉矶迪斯尼音乐厅等诸多项目中，盖里创造了强烈雕塑感和动感的外部形象和内部空间（图 3.83、图 3.84）。

人通过被光线捕捉的物体，感知光线的存在，所以盖里说，他用光线来创造美好的建筑，他塑造光线下建筑形态的舞动之姿，表达时代的震颤力量，再现自己对时代的主观印象。盖里表示，他只带着自己去设计，他以自己所看到的时代和社会，所感知世界的方式去设计，受此影响，变化发展成为了盖里的世界观，世界就是某种变化发展过程，这种过程难以界定它是好是坏，世界和人的生活绝非固定，艺术也无定型，而且易变，一切皆在流动转化，这就是盖里要在建筑中，通过雕塑形式表达运动感的思想原因。建筑雕塑化是盖里建筑的重要特征，他的设计模糊了建筑与雕塑艺术间的界限，这与他长期受到当代艺术的熏陶有关，但他对建筑雕塑性的追求，并没有减弱建筑功能的合理性。盖里建筑雕塑化经历了前后两个阶段，第一阶段以直线形式为主，代表作品是1964年的但泽格住宅和温顿住宅，第二阶段以双曲线形式为主，第一个尝试曲线形态运动效果的项目是巴塞罗那1992奥林匹克运动村中的鱼形雕塑。继1997年的毕尔巴鄂古根海姆博物馆之后，曲线形态雕塑效果，就成为盖里成熟时期作品的重要特征，这些建筑往往采用金属材料覆面，常用的有波纹金属板材、镀铅铜片、不锈钢和钛金属板材。

图 3.82　华盛顿天主教大学魏泽海德商学院

图 3.83　纽约巴德学院表演艺术菲施中心（Fisher Center for the Performing Arts，Bard College，New York，2003）

图 3.84　魏斯曼博物馆，明尼苏达州（Weisman Museum，Minnesota，1993）

塑造建筑立体感和雕塑感，要求建筑外立面造型不能是平板的，否则，光线在上面就无法进行表演，而应该是凹凸有致、起伏波动、变化丰富的，这样，光线就可以在表面造成变化丰富的阴影关系，凸现建筑的雕塑感和体积感。为了达到这一点，盖里就把建筑的体积化整为零，表皮做得凹凸有致，再以金属板材来包裹外立面。倘若是采用抹灰粉刷，他也要在建筑的表面造成浅浮雕的效果（如捷克布拉格的荷兰国家保险公司，图3.51），或者，将建筑的形体做较大的转折、弯曲，为光线的表现提供机会（图3.85 ~图3.89），“因为倾斜、扭转、弯曲的体量外观，无论在形状、阴影和折射上，均显现出图画般的质量，对于盖里来说，图像观感比空间透视和轮廓更为重要，他只关心视觉效果。”[1]

[1] 里昂·怀特森，《建筑新纪元》，http://arts.tom.com.

图 3.85 转折的形体，麻省理工学院数据管理统计中心综合体

图 3.86 扭转的形体，德国汉诺威 Ustra 办公楼

图 3.87 弯曲的形体，迪斯尼乐园管理办公楼

图 3.88　凹凸破碎的形体，魏斯曼博物馆

图 3.89　浅浮雕处理的形体

3. 建筑簇群化：建筑隐喻城市和文化

到了1980年代，随着“形式村落”观念的渐渐成熟，“簇群”化成为盖里组织建筑平面和体积关系的基本手法，为了达到建筑表现的目的，他把化整为零的单元平面，围绕在中心部位的中庭空间，或沿着带状交通空间串联起来，每一个平面单元（扩大了的“单一空间”）都赋以独特的建筑形态，建筑呈现出向上生长的“簇群”关系，由带有差异性的个体构成群体的思想，根源于盖里对自然和人类的生存境况的体悟，可贵的是，在这种群体关系中，他尊重个体间的差异性。

4. 技术巴洛克风格

成熟时期的盖里建筑，呈现出技术巴洛克（Techno-Baroque）风格，这是结合计算机技术、巴洛克艺术、高科技材料和现代施工工艺为一体的，具有明显时代感的曲线建筑风格，它是对限制性的、线形的现代主义逻辑的直接反对，所有现代主义弃之不用的因素，如曲线、复杂、歧义、多样，都为盖里的技术巴洛克所拥戴，它直接挑战了以密斯为代表的、现代主义的简单模式和方法。[1]技术巴洛克风格，采用计算机数字化技术进行设计和建造，以多种高技术含量的光亮金属板，作为建筑的外墙面材料，形体和空间动态流转，自由流畅。对于盖里而言，任何接近于皱褶织物的形态，都是巴洛克的形态，皱褶的织物形态被盖里广泛使用在多个项目中，这是成熟期盖里建筑的主要形态，方案设计的过程就伴随着对织物形态的推敲过程，图3.90为事务所在两个项目上可能采取的织物形态的举例。在技术巴洛克风格的塑造过程中，盖里着重考虑了三个方面的因素：

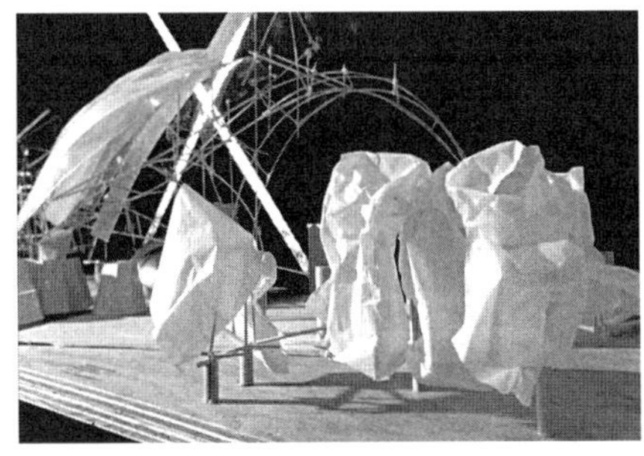
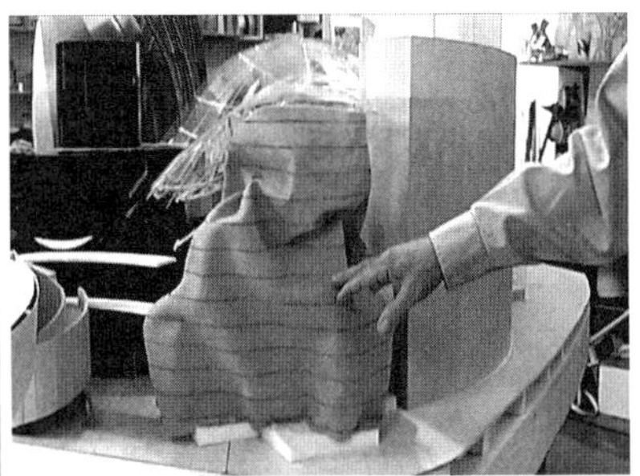

图3.90　设计过程伴随着对织物形态的选择和推敲过程

[1] Lynn Becker, Frank Gehry, Millennium Park and the development of the Techno-Baroque, http://www.lynnbecker.com/repeat/Gehry/gehrybaroque.htm.

其一，是外墙面的金属材料。高科技材料从1960年代晚期开始，就成了盖里的建筑标志，从早期的波纹金属板，到镀铅铜板、不锈钢板，慢慢过渡到铜铅合金，直到后来在毕尔巴鄂古根海姆博物馆上所使用的钛金属板，第一个采用金属作为外墙面材料的建筑物是洛杉矶的太空博物馆（Aerospace Museum，Los Angeles，1984）。

其二，是如何表现金属材料特殊的光感和阴影。在使用金属板材作为建筑的外表皮之后，盖里特别注意光线在金属板材上的表现，对塑造建筑表情和形象的影响。他说“我采用光线来造美丽的东西。”[1]对于不同地区的建筑，盖里充分考虑自然光线的不同，选择不同的金属材料，例如，在明尼苏达州的魏斯曼博物馆（图3.84），由于该地常年光线偏于强烈，盖里使用不锈钢作为外墙面材料，而说服甲方放弃使用钛金属的初衷，因为，如果在这个地方使用钛金属，由于常年光线强烈，钛金属将难以产生在西班牙毕尔巴鄂，由于常年光线较暗，而造成的丰富多变的效果，建筑的表情反而会显得苍白、单调。复杂多变的形态，不同的金属材料，造成了盖里建筑特有的复杂、难测、偶然和奇异的金属反射光感，它成了盖里建筑所特有的现象（图3.91），这是把技术、施工和艺术进行了很好结合的产物。

其三，注意塑造建筑表面的体积感和雕塑感，参见上文内容。

盖里的技术巴洛克风格对汤姆·梅恩和埃里克·欧文·莫斯都有影响，近年来，他们两人都先后采用这种曲线形态的造型，在一些重大的国际竞赛中获胜。2006年，墨菲西斯事务所在获胜的“巴黎灯塔”（La Phare，图3.20）方案中，324m高的高层“绿色”建筑形态，采用的就是盖里的连续双曲线型的风格；而莫斯在俄罗斯圣彼得堡马林斯基

图3.91　金属表面特有的反光效果，由上到下依次为：托莱多大学视觉艺术中心；魏斯曼博物馆；德国杜塞尔多夫，德尔·纽·佐尔霍夫综合体；西雅图体验音乐中心

[1] Gehry Partners，Gehry Talks : Architecture + Process，New York，Rizzoli，2007，P47.

图 3.92　埃里克·欧文·莫斯采用双曲线的建筑案例，由左到右依次为：马林斯基文化中心，俄罗斯圣彼得堡，2001（Mariinksy Cultural Center，ST. Petersburg，Rusia，2001）；埃及开罗博物馆，2002（Cairo Museum，Egypt，2002）

文化中心的胜出方案，和埃及的开罗博物馆设计中，也是采用连续双曲玻璃幕墙，也与盖里的技术巴洛克风格，大同小异（图 3.92）。

5.“剥蚀”和“纯粹”：真实表现材料的本质属性

不加修饰地使用材料，暴露、表现材料的本质，全面表现材料的力学和美学性能，不同材料间直接对接的构造处理，追求生疏、自由、无饰、直白的艺术效果，是盖里对待材料的基本原则。从一开始，盖里就倾向于使用那些非传统的建筑材料，如钢丝网、链条、普通抹灰粉刷和波纹金属板，这些做法给他带来了“偶像破坏者”、“打破旧习者”和“加州坏男孩”的绰号。然而，随着时间的考验，这位在洛杉矶生活了 60 年的“坏男孩”，已成长为当代世界建筑潮流中的重要角色，而且极可能是最成功的建筑革命家。盖里曾因设计上使用钢丝网而被拒绝了许多项目，“每个人都以为我一定会加上钢丝网，人们就是无法拒绝在驴子身上加条尾巴，这是件可笑的事。当我接下洛亚拉法律学校（Loyola Law School）的项目时，客户说：‘我们喜欢你的作品，但我们不要任何的钢丝网。’我回答说：‘没问题，我同意，我也不喜欢它。’我设计了该建筑，而其中有一间空调机房必须被设置在地面上；为了保护它，校方又希望在周围设置钢丝网栅栏。他们要求我如此做，而我说：‘不可能，我曾答应你们不采用任何钢丝网的。’我让他们自己去做；我只是要让他们知道，他们所说的话有多愚蠢。”[1] 对材料真实性的追求——给驴子加上一条尾巴，是盖里和唯美者之间的区别，这种真实性包括材料的功能、力学和美学等全方面信息。

盖里对艺术家们在作品中，对材料美学潜力的表现和挖掘，表现出浓厚的兴趣，受此影响，在家具实验中，他开始探索材料力学和美学性能的表现潜力。在 1977 年的自宅改造中，他全面展现了自己对“梦想”形式和“真实”材料两

[1] 佚名，《弗兰克·盖里访谈录》，http://build.woodoom.com/zhuanjia/200705/20070510032953_4.html.

(1) 盖里住宅的扩建（厨房）部分，右侧为原建筑保留下来的粉红色墙面和门窗，左侧为新加建部分

(2) 盖里住宅的扩建起居空间，其左侧为加建的厨房，顶棚原来的抹灰被铲除，暴露木材本质

(3) 温顿住宅外立面，"单一空间"的每个房间，都采用不同的形式和材料，直白地表现材料属性

图 3.93　对材料本质属性的表现

方面的追求、对"未完成"状态下艺术表现力的挖掘，他以非传统方法处理普通粗陋材料，用波纹金属板材和钢丝网，在原来建筑之外的二度空间进行包装，用不规则形态代替规则形态，用旋转的方形玻璃窗刺穿建筑外层表皮，把室内空间打开、暴露出来，墙壁的抹灰层被刮去，以暴露受力木结构，塑造出建筑加工的过程感，作品呈现出天真、直率和未完成感，模糊了新和旧、内和外之间的二元对立关系（图 3.93）。"我在早期的作品中，尝试在一个不完美的世界中寻求完美的细节，既然不可能完美，我便放弃追求完美的做法，开始这些粗糙与不修饰的创作。"[1]

盖里放弃过于追求精致细节，他根据不同项目成本限制所决定的用材，展开细节设计，他的建筑细节不是高技派钟表般的精密构造，他乐于使用随意性的粗糙、不规则和人工痕迹，来抵抗精美的庸俗，造成自由不羁、生疏无饰、未完成、直白的语言特色，这种手法是盖里真实地面对现实情况而发明的，现实条件，既包括软性的社会文化，也包括硬性的设计限制条件。他的设计思想，是面对现实的时代思潮和社会文化的产物。

直面现实，表现现实，是盖里建筑思想的重要方面，这种思想导致他以"反常"的眼光，看待钢丝网这种广泛使用的材料。"我发现，我们的文明否认了这些已被世界各地广泛使用的材料的真实存在性。假如你去一些有钱人居住的峡谷路段，在这一路上，每间有圆柱及楣梁的白色屋子前面，都会有一个网球场，也必然有一个钢丝网栅栏。人人讨厌钢丝网栅栏，但却没有人注意它，他们所看到的是网球场，而网球场是有钱的象征……所以在你能觉察四周所发生的事情的潜力之前，你必须经过一些所谓唯美道德观的中止治疗。我必须让它成为更能被接受的情况，我想找出它固有的特质使它更美。"[2] 正是以真实客观的眼光观察世界，

[1] 里昂 · 怀特森《建筑新纪元》，http://arts.tom.com/1004/2003/10/31-54551.html.
[2] 佚名，《弗兰克 · 盖里访谈录》，http://build.woodoom.com/zhuanjia/200705/20070510032953_3.html.

善于发掘材料的本质和特质，才使得盖里能够发现一些为常人忽视材料所具备的美学性能。他在家具实验的探索上，以硬纸板、胶合板这些普通平常的材料，创造出令人耳目一新、有着高艺术品位的家具作品；他在建筑上，把廉价平常的抹灰粉刷、钢丝网栅栏、波纹金属板、普通胶合板、廉价塑料板材、金属板材，转化成高品质的建筑艺术。在家具和建筑两方面的实践，都表现了盖里真实暴露材料本质属性的建筑思想。

6. 对异质性美学的建筑表达

对生疏感和过程感的追求，让盖里对洛杉矶郊区那些处于萌芽状态，尚未完成的房屋产生了兴趣，他认为施工中的建筑比完工了的建筑好看，原因就在于，在建造过程中的建筑表现出自然生疏的状态，尚未完工的结构体系，呈现出即兴的气氛，这比起那些都铎式、殖民式或牧场式的风格，更让盖里着迷。盖里对在一个完成的建筑上，怎样去表现这种生疏不驯（raw）的力量感迷恋不已。当这种追求过程性的建筑语言不断进化之时，盖里对制造简单有序的房屋失去了兴趣，倒是对那种看似抓住了社会矛盾、混乱现状的设计深度入迷。

在对复杂秩序和混乱的关注和兴趣上，盖里和埃里克·欧文·莫斯的思想存在着相同性，这或许是1988-1990年，莫斯跟随盖里工作期间，受到了盖里的影响。盖里的建筑是由一堆小玩意聚结而成，这是其建筑的重要特征，“我对把零碎的东西联系到一块的想法，非常感兴趣……”[1] 把零碎的部分聚成整体，是洛杉矶城市景观、社会阶层、经济类型、多元文化、宗教信仰、生活方式的构成现状，这是世界上最具异质性的城市，这里聚集着来自世界各地的众多移民，各不相同的民族、种族和文化聚于一城之内，形成复杂、混乱和异质性的构成现状。盖里对这种由零碎部分构成整体的兴趣，激发了他的“形式村落”概念，这是一种尊重、表现差异性的思想，它把差异性很大的各部分，组成近于混乱的整体，这种整体里的秩序是复杂而微妙的，它是一种接近于混沌状态的秩序，类似于自然界中的自治、有机、复杂、混乱的现象，但它同时它又是具有复杂秩序的构成关系。由不同种类、差异较大（形态和材料）的部分，拼贴聚集在一起，使得作品呈现出明显的异质特征，这种异质性，也正是洛杉矶城市的重要特征。而面对现实的盖里，则通过建筑的语言，象征和解释了来自社会现实的复杂、矛盾、混乱和异质现象。

在盖里成熟期的许多作品中，差异性巨大的部分在组成整体建筑时，其构成关系已经到了凌乱和疯狂的地步，如纽约古根海姆博物馆，麻省理工学院

[1]（英）内奥米·斯汤戈编著，《弗兰克·盖里》，北京，中国轻工业出版社，2002，P13.

数据管理统计中心，巴拿马生命之桥博物馆，华盛顿天主教大学魏泽海德商学院(图 3.94)。盖里的建筑物是不对称的，建筑表面是不同材料的奇异混合，作品表达着一种未完成的、草率的生疏感，这是盖里建筑的美学特征。这种追求复杂秩序，混乱整体的思想，对莫斯的建筑思想产生了根本性的影响，在莫斯的手法特征里，他通过对简单几何形式，进行不断复杂化的变形处理、边建边拆和无限繁殖复杂性的形式策略，同样造成了这种艺术效果。

7. 在不确定中寻找确定

在盖里建筑形式、空间、表皮、风格的革新创造背后，隐藏着的正是盖里对传统的非此即彼、二中择一思维方式的超越，而是尝试多样化、多种可能性的设计方法；他抛弃简单的直线思维，而采取多样发散、开放性思维方式，这就使得设计呈现出不确定性倾向；它抛弃传统设计的清规戒律，探索多种途径和方法，使得其作品表现出明显的实验性、探索性、开放性、复杂性和不确定性。

对于盖里而言，这种设计思维的真正源头，恰恰在于建筑学传统知识范围以外的绘画和雕塑艺术，而对于埃里克·欧文·莫斯来说，它来自格式塔的心理学、音乐、文学和哲学；对于汤姆·梅恩和迈克尔·罗通迪来说，则来自整合的多系统内部各个子系统之间的差异和冲突，对于富兰克林·伊斯雷尔来说，则来自他所采用的历史资源和抽象表现艺术的混合。不确定性的创造过程，直接导致了圣莫尼卡学派建筑师作品中的复杂性、多样性和异质性。

不确定性的创作方式，让盖里创造了一个生动多样的建筑世界，不确定性并不是对

(1) 华盛顿天主教大学，魏泽海德商学院过程模型

(2) 纽约古根海姆博物馆过程模型

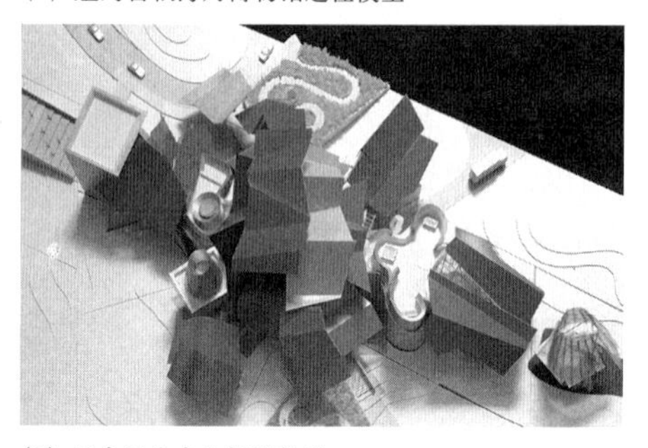

(3) 巴拿马生命之桥博物馆

(4) 麻省理工学院数据管理统计中心过程模型

图 3.94　对混乱关系和复杂秩序的表现

(1) 建筑功能要求的体积和基本形式

(2) 可能的方向 A

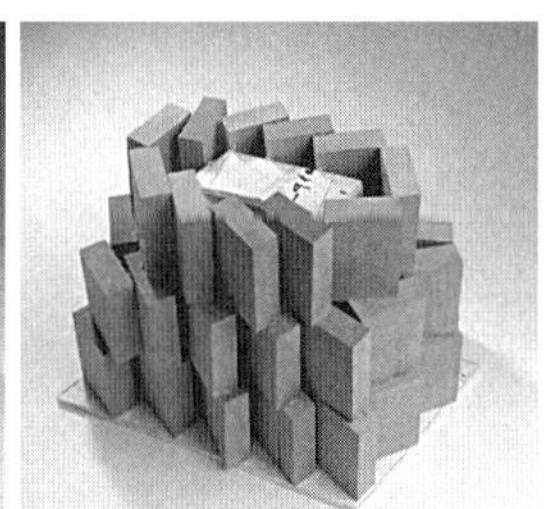

(3) 可能的方向 B

(4) 可能的方向 C

(5) 可能的方向 D

(6) 在方向 D 的基础上，发展出来的最终建筑

图 3.95　纽约世界企业（Inter Active Corp）总部大厦的不确定性设计过程

设计限制条件下理性逻辑的否定，他的设计也绝不是只有不确定性，没有确定性，只有偶然性，没有必然性。他的设计，至少在一些建筑的根本性方面有着确定的合理性，比如功能的布局、和基地环境的协调、对城市文化精神的表达；盖里所抛弃的只是非此即彼、简单化的、直线式的设计推导过程，而代之以开放、尝试、多样的选择过程。盖里说，“如果你在设计中，感觉到非常容易时，你肯定是在犯错误”。他的设计是在付出巨大的艰辛后，在多种可能性中去寻找既符合理性逻辑（功能布局、和环境的关系、经济性等等），又出乎意外（奇异，非正式），既符合自己奇异美学标准，但又具有当代艺术高格调品质的建筑作品。图 3.95 为纽约世界企业（Inter Active Corp）总部大厦设计过程中，对方案多种可能发展方向的推敲过程，以及最后实施方案的外部造型。

盖里时常坐在他的设计合伙人克雷格·韦布的身旁，亲自指导他对形体和细部进行推敲（图 3.96），在设计陷入僵局时，沮丧和挫败感也会袭击这位建筑天才，在连他自己也不知道该怎样继续深化下去的时候，他也会愤怒地摔模型、撕图纸，以发泄自己的失败感，但每一次他都不会放过问题，向困难和挑战低头，他会不断地尝试新思路，直到让自己满意为止，这是在不确定性、多样性原则下，努力寻找兼备合理性和创造性答案的过程。图 3.95 为纽约世界企业总部大厦的设计过程，不同阶段的模型，清晰地记录了盖里不确定性的设计推敲过程。

圣莫尼卡学派成员中所表现出的革新性，在很大程度上得益于不断反复推敲的设计过程，他们的设计是开放多样、动态变通、灵活转化的过程，不是简单直线思维所主导的设计过程，他们从不轻易下结论，莫斯则更为极端地指出，他要把设计永远置于一种开始的状态。从另一方面来看，由于他们在一些与建筑相关联的领域，比如绘画、雕塑、音乐、文学、哲学领域等等，有较高的素养，这些相关艺术门类对他们的设计思想，产生了深刻的影响和主导作用，让他们以一种全新的视角来看待建筑设计，所以，在他们不确定性的设计过程中，能够分明看到其他领域对他们设计走向的指导作用。

在由悉尼·波拉克（Sydney Pollack，盖里的老朋友）执导的、介绍盖里建筑生涯的纪录片《盖里草图》（Sketch of Frank Gehry）中，可以清晰地看到，盖里尝试从多种几乎完全不同的角度和可能性，来探索方案的设计过程，如果一个角度和途径不能让他满意，他会采取另一个和前者差距较大或完全不同的角度来重新进行探索，有的项目甚至达到 40 次反反复复的尝试，有时他会在方案定下来后的第二天，把前一天的方案全部推翻，正是这种孜孜不倦的探索和巨大的付出，才产生了一个个杰出的盖里作品。但是，所有的圣莫尼卡学派建筑师的设计过程，无不体现出概念的连续性，体现出西方文明概念思维的特点，概念可能有多种实现途径和形式，他们的设计，就是在概念的连续性和实现概念不确定的多种可能性之间，付出巨大艰辛的探索过程。

8. 歧义与戏谑：复杂的多义和抽象的卡通

与现代主义讲求比例完美、造型匀称、整体和谐、节奏明确等等单一、纯粹的美学相比，盖里建筑表现出不同寻常的、复杂美学趣味，大大超出现代主义的美学范围，造成解读的距离感、陌生感。距离产生美感，陌生造成多义，这是盖里建筑美学的重要方面：多义化的倾向。“何谓俗，太熟为俗”，当人们对现代主义的纯粹、纯正，渐渐产生审美疲劳之时，盖里建筑让人们惊喜地发现，可以从中解读出以矛盾、悖论、混杂方式出现的，复杂含混的多义费解：激灵、冰冷的钛金属表皮，却反射着辉煌的暖色调天空色彩，传达出火热的激情，简陋的材质却传达出坦率无饰的真实、高贵和庄严，混乱、疯狂的建筑形式却表现出深邃的理智和冷静，类似于好莱坞电影的华美和辉煌，却透露出荒诞与幽默；流动的曲线形式是轻盈的，但实现这种形式的材料却是坚硬刚强的金属和石材，而不是织物；粗壮的独柱承载着上部的建筑，它体现出强烈力量感，但被支持的上部建筑，却呈现出虚幻飘渺、浪漫疯狂的舞姿；这些带着矛盾、混杂和悖论的美学特征，非常符合罗伯特·文丘里在《建筑的复杂性和矛盾性》一书中对后现代建筑特征的描述。在深受盖里影响的埃里克·欧文·莫斯的美学思想中，也能清晰地辨别出这种美学特征：

“我爱建筑的复杂和矛盾。我说的这一复杂和矛盾的建筑是以包括与艺术有内在关系的丰富多彩的现代生活为基础的。……建筑师再也不能被清教徒式的

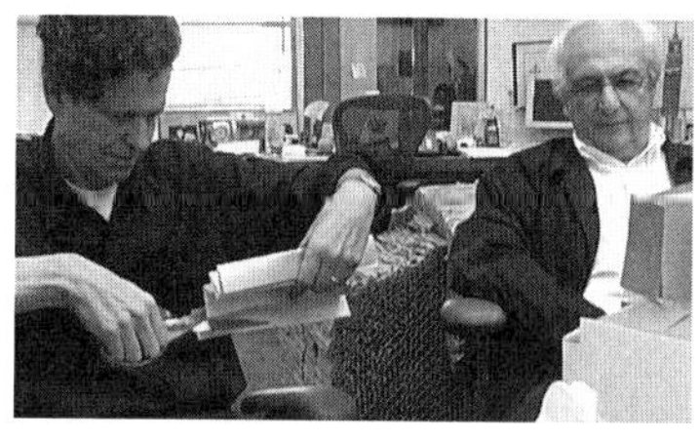

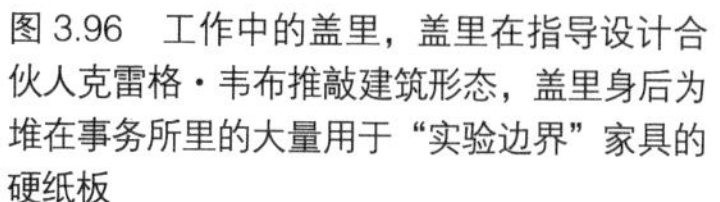

图 3.96　工作中的盖里，盖里在指导设计合伙人克雷格·韦布推敲建筑形态，盖里身后为堆在事务所里的大量用于“实验边界”家具的硬纸板

(1) 洛杉矶杰伊·查特广告机构项目中的望远镜

(2) 西雅图体验音乐中心远视

图 3.97　建筑的卡通化表达

正统现代主义建筑的说教吓唬住了。我喜欢建筑杂而不要‘纯’，要折中而不要‘干净’，宁要曲折而不要‘直率’，宁要含糊而不要‘分明’，既反常又无个性，既恼人又‘有趣’，宁要‘一般’而不要‘造作’。要兼容而不排斥，宁要丰富而不要简单，不成熟但有创新，宁要不一致和不肯定也不要直截了当。我主张杂乱而有活力胜过明显的统一。我容许不根据前提的推理并赞成建筑的二元性。”

除了复杂的多义化外，盖里建筑还明显地表现出抽象的卡通化倾向。

通过将对象的一些本质抽象化，以幽默或反讽的形式将对象加以再现，达到卡通化的风格，常见的漫画和幽默画，就呈现出这种卡通风格。如杰伊·查特广告机构项目中，作为会议室的望远镜，西雅图体验音乐中心，巴塞罗那奥运村所设计的鱼形雕塑，都呈现出强烈的卡通效果（图 3.97）。卡通，是一种中介状态，一边是要经过抽象化处理的对象，一边是再现对象最为本质的特征，在经过抽象化处理，以卡通风格表现的形式里，对象得到了本质浓缩，保住了本质，舍弃了累赘，这就使得卡通图像具有延展性，“卡通为表现对象带来了反讽、粗劣化、亵渎化或批判式的阅读的方式。”[1] 在克莱斯·奥登伯格、唐纳德·贾德、劳申伯格·贾斯珀·约翰斯和爱德华·鲁斯查等当代艺术家的作品里，我们会不期而遇这种艺术创作和解读的方式。反讽，是一种戏谑地揭示本质的途径，它通过接近虚无的艺术形式，把本质赤裸裸地暴露在读者面前。

在卡通图形与原始对象（要经过卡通处理的）之间，隐喻是另一种解读它们间关系的阅读策略，例如，可以把洛杉矶迪斯尼音乐厅解读成盛开的花朵，把毕尔巴鄂古根海姆博物馆高举的形体，解读成远航的巨帆，把布拉格荷兰国家保险公司解读成然热（女，Ginger）和弗雷德（男，Fred）这对正在翩翩起舞的、1950 年代纽约的黄金舞伴（图 3.51）。由于经过抽象化过程，卡通化的建筑往往会造成多义、歧义、复杂、模糊解读的现象，这将导致艺术作品与读者间产生一种莫名的陌生感和距离感，这正是当代艺术走向抽象

---

[1] Gehry Partners，Gehry Talks :Architecture + Process，New York，Rizzoli，2007，P27.

表现后，所造成的创作和解读方式，这种情况，也经常出现在抽象派的绘画和雕塑作品中。

9. 艺术就是情感：对情感因素的充分表达

受到艺术界朋友的影响，盖里强调与建筑间的情感交流：直白表达材料自身力学和美学的性能，强调真实感；以复杂凌乱的曲线形体，强调建筑的运动感、速度感；保留设计过程中的偶然性、即兴性现状，强调建筑未完成的生疏感;把建筑的节点作直截了当的处理，表达原始的直感等等。对于盖里而言，建筑与其他艺术门类一样，情感占据着极其重要的位置，建筑就是把设计者的情感通过设计想象和建造过程，再现、附着到建筑物上。盖里建筑，总是饱含着丰富的情感，他说，"建筑应该有感觉，有情绪，有激情，能让人们感觉到点什么东西，哪怕让他们为之疯狂也好。"[1]

受到艺术界朋友的影响，盖里开始探索材料与情感和美之间的关系，他说，"我的艺术家朋友们使用便宜的材料，如劈裂的木材和纸，便创造了美。他们直截了当地表现，创造了并非肤浅或表面化的细部。这使我开始考虑什么是美的问题。我选择现成的工艺，并和他们一起工作，从工艺和材料的极限中创造出真美。我试图探索新建筑材料的使用和营造过程，试图赋予形式以精神和感情。"[2]盖里认为"美丑无确定的界限，这就像在《美女与野兽》中，野兽是丑的（ugly），但对美女而言，它是美的，因而，最后对所有的人，野兽也成了美的化身。有时，真正丑的东西才是美的[3]（what is really ugly is really beautiful），……事物可以弄得很美，但这将使事物变得过于简单易行，异常的甜腻肤浅，过于甜腻肤浅的东西，会把它自己从这个世界的真实性中分离出去，因为，这个世界的本相是很艰辛的（tough），在艺术作品中表达这种艰辛非常重要，因为它让你生活在真实之中。一旦变得过于甜腻肤浅，它就不真实，如果，在作品中表达这种不真实的甜腻和肤浅，你也就几乎快要完蛋了。"[4]

---

[1] Laurence B. Chollet, The Essential Frank O. Gehry Harry N. Abrams, Inc., Publishers New York, 2001, P8.

[2] 转引自沈克宁编著《美国南加州圣莫尼卡学派建筑实践》，重庆出版社，2001，P14.

[3] 这种美学观点，也可以在雨果的《巴黎圣母院》中得到印证。巴黎圣母院的敲钟人卡西莫多，长像极其丑陋，却有着正义的灵魂，他的义父身为副主教，却禽兽不如，害死自己得不到手的姑娘波希米亚。在一个没有正义的世界上，卡西莫多用自己的英勇和机智，纯朴和真诚的感情去安慰、保护一个他说不出口，却深深眷恋着的姑娘波希米亚。而当他无意中发现，自己的"义父"和"恩人"远望着高挂在绞刑架上的、被他迫害致死的波希米亚姑娘，而发出恶魔般的狞笑时，他立即对那个伪善者下了最后的判决，亲手把克洛德·孚罗洛（副主教，卡西莫多的养父）从高耸入云的钟塔上推下，使他摔得粉身碎骨。卡西莫多的外表长相丑到了极致，但他却有着伟大而崇高的灵魂，卡西莫多是一个丑到极致、也美到极致的典型形象。

[4] EL Croquis 117：Frank Gehry 1996 － 2003, Madrid, el Croquis editorial, 2004, P29-30.

盖里以率真的态度，表达真实的现实生活——一个充满着矛盾、纷争和艰辛（tough）的世界，那种绝对的、标准的、完美的美学标准，在这个纷争的世界面前，就显得如同“花瓶”一般的脆弱和虚假。所以，他放弃在一个不完美的世界里，来表现虚假的完美，这种虚假的完美，由于没有真实性，所以缺乏应有的力量。如果在这个矛盾、复杂的时代，继续表达那种古典时代的、绝对完美的美学思想，就不免显得腻味和肤浅，建筑美学应该直面真实的现实生活，去表现建筑所处的时代特征。具体来说，在当代，建筑就应该去表现这个时代矛盾、复杂、多元、混乱、疯狂、荒谬、活力、运动、拼贴、破碎和令人眩晕的速度等等，这也是近年来，在一些先锋派建筑师作品中，所体现出的共同的美学特征。

“在盖里看来，完美就是没力，他的社会主义思想，不断地提醒他童年的饥饿，现实的严苛与人咬人的冷酷，现时是狂乱的——快餐、广告、用过即丢、赶场……这种要表达当代美国文化的冲动，让他无法忍受温柔协调的美丽作品。”[1] 在盖里看来，真实性的价值，要远远高于传统美学标准所界定的完美，他所追求的是活生生的、来自于时代现实的建筑美学，“我活在我的时代，而不是活在过去，我以我所看到的内容，所感知的方式来解释现在……我只带着我自己，不论它是什么。”[2] 他通过形体的冲撞和坍塌、劈裂和毁坏，通过流转和运动上升的曲线，传达出现实的矛盾冲突和试图摆脱现实的抗争力量，使他的作品流露出特有的震撼力度和真实性。真实性，是盖里重要的建筑美学价值标准，2005 年，汤姆·梅恩获得普利茨克建筑奖，盖里作为评委之一，在对这位圣莫尼卡学派第二代建筑师作品的评价中，他指出梅恩建筑的重要价值正在于其真实性，这是根源并表现社会现实、时代文化、限制条件的真实建筑，必然要表现出的一种可贵的精神品质——它接受不完美，并表现不完美，直面现实，表现现实。

10. 独一无二的工作方法

在外部形体和内部空间，打破了方盒子后，盖里的建筑代之以曲线型的、复杂形态和空间，达到了人类前所未有的复杂程度，如果不借用计算机技术，这种建筑是难以实现的，可以说，没有卡特亚（CATIA）软件，就不会有 1990 年代后的盖里建筑，“新的计算机管理系统，可以让我们把所有的玩家联合在一起：承建方、工程师、建筑师、委托人和模型系统，这是关于建筑营造游戏规则，我认为这使建筑师更多地拥有了整个项目过程的主导权，这就把 20 世纪建造的游戏规则给翻了过来。这非常有趣，因为你可能会认为，计算机作为技术不会导致这种情况发生，但事实情况就是如此。你也可能会认为，像我们这样的公

[1] 佚名，《现代建筑派大师：弗兰克·盖里》，http://build.woodoom.com/zhuanjia/200705/20070510032809.html.
[2] Gehry Partners，Gehry Talks :Architecture + Process，New York，Rizzoli，2007，P169.

(1) 杂乱的盖里事务所，如同一个手工作坊

(2) 纸板模型的工作台面

(3) 工作人员正在切割实体模型

(4) 盖里正在制作纸板模型

图 3.98 盖里事务所室内

司不会领导这样的事情，还没有其他人在这么做，但他们将要这样做了。”[1]

盖里的设计起步于他非常个性化的草图，随后从三维模型着手，经过不断深化发展，最后，以模型，而不是通常采用的效果图，来展示设计的成果。在设计过程中，卡特亚软件可以随时对模型进行激光扫描，将三维模型数据输入计算机而成数字化虚拟建筑，为其他专业，特别是造价的预算、控制，提供依据，最后，把二维的工程图纸形式交给承建方，这是盖里独特的设计方法。盖里很少满足于最初的设计办法和方案，他把设计发展为不断演化、探索和合作的过程，在多可能性的开放探寻中，寻求满意的答案。“别人以为我的建筑是任意堆弄出来的，实际上，它要经过冗长而辛苦的发展演化过程，我的工作人员必须具备很大的耐性。我们的工作室看起来就像裁缝师的作坊，到处贴满不同造型的裁样，不时地修整、更改……天地间美好的形式，早已存在，没有什么是新的，过去的大师在我之前，已经作过相同的尝试和努力，这让我觉得有安全感，不必强迫自己一定要发明什么。我的幸运是，得以运用现代电脑科技，实现过去所无法达到的精确梦想！”[2]（图 3.98）

---

[1] Gehry Partners, Gehry Talks :Architecture + Process, New York, Rizzoli, 2007, P49, 盖里这句话暗指，只要有更多的建筑师在设计过程中，像盖里事务所那样，采用高效、简便、准确的 CATIA 程序软件来保证设计的合理性、经济性、有预见性和可控制性，那么建筑师，就可以从承建方那里挽回本该属于建筑师的、在工程建设工程中的主导权。

[2] 佚名，《现代建筑派大师：弗兰克·盖里》，http://build.woodoom.com/zhuanjia/200711/20071121171729.html.

盖里以他独特的工作步骤和模型方法，来进行建筑的推演、深化和生成过程，它大体上可分为以下阶段：

阶段 1：凭借直觉和工程经验，绘制他十分个性化的草图。在有些项目中，在建成建筑中，依旧能够保存原始草图的一些特征，如温顿住宅。

阶段 2：建立场地及其周边环境的实体模型，这是建筑所处的城市环境文脉。

阶段 3：根据盖里的草图，建色块实体模型，用不同颜色代表不同功能区块。体块模型只是概念性的，只侧重于大关系，大尺度，重点分析建筑体积与城市环境间的协调关系，建筑内部功能布局和空间组织关系，避免方案犯大的方向性错误；为了防止自己一下子就偏爱上某一造型模型，无法自拔，盖里在方案起始阶段，往往总是在同一个方案上，同时出两组不同设计思路的模型，每过两个星期，对模型的进展状态进行一次评估和调整，再经过两个星期的冷静思考，直到各种关系让自己满意为止，再从中选出一个作为继续深化下去的对象。

从西雅图体验音乐中心（图 3.99）、毕尔巴鄂古根海姆博物馆和其他项目设计模型的演变过程，可以清楚地看出，盖里的建筑有着扎实、细致的功能组织阶段。在建筑形态（色块实体模型）尚未产生变形之前，建筑的功能已经得到了合理的安排，功能和体块（变形之前）之间，已经取得了合理的对应关系，这时的模型还是以矩形和直角形态出现的，它和一般的建筑模型并没有太大的差别，但化整为零的小体积构成关系比较明显。盖里建筑的变形主要出现在建筑的外部界面（表皮）和一个个化整为零的小体量的“平面单元”（形式村落）中，这种变形处理对内部功能组织，并不会产生重大影响，因为，在设计初期，对这种变形可能产生的影响，已经有了充分的预测。盖里建筑变形部分往往集中在那些可变的区域，如门厅、交通和建筑外边界等，在那些不可变的地方，如音乐厅的观众厅和后台等，其建筑的平剖面还是比较规整的，这种形体处理的关系，在大量剖面图和室内空间中，可以得到清晰地说明。图 3.100 为纽约巴德学院表演艺术菲施中心（Fisher Center for the Performing Arts，Bard College，New York，2003）室内场景一角，从中可以清晰地看出盖里建筑变形的规律，

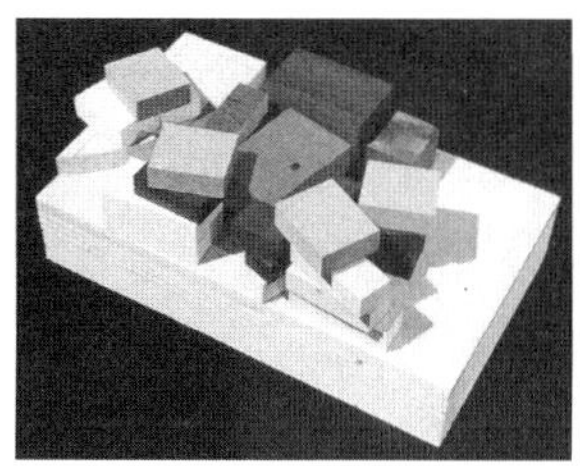
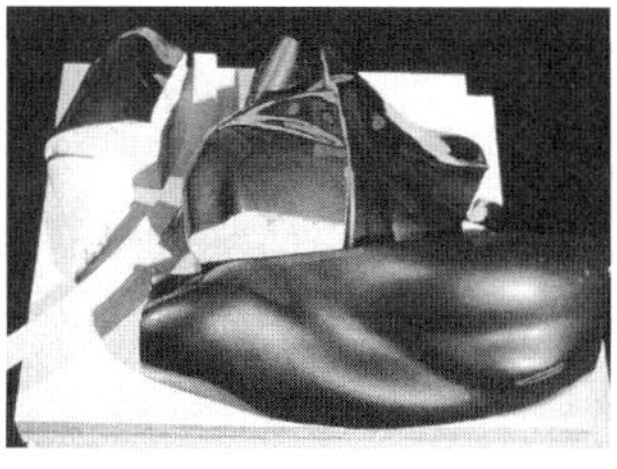

(1) 经过功能规划布局后，得出的色块模型 (2) 色块模型开始在周边界面变形 (3) 建成后的建筑实景

图 3.99　西雅图体验音乐中心，从色块模型到建筑的转化过程

图 3.100　纽约巴德学院表演艺术中心室内中介空间

图 3.101　迪斯尼音乐厅大比例实体模型

即表皮与内部主要功能部分可以脱开做，表皮可以做得自由，这样在表皮和内部主要功能区域之间，往往就会形成最有戏剧性效果的中介空间（图中所示），这种中介空间，很好地调整了表皮和内部的关系，它也是盖里建筑最具有个性化色彩的一个地方，在图中，还可清晰地看出，支撑表皮的结构骨架。

阶段 4：开始对体块进行各种形式的（扭转、分裂、重组、倾倒等）变形处理，体块开始变形，表面产生弯曲，形体开始扭转，一些形态表情会在这一阶段初露端倪，形体间的关系处于动态的关联之中，“形式村落”概念渐渐形成。这是一个结合草图（sketch）和模型（model）多次反复推敲、不断演变完善的过程，也是最具盖里风格特征的阶段，他要花费很多的时间和精力，制作不同比例的模型来探索不同问题，有的局部模型甚至达到 1∶1 的真实比例。大比例实体模型用来探索、解决在小比例模型中难以发现和解决的问题，比如 洛杉矶迪斯尼音乐厅的设计过程中，就制作过大比例的模型（图 3.101）；结合图 3.78 的建成实景，可以看出大比例模型的制作、深化和推敲工作，对保证整个设计工作的质量具有极端重要性。

阶段 5：细化材料搭配。利用卡特亚软件对模型进行激光扫描，根据初步设计方案所确定的内外材料和施工费用情况，对建筑造价进行估算、控制。这个阶段会影响到（阶段 4），如果造价超出甲方的投入，他们会根据（阶段 5）返回来对方案形态和材料使用（阶段 4）重新进行调整。相同的金属材料，不同形态的差别，会导致造价的巨大差异，例如，同样金属材料的平面形态、单曲形态和双曲形态，其造价的差异是 1 ∶ 2 ∶ 10 的关系，双曲形态造价最贵。根据造价预算，可以准确地在形态上进行调整控制，可以精确估算出采用多少面积的平面、单曲和双曲形态。

如果，建筑造价预算低，那么采用双曲形态的建筑表面积就低，反之亦然，根据造价限制，可以相应精确估算出建筑外部不同形态类型（平面、单曲和双曲）所占表面积的比例。所以，这个阶段是讲求合理性、可行性和经济性的重要阶段，盖里多次强调自己的建筑，在功能上是合理的，在造价上是经济的，他的依据就是来自这阶段繁琐的计算、反复、调整和完善工作。盖里建筑的外部造型和常规建筑有着极大的差异和不同，很容易给人造成造价奇高的错觉，盖里必须以科学的依据，证明自己的建筑造价是完全符合常规的，甚至有时比普通的造价还要低（如毕尔巴鄂古根海姆博物馆），他的信心就来自于这一阶段，他在造价控制上所做的扎实、细致的统计和控制工作，这主要归功于卡特亚软件，它的精确度可以达到小数点后 7 位，完全可以把造价控制在甲方要求的范围以内。通过这个阶段，盖里解决了建筑造价的问题，让他的建筑风格不再受到造价问题的困扰。

在多次讲演中，盖里以科学的数据说明，毕尔巴鄂古根海姆博物馆的单方造价只有理查德·迈耶格蒂中心单方造价的 1/10。阶段 4 和阶段 5 的细化调整工作，会根据项目的不同情况存在着多次反复的可能，直到方案多方面问题的合理解决为止；卡特亚软件不但节省了很多设计时间和经费，而且将对力学、材料和预算的计算误差减至最低。

阶段 6：在阶段 4 和阶段 5 多次反复调整的基础上，方案渐渐走向深化、细化，渐渐确定成型，卡特亚软件在这一阶段将发挥它强大作用，对实体模型（包括室内、外两个方面）三维空间进行激光扫描，将全部数据记录、存储到计算机系统，形成准确的（其精确度高达小数点后 7 位）数字化虚拟建筑及其数据资料，为各个专业工种的深化设计提供依据，随之项目进入后续设计阶段，会对此前的设计进行细微的改动，但改动不大，“只有在所有的设计人员对每一个问题的彻底解决都满意时，最终的模型，才会被激光扫描生成工作图纸和软件程序，以便指导对面材的切割和施工建设的组织。”[1] 图 3.102 为工作人员利用卡特亚软件生成虚拟建筑的两个过程（图中为两个不同的项目）。

阶段 7：这个阶段相当于我国的初步设计和施工图设计，形成各个工种的施工图纸资料，卡特亚软件在这个阶段继续发挥它强大的数字化作用。就建筑专业而言，设计可以细化到对整个建筑物的外墙面材料进行分块设计。盖里建

---

[1] EL Croquis 117：Frank Gehry 1996–2003：from A-Z，Spanish，P35.

（1）工作人员正在对一个项目的成品模型进行三维形体的激光扫描，手执为激光头

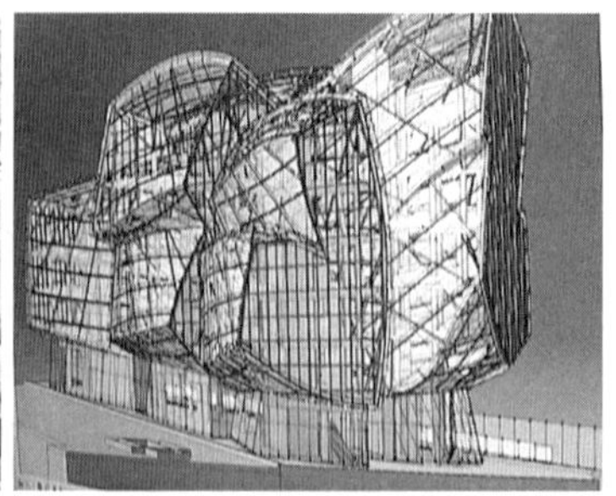
（2）卡特亚软件，根据一个项目模型扫描数据生成虚拟建筑

图 3.102　卡特亚软件生成的虚拟建筑模型的过程（两个不同的项目）

筑的外形比较复杂，它由一块块不同形态（平面、单曲、双曲）的块面组成的，分块设计对每一块材料进行编号和三维尺寸设计，其精度可达到小数点后 7 位，其他各工种也都借助卡特亚软件提供的资料，进行施工图的设计。在 1980 年代，盖里事务所的施工图曾经因为外包出去，给事务所的声誉造成了一定的消极影响，盖里吸取了这一教训，现在，他所有项目的施工图都是自己事务所绘制的，这有益于对工程质量的控制。对于施工方而言，只要他们采用卡特亚软件，就可以获得盖里事务所提供的整套数字化资料，尤其是表面材料的分块编号和尺寸，他们可以带着这套软件去采石场，在那里直接对石材进行双曲面的一次性现场切割和编号工作，避免材料的损耗，降低成本。如果是金属材料，施工方可以利用卡特亚软件在金属材料加工厂，直接一次性地对双曲面的金属材料进行锻压、弯曲成型、编号。所以，只要设计方和施工方，都采用这套软件，那么卡特亚软件就可以为双方之间技术配合提供支持平台，对施工如期、准确的完成提供保证。

阶段 8：等到所有面材都加工成型、编号、运输到施工现场后，施工就简化为现场安装过程，既简单易行，又精确可靠。

盖里的设计过程，以不同比例和材质的实体模型为工具来推动设计的深化，采用计算机工作站和卡特亚软件程序来归档、整理设计资料，帮助对形态、造价、构造进行调整控制，高精确度的卡特亚软件，为建筑形态设计、材料做法、技术细节设计、工程管理和施工组织提供强大的技术支持，计算机数字化技术，在盖里建筑设计过程中，起到极其重要的作用，保证了工程能够按照委托方的进度计划、投资要求，得以顺利进展。虽然可以说，离开了卡特亚软件，盖里的建筑就难以实现，但卡特亚软件的数字化技术，对于盖里建筑而言，它还仅仅只是个工具，原创性思维还是来自于盖里的大脑，数字化技术虽然能够快速、方便、准确地推进设计过程，但它只是个用激光扫描捕捉形态数据，将数据导入到电脑的工具而已，形态的设计还得依赖于手工不同比例模型的推敲工作。

11. 走向盖里技术和建筑信息模型

随着卡特亚软件在盖里事务所应用的深化，盖里事务所的技术革新也在走向深化，随之，盖里事务所一项新的业务也发展了起来，这就是盖里技术－数字化设计（Gehry Technologies Digital Project™）业务。由于它对建筑进步革新的重要贡献，在2008年，盖里技术获得了由美国建筑师学会建筑实践技术知识共同体（AIA，Technology in the Architectural Practice Knowledge Community，TAP），为了表彰盖里技术（GT）使用建筑信息模型（BIM），在建筑过程的革新方面，进行数字化设计、传播所做出的杰出贡献（Design/Delivery Process Innovation Using BIM），而授予它的杰出建筑信息模型奖（Building Information Model Awards），获奖项目是香港的香港港岛东中心（One Island East，商业办公楼）。

盖里技术（GT，Gehry Technologies）提供技术服务，引导业主、开发商、建筑师、工程师、建设方、安装方等各个专业，组成一个整体性的建设共同体，盖里技术引导业主加强设计的创造性和可控性，缩减项目风险、成本和完工时间，它通过合作、设计的可视化和对信息的使用，优化设计决策过程，盖里技术开发并出售数字化设计软件（Digital Project™），这是一套建立在卡特亚软件基础上的、强有力的3D建筑信息模型（3D building information modeling，BIM）和管理工具，目的在于为设计、施工、管理、造价控制等等方面，提供一个共享的技术平台，它包括两个可以独立使用的、基础性的工具：

一个是数字化设计工具（Digital Project Designer），它是一项综合性的三维建模程序，提供了一套广泛的工具，用于在整个建筑生命周期内，创建和管理建设信息，它的具体功能包括：

（1）设计审查和质量保证（Design Review + Quality Assurance）；

（2）4D建设规划和协调（4D Construction Planning + Coordination，4D即3D+时间）；

（3）BIM特性，量化＋转化（BIM Attributes，Quantities + Translator，其中BIM指building information modeling，建筑信息模型化）；

（4）建筑和结构（Architecture + Structures）；

（5）装配设计（Assembly Design）；

（6）实体建模（Solid Modeling）；

（7）自由风格造型设计（Free Style Shape Design）；

（8）生成造型设计（Generative Shape Design）；

（9）绘制产品（Drawing Production）；

（10）智能软件基本原则（Knowledge ware Fundamentals）；

（11）自动化（Automation）；

（12）CAD 转化（CAD Translators）；

（13）实时渲染（Real Time Rendering）；

（14）CATIA 基础设施（CATIA Infrastructure）。

其中卡特亚（CATIA，Computer Aided Three-Dimension Interactive Application，计算机辅助 3D 互动应用软件）软件是整套软件的核心技术所在。

另一个是数字化浏览工具（Digital Project Viewer），它是一款易于使用的可视化工具，用于三维模型的导航、测量、质量控制和建设信息管理；4D 仿真（4D simulation，即 3D+ 时间）和合作；它的具体功能包括：

（1）3D + 2D 查看（3D + 2D Viewer）；

（2）设计审查（Design Review）；

（3）4D 建设规划 + 协调（4D Construction Planning + Coordination）；

（4）BIM 特性和量（BIM Attributes + Quantities）。

在此基础之上，还有几个附加的技术工具，这几个附加工具的使用是以前面两个基础性的工具使用为前提条件的。

（1）普雷玛维雅合并（Primavera Integration）；Primavera，本身就是一个工程管理软件包，盖里技术（GT，Gehry Technologies）通过把项目建设进度计划信息和建筑 3D 几何之间的关系联系起来，提供项目 4D 建设模拟仿真，即 3D 实体建设和时间进度之间的关系；

（2）MEP 系统计算（MEP/Systems Routing），它为设计者提供机械、电气和垂直受力系统优化设计（mechanical，electrical，and plumbing systems），目的在于避免相互之间的技术冲突；

（3）图像和形态（Imagine & Shape），它让设计者能够快速、直觉地建立 3D 表面；

（4）智能软件（Knowledge ware），它允许设计者通过项目或公司，获取、储存、共享知识信息；

（5）专业转化（Specialized Translators），提供基于标准模板库（STL，Standard Template Library）和产品数字模型交换标准（STEP，Standard Exchange of Product data model）的集成和合并；

（6）图像工作室（Photo Studio），提供高质量的图片和 3D 模型电影。

盖里技术 – 数字化设计（Gehry Technologies Digital Project™）软件是盖里事务所在长期实践过程中，逐渐自主研发出的数字化建筑软件，它突出地展现了盖里建筑设计涉及的重要内容及其解决方法，它的出现，标志着盖里个人思想，已经从传统的事务所模式和规模，进化到技术化和模式化的高度，已经上升为一种技术性的设计模式，盖里建筑的革新思想，借助着盖里技术－数字化设计软件，正在走向大范围传播和应用的轨道，盖里技术，对当代建筑实践，正在更大范围、更深程度上产生极其重要的影响作用。盖里与汤姆·梅恩一样，在获得普利茨克建筑奖之后，把建筑与技术做了更紧密的结合，这恰恰说明了，在一个一切被技术统治的时代里，建筑设计走向模式化、技术化的时代趋势。对于盖里而言，借助于盖里技术－数字化设计软件，对建筑产生的全过程实施技术性生成和控制。对于梅恩而言，他把系统思想和控制论思想，与计算机技术、绿色建筑自动化控制技术相结合，创作一种可以自动化调节的人工建筑机器模式。从建筑领域的这种变革，可以看出，科学技术对人类生活的干预和影响作用，正在强化、加深。

盖里技术，不但为盖里事务所的建筑设计，提供数字化技术支持，同时，也在世界各地为一些重大项目提供技术支持服务。我国2008年奥运会主场馆设计，也得到了盖里技术的重要支持，见图3.103（1）。盖里事务所，在赫尔佐格与德梅隆（Herzog & de Meuron）中标方案的基础上，针对主场馆的钢结构和屋面设计，为执行设计单位中国建筑设计研究院，提供了一系列重要的细化设计（specific design），为主场馆钢结构形态确定、结构定位与对接、简化屋面结构、缩减钢用量等方面，提供了重要的技术支持，对确保主场馆按期完工，做出了重要贡献。盖里技术还为一系列中国项目提供了数字化技术的支持，如广州太古汇商业项目、北京三里屯（酒店、零售、剧院等混合功能）、香港港岛东中心（商业办公楼）、香港城市花园酒店（旅馆）等。

建筑史告诉我们，一旦大师仙逝，他们的事务所也将难以为继，或濒临萎缩衰败的命运，但盖里事务所新成长起来的盖里技术，却可以成为一个独立的数字化建筑技术服务公司。正是技术赋予了它的独立性，现在，盖里技术完全可以独立出盖里事务所，而自行发展壮大。近年来，盖里技术的实践，也证明了这一点，这样，即便在一代大师仙逝之后，盖里技术仍将可以继续存在。例如图3.103（2）为林肯中心艾丽斯·塔利音乐厅（Lincoln Center Alice Tully Hall）工程的数字化模型，这是盖里技术面向社会、脱离盖里设计而承接的技术性项目，其建筑设计师是迪拉·斯科菲德和伦弗罗（Dillar Scofido + Renfro）。

盖里技术，是盖里建筑思想、方法和实践，在1990年后，与一批来自于飞机设计领域和计算机领域的专家相结合，走向数字化技术的产物，它来源于盖里为解决复杂双曲面形态的建筑实践，经过实践中的不断检验调整、完善发展，在今天获得了越来越广泛的应用和重视。盖里技术的实践，验证了盖里对未来建筑设计与艺术家、计算机数字化技术、电子媒体相结合的预想，它把盖里的建筑革新思想，通过计算机语言，引进到了数字化设计的技术领域，成为一套

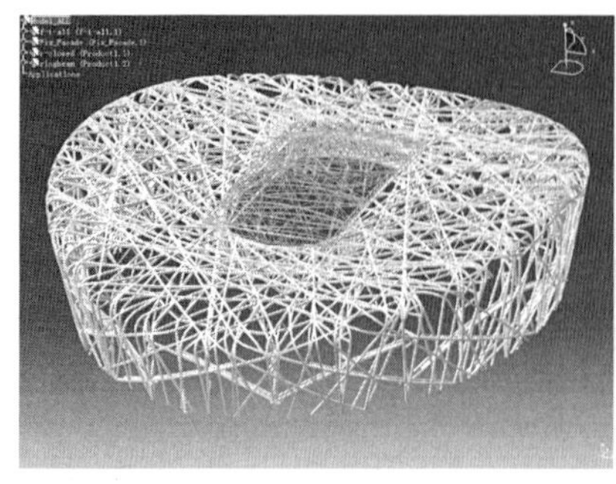

(1) 2008北京奥运会主场馆“鸟巢”的初期数字化模型(Beijing Olympic Stadium-Original Digital Project Model)

(2) 林肯中心艾丽斯·塔利音乐厅(Lincoln Center Alice Tully Hall)数字化模型

图 3.103 盖里技术数字化设计(Gehry Technologies Digital Project™)作品

重新思考建筑设计、营造管理的崭新模式，对建筑整个产生过程形成变革性的重构，对人类未来建筑实践的历史，必将产生更为深远的影响。

12. 敬业和合作

“建筑不是那种单方面作用就能够产生的东西，它需要那些带着渴望和需求的客户，我最好的作品总是那些和客户之间有着良好互动沟通的作品。”[1] 盖里一直强调业主的重要作用，在他的设计过程中，客户，作为影响设计的重要因素和设计团队的一部分，完全参与到设计过程的始终，使得设计真正成为建筑师和业主间的通力合作，所以盖里说，“对我而言，与客户的关系是非常重要的。假如客户是一个法人组织，而我却无法与其总裁谈话时，我不会接受这件工作。”[2]

首先，盖里会听取业主的合理建议，比如，毕尔巴鄂古根海姆博物馆的业主，就明确地提出要设计一个动人的、类似教堂中庭的空间，最终，盖里也成功地甚至超乎业主的想象，设计了一个令人惊讶、兴奋的中庭空间。

其次，在整个设计过程中，盖里都向业主展示模型，介绍项目进展情况，倾听业主的意见，盖里对业主意见的尊重程度是罕见的。在刘易斯住宅的设计过程中，彼得·刘易斯甚至让自己的儿子到盖里事务所来监工，在设计过程中，他们父子反反复复地变化项目的功能、规模和投资预算，给设计带来很大的消极影响，但盖里一直都是耐心地根据变化的任务，不厌其烦地更改设计，而且，

---

[1] Laurence B. Chollet, The Essential Frank O. Gehry, Harry N. Abrams, Inc., Publishers New York, 2001, P56.

[2] 佚名，《弗兰克·盖里访谈录》，http://build.woodoom.com/zhuanjia/200705/20070510032953.html.

这个项目前前后后进行了10年时间的变化、修改，像刘易斯住宅这样频繁的反复变化，不是一般的建筑师能够接受的。

再次，在整个设计过程中，盖里向业主完全公开设计秘密，并且告诉业主，建筑师为什么这样设计，而不是那样设计的理由，既达到了和业主的良性互动，也进行了潜移默化的建筑教育。以充足的理由说明设计的逻辑性和合理性，让业主充分理解最终结果为什么是这样，而不是那样的原因，这在很大程度上，使得业主能够比较容易地接受最终的设计成果。

如果不考虑客户的意见，那么建筑师就仅仅是在用他的手，玩弄一种自我的游戏。并非盖里没有自我，他是一个有着强烈自我意识的人，有着明显的个人主义和自由主义思想倾向，但他的自我往往会被另外一个原则所束缚制约：建筑师的能力再好，也无济于事，建筑的成果，最终要和他的客户达成一致，离开业主的支持，建筑不可能实现。“显然，盖里很多成功的作品，产生于自己和客户之间良性互动，没有这样的互动，就不会有建筑的奇思妙想，盖里项目一般进展缓慢，这就让他有充足的时间来建立和客户间的人际关系，让双方的交流变得自然和切中要害。”[1]

五、室内空间组织方式

盖里的建筑尽管外部造型，混乱张扬，但这并不妨碍其内在的功能和受力结构体系的合理组织，在长期的实践中，为了形成其独特的建筑风格，盖里渐渐形成了他内部空间组织的一些基本方式。

1. 静谧的中庭：中庭式组织方式

中庭式空间组织模式，最早出现在盖里的早期购物中心项目中，这些购物中心往往具有双核（两个中庭），在其周边簇拥着较小的商店。这种理想的商场空间搭配关系，在盖里的许多作品中都得到反映，从他第一个真正独立的大型工程圣莫尼卡购物中心，到洛亚拉法律学校，再到毕尔巴鄂古根海姆博物馆，这是盖里最常用的空间组织模式，在毕尔巴鄂古根海姆博物馆中，中庭模式已经达到了炉火纯青的程度，中庭成为这个项目最成功的设计之处，参见图3.104（2）。而专业性的展示空间沿着中心的中庭展开配置，中庭组织了周边的功能。盖里中庭往往呈奇异和流动的形式，形成不规则、能变形的中央图形，中央图形允许这些变幻的形式，保持自己独特性格于集中统一空间（中庭）之中。盖

[1] Gehry Partners，Gehry Talks :Architecture + Process，New York，Rizzoli，2007，P18.

里中庭的这种形式更多受到艺术界朋友的影响，如奥登伯格的抽象表现和塞拉的曲线构图。

与中庭式组织模式相类似的一种模式，就是以走道为枢纽，串联周边建筑的组织模式，这也是盖里一种常见的组织空间模式，它往往和中庭式组织模式相结合使用，参见图 3.75（a）刘易斯住宅（1）平面组织方式。

2. 峡谷里的天光：峡谷式空间组织方式

峡谷式空间组织模式指在通道或大空间的边沿处，出现一种贯通室内空间 2 ~ 3 层以上、空间界面连续曲变，空间比例狭高的一种空间组织模式，界面之间的缝隙，造成强烈的峡谷式视觉体验，往往结合上部建筑屋面或侧面开口，组织采光，进而造成高处的光线沿峡谷两侧壁面漫射而下的动人场景，室内光线融和、富于变化。这种空间组织模式往往会成为重要的水平向交通动线，在其端部或重要部位又往往结合垂直交通的楼电梯或自动扶梯进行交通组织，它是人们穿越、领略盖里建筑室内场景的重要流线。当这种空间组织模式上部开口进一步压缩变小，位置又处于端部或离开重要的水平交通动线，那么，峡谷式就演变成洞穴式的空间组织模式，它的空间界面，往往结合连续双曲面，作为结构构件的为木材包裹的柱子、上层楼面的底板、周边上层空间外凸的护墙和交通枢纽来进行处理，空间显得沉静、神秘。当峡谷式空间碰到建筑的外界面时，会在一些关键部位对建筑外覆面进行开口处理，引进室外光线。如图 3.104（3）、图 3.105（1）所示。

当参观者在峡谷式或洞穴式空间里，展现在他眼前的场景，最能充分说明盖里建筑的手法特征，他的空间构成手法；对建筑构、部件的表现性的配置展示；形式建构的逻辑；处理材料的方法等等。

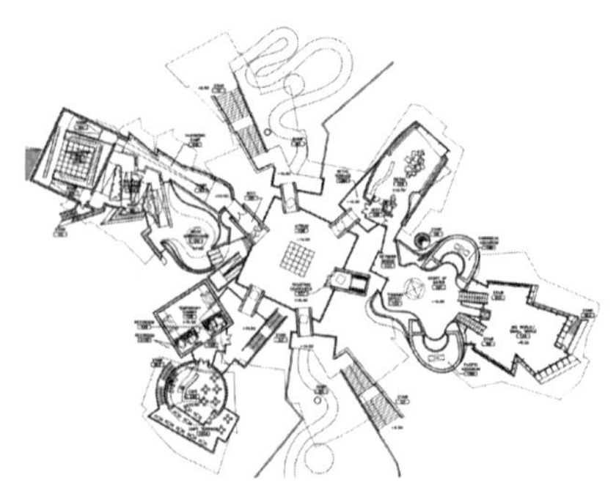

(1) 中庭式组织方式，巴拿马生命之桥博物馆平面，以中庭为平面和空间组织的核心

(2) 中庭式组织方式，毕尔巴鄂古根海姆博物馆中庭仰视

(3) 峡谷式室内空间，华盛顿天主教大学的魏泽海德商学院

图 3.104　室内空间组织方式分析之一

3. 漂浮的空间：漂浮式空间组织方式

漂浮式空间组织方式指的是，上部建筑的部分体量往往外凸、凌空、穿越或漂浮在下方建筑之上，漂浮体量大小和形态各不相同，但上部建筑的楼板面，往往呈漂浮状凌驾于下部空间之上，则是其共同的特征。根据漂浮体量的不同大小，往往配以形态、表情不一的结构支撑柱（外包木质），有时，垂直交通枢纽也起到联系上部漂浮空间与下部空间的作用。巨大的体量凌空而起，各种不同的垂直支持结构构件（往往表面覆以木质装修）对上方巨大体量（往往是素白抹灰顶棚）进行支撑，建筑受力、传力路径一览无余，整个场景表现出明确的雕塑感和力量感。在一些建筑中，还出现整个建筑，凌空架在垂直交通枢组或巨柱之上的视觉效果，造成强烈的紧张感，这是漂浮式组织模式的夸张表现形式，离开地面的上部建筑以连续双曲面任意地延伸、扭曲、翻腾，建筑更像是一个抽象表现主义的绘画或雕塑作品［图 3.105（2）］。

4. 穿越隧道：隧道式组织模式

当峡谷式空间碰到建筑的外界面时，会在一些关键部位对建筑外覆面进行开口处理，引进室外光线，在峡谷式空间模式里，当其上部空间光线较暗、空间较狭窄，而建筑水平向走道空间在与建筑外界面相接触处，却有强烈的水平光线引进，这时峡谷式空间就会演化成隧道式空间，隧道空间与峡谷式空间的区别在于，前者引进水平向室外光线，并作漫射处理，使人恍如置身于隧道之内［图 3.105（3）］。

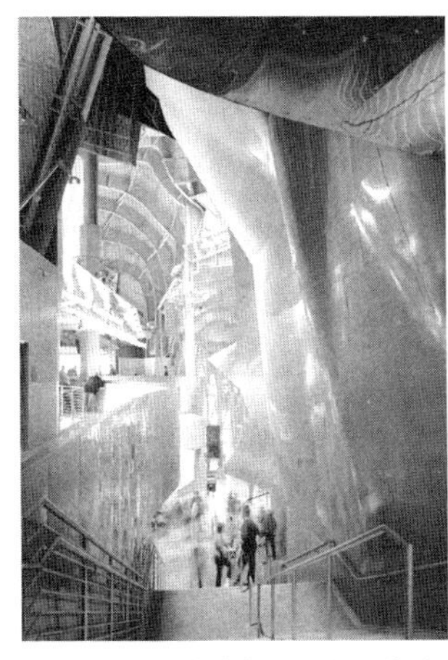

(1) 峡谷式室内空间，西雅图体验音乐中心

(2) 漂浮式组织方式，洛杉矶迪斯尼音乐厅室内

(3) 隧道式组织方式，纽约巴德学院表演艺术菲施中心室内

图 3.105　室内空间组织方式分析之二

上述四种空间组织模式，是盖里建筑室内空间构成的鲜明特征，数层空间在叠加、错位、滑移、部分咬合、挖空、界面斜置之后，造成了盖里建筑特有的动态空间组织特征。当部分空间层叠、滑移，置于中心被掏空的室内，形成大空间包纳小空间的构成模式，在上部和侧面，引进的光线进行了漫射处理，随着时间变化，室内空间则呈现出特有的容器感、雕塑感和变化的光感，达到盖里用光线创造好建筑的理想。这些室内空间幽深渗透，步移景异，方向不断变化，使人恍如置身于一个由形态和光线构成的雕塑艺术世界，给观者带来了奇异的空间感受。有的空间贯穿整个建筑高度，如毕尔巴鄂古根海姆博物馆的中庭空间，有的只有 2 ~ 5 层高度的，形成变化丰富的室内场景。上述盖里室内空间的组织模式，广泛地存在于他的作品之中，是其作品的鲜明特征之一，但限于篇幅，这里不再赘述。图 3.106 为华盛顿天主教大学的魏泽海德商学院的室内场景，可以作为盖里室内空间组织方式及其特征的一个例子。在这个项目中，盖里采取多种多样的漫射光线组织，有的从高侧窗采光，有的从建筑侧边开口采光，有的从顶窗采光。这些不同方向的光线，在白色粉刷曲面的反射下，就形成非常柔和的漫射光环境，让建筑空间呈现出一种静逸感，盖里对室内的形式进行雕塑化的纯粹塑造，使得室内场景如同一场抽象派雕塑展览。

室内场景“室外化”的塑造手法，是普遍存在于圣莫尼卡学派建筑师设计手法中的一个共同特征，盖里的这种手法，特别地对富兰克林·伊斯雷尔建筑的室内场景塑造，起到了根本性的影响作用，伊斯雷尔的“内部城市”概念，仿佛就是盖里“形式村落”概念在室内的再现，而他以“内部城市”手法所创造的室内场景，也明显地体现出了“室外化”的倾向。

六、本章小结

1960 年代，被称为美国的狂飙时期，盖里自称是 1960 年代的产物，巨大的时代变革，使得新型的社会文明形态——后现代主义文化对美国社会生活、思想文化领域的影响日渐加深，所以，有的学者说，不了解后现代，就难以理解美国社会为什么会呈现出今天这种状态的深层原因，这是盖里建筑思想发生改变的时代背景。离开了这种后现代的时代背景，把盖里的建筑置于现代主义建筑的传统语境之下，将难以理解他的思想和方法及其价值，正是激变的时代导致了他建筑思想的根本变革，这是盖里建筑思想革新的深层社会政治、经济和文化的根源，这种社会根源，构成了盖里建筑得以发生、发展的本质背景。在后现代时期，强调建筑的复杂性、多样性、差异性、矛盾性、运动感、分裂性、多元性，正是时代思潮对建筑思想发生影响的鲜明例证。正因为盖里，首先在建筑上旗帜鲜明地表达了一种基于后现代多元文化基础上的建筑思想和方法，

在曲面形态外表皮和内部建筑之间造成缝隙，在剖面上利用曲面形态组织高侧光漫射效果

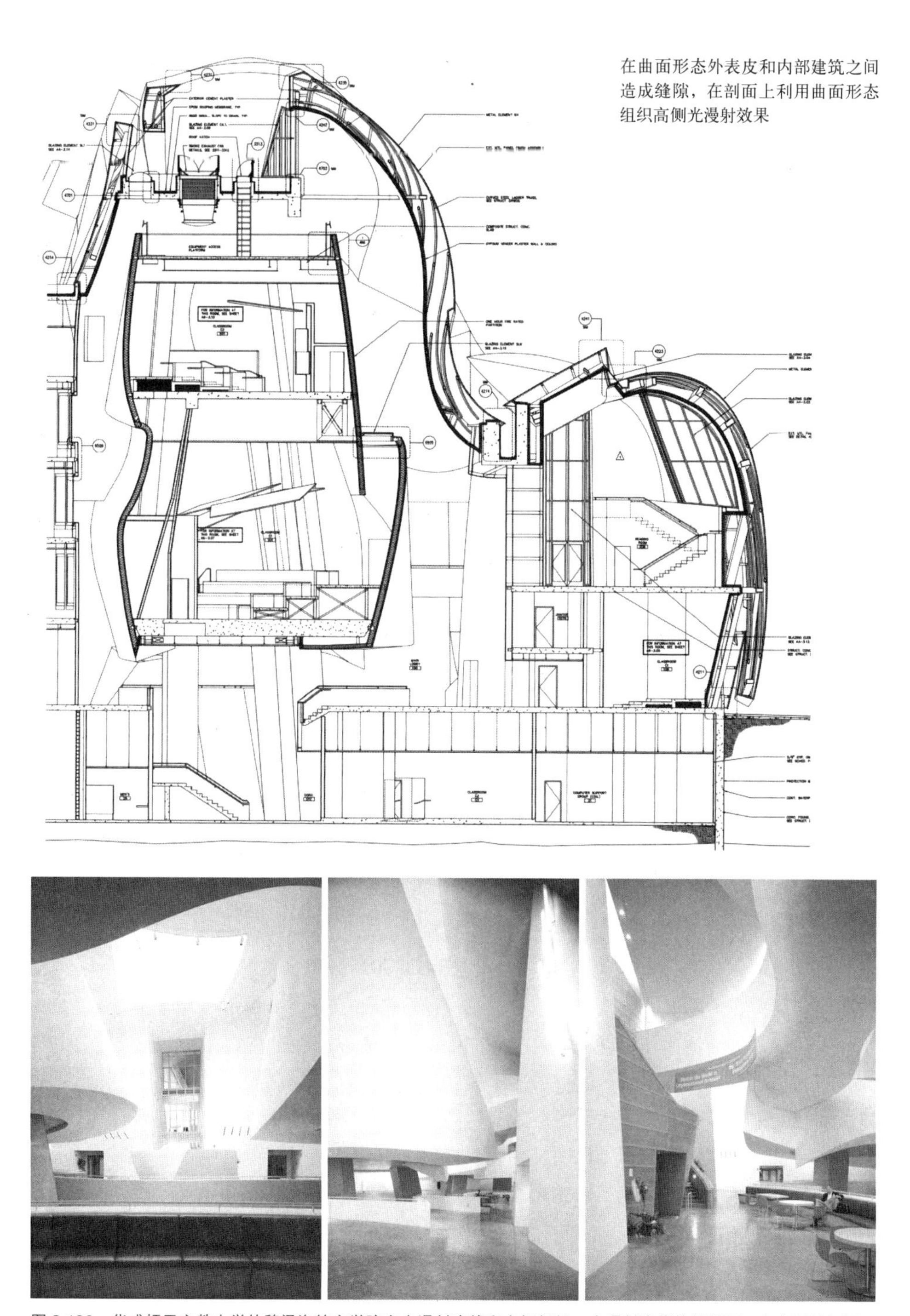

图 3.106 华盛顿天主教大学的魏泽海德商学院室内漫射光线和空间组织；在漫射光线的笼罩下，室内场景如同一幅幅抽象雕塑

即多元共存，差异并列，复杂丰富，矛盾冲突。所以，查尔斯·詹克斯，这位后现代主义建筑的理论家，站在时代性的角度，把盖里以及他所开创的圣莫尼卡学派的建筑实践，提到了一个时代性的、多元文化表达典范的高度，认为他们的建筑实践，对于在一个多元文化时代，如何将建筑契合到一个充满着矛盾、混乱、差异、多样的多元文化社会，提供了杰出的成功典范，这也正是这个学派巨大的时代价值所在。

由于受到当时新兴艺术界朋友的影响，使得盖里对建筑的理解和创作方法，发生了根本性变化，他开始在家具系列上实验自己对材料表现力的探索；在对建筑形式的塑造上，继打破了现代主义方盒子之后，他的建筑空间和形式呈现出强烈运动感、破碎感和不确定感，其形态的探索最后以技术巴洛克作为归宿，让他的建筑表现出一种契合时代的动态美。新兴艺术构成了盖里建筑革新的技巧性、方法性层面的资源，他的建筑是把新艺术思想与建筑设计进行交叉嫁接的结果，这使得盖里的建筑带着明显的新艺术气息，它的形式是反传统的异常（informal）和叛逆，处处是曲线，把建筑形态的复杂性推到史无前例的高度；它是各种异样因素的拼贴和糅合，是复杂而丰富，而不是现代主义一目了然的简单和明确；它是一个技术文明时代的缩影，在熠熠生辉的金属表皮上，人们仿佛看到了一个技术文明时代的影像；对高科技材料和卡特亚计算机技术的引进，使得它呈现出强烈的时代感和技术感；它是各种新兴艺术流派的大融合，各种新艺术思想，皆可被盖里转化到建筑设计之中；对极少主义、抽象表现主义和超现实主义艺术手法的采纳，使得他的建筑带有明显的先锋派艺术的特征，对大众波普文化的吸取，使得他的建筑表现出后现代卡通式的幽默；他的建筑是放大的雕塑，不论是外在的形态，还是内部的空间，他的建筑总能给人一种立体主义雕塑的直觉感受，只不过这里的雕塑是曲线的形态。

盖里的建筑探索，对洛杉矶一批有着反抗精神、天赋才华的建筑师，产生了巨大的影响，这些建筑师包括富兰克林·伊斯雷尔、汤姆·梅恩、迈克尔·罗通迪和埃里克·欧文·莫斯、克雷格·霍杰茨、弗雷德里克·费希尔，这些年轻的建筑师不能适用任何现存建筑学派的限制，却对从广泛的先锋派艺术资源、新思想中吸取创作灵感，通过采用不规则形式、对材料的创造性使用进行建筑实验，来突破既有建筑边界的局限，情有独钟。正是在这个层面上，盖里渐渐成为这群洛杉矶建筑师团体的精神教父，这个群体被查尔斯·詹克斯称为洛杉矶学派，而《进步建筑》杂志总编辑、资深评论家约翰·莫里斯·迪克逊则将其称为圣莫尼卡学派。

第四章　与时间赛跑的人：富兰克林·伊斯雷尔的建筑世界

图 4.1　伊斯雷尔接受美国著名电视节目制作人查理·罗斯采访时的照片（1995 年）

"带着反讽（irony）和现实主义（realism），我追求着南加州特有的分离建筑学（isolating architecture），已经有 20 个年头了。"[1]

——富兰克林·伊斯雷尔

"盖里为包括我、莫斯、墨菲西斯和霍杰茨（Hodgetts），这些年轻一代的建筑师，创造了一个平台（platform），让我们可以在洛杉矶工作、生根和繁盛，我们的成绩应归功于他；盖里是一个先驱者，在曾是荒无人烟、贫瘠无果的荒野上，铸造了一条通向未来的道路。"[2]

——富兰克林·伊斯雷尔

[1] Architectural Monographs No 34，Franklin D Israel，New York，Academy Editions，London，1994，P7.

[2] James Steele and Franklin D Israel Interview，in Architecture Monographs No34，Franklin D Israel，New York，Academy Editions，1994，P12.

"虽然我早期的作品反映着对电影制作的迷恋，但我的建筑学很快地就发展成一种由这个城市诸多因素所塑造、所约定的状态，我既关心敏感的城市建设艺术，我的思想也被这里工业文明的产品和人格所启发。"[1]

——富兰克林·伊斯雷尔

"我认为洛杉矶是那种松散拼贴画的模式，它更多是由需求的天性把不同的因素编织在一起，而不是那种受政治影响和经济必要性而导致的城市模式。我的建筑就是要暴露洛杉矶城市的那种紧迫性（exigency），展示在一个有着不稳定地质构造，和难以预料的都市环境中，建筑学所遭遇的那种紧张状态。我最近（1996 年）的建筑就要表现对洛杉矶城市这些强有力因素，既反抗又崇敬所导致的对抗性的冲动（competing impulses）"[2]

——富兰克林·伊斯雷尔

本章导读

伊斯雷尔与圣莫尼卡学派其他成员最大的不同是，他来自于讲究历史传统的东海岸纽约，而其他几位成员，则较早就生活在洛杉矶地区，接受了这个特殊城市特殊文化的熏陶和洗礼。与他们不同，伊斯雷尔生活在东部地区，他在耶鲁大学、哥伦比亚大学、宾夕法尼亚大学几所学校求学时期，受到了当时以路易斯·康、罗伯特·文丘里、查尔斯·摩尔和罗伯特·斯特恩等人为代表的，注重历史传统建筑思想的影响，他也曾在罗马和欧洲其他城市，作短暂的游学和工作，但这些地方都具备一个共同点：和洛杉矶相比，它们都要传统得多。而圣莫尼卡学派则只可能发生在洛杉矶这种或多或少有些无根化的城市，盖里和汤姆·梅恩明确地表白，他们的一些建筑，在纽约或任何美国其他的城市，都不可能建起来的，那里不具备产生他们建筑的社会文化基础，他们的建筑只可能产生于洛杉矶这样的美国城市。这样在伊斯雷尔身上，就势必造成这样的冲突：一方面是他早期教育所习得的注重历史传统的思想，另一方面是洛杉矶"无根化"后工业文明形态、多元文化所产生的文化断裂。

伊斯雷尔在圣莫尼卡学派成员中，是最早离世的，1996 年，伊斯雷尔 50 岁时，就因艾滋病并发症而离世，这对于他的建筑生涯来说，是莫大的损失。从 1983

[1] James Steele and Franklin D Israel Interview，in Architecture Monographs No34，Franklin D Israel，New York，Academy Editions，1994，P12.

[2] 同上；"不稳定地质构造"是指洛杉矶是个地震多发地区；其次，洛杉矶是个建立在沙质基础上的城市。

年伊斯雷尔独立开业，至1996年他离世时，只有短暂的13年，所以，他留下的作品，在数量上不多，但都是上乘之作。在这短暂的13年时间里，伊斯雷尔的设计思想，由于必须面对洛杉矶的社会现实，存在明显的转化轨迹，这是城市文化和时代特性使然。

伊斯雷尔在把历史传统和现实进行结合的探索方面，取得了非常优秀的成绩，这使得他的作品既带有历史传统的影子，让人能感受到来自历史的人文气息，同时，他采用抽象表现的艺术形式进行创作，并且取得公认的成绩。“伊斯雷尔通过一系列为好莱坞影视界名流私人住宅、工作室或电影制作公司的室内设计，把南加州现代建筑的本土语言，推进到了革新的顶峰，他的建筑成为了当代好莱坞电影创造性骚动美学的缩影。”[1]1995年，伊斯雷尔以洛杉矶地区杰出的革新派建筑师的身份，接受了美国知名电视节目制作人查利·罗斯（Charlie Rose）的采访，留下了他病逝前最为珍贵的一段影像资料。

东海岸的建筑学习，对伊斯雷尔产生了深刻影响，使得他在思想的根基上，不可避免地打上了注重历史、人文和城市问题的思想烙印，并据此最终发展成注重对优秀历史资源利用的历史主义，和讲求建筑与其所处城市环境之间关系的都市主义这两种思想。这使得他的作品，和圣莫尼卡学派其他建筑师们的作品相比，要温和得多，内敛得多，谦逊的多，这一点特别表现在他的早期作品中。后来，由于受到洛杉矶城市文化越来越大的影响，他的建筑也开始向动感、片段、矛盾、冲突、差异这些方向发生转化。

本章主要内容包括四个方面：

（1）富兰克林·伊斯雷尔的教育和成长背景，主要探讨东海岸的建筑初期教育以及罗马游学生活，对培养伊斯雷尔历史主义和都市主义建筑思想的作用，这是伊斯雷尔先天性的建筑思想根基，根深蒂固，是他的建筑的出发点。其次，走向洛杉矶之后，结识了弗兰克·盖里，盖里“面对真实城市”的态度，对伊斯雷尔认识重新发现洛杉矶的独特之美，产生了点化作用；同时，盖里的抽象表现艺术思想也对伊斯雷尔走向建筑的抽象表现，产生影响作用；另外，涉足于好莱坞影视制作的经历，也对伊斯雷尔的建筑思想产生影响。

（2）伊斯雷尔设计思想影响因素的分析。

（3）伊斯雷尔思想、理论和方法研究，主要围绕基于历史主义和都市主义基础上的亲密建筑学，在室内改造和室内空间塑造上的体现，以及伊斯雷尔折中主义倾向的建筑创作方法。

（4）伊斯雷尔建筑案例分析。

---

[1] New York Times，Frank Israel，Architect Inspired by California，Is Dead at 50，June 11，1996，Tuesday，http://www.columbia.edu/cu/gables/hiv/mem/israel.html.

由于伊斯雷尔在世时间有限，所以本章在篇幅上，较前一章也明显偏短，文章主要围绕伊斯雷尔重要的建筑思想展开。

一、富兰克林·伊斯雷尔的教育与成长背景

1. 东部地区的求学生活

伊斯雷尔 1945 年 12 月 22 日出生于纽约布鲁克林区，图 4.2 为 1956 年，伊斯雷尔 11 岁时，与母亲的合影。1996 年 6 月 10 日因艾滋病引发综合症病逝于洛杉矶，终年 50 岁。伊斯雷尔是继盖里之后，加州最出色、最有艺术天赋的一名建筑师。他于 1963 年入宾夕法尼亚大学哲学系学习，一个偶然的机会，听到了路易斯·康（Louis Kahn）与学生间关于建筑的对话，他深深地被路易斯·康关于建筑与诗意间关系的讲话打动，随后他便转到建筑系，成为路易斯·康的追随者，经常为路易斯·康做建筑模型。在宾夕法尼亚大学期间，伊斯雷尔还跟随罗伯特·文丘里学习后现代建筑理论，此时罗伯特·文丘里（Robert Venturi）的《建筑的复杂性与矛盾性》一书尚未出版，在这里，伊斯雷尔受到文丘里的深刻影响；当时文丘里为建筑系主任，他时常告诉学生和青年建筑师，不要被动地遵守现代主义的清规戒律，对建筑设计要保有新鲜的探索精神,要注意培养自己把一些不起眼的小东西转化成艺术品的能力。1994 年，伊斯雷尔在回忆宾大的学生生活时，这样说道：“路易斯·康和罗伯特·文丘里都对我的发展产生了深远的（profound）的影响，当我 1963 年来到宾大的时候，路易斯·康正在那里教学，而罗伯特·文丘里正在建设他的母亲住宅，这时宾大的气氛活跃，充满着创造力，这是一段让人兴奋的时光，当然，所有这些都要归结于路易斯·康。康既是老师，也是催化剂（catalyst），激发了大

图 4.2　1956 年伊斯雷尔与母亲在纽约

量的创造性活动，当然，文丘里的成绩要归功于康，如果，没有康对他的影响，他也不会在后来取得那么大的影响力。”伊斯雷尔认为，康，是在现代主义时期，重新审视历史及其价值的第一人。[1]

1966年，文丘里《建筑的复杂性与矛盾性》一书出版后，文丘里就给了伊斯雷尔一本，并告诉他，理论归理论，读后还得要转入设计。路易斯·康和文丘里的注重历史资源的思想，在初学时期的伊斯雷尔脑海里，植下了“根深蒂固”的种子，他们注重历史主义、象征主义和折中主义的后现代建筑思想，对伊斯雷尔产生了终生的影响，成为他设计思想极为重要的一个方面，这是伊斯雷尔不同于其他圣莫尼卡学派成员的地方。他在1976年来到洛杉矶后，在一段时期内，一方面延续着后现代历史主义对他的影响，另一方面，在后现代折中主义思想的指导下，兼收并蓄地吸收洛杉矶地区优秀现代主义住宅设计的传统资源到自己的手法中，将其整合为自己带有革新倾向的语言风格。1992年，弗兰克·盖里在伊斯雷尔个人专辑的序言里，就明确地说道：“虽然他（指伊斯雷尔）好像很圆润地连接（bridge）着这两种文化（指纽约和洛杉矶的两种文化），但他还是更适合在洛杉矶。伊斯雷尔与东部地区有着太多的联系，他也只有根据此种联系，才能理解得清楚自己从何而来。”[2] 由此可见，伊斯雷尔在东部地区所接受的建筑教育，对他影响的深刻程度。

圣莫尼卡学派的兴起，是个伴随着纽约作为美国第一大城市的衰退，和洛杉矶作为新兴城市在经济和文化上迅速兴起的过程，这是一种耐人寻味的历史现象。伊斯雷尔在接受詹姆斯·斯蒂尔（James Steele）的采访时说到，曾经在宾州大学兴起的宾州学派（Pennsylvania School）的成员，后来几乎全部投奔到了西海岸，这些成员包括蒂姆·弗里兰（Tim Vreeland）、杰克·麦卡利斯特（Jack MacAllister）和大卫·莱因哈特（David Rinehart），还有路易斯·康的学生巴顿·迈尔斯（Barton Myers）和理查德·温斯坦（Richard Weinstein），他们两人也投奔到加州大学洛杉矶分校任教师。虽然宾州学派也是形式主义者的集合，但他们的建筑目标定位在以正规化、传统化的建筑组织方式来颂扬、赞美都市生活，这是发生在1960年代宾大的事情。从风格上看，1980年代兴起的圣莫尼卡学派的风格，已经与之大相径庭了。

在宾夕法尼亚大学期间他还经常参加当时是伯克利建筑系主任的查尔斯·摩尔（Charles Moore）在此地的建筑讲座，查尔斯·摩尔关于“海边牧场公寓”（Sea Ranch Condominium）设计过程的讲解，给伊斯雷尔留下了深刻的印象，这是

[1] Architecture Monographs No34，Franklin D Israel，New York，Academy Editions，1994，P12.

[2] Frank O.Gehry，Introduction，in Franklin D. Israel，building and projects，Rizzoli，New York，1992，P10.

图 4.3 摩尔的海边牧场公寓，加利福尼亚州

一个典型的后现代主义建筑作品（1965 年建成），位于加州北部一个风景如画的索诺玛海滨（Sonoma coast），项目开发的目标是恢复当地已经遭到破坏的生态，同时利用得天独厚的海滨自然景观，开发成产权度假公寓。摩尔的设计充分利用当地建筑的传统要素，创造出一种浪漫、传统而又不失现代品质的度假公寓社区，这是一种明显的多元混杂的作品，现代的形体，传统的用材，不同因素的介入，导致了一种“混血”式的建筑风格的产生，建筑的室内呈现出一种拼贴图像的气质，各种因素的影响都表现了出来：层叠的空间构成，动物皮子做成的本地地毯，木质和工业材料并用组成的室内空间界面，工业时代的日常用品，真实而强壮的结构受力构件，一起组成了一种典型的后现代拼贴式的建筑场景，空间充满着轻松愉悦的浪漫气氛（图 4.3）。1991 年摩尔获得 AIA 的金奖，同时，海边牧场也获得 AIA 的 25 周年奖，这个奖项是为 25 ~ 35 年前已经建造起来的项目而专门设置的。

1967 年，宾夕法尼亚大学毕业后，伊斯雷尔前往耶鲁大学深造，但此时的耶鲁正陷入一场由越战引起的混乱之中，耶鲁大学的压抑情绪让他焦虑难堪。伊斯雷尔是个性情温和的人，在耶鲁的同学们看来他不但不“左”，而且，“右”得厉害，在很多学生们都走上大街游行示威的时候，伊斯雷尔却还要醉心于建筑，他不但不上街游行，他甚至连一份标语也不写。伊斯雷尔是同性恋者，他温和、敏感的个性，让他的建筑总显得那么温文尔雅，透着人道主义和历史主义的光辉。耶鲁大学混乱的生活，令他难以忍受，在一个学期后他退学回到纽约，在格鲁泽事务所（Gruzen and Partners）工作。1968 年，伊斯雷尔进入哥伦比亚大学，当时后现代主义另一位重要人物罗伯特·斯特恩（Robert A. M. Stern）刚来哥伦比亚大学，他给伊斯雷尔带来了历史主义和折中主义的建筑理论，但伊斯雷尔与斯特恩强调对历史责任和许诺的理论间存在着较大的差别，伊斯雷尔更强调设计中对活力、激情和生活乐趣的表达。

在这里他开始接触到一些他在耶鲁大学曾接触过的带有颠覆性，但又具有创造性的建筑思想，这就是彼得·埃森曼的建筑思想。彼得·埃森曼（Peter Eisenman）在 1964 年创立 IAUS（建筑与城市研究所，Institute for Architecture and Urban Studies），他时常在哥伦比亚大学讲学，他持续缓慢地坚持着正统的现代主义观念，从对建筑原型变异、演化的发现中，他找到了推动现代建筑革新的力量，他通过 IAUS 以及后来的建筑联盟（Architectural League）持续地对当代建筑的一些问题，举行各种讲座、会议，并发行出版物，深化现代主义的建筑思想，这是与斯特恩大相径庭的道路，而伊斯雷尔却兼收并蓄，对着两种不同的理论都乐意学习接受。

这一时期，他还接触到理查德·温斯坦（Richard Weinstein）[1]，温斯坦对伊斯雷尔的影响也较大，他帮助伊斯雷尔从此前关注于单体设计转向到对都市景观形成历史过程的关注，这让伊斯雷尔发展出对建筑与城市间关系给予关注的都市主义（Urbanism）建筑思想，温斯坦还帮助伊斯雷尔形成了以不可预见的方式看待事物的、辩证发展的观点。1971 年伊斯雷尔从哥伦比亚大学毕业获得硕士学位，在纽约的乔瓦尼·帕萨尼拉事务所（Giovanni Pasanella Associate）工作，继续他对城市问题的兴趣和研究，这一阶段伊斯雷尔主要的工作是城市设计，帕萨尼拉还允许伊斯雷尔独立地承接他自己的第一个私人项目，即在东汉普敦的斯内尔住宅（Snell House，图 4.4）。

2. 游学古城罗马

1973 年，在菲利普·约翰逊（Philip Johnson）和罗伯特·斯特恩（Robert Stern）的积极推荐下，伊斯雷尔获得了罗马奖学金（Prix de Rome，圣莫尼卡学派的另外一位建筑师汤姆·梅恩也曾获得过该奖），因而有机会前往意大利罗马进行为期两年的学习生活，这是对伊斯雷尔思想影响较大的一个时期，在

---

[1] 理查德·温斯坦（Richard Weinstein），美国当代重要的建筑评论家，《Morphosis，Buildings and Projects 1989–1992》一书的作者，该书曾获得国际建筑图书奖。

学习、思考、绘画、旅行和社交活动中，他加深了对意大利杰出的现代主义建筑师卡罗·斯卡帕（Carlo Scarpa）建筑的理解；斯卡帕在一系列历史性建筑的改造中，以现代手法表达出古典建筑式的庄严、优雅和宁静，他沟通现代和历史的技巧、处理节点的简练精致和对材料性能的表现，都对伊斯雷尔产生了深刻的影响。图 4.5 为卡罗·斯卡帕的代表作品布荣家族墓地（Brion–Vega Cemetery，1970–1972）。

在罗马，他还广泛游览欧洲的一些历史名胜，以加深自己对建筑和历史间关系的理解；他和历史学家詹姆斯·阿克曼（James Ackerman）一起讨论帕拉第奥建筑，和古典主义者、美国弗吉尼亚大学历史学家、“罗马复活 1.0”计划的项目负责人伯纳德·弗里舍[1]（Bernard Frischer）一起遍访罗马古城。

罗马的生活经历以及对罗马丰富历史建筑的考察，在伊斯雷尔的思想中，深深地植下了历史主义和人文主义的种子，也拓展了他对建筑与城市、建筑与历史关系的领悟和重视，这对于伊斯雷尔形成自己非常关注建筑与城市、与基地环境、与历史先例之间关系的历史主义和都市主义建筑思想，有着重要的影响作用。

在罗马期间，他还与早他一年来此游学的理查德·迈耶（Richard Meier）结下了友谊，迈耶严谨优雅的“白色派”新现代建筑思想，对伊斯雷尔改造自己的后现代折中主义成为更抽象、敏感、激进的建筑思想有着积极的促进作用，使他认识到后现代主义建

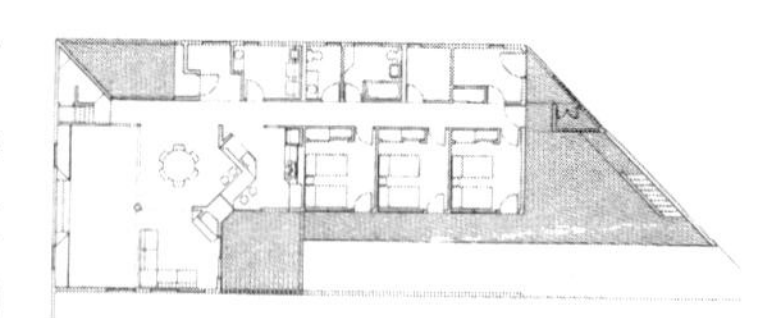

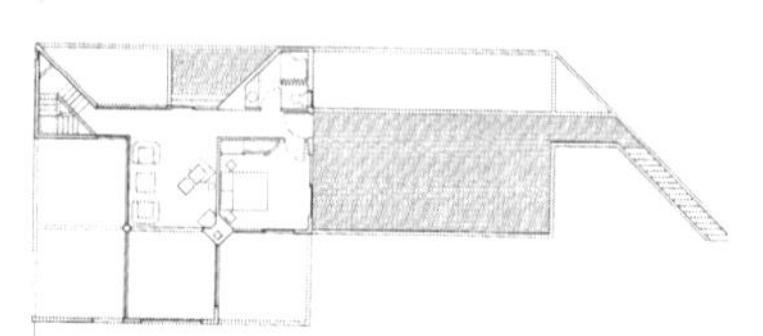

图 4.4　斯内尔住宅，上为一、二层平面，下为建筑外观

[1] 伯纳德·弗里舍（Bernard Frischer）是美国弗吉尼亚大学的历史学家，专攻西方古典文明，1970 年代他正在罗马为后来的“罗马复活 1.0”项目做早期的考察工作。1997 年，美国加州大学洛杉矶分校、弗吉尼亚大学以及欧洲一些研究机构的众多研究者，决定开始一项宏大工作，通过 3D 动画技术，再现罗马古城的辉煌景象。于是，一项名为“罗马复活 1.0”的项目像滚雪球一样，吸引了越来越多的考古学家、建筑设计师、动画工程师和爱好者的注意。1996 年开始，伯纳德·弗里希就在弗吉尼亚大学建立了文化视觉实景实验室。这个实验室是世界上最早通过 3D 技术重建文化遗址的基地。自 1997 年开始，弗吉尼亚大学和加州大学洛杉矶分校承担了罗马复活 1.0 的主要工作，而弗里希也担当了此项目的负责人。该计划一面世，就引起了全世界考古学界的普遍关注。

图 4.5 卡罗·斯卡帕作品：布荣家族墓地

筑理论中，一些以具象性历史符号来“复活历史”的做法，因其不加甄别地变形、挪用历史符号，已经陷进了一种愚蠢的、历史性假象的虚幻之中，而这种做法在此前的伊斯雷尔思想中是存在的，这主要源自斯特恩、摩尔等人对他的影响。[1]1975 年，伊斯雷尔从罗马回到纽约，在纽约一家事务所工作，并有作品建成。

3. 人生的最大转变：结识盖里，走向西部

1994 年，伊斯雷尔在接受詹姆斯·斯蒂尔的采访时说道，“洛杉矶是独一无二的，这个城市被设计成允许每一个人可以避开对方，也正是从这个角度讲，洛杉矶是非常成功的。带着反讽（irony）和现实主义（realism），我追求着南加州特有的分离建筑学（peculiarly isolating architectures），已经快 20 个年头了。”[2]这段谈话，深刻地揭示出伊斯雷尔，以至于整个圣莫尼卡学派建筑思想与这个特殊城市之间的关系。伊斯雷尔所谈到的“每一个人可以避开对方”，包含以下几层含义：允许差异的多元性，相互尊重的民主性，以及矛盾冲突的制衡性，各自为政的断裂性；这是一种离散化的状态，民主化的状态，当然也是一种分裂化的状态。同时，伊斯雷尔提到了“反讽”，也就是一种“黑色幽默”，一种“搞笑”，一种当代人不愿接受，但又不得不接受的时代总体状况；而他所指的现实性，和盖里的思想一样，就是作为建筑师必须实事求是地、客观地面对的时代和社会现实，这是任何时代真正建筑学的力量所在，盖里深信这一点，整个圣莫尼卡学派的成员，也都深信这一点，只有那些契合、反映了时代特征的建筑，才是这个时代需要的建筑，这是建筑师的伟大使命。

圣莫尼卡学派是时代的产儿，他们的思想无不深深地打上了时代和社会现实的烙印。这里，伊斯雷尔所提及的“分离建筑学”（isolating architectures），实

[1] Thomas S. Hines，takeoff: the journey of frank israel，in Franklin D. Israel，building and projects，Rizzoli，New York，1992，P211.

[2] Architectural Monographs No 34，Franklin D Israel，New York，Academy Editions，London，1994，P7.

质就是“分裂建筑学”（fragmental architectures），这是一种非常重视部分价值（意味着重视个体差异性），甚至从部分开始设计（可参看第六章，迈克尔·罗通迪在 CDLT 1.2 住宅设计上的表现）的态度，采用片段化的语言，塑造带有分裂、破碎、畸变、反常、奇异特征的建筑形象，它深刻地揭示出这个时代的分裂、多元、矛盾的特征。

1979 年，在菲利普·约翰逊的建议下，伊斯雷尔接受了时任加州大学洛杉矶分校（UCLA，University of California at Los Angeles）建筑系主任查尔斯·摩尔的邀请，前往该校担任教职，从此，他与洛杉矶结下了不解之缘。菲利普·约翰逊在 1970 年代，已经敏锐地预测到洛杉矶的建筑界，将会出现一些非常重大的革新变化，它正在渐渐地取代美国东部城市纽约，在 20 世纪晚期，成为对当今世界建筑思想发展趋势而言，最为重要的一个城市，[1] 约翰逊非常积极地鼓励伊斯雷尔放弃在纽约的工作，前往西海岸的洛杉矶 UCLA。通过约翰逊，伊斯雷尔还认识了对他一生影响最重要的一个人物，那就是弗兰克·盖里，弗兰克·盖里后来成了伊斯雷尔公认的良师益友，盖里抽象表现的建筑艺术思想，对洛杉矶城市独特的分离建筑（isolating architecture）美学的认识和表达，都对伊斯雷尔的设计思想产生了重大的影响，伊斯雷尔的“内部城市”（cities within）观念，正是建立在对“分离建筑学”认识基础之上的。

1991 年，盖里在伊斯雷尔个人专辑的序言中，详细地回忆了自己和伊斯雷尔初次见面的情形：“自富兰克林·伊斯雷尔和我，在我的圣莫尼卡事务所结识，至今已经十二个年头了，那时，我们总是放一些正在进行项目的幻灯片。有一天，菲利普·约翰逊把伊斯雷尔带过来，看看我们做的东西，这在当时是常有的事，我们总是尽自己所能，让尽可能多的人知道我们在干什么，而菲利普总是喜欢带一些不同的天才级人物，来我们这里转转，看看最近我们又有些什么新的闪光点，菲利普和伊斯雷尔是在纽约‘40 个 40 岁以下建筑师’的展览活动中认识的。”[2] 盖里与伊斯雷尔认识之后，两人建立了非常深厚的友谊，1992 年伊斯雷尔第一部个人专辑出版时，盖里亲自为他撰写序言，在这篇序言里，盖里对伊斯雷尔表现出的设计天赋给予相当高的评价。后来（1996 年），伊斯雷尔因艾滋病综合症并发，在与疾病抗争时期，一直得到盖里莫大的帮助和鼓励，在伊斯雷尔病重期间，盖里曾多次亲自出面劝说伊斯雷尔的几个大宗客户，保留住他们在伊斯雷尔·卡拉斯·肖利奇联合事务所（Israel Callas

---

[1] Thomas S. Hines，takeoff: the journey of frank israel，in Franklin D. Israel，building and projects，Rizzoli，New York，1992，P212。另外，伊斯雷尔在他个人专辑中题名为《内部城市》的前言里也指出，洛杉矶的崛起，是以东部城市纽约的衰落为条件的。

[2] Frank O.Gehry，Introduction，in Franklin D. Israel，building and projects，Rizzoli，New York，1992，P8.

Shortridge Associates）的项目，但这些客户大都把项目撤出去了，这对事务所另外两个合伙人芭芭拉·卡拉斯（Barbara Callas）和史蒂文·肖利奇（Steven Shortridge）的打击很大。[1]

富兰克林·伊斯雷尔和他的良师益友（mentor）弗兰克·盖里一样，都有着这样的渴望：要在被遥远的距离、片段化分裂（分离）的城市空间，还有各种难以预料的因素，对传统正常人性尺度（human scale）造成破坏的城市里，创造一种理想化的建筑社区，这种思想经过模拟、缩微的象征转化后，就是盖里的"形式村落"和伊斯雷尔的"内部城市"的概念。盖里说："我和伊斯雷尔之间存在着许多共同的思想，都从我们身处其间的环境吸纳思想营养，改造重铸我们所看到的，以此来检验这些现实因素是怎样对人们的心理产生影响作用的。"[2] 这种改造和重铸，本质上就是抽象表现的超现实主义手法，也是象征和隐喻手法在建筑领域的使用，涉及他们建筑的全方面内容，包括他们与众不同的对空间、形式、轮廓、色彩，以及对错综复杂建筑细节的处理。

1994年，伊斯雷尔与詹姆斯·斯蒂尔的一段对话，对于了解伊斯雷尔与盖里之间"良师益友"的关系具有重要价值，他说道："弗兰克·盖里也是吸引我到洛杉矶的一个原因，当我第一次见到洛杉矶的时候，这个城市给我的印象是个粗鲁而丑陋的地方。但是当我研究盖里的建筑，及其对洛杉矶的独特反映方式时，我就越来越被他的建筑迷住了。盖里的建筑最为特殊的地方，就是反映了洛杉矶城市自身的不连续和缺乏和谐性。盖里打开了我观察城市自身美学的双眼，我对洛杉矶的了解，从以前走马观花的方式，渐渐成长为理解其特殊性的方式。盖里帮助我按世界的真实情况（如其所是）来观察世界：这是一个有着丰富多样性的城市，它反映了这个时代的多元化。和路易斯·康在宾州对我的重要性一样，盖里为包括我、莫斯、墨菲西斯和霍杰茨，这些年轻一代的建筑师，创造了一个平台，让我们可以在洛杉矶工作、生根和繁盛，我们的成绩应归功于他；盖里是一个先驱者（pioneer），在曾是荒无人烟、贫瘠无果的荒野上，筑造了一条通向未来的道路。但是，虽然我的作品受到盖里的影响，但是，同时，我也受到查尔斯·摩尔和雷·埃姆斯（Ray Eames）的影响。在盖里的作品里，冲突是通过不同形式和材料的并列而置来实现的，而我的作品

---

[1] 在伊斯雷尔去世后，原来的伊斯雷尔·卡拉斯·肖利奇联合事务所（Israel Callas Shortridge Associates）的两个合伙人芭芭拉·卡拉斯（Barbara Callas）和史蒂文·肖利奇（Steven Shortridge），又重新创立了自己位于洛杉矶西部卡尔弗城（Culver City）的事务所（Callas Shortridge Architects），这个事务所也是洛杉矶非常优秀的事务所之一，一定程度上讲，其设计风格是原来事务所风格的延续，原来由伊斯雷尔始创的事务所已不复存在。可参看芭芭拉·卡拉斯和史蒂文·肖利奇事务所网站，http://www.callas-shortridge.com.

[2] Architecture Monographs No34，Franklin D Israel，New York，Academy Editions，1994，P11.

和雷·埃姆斯的一样，表达节点（define joints），这些对连接处的表现成了建筑的重点所在。”[1]

在这段对话中，伊斯雷尔提到了盖里是吸引他前往洛杉矶的一个原因，后来历史的发展也证实了这一点，伊斯雷尔不论在洛杉矶任何建筑论战中，都始终坚称自己是盖里的忠实拥护者，对盖里在建筑中使用粗糙材料，伊斯雷尔却给予了“高雅”的评价。同时，在这段对话中，伊斯雷尔也道出了自己建筑和盖里建筑的异同，在采用片段化的语言、创造运动、强调差异、复杂、多样这些方面，他们是相同的，差异在于，盖里更强调不同形式和材料之间不带过渡的直接碰撞，而伊斯雷尔则强调不同部分之间的连接（过渡）关系，连接也往往成了建筑的重点所在，而且，两者的这种差异，导致了伊斯雷尔的建筑相对于盖里的建筑要温文尔雅得多，收敛得多，谦逊得多。在对建筑不同部分之间连接关系的强调这一点上，伊斯雷尔与盖里不同，但却与埃里克·欧文·莫斯接近，他们两人都特别强调，对建筑部件间的连接部分进行表现和刻画，但莫斯建筑形态的动感夸张程度，要远远超出于伊斯雷尔的建筑，莫斯坚称自己在建筑中，就是要表达一种运动感，可见，在对运动感的夸张表达上，莫斯和盖里则又是相同的。在对一些节点的精雕细刻上，伊斯雷尔与墨菲西斯事务所的作品则存在着相似性，两者都特别强调对高浓缩、高情感节点的塑造，只是墨菲西斯在节点上偏重于对技术因素的表达，而伊斯雷尔偏重于对人文因素的表达，这又是两者的区别所在。

4. 好莱坞的梦想

1979 年伊斯雷尔来到洛杉矶后，更加沉醉于好莱坞的电影世界，他非常喜欢好莱坞特殊的艺术气氛——时尚、高端，并开始为一些电影公司做电影舞台布景的设计工作，他曾设计过传道会电影公司（Propaganda Films）、聚光灯制片（Limelight Productions）、圣女音像（Virgin Records）等好莱坞非常出名的影视映像机构的多个项目，还在大名鼎鼎的派拉蒙电影公司（Paramount Picture），由著名导演罗杰·瓦迪姆（Rodger Vadim）执导的影片《深夜游戏》（Night Games）中担任艺术指导，并亲自设计面具供演员使用（图 4.6），他还为《星际旅行》（Star Trek）做舞美设计。但是，电影舞美设计总是缺乏一些伊斯雷尔在建筑学中所珍爱的传统性的因素，这是他最终决定退出电影业的一个重要原因，即影视制作业和建筑设计相比，太过于华而不实。

1983 年，他开设了自己的事务所，他最好的设计是一些为影视界知名导演、

[1] James Steele and Franklin D Israel Interview，in Architecture Monographs No34，Franklin D Israel，New York，Academy Editions，1994，P12.

图 4.6　伊斯雷尔为电影《深夜游戏》设计的面具

演员和经纪人做的室内改建和住宅设计。在加州大学洛杉矶分校任教时期，伊斯雷尔是位令人尊敬的教师，由于他在设计领域的杰出表现，UCLA 建筑系吸引了一批非常有才华的建筑评论家和学生，他是个性格外向、慈善的人，多次为该校老师和学生的工作和困难提供帮助，盖里对伊斯雷尔在 UCLA 的表现也非常赞赏，而且他认为在圣莫尼卡学派中，伊斯雷尔能够和影视界的甲方把关系处得最好，他也常常推荐伊斯雷尔为影视界的业主做设计。

二、伊斯雷尔设计思想的影响因素

伊斯雷尔的建筑思想主要受到以下几方面因素的影响：

1. 后现代历史主义思想的影响

这主要是在美国东部地区的几所大学和在罗马学习期间获得的。1960 年代，伊斯雷尔在美国东部地区的几所大学，主要接受的是以路易斯·康、罗伯特·文丘里、罗伯特·斯特恩和查尔斯·摩尔等人为代表的后现代建筑思想，他参加过摩尔最为重要的“海边牧场”项目的课程讲解，跟随文丘里学习建筑理论课程，在哥伦比亚大学他还接触到罗伯特·斯特恩的后现代建筑思想。在罗马学习期间，罗马（及其周边地区）悠久的建筑历史传统和深厚的文化底蕴，更提高了伊斯雷尔在历史和人文的方面的修养，讲求历史、象征和文脉的思想追求，构成了他历史主义（Historicism）和都市主义（Urbanism）设计思想的基础，也对他产生了持久的影响，以至于他在前往洛杉矶后，在一些影视机构改建项目的室内场景设计中，他往往从历史、文脉、隐喻的角度出发，引进一些城市场景；在住宅设计中，也能够适时地引进一些历史性的（主要是优秀的现代主义建筑）、地方性的语汇元素，以唤醒居住者的归属感和建筑的文脉感，他的建筑美学，常常能够唤起人们历史怀旧情绪。对建筑与基地环境关系的关注，尤其是对建筑与城市、文化间文脉关系的关注，更是伊斯雷尔一贯坚持的基本原则。

但在洛杉矶的设计实践中，伊斯雷尔对这种历史和人文主义思想的表现是以抽象的形式出现的，这是区别伊斯雷尔和以格雷夫斯等人为代表的，采用历史符号建筑师的所在，这些建筑师常常采用具象性的、传统性的历史符号来表达对历史的尊重。讲究历史和人文的后现代思想在伊斯雷尔身上所发生的这种转变，主要归因于三个方面的影响：

其一是，在罗马学习期间，他受到了理查德·迈耶的影响，迈耶抽象、空灵、理性的白色派“新现代”建筑手法，对伊斯雷尔舍弃具象性、走向抽象性，但又关注历史和人文手法的形成，起到重要的促发作用。

其二是，到洛杉矶后，伊斯雷尔受到盖里抽象表现艺术思想的影响，洛杉矶是个和纽约、罗马完全不同的城市，它是典型的、新兴的工业文明主导型的城市，是美国新艺术、新思想的一个重要的策源地，在1960–1970年代，一批新艺术家聚集在盖里事务所的所在地——圣莫尼卡区，盖里的建筑思想就是严重地受到这些新艺术思想的熏陶，才得以形成的，这种新艺术的一个最为突出的特征就是它的抽象表现性。

还有一个不可忽视的因素就是好莱坞影视文化（以及影视界业主）中的，具有强烈时代特征、新美学思想的影响。

伊斯雷尔从美国东部城市纽约和意大利罗马城带来的注重历史和人文的后现代思想理论中，还掺杂着一些关于混杂、隐喻和歧义的思想因素，在被称为现代主义发展终结形式的洛杉矶，他的这种思想与洛杉矶城市文化和好莱坞的电影美学思想，以及主要从盖里那里所习得的抽象表现思想相结合，就产生了他的抽象表现历史、人文的建筑思想，这与采用历史符号的、具象性的后现代象征手法存在着巨大的差别。在伊斯雷尔的作品中，传统建筑图像、符号较少出现，但他的作品却能够渗透着一种浓郁的历史和人文情愫，发散出历史的光辉，这是伊斯雷尔建筑艺术最重要的美学特征。“在一个昨天发生的事情，今天就被认为是过时的城市（指洛杉矶）里，对任何已经过往建筑师影响的承认和热衷，其行为本身就超出了反常的层面，而达到了一种纯粹勇气。对于富兰克林·伊斯雷尔而言，对过往历史性资源的参照范围是广泛的，它甚至超出了洛杉矶丰富的类型学范围。这样一种高瞻远瞩的广博视野，允许他能够在不同放大程度的层面上，区别不同因素彼此之间的联系，并以这些因素向那些不信任过去的人们展示这样的道理，历史资源不是一种限制性的不利因素，而是一种解放性的财富，它可提供更具原创性的可能性。”[1] 伊斯雷尔的作品总笼罩在一种

[1] Architectural Monographs No 34，Franklin D Israel，New York，Academy Editions，London，1994，P9.

图 4.7　诺伊特拉的洛夫尔住宅，1929，左为外观，中为外观局部，右为内部空间

庄严、高雅、宁静、怀旧的氛围中，与他对历史性资源的参照是分不开的，在大都市世俗性的建筑作品中，仿佛隐隐约约透着一种宗教的情绪、历史的温暖，因而他的作品总能带给现代都市人一种怀旧感和归属感，这就是他的亲密建筑学（Conversant Architecture），伊斯雷尔把抽象表现艺术与历史主义、都市主义思想相结合，使得其作品总洋溢着一种人文关怀。

2. 洛杉矶地区现代主义优秀作品的影响

在到洛杉矶之前，伊斯雷尔熟悉的现代主义建筑师是格罗皮乌斯和密斯，伊斯雷尔对这些国际主义大师都很尊敬，但到了洛杉矶之后，通过对理查德·诺伊特拉和鲁道夫·申德勒（Rudolph Schindler）在当地建筑的考察，伊斯雷尔渐渐意识到加州地区优秀现代主义建筑作品的价值，从诺伊特拉 1929 年有着戏剧性外轮廓线的洛夫尔住宅（Lovell House，图 4.7）[1]，到他 1938 年位于洛杉矶韦斯特伍德地区简单的斯坦林摩尔（Strathmore Apartment，Westwood，L.A.）公寓（图 4.8），诺伊特拉的项目比伊斯雷尔想象的要多。与此同时，伊斯雷尔也渐渐意识到洛杉矶建筑师鲁道夫·申德勒作品的重要性，鲁道夫·申德勒以结构主义手法，对廉价、赤裸材料的使用和对比，对伊斯雷尔建筑手法的发展产生了积极的促进作用，鲁道夫·申德勒的作品也曾对盖里产生过这样的吸引力。图 4.9 为部分鲁道夫·申德勒早期的作品。对鲁道夫·申德勒作品直接或间接的参照，在伊斯雷尔 1980 年代晚期的作品中，可以清楚地看出来。

另外，也是在洛杉矶，伊斯雷尔也屈服于弗兰克·劳埃德·赖特作品的魅力，尤其是他 1920 年代的实体性、封闭性很强的作品及其细节处理，以及赖特 1939 年在布伦特伍德（Brentwood，宾夕法尼亚州）的斯特格斯住宅（Sturges House）

---

[1] 诺伊特拉的洛夫尔住宅完成于 1929 年，是典型的现代主义建筑风格。诺伊特拉在这个住宅中吸收了柯布西耶和密斯·凡·德·罗的影响。这个建筑的结构也有创意，阳台悬挂在从屋面结构框架伸出来的纤细的钢缆上，游泳池也是支撑在一个“U”字形混凝土摇篮的上方，而且，住宅处于陡坡地带，必须把建筑的剖面骨架设计和陡峭的地势以及室内空间的转化组织在一起。

图 4.8　诺伊特拉的斯坦林摩尔公寓

图 4.9　鲁道夫建筑作品，左为加州新港的洛弗尔海边住宅（Lovell Beach House，Newport Beach，California，1922），中、右为西好莱坞的申德勒住宅（Schindler House，West Hollywood）

作品的体量关系（图 4.10），这个作品是由赖特的塔里艾森学徒约翰·劳特纳（John Lautner）负责监管的，约翰·劳特纳自己后来在洛杉矶的一系列作品中，充分显示了他得自大师晚期风格的影响痕迹。

上述几位洛杉矶地区现代主义建筑师对伊斯雷尔的影响，可以在他的一些住宅设计中体现出来，例如，在拉米·牛顿住宅增建部分（Lamy-newton pavilion）在阿朗戈·贝里住宅（Arango-berry house，Beverly Hills），皆可以看到伊斯雷尔对这些优秀的现代建筑的参照和引用，另外，在 1991 年位于好莱坞山上的勒兹尼克住宅（Raznick House，Hollywood Hills，C.A. 1991）则参照诺伊特拉的洛夫尔住宅，组织建筑与陡坡地形的剖面关系（图 4.11）。

需要强调一点的是，洛杉矶本土的现代主义者，或多或少带有折中主义倾向，这不同于由密斯和格罗皮乌斯这些外来的欧洲人所开拓的、纯粹的现代主义思想，洛杉矶的现代主义思想带有包容、复杂和折中的倾向，例如鲁道夫·申德勒就使用一些手边可得的材料，来创造“价廉质高”、具有守财奴美学特征

图 4.10　赖特的斯特格斯住宅（Sturges House 1939，Brentwood，Pennsylvania）

图 4.11　伊斯雷尔的勒兹尼克住宅

的建筑，他还允许建筑的不同系统对其内部进行自治式的管理（这种思想后来在墨菲西斯的系统理论中，得到了反映），即鼓励部分与整体之间的不调和性和部分的个性。查尔斯·埃姆斯（Charles Eames）则通过自己的研究证明，现代主义的思想并非必定要导致纯粹主义和国际式的风格。而赖特则为土生土长的美国人，他经常抱怨那些外来欧洲人，把他所开辟的现代主义引导到了一个与他不同的、错误的方向上，赖特的现代主义风格和密斯、格罗皮乌斯及柯布西耶的现代主义风格也存在着很大的差异，赖特的作品中，包含着传统性的因素。洛杉矶地区的现代主义是鼓励和包容差异性的，这种思想在这一地区有着悠久的传统，在 20 世纪初期，洛杉矶的建筑界就认识到，差异性所造成的五彩缤纷的表象对该地区建筑的重要性，洛杉矶地区的建筑也从未发展成清一色的那种状况。

3. 好莱坞电影文化的影响

洛杉矶对伊斯雷尔来说是个新地，好莱坞的电影世界对他有着很强的吸引力，伊斯雷尔一直就对好莱坞的电影艺术有着浓厚兴趣，来到洛杉矶后，他更是沉醉于好莱坞的电影世界，有一阶段他还做过电影舞台背景的设计工作，布景设计工作对室内外空间的转换和领悟，在他后来的建筑设计上产生了影响：从电影舞美设计中，他学会了巧妙地控制空间序列的本领。由于电影是以二维影像展示三维空间的，电影视频的行进，如同人在现实世界的游走，电影舞美设计就是要从这个角度思考，如何通过视频转换来塑造空间。伊斯雷尔把他在电影舞美设计中对空间塑造的思考所得，转化到建筑设计中对空间序列的塑造，这方面代表的例子是 1991 年的理密莱特制作公司室内改建（limelight production，1991）。伊斯雷尔的设计工作是从画图开始的，就像他在设计电影场景时一样，而不是采用盖里、莫斯和墨菲西斯事务所那种大量使用三维模型的方法，在这种舞台背景式的建筑设计过程中，出现了他最有特色的、迷人的空间转化关系和色彩

图 4.12　室内空间的用光用色，左为纽约吉列工作室，右为好莱坞山上的斯特里克住宅

鲜明华丽，端庄典雅的室内场景，这种室内空间的特点出现在他一系列室内改建项目和住宅设计中。图 4.12（左）为纽约吉列工作室（Gillette Studio，New York，1980–1982）的室内改建，图 4.12（右）是位于好莱坞山上的斯特里克住宅（Strick House，Hollywood Hills，Los Angeles，1993）主卧室卫生间的一角，这两个例子能够代表伊斯雷尔典型的用光和用色技巧，室内空间笼罩在柔和温暖的光线之中是伊斯雷尔室内空间的重要特征，材料色彩往往鲜明华丽，空间氛围端庄、华贵、典雅。影视界的工作，让他对这个圈子里业主们时尚、前卫的艺术趣味和水准有了近距离的了解，而且还为他建立了一些业务关系，他早期的项目，大多数直接来自影视界朋友的委托或转介而得到的。

4. 抽象表现主义思想的影响

作为良师益友的盖里，在以建筑方式处理现代城市问题方面，为伊斯雷尔提供了典范；他的抽象表现主义艺术思想对伊斯雷尔的思想和风格，都产生了极其重要的影响。以至于，在盖里受到洛杉矶建筑界一些人的攻击时，伊斯雷尔则公开声称自己是盖里的拥护者，认为盖里用那些废旧材料创作了“高雅”的作品。整个 1980 年代，在伊斯雷尔对洛杉矶文化适应的过程中，在个人私交和职业交流两方面，对他最具影响力的人，无疑是作为“良师益友”的盖里，盖里在 1980 年代对伊斯雷尔的影响程度，和路易斯·康、罗伯特·文丘里在 1960 年代对他的影响程度相当。

盖里不采用具象的传统符号来表达历史，他对文丘里等人发展起来的以传统符号来隐喻历史的做法，不以为然。他还讽刺地说，自己在一些作品中的“鱼形”所代表的文明，比文丘里他们所要追踪的文明更为久远，因为，在人类还没有出现的300万年前，鱼类就已经生活在这个地球上了。盖里更愿意继承现代主义思想中表现主义的思想遗产，他通过化整为零、形体碰撞的建筑形式，对洛杉矶市水平蔓延，混乱的、既丑又美的城市气质，进行了直觉性的艺术反映，表达了洛杉矶市那种滑稽的、混乱的构成关系，在这一点上，盖里胜过此前洛杉矶历史上任何一位建筑师。盖里在布局巧妙、并列而置、相互碰撞的建筑形式和材料中，发现了自己对这个城市及其文化完美的感受和反映形式。伊斯雷尔后来回忆道：“虽然盖里的作品不像文丘里的作品那样，一开始让我迷惑不解；但我也是花了较长的一段时间后才能理解盖里的作品。对来自东海岸、受到形式主义教育的我来说，洛杉矶不是那么容易理解的。盖里的作品帮助了我调整自己，适应洛杉矶的城市文化，并让我感到在这里很舒服，洛杉矶几乎就是并置和合并。”[1] 伊斯雷尔后来在一系列影视界机构的室内改建项目中，所发展起来的“内部城市”（cities within）理论，一定程度上说，正是受到盖里的“形式村落”（forms village）观念的启发，将之运用于室内空间的组织。

伊斯雷尔确信的一点是：盖里理解洛杉矶，而且他具有表达它的天赋，虽然，盖里对伊斯雷尔直接影响在后者的传道会电影公司（Propaganda Films）和赛车道咖啡屋（Speedway Cafe）项目中是非常明显的，但思考方式的影响则更为重要。伊斯雷尔说：“怎样改变适应，怎样在一个建筑或一个‘内部城市’上，另外再追加些东西，达到抽象表现本质的艺术层次，这些是我从盖里那里学得最好的经验。”[2] 伊斯雷尔与他同时代的其他一些建筑师一样，受到了盖里的深刻影响，他们时常发现自己走在盖里的道路上。在1980年代，墨菲西斯事务所也对伊斯雷尔产生了非常重要的影响，尤其是墨菲西斯的劳伦斯住宅（Lawrence House）、雷东多海滨住宅（Redondo Beach）、72商业街住宅（72Market Street），关于伊斯雷尔、墨菲西斯和盖里之间的影响关系，伊斯雷尔说：“盖里认为我不自觉地效仿墨菲西斯，但我认为，我和墨菲西斯都共同受到盖里的影响，我们对‘叛逆’几何的喜爱，对卡罗·斯卡帕（Carlo Scarpa）的敬仰，这些都是我们之间的共同兴趣所在。”[3]

---

[1] Herbert Muschamp，Architecture view；In California，an Art Center Grown From Fragments http://query.nytimes.com.

[2] Architecture Monographs No34，Franklin D Israel，New York，Academy Editions，1994，P13.

[3] Thomas S. Hines，takeoff: the journey of frank Israel，in Franklin D. Israel，building and projects，Rizzoli，New York，1992，P214.

三、伊斯雷尔的理论和方法核心

伊斯雷尔设计理论和方法是在两种明显的力量交错中形成的，一方面是他所接受的后现代建筑理论的熏陶，其结果是对历史和人文主义内容的关注，这使得他对建筑、城市及其相互间的历史性关系，给予了高度的关注，从这个角度而言，他的设计思想带有传统性的基因；另一方面，是他面对的是个“独一无二”的、具有后工业文明特征、最为多元化的城市——洛杉矶。这是与纽约和罗马完全不同的城市，混杂破碎的城市空间，多元冲突、矛盾制衡的社会结构，无根化的城市文化，科技文明的日益深化，这是他面对的社会现实状况，洛杉矶不是一个传统型的城市，反传统、超越历史在这里是普遍存在的现象，它的城市文化存在着明显的混杂性和断裂性，民众的个体人格也普遍地存在着人格分裂的现象。“我认为洛杉矶是那种松散拼贴画的模式，它更多是由需求的天性把不同的因素编织在一起，而不是那种受政治影响和经济必要性而导致的城市模式。我的建筑就是要暴露洛杉矶城市的那种紧迫性（exigency），展示在一个有着不稳定的地质构造，和难以预料的都市环境中，建筑学所遭遇的那种紧张状态。我最近（1996 年）的建筑就是要表现对洛杉矶城市这些强有力因素，既反抗又崇敬的态度所导致的对抗性的冲动（competing impulses）”[1]与弗兰克·盖里一样，正是由于面对城市和社会现实状况，才导致了他们的分离（isolating）建筑学的特征，这是一种以片段、分裂、矛盾、冲突为其主要特征的建筑风格。

各种多元、冲突的因素，矛盾地共存于一个城市之内，2006-2007 年度，获得奥斯卡最佳影片的电影《撞车》（Crash）反映的就是洛杉矶城市这种矛盾、冲突、制衡的社会现实和文化，影片最后以高速公路上两辆在夜晚相撞的汽车收场，发人深省。时代的科技、经济和文化不断发展，作为美国最大的移民城市和移民入口城市，使得洛杉矶已经远离传统文化，在圣莫尼卡学派其他四名建筑师身上，不存在什么对历史文化的道德感和责任感，他们的建筑眼光永远是盯住前方，盖里曾明确地说过，你可以尊重历史，但你无法活在过去的历史之中，他所创造的是面向未来的建筑。作为建筑师，伊斯雷尔在历史主义和人文主义倾向，和断裂的无根基的城市文化的矛盾张力间，要不断调整其建筑设计策略以应对社会现实、反映城市文化，传统与当下间的矛盾张力在伊斯雷尔的作品中得到了鲜明的反映，伊斯雷尔的作品也正因为反映了这种张力，而出类拔萃。伊斯雷尔在其第一部个人专辑的序言中写道：“在这篇序言中，我想表

---

[1] 文章提到的“不稳定地质构造”，是指洛杉矶是个地震多发地区；其次，洛杉矶是个建立在沙质基础上（foundations of sand）的城市。

达这样的意思，我的许多作品是受到我所在城市的特性的积极影响而形成的，在南加州，设计师们所遇到的、这种少有的城市情形中，是可以建立一种对话关系的。对一个设计师而言，从洛杉矶建筑实践中所学得的东西，对他在今天任何一个不断变化、充满活力的文化（dynamic culture）中，懂得如何去建造，都是有着非常重大价值的。我也希望我的建筑，对理解洛杉矶这个城市或那些或多或少有些像洛杉矶的城市，能够提供一些新的方向。”[1] 这就是说，伊斯雷尔和查尔斯·詹克斯一样，把圣莫尼卡学派的建筑实践，提到了一种多元文化的时代性高度来认识。正因为他的建筑适应和表达这种多元化的现实状况，才使伊斯雷尔的建筑具备了先锋派品质。

盖里曾说，社会如同一列快速奔驰的高速列车，扑面而来，你要么被它撞得粉身碎骨，要么拼命抓住这趟狂飙的时代快车，除此之外，别无选择。梅恩也在不同的场合充满焦虑地指出，建筑师要非常敏捷地不断调整、转换自身以适应时代的要求，因为时代变化之快，超乎我们的想象，稍有不慎，就有被它抛在身后的危险。圣莫尼卡学派建筑师们的建筑实践，正是这种快速变迁的城市、社会和思想文化在建筑领域的反映和缩影。伊斯雷尔的设计思想呈现出由抽象的历史主义倾向，转向多元建筑实验的轨迹，由东海岸初学时期关注历史传统的起点，走向洛杉矶地区关注建筑学科的自治性，[2] 和表征时代矛盾性、冲突性的终点。

1. 亲密建筑学：历史主义和都市主义的表现形式

伊斯雷尔的作品总是弥漫着一种隐约的历史性情结，这种情绪在后期的作品有所减弱，因为洛杉矶不像纽约和其他一些历史性的城市，它是个没有什么特定的、深厚稳固的历史文化传统背景的城市，它的文化是在和外界不断交流互动的过程中形成的，即它的文化是在一种刺激反应的模式中，不断进化形成的，它并不具备什么稳定不变的内在核心，伊斯雷尔在他的第一部专辑的《内部城市》（cities within）一文中认为，他所生活过的两个城市，洛杉矶和罗马，都具备这样的文化形成过程的特征。[3]

---

[1] Franklin D. Israel，cities within，in Franklin D. Israel，buildings and projects，Rizzoli，New York，1992，P13.

[2] 建筑学科的自治性，要求建筑学成为一门具备内在智力结构，可以顺应世势调整自身，具备刺激反应模式的学科，这样，一方面，就势必使得建筑有脱离历史传统束缚可能，获得更大的拓展和发展空间，步入一个不断进化的轨道，因而也更具备先锋性色彩；但另一方面，也存在着建筑与既往的历史文化脱节的危险，建筑越发呈现出一种科学性学科的特征，这方面内容，可参看第 5 ~ 7 章的相关内容。建筑学科的自治性，存在着巨大的割断建筑与历史传统的可能性，其本质在于不断拓展建筑学的边界范围，从而，不可避免地带有强烈的先锋性色彩。

[3] Franklin D. Israel，cities within，in Franklin D. Israel，buildings and projects，Rizzoli，New York，1992，P13.

在二战后的几十年内，洛杉矶突飞猛进地发展了起来，成了美国最重要的移民城市，伊斯雷尔在这样的城市进行建筑设计，对历史情绪的渐渐淡泊是必然的；另外，伊斯雷尔的历史主义倾向，带有抽象性，他的作品不采用具象的历史性符号，而是采用抽象的艺术形式来表达对历史题材的引用，抽象性的建筑语言是把伊斯雷尔作品和一般后现代建筑师（如格雷夫斯）作品区别开来的根本标志。在洛杉矶的初期，伊斯雷尔要构建一种人与其生活环境之间有着密切关系的亲密建筑学（Conversant Architecture），这种思想根源于他在东海岸所接受的后现代理论的熏陶，可以说，这是他建筑理论的思想源头和出发点；另外一个方面，洛杉矶地区极其混杂的社会现实，为这种亲密建筑学提供了现实需求的基础，亲密建筑学可以为多元混杂社会里的人们，提供某种人文主义的慰藉。不可否认，社会经济的快速发展，给人们的心理造成了一种疏离感、悲观感，伊斯雷尔认为“今天（1994 年）洛杉矶的建筑或多或少反映了一种悲观，这与住宅案例研究[1]（Case Study）年代的那一代建筑师，如雷·埃姆斯（Ray Eames）、皮埃尔·科伊宁（Pierre Koening）等，在 1950 年代所创造的，对城市未来带着明显乐观主义态度的建筑相比，已经大相径庭了。这是在过去 15 年内（1994 年前）洛杉矶所发生的巨大变化使然，今天（1994 年）在洛杉矶的生活，和过去相比，已经发生了很大的变化。过去在洛杉矶，你可以不必锁门，但今天不行了，我的一个朋友认为，今天在洛杉矶，不论任何地方，都不安全了，这就使得建筑带有了防御性的特征。”[2]民众对现实生活的疏离感、无安全感，导致了洛杉矶城市空间的进一步破碎，所有的建筑都宣示着一块属于自己的领地，它们往往对外是封闭和防御性的，这就是伊斯雷尔在洛杉矶将要面对的现实情况。

作为一个具有时代感（这使得他的语言走向抽象）和历史感（这使得他的作品带有人文主义倾向）的建筑师，当他面对多元混杂的洛杉矶城市文化时，深切地感受到这个城市在发达的大众波普文化、高速经济增长所造成的繁荣富庶，与经常发生的自然、社会灾难（地震、山林火灾、拥堵的交通、黑社会的恐怖暴力、政治动荡、种族和文化冲突）之间，存在着一种令人窒息的紧张感，

[1] 住宅案例研究计划（Case Study House Program），由《艺术与建筑》（Arts & Architecture）杂志在 1945 年发起，针对洛杉矶地区从 20 世纪初期以来的优秀现代主义住宅建筑展开研究，随后，组织一批优秀的洛杉矶地区建筑师参加住宅设计，并从中选择一批优秀的建筑建造起来。该地区的优秀建筑师雷·埃姆斯、皮埃尔·科伊宁、鲁道夫·申德勒和理查德·诺伊特拉、查尔斯·埃姆斯等，都有作品被收集在这个计划中而建造起来，1945–1962 年期间，该计划在洛杉矶地区建造了 36 栋优秀的独立住宅，对推动当地的住宅设计和现代主义建筑的发展起到了极其重要的历史性作用，这个计划已经成为学习、了解洛杉矶地区现代主义建筑历史的活生生的教材，每年都有来自洛杉矶，以及洛杉矶以外地区的大量人群，前去参观，围绕该项计划，也有大量出版物发行。

[2] Architectural Monographs No 34，Franklin D Israel，New York，Academy Editions，London，1994，P12.

自然灾难的无常和社会结构的分崩离析，给生活在这里的人们带来了巨大的焦虑，人生活在这样的城市里缺乏安全感；多文化的混杂，又让人失去了自己本民族文化的根基，人"被抛"在这样充满着矛盾、虚幻和混杂的社会中，缺乏归属感，往往会产生一种要逃离这个城市的情绪。洛杉矶是个既富足繁华，同时又存在着分解离散趋势的城市，它既发达，又混乱，既充满希望，又充满危险，这正是伊斯雷尔试图通过建筑加以平衡、缓解的社会问题，他希望能够以当下与历史（历史主义思想）、单体与环境间（都市主义思想）的对话方式，为居住和使用者提供一种能够维护他们心理安全感、归属感的建筑场所，以期克服大都市生活的种种恐惧，从而让自己的建筑超出纯粹的地方性意义，能够为那些在和洛杉矶相似的、不稳定的当代城市里，从事设计的建筑师们，提供广泛的、象征性的参考价值。

亲密建筑学是贯穿其许多作品的一个重要的设计目标，正是这种对居住者、使用者的心灵、对历史文化的关注（主要表现为对早期现代主义优秀传统的尊重），让伊斯雷尔的作品充满着一种人文主义色彩，他要把现代主义早期一些历史性元素经过整合，重新拉回到大都市的现实生活之中，在历史和现实之间寻得一种微妙的平衡，这样一方面使得他的作品具有可阅读的历史深度，具备了后现代主义建筑作品一系列的典型特征：象征性、神秘感、历史意义和怀旧情绪；另一方面，又由于他放弃具象的历史符号，采用抽象表现的方法，从而使得他的作品表现出明显的前卫性、实验性的特征。这就使得他的作品，在表达异质性、矛盾性和冲突性的城市文化方面，与圣莫尼卡学派其他建筑师之间既存在着一致性，但在对传统历史的关注方面，又和他们存在着明显的不同，在其他建筑师作品中，基本上不会出现伊斯雷尔作品所呈现出的那种历史主义的色彩。

亲密建筑学首先要求建筑与周边环境和谐相处，不对环境造成侵犯、破坏，建筑较为收敛、谦和，它既考虑环境影响，同时，也对环境做出回应和贡献，达到与环境的互利共生；其次，在作品中努力消除从历史性角度出发而导致的纪念性，与大都市建筑的世俗性之间所存在的界限，兼顾两者。在伊斯雷尔为娱乐、影视机构所做的室内翻新改造（remodel）项目，和为好莱坞影视界名流设计的住宅上，充分体现了他这种亲密建筑学的观点。

（1）内部城市（cities within）：亲密建筑学在室内改造项目中的表现

对建筑与城市、与基地环境间关系的关注，在伊斯雷尔的设计思想中占有重要地位。"从我个人的角度而言，我认为一个项目最重要的东西就是其基地环境，正是基地启发了设计的概念，我敬仰，也从中学习收获很多的一个建筑师就是鲁道夫·申德勒，我发现他的作品非常丰富，充满着各种基地的概念。”[1] 在为影视界机构所做的大量室内改造项目上，伊斯雷尔以“内部城市”来抽象表达城市（或自然景观）的主观感受，这是现实场景在建筑师内心所留下的记忆特征和场所氛围的抽象再现，与中国山水画所表达的自然山水留给画家的主观印象相类似，它不是摄影似的、机械地再现实物场景，而是要经过主观加工转化、抽象表达的一种再现方法。把城市当下现实（的主观印象）融进建筑室内场景，在单体建筑和城市文脉间架起沟通和对话的桥梁，表达城市空间的主观印象和整体氛围，特别注意以多样性、差异性的建筑反映城市的整体性现实，这是伊斯雷尔“内部城市”所要达到的目标。

“为了连接单体建筑和城市文脉之间在尺度方面的差距，伊斯雷尔采用了‘内部城市’的方法，其内容是，在室内空间的塑造时，采用某个城市（往往是大中型城市）多样化的色彩、形式和空间的主观印象。在他的影视制作工作室项目中，伊斯雷尔往往把走道营造成城市街道的样子，给人意想不到的视觉体验。”[2] 这种整体性的主观印象是在对城市进行理解后，对城市空间意象的本质特征有了准确把握后，而形成的对城市空间的记忆，它不是那种带着先在的、既定的整体性观念，去解读城市空间之后，而得出的整体性概念，而是一种包容、允许差异性和矛盾性的整体性概念，整体性并不等于统一、均匀、无差异。可以说，这种对整体性的理解，是圣莫尼卡学派建筑师的共同特征，它与一般对整体性概念的认识存在着较大差异，这是一种建立在多样性、复杂性、差异性基础上的整体性，个体、部分之间以对话的方式并置共存于整体之内，是圣莫尼卡学派对“整体性”概念认识的本质内容，它是通过对洛杉矶城市空间、社会文化进行观察后，而得出的、带有社会政治性质的关于“整体性”的看法；容许个体差异的存在，是这种整体性存在的前提，而不是走向单一、统一、无差异和匀质化，以整体的名义，过分强调对部分的统治，过分强调对差异的剥夺，过分强调匀质化。

1989 年，在明尼苏达州明尼阿波利斯市（Minneapolis，Minnesota）的沃克艺术中心（Walker Art Center）举办了一次名为“明日建筑”（Architecture Tomorrow）的艺术展览，包括伊斯雷尔和史蒂文·霍尔（Steven Holl）在内，共有五名建筑师参加了这次展览。这次展览是伊斯雷尔“内部城市”思想的首次概略性的展出，它巧妙而全面地展示了伊斯雷尔所关注的一些建筑问题；他在为传道会电影公司（Propaganda Films）、布莱特联合机构（Bright and Associates）和圣女音像（Virgin Records）等机构所做的大型室内翻新项目中，所应用的“内部城市”概念，就是这次“内部城市”概念的翻版。

---

[1] Architectural Monographs No 34，Franklin D Israel，New York，Academy Editions，London，1994，P13.
[2] 查理·罗斯访谈录，http://www.charlierose.com/guest/view/4537.

这次展览包括伊斯雷尔主要作品的图纸、照片和模型，但展览真正的焦点是他的展览装置，这个展览装置由6个木构展亭（类似箱体，无顶）组成，6个箱状的展亭，既为展览内容提供展览壁面，自身也成为一组展品，6个展亭以2排3列排在一个房间里，有5个展亭的内部都布展了伊斯雷尔的作品，展板是由类似于混凝土板的一种材料（glaswo）制成，通过一系列挂钩与展亭上的木框架连接，木框架事实上成了展示伊斯雷尔设计观念的脚手架，这些木框架的结构和搭接模式都不相同，每一个都展现了形式构成的生成性和发展不同形式的潜力。它们都是8英尺高，由未漆的木材做成的，在木箱内部，展板竖挂起来，依次衬托在大海、沙漠、山体、高速公路背景前，展亭的材料和图片内容都带着浓厚的洛杉矶地方风情，既生疏又雅致，既严酷又有一种诱惑性。每个箱体的结构造型也存在着细微的区别，一个箱体是由木片，以正方形的格子构成；另一个箱体是由水平向的2英寸×4英寸规格的木板贴在龙骨外面做成，龙骨和贴在上面的木片层次分明。这6个展亭箱体组成了一个“内部城市”的形态，它们是以一种结构性的群体形式出现的，揭示了展亭个体的多样性和群体形态总体上的秩序，它是一套对建筑构成和“内部城市”的概念进行表现的装置。伊斯雷尔以蒙太奇、拼贴画和打破叙述连贯性的手法，来强调风格多样性的可能，展览具有既差异、又丰富的视觉效果，这个展览还体现了伊斯雷尔对材料处理的一个明显特征，即触觉感，材料真实地展示出自身的美学性能。触觉感，是普遍存在于圣莫尼卡学派建筑师之间的一个共同特点，他们往往辅以多样性的选材范围，使得作品表现出一种繁盛、丰富的视觉效果（图4.13）。伊斯雷尔还想通过这个展览，把大都市人对避难所的渴望和想逃离工业文明的复杂情感表达出来，在6个展亭中，有5个展亭人是可以进去参观的，第6个展亭，人是不可进入的，它是个四边完全封闭的箱体，内部有6棵真实的绿色松树，这个木箱是由宽窄不同的木板以不同的角度斜置、相互钉接在一起形成的，木板的搭接方式好像很随机，其实是经过了精心设计。参观者和展亭之间隔有一定距离，参观者只能通过木板条之间的缝隙伸手触及里面的6棵松树。这6棵松树是对大都市里,人们所渴望的“避难所”和“绿洲”的抽象表达,参观者真实地感受到一个被概念化的、安全世界的存在,但参观者却不能置身其中，那是个可望而不可及的世界，这深深地触动了参观者的心灵：触手可及的世界，却是个遥远的彼岸世界；这种距离带来的矛盾性深刻地揭示了当代文明荒谬性的一面，参观者在这种渴望不能得到满足的沮丧和失落中，被迫重新思考自己与身边的城市和建筑的关系，人与自然的关系。

被压缩城市的主观隐喻和象征，以不同的方式融进了许多伊斯雷尔作品，它是一种化解不开的人对自身及其所处城市、文化间历史性关系的思考。为了把人和建筑置于这种历史性的文脉之中，伊斯雷尔把“内部城市”的概念引进了室内空间，他以多样化的抽象形式象征、隐喻了一些城市，如在传道会电影公司

图 4.13（a） 沃克艺术中心"明日建筑"展（1），伊斯雷尔展区的 6 个室内展亭

图 4.13（b） 沃克艺术中心"明日建筑"展（2），上为伊斯雷尔展区的第 6 个室内展亭（内有松树）；下为部分展亭外立面细部

（Propaganda Films，图 4.14）的项目中，他象征性地表达意大利城市奥斯蒂亚·安提卡（Ostia Antica）留给自己的印象。他还在自己的事务所里，把展廊塑造成街道式的空间。在后期位于马利布（位于洛杉矶圣莫尼卡区）的丹·住宅（Dan House）中，他还在住宅内隐喻了南加州自然景观的印象。伊斯雷尔通过抽象表现，把他印象中的一些城市、自然和历史场景虚构进"内在城市"，借此表达把建筑切合环境和历史的思想，这种挪用、象征和抽象表现的手法是带有反思性的，而不是像一般的后现代建筑师那样，完全是对历史符号不加甄别、不带反思的利用。也就是说，伊斯雷尔挪用的外来题材，与现实相比，存在着较大的变形和抽象，它是对城市环境与建筑间关系，以一种反思性的表现形式而出现的，是一种抽象表现。在这一点上，伊斯雷尔与盖里的设计思想几乎完全相同，盖里通过碰撞、冲突、非理性、矛盾、混乱、动态、奇异的建筑形态关系，来抽象表现他所看到的世界（洛杉矶城市），他所领悟到的城市文化，以及生存其中的人的存在境况。

在 1988 年，传道会电影公司邀请伊斯雷尔为该公司设计办公用房。这是个室内改建项目，这个位于好莱坞的房子原来是个仓库，这家公司是一个由不同背景和观点的人，组成的音乐和影视制作公司，项目由一系列会议室、辅助用房、录音棚、播放室、编辑用房、财务用房、导演与演员用房和高级行政人员用房组成。伊斯雷尔为此设计了一系列独立的小房间来组织整个公司的布局，中间部位是一个船形的拱壳，其他用房布置在周边。大小不一，形态各异的房间组成了"内

图 4.14（a） 传道会电影公司室内改建项目，室内实景照片

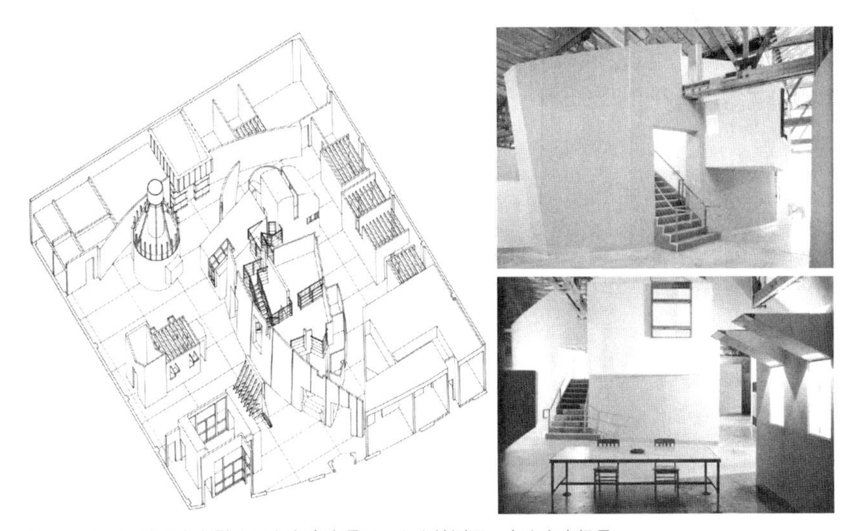

图 4.14（b） 传道会电影公司室内改建项目，左为轴测图，右为室内场景

部城市”，整个室内展现一种室外城市景观的印象，伊斯雷尔把意大利奥斯蒂亚·安提卡城市中的一些建筑元素，抽象地导入到室内空间设计之中。伊斯雷尔在罗马的美国学院修学的时候，曾经参观过奥斯蒂亚·安提卡这个小镇，它有着十分丰富的室外空间关系，建筑物都精雕细刻，建筑的细节富含人文气息。伊斯雷尔在传道会电影公司室内改建中，主要是抽象再现奥斯蒂亚·安提卡集镇室外空间的肌理，至于奥斯蒂亚·安提卡集镇中那些历史性建筑的式样、符号，在室内场景中是完全看不到的，这就是伊斯雷尔以抽象的、而不是具象的手法，来建立和历史关联的方法。

图 4.15 布莱特联合机构改造项目室内场景

伊斯雷尔的室内改建都是些造价低廉、空间有限制和档次要求高的项目，这一直是好莱坞和贝弗利地区影视机构类项目的普遍要求。在这类项目中，伊斯雷尔展示了自己的设计才智和想象力，他大胆使用色彩、材料和结构，创造了超乎想象的华丽效果，他将材料，尤其是织物、木材、拉毛水泥、粉刷和金属材料与自己从电影布景设计中所获得的对色彩、质感肌理、细部的把握能力结合了起来，创造出一种令人吃惊的华丽、高档的视觉效果，这是一种“价廉质高”的建筑美学,在洛杉矶人们习惯把这种美学成为“守财奴美学”（cheapskate aesthetics），意思是代价不大，效果殊特，这种美学已经成了伊斯雷尔，以至于整个圣莫尼卡学派成员建筑师早期作品的设计标志。

伊斯雷尔和墨尔菲斯以及莫斯的室内改造项目相比，他更强调色彩、表皮和空灵感，尤其是在他后期的一些作品里，像 1991 年为威尼斯区布莱特联合机构（Bright and Associates，图 4.15）的室内改造，这些建筑精巧地涂着颜色，有着豪华奢侈的纹理，灿烂的橙色墙面，和丰富的“内外”空间（因为有很多小房子组成），人们在室内行走，如同走在街道上的感觉。伊斯雷尔室内空间的塑造明显受到了早期电影布景设计经历的影响，尤其是在对色彩的应用方面。在这个项目里，伊斯雷尔还明确地表达了对墨西哥建筑师路易斯·巴拉干（Luis Barragan）建筑风格的兴趣和模仿。在 1991 年另外一个为圣女音像（Virgin Records）设计的办公综合体项目中，整个综合体被装在贝弗利山上的一个 28000 平方英尺的车库内，多种不同的形式形成了室内的“小镇”，这是伊斯雷尔承接的最大规模的室内改建项目。

伊斯雷尔在室内空间的塑造方面，非常注意对历史性因素的暗示和隐喻，创造一种值得记忆的室内空间模式是他在室内改造项目中，关注的重点，他经常在一些室内改造项目中，遇到大量不同功能要求的使用空间，这时他就把注意力转到对不同形式传统（formal conventions）的借用上，这些题材的引进，对室内空间产生了秩序规定的作用，创造出一种可以被观者理解的语言构成方式，这种语言构成是扎根于对现实情况的理解，而不是仅仅像一些后现代主义建筑师那样，对传统形式生搬硬套，从而把设计引向了死胡同。对形式传统的尊重和创造性、抽象性的借用，是贯穿在伊斯雷尔作品中的一个重要方面。

（2）亲密建筑学在住宅室内空间塑造上的表现

在住宅设计中，伊斯雷尔以文雅精巧的手法，通过对材料和细节的精心设计、对室内空间尺度的控制以及对漫射光线的运用，常常塑造出一种充满暖色调的，宁静庄严、温暖安详的室内空间气氛。伊斯雷尔对材料和色彩的使用具有自然倾向的艺术特征，他以自然感来代替和满足大都市里的人们对永久性的需要，这是因为在后工业文明时代，一方面，永恒感渐渐淡泊，另一方面，永恒感是人与世界发生关系的纽带，人不能彻底丧失永恒感，这样，伊斯雷尔就采用建筑唤起人们的自然情感（带有永恒性），来平衡在后工业文明形态下，宏大永恒叙事缺失后，而呈现出的虚无，以此来平衡人对永恒感的心理需求。他对细节的把握有着敏锐的洞察力和深刻的理解力，作品经常在严谨中透着庄严，自然中透着温暖（见图 4.16）。在住宅作品中，始终洋溢着一种人文主义的关怀和自然主义的倾向，他有着杰出的天赋和明确的标准，和圣莫尼卡学派其他建筑师相比，他对形式、材料和颜色的使用，显得要节制得多、温和得多，作品总呈现出一种抒情的色调。他的一些住宅设计中，鲜明地体现了这些特征，如为好莱坞著名导演罗伯特·阿尔特玛（Robert Altmah）、乔尔·格雷格（Joel Greg）和服装设计师米歇尔·拉米（Michele Lamy）设计的住宅中，室内空间呈现出一派宁静、沉着、镇定与和平的气氛，空间弥漫着柔和、温暖、安详的自然光线，作品唤起了一种对洛杉矶繁荣兴旺和富裕时代的回忆，那正是洛杉矶在 20 世纪初，作为希望之地得到开发的黄金季节，这期间，也正是一批优秀的建筑师，如鲁道夫·申德勒、弗兰克·劳埃德·赖特、理查德·诺伊特拉，活跃在洛杉矶地区，开拓该地区早期现代主义建筑的黄金时期，伊斯雷尔通过自己的住宅设计，仿佛把人们带到了对那个时代的回忆之中。

2. 折中主义倾向：对优秀历史资源的再利用

在圣莫尼卡学派成员中，在向历史资源学习参考方面，伊斯雷尔比其他建筑师的表现要突出得多，这导致了伊斯雷尔手法中的折中主义一面，他的折中主义倾向主要表现在用抽象表现的艺术思想，探索抽象形式，在历史和现实之间取得平衡，这是一种创造性的置换取代。

伊斯雷尔对优秀的现代主义传统资源兼收并蓄，他不但吸收洛杉矶地区一些杰出的现代主义建筑传统，如理查德·诺伊特拉、鲁道夫·申德勒和弗兰

(1) 加州贝弗利山庄的阿朗戈·贝里住宅(Arango-berry house, Beverly Hills, California, 1989)

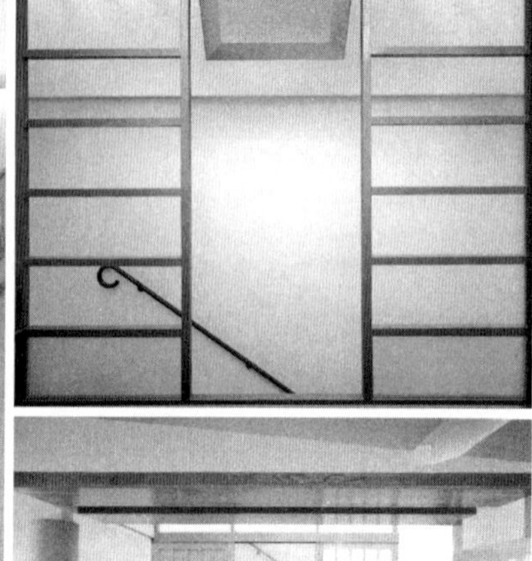

(2) 加州马里布阿特曼住宅(Altman house, Malibu, California, 1988)

图 4.16 伊斯雷尔的住宅室内空间

克·劳埃德·赖特的经验,而且还吸收墨西哥建筑师路易斯·巴拉干和意大利建筑师卡罗·斯卡帕的一些手法。在吉列工作室(Gillette studio)他参照一些路易斯·巴拉干对光线和色彩使用的手法,在阿特曼住宅中(参见图 4.16),他参考卡罗·斯卡帕的空间层叠手法,在拉米·牛顿住宅加建项目中他参考诺伊特拉和赖特处理建筑角窗的手法,和赖特室内空间组织的秩序性关系;在勒兹尼克住宅(Raznick House,参看图 4.11)和卡普兰住宅(Kaplan House)这些住宅项目中,他尝试着通过使用该地区传统的建筑材料,引用一些优秀的现代主义建筑作品的传统或其中的元素,来塑造一种历史文脉感。他还参照鲁道夫·申德勒的一个在加利福尼亚州海岸外 35km 处,位于美国海峡群岛中岛屿——卡塔利娜岛(Catalina Island)上的一个住宅项目沃尔夫住宅(Wolfe House,这是一个骑在很陡的下坡路地方的住宅),来设计在伯克利的德雷格尔住宅(Drager House);另外,他参照申德勒在西好莱坞的国王路住宅(Kings Road House,参见图 4.9)[1],来设计在佛罗里达州的朱庇特住宅(Jupiter House),这两个住宅都

[1] 也称为申德勒住宅(Schindler house),或申德勒·蔡斯住宅(Schindler Chase house),被认为是第一个现代风格(Modern style)的住宅,参考,http://en.wikipedia.org/wiki/Kings_Road_House.

是地处平坦地势的地方。[1] 在伊斯雷尔的住宅设计中，大都市工业文明的喧嚣被排除在外，他寻求的是另外一种人、建筑与自然情怀融合时的安详状态，表现出明显的人文主义倾向。

伊斯雷尔对自身之外优秀资源的借鉴，还表现在他的工作方法上，据伊斯雷尔的合伙人芭芭拉·卡拉斯（Barbara Callas）女士后来回忆，伊斯雷尔从来不一个人做设计，他的工作方法是一种创造性的、集思广益的方法，他会让事务所的设计师们在设计中注入许多他们自己的想法，他也从不犹豫从业主、其他建筑师和一些著名建筑中，借鉴一些值得参考的经验，芭芭拉认为，伊斯雷尔的天才就在于他把所有这些因素能够整合在一起，形成自己独特的、富于创造性的建筑语言。[2] 伊斯雷尔的设计充分展现了他对自己直觉性天赋的自信，他的设计仿佛轻松地信手拈来，这主要归因于他对建筑语言的敏感天赋，他的另外一位合伙人史蒂文·肖利奇（Steven Shortridge）则回忆道，伊斯雷尔教给他最有价值的东西就是对自己直觉的自信。[3]

3. 走向批判超越和革新突破

与梅恩、莫斯和罗通迪等人一样，伊斯雷尔也持着建筑学科应该随着时代和城市现实进行进化、适应的观点，即把建筑学科看作是有自己进化规律的一门学科，它有着学科自身的自治性。从 1990 年代初期开始，伊斯雷尔的设计思想进入了一种更为开放的突破和调整状态，建筑也更具有先锋性和实验性的特征，对伊斯雷尔这种实验思想，首次进行概念化展示的，就是 1991 年在加州大学洛杉矶分校（UCLA）所作的第二次艺术装置展览。

在 1991 年秋，伊斯雷尔在 UCLA 举办了题名为“建筑师房间”（architect's house）的第二次艺术装置（installation Ⅱ）展览（图 4.17），此前伊斯雷尔曾在 UCLA 举行过第一次展览，他还在 1989 年，参加了在明尼阿波利斯市的沃克艺术中心举行的“明日建筑”（Architecture Tomorrow）展览，这些此前的展览都围绕着“建筑可能是什么”的观念展开，UCLA 的第二次展览主题是开放的设计态度，它既不是未来主义幻想，也不是在一般商业现实中的创作态度，这个展览想捕捉、冻结建筑在发生过程中一瞬间的情形。在建筑师的房间里，所有的器具和装备都以一种正在进行的状态得到展示，它们与建筑形态的构成推敲工作、与建筑师的思维融为一体；在一张绘图桌上，摆放着各种绘图器具，旁边堆积着各种被设计师丢弃的过程模型，墙面上贴着草图和图纸，还有一些草图和图纸散落在地板上，

---

[1] Architectural Monographs No 34，Franklin D Israel，New York，Academy Editions，London，1994，P13.
[2] Julie V. Iovine，F.D.I-After The Torch Has Passed，http://query.nytimes.come.
[3] 同上。

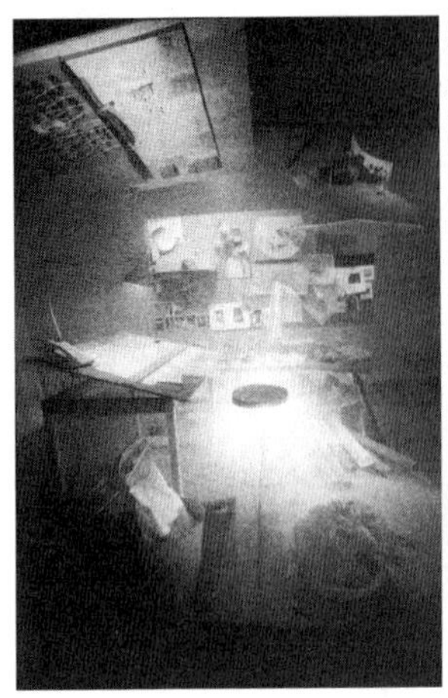
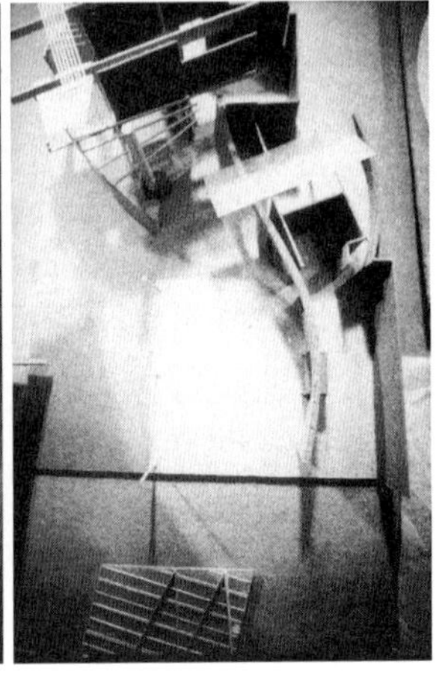

图 4.17 “建筑师房间”艺术展览，1991 年

图 4.18 朱庇特住宅，1993 年

一些图片和模型甚至被安置在顶棚下面，在建筑师绘图站立的地方，一束象征着设计师思想智慧的发光体把整个“建筑师房间”笼罩在一片象征着（设计过程中）模糊性和创造性的光芒之中。这个装置展览既是对设计师房间的场景展示，更重要的是那个象征着设计师思想的发光体已成了展示的主体。“建筑师房间”的展览，准确地表达了伊斯雷尔的设计思想已经朝着一个更为开放的、拥抱各种可能性、积极拓展进取的实验建筑发生转化的状态。

在伊斯雷尔后期的一些作品中往往以一种不平衡的方法来隐喻洛杉矶——这个处于地震断裂带上的城市——固有的无常感和紧张感，他常常采用片段化的形式来反映不断转化的、不稳定的自然景观和城市空间的破碎肌理，来表达洛杉矶城市文化的异质性，此前作品中的那种平静感越来越少了，墙面开始倾斜，房间开始旋转（参看图 4.18，朱庇特住宅，Jupiter House，1993），私人住宅也以金属面板包裹着，仿佛要武装保护自己，窗户由原来正常的矩形转变成加长的不等边四边形，在许多作品中出现船形，仿佛是为主人逃避即将来临的洪水灾难而准备的逃生工具。在丹・住宅中，断裂的形式、非对称的构成，各种混杂的形式，各种材料的并置，作品中出现了试图追寻永久性和现实无常的矛盾和紧张感。

1996 年 2 月至 5 月，在洛杉矶现代艺术博物馆（MOCA）举办了一个题名为“失控的秩序：富兰克林・D・伊斯雷尔”（Out of Order: Franklin D. Israel）的个人建筑回顾展，这次展览体现了伊斯雷尔的思想已经发生了很大的转变，它更多展现的是作为积极的建设性力量的混乱和矛盾，充分体现了洛杉矶城市及其文化多元混杂的矛盾和紧张感，[1] 其实，此时病重的伊斯雷尔正在和病魔做

[1] Herbert Muschamp，Architecture；A City Poised on Glitter and Ashes，http://query.nytimes.com.

图 4.19　1992 年洛杉矶社会暴乱时的场景

着最后的抗争。12 年来，作为艾滋病毒的携带者，他一直乐观地在和疾病做着抗争，也一直受到死亡的威胁，死亡的恐惧和他本人敏感奔放的性格、积极进取的个性间也形成了巨大张力和矛盾。在这个展览中，观众被置入一个粉白色的空间中，锯齿状的展示空间，既表达着日本手工折纸所体现出的天真纯洁，但同时，锯齿状的流冰所象征的侵袭又把整个展示空间笼罩在一种急迫的紧张感中。这是一次对认识伊斯雷尔全部作品及其后期设计思想变化，极为重要的一次展览。病榻上的伊斯雷尔亲自为展览设计了一种模糊混杂的室内气氛，在墙体与顶棚、比例与功能、平展与折叠、神秘与现实之间，创造出一系列模棱两可的、矛盾性的视觉体验，反映了城市的混乱以及人们为了获得安静而忍受这种混乱的矛盾心情，简单的形式相互碰撞，展示了伊斯雷尔努力创造新空间的尝试方法。对于 1996 年的 MOCA 的这次展览，《纽约时报》资深建筑评论家赫伯特·马斯卡姆（Herbert Muschamp）说道："没有一个其他建筑师的作品，能够像伊斯雷尔的作品那样，充分体现出洛杉矶当下在无常与永恒间的紧张。"[1] 在 1990 年代初期，洛杉矶经历了一些非常痛苦的社会动荡，如 1992 年夏天爆发的大规模的骚乱（图 4.19），杂居、多元的移民文化让这个城市经历了多年的社会危机，种族冲突和山林火灾让这个称为"被阳光亲吻"（sun-kissed）的城市笼罩在一片迷雾之中，洛杉矶的建筑生动地记载下了城市的这种痛苦，混凝土墙面上留下了地震造成的巨大裂缝，马利布（洛杉矶西部港口地区）地区的房屋被山林大火焚烧殆尽，南部地区的店面在社会动乱中被焚烧，社会暴力给一些地区的建筑留下了伤痕。

但这些极端的力量也并不是注定就要站在对立的立场上，矛盾和混乱，这些都是可以共生的力量，它们可以参与到创造一个伟大城市的进化过程中去，这些因素既是让人们不满意的原因，同时也为创造性思维提供了一种具有魔力的资源，这就是伊斯雷尔这次展览所要表达的主题：矛盾共生和互利的思想——在此，我们又看到了伊斯雷尔和圣莫尼卡学派其他成员一脉相承、完全相同的

[1] Herbert Muschamp，Architecture；A City Poised on Glitter and Ashes，http://query.nytimes.com.

观点——这个展览表现出洛杉矶市城市文化成熟的日趋加深，和在近年来让这个城市不断遭到困扰的痛苦，伊斯雷尔的建筑不是要去把社会现实和文化中存在的一些偏激现象进行极端化的表现，也不是要去努力解决这些社会、文化问题，而是通过自己的作品去表达这些问题间所存在的张力，让这些张力对建筑作品产生重要的"赋形"（form）作用。通过采用这种把建筑设计面向社会现实的矛盾和张力，面向不断变迁的时代性，伊斯雷尔建筑的重要性，就超越了他作为一名洛杉矶建筑师而带有的单纯地区性的局限，而在一个更为宽泛的时代性和全球性层面上，为当代世界范围内，那些处于不断变迁过程中的、或多或少带着洛杉矶式城市问题的诸多城市，提供了一种建筑设计方法学的案例价值。[1]从这个视角才能正确理解伊斯雷尔作品中所表达出的矛盾性、异质性和冲突性，这些特性不是作为一种破坏性和颠覆性因素而得到表现的，它们是作为建筑师批评性、反思性思想的外延，表现在建筑设计上的。

病重期间的伊斯雷尔曾经告诉他的合伙人芭芭拉·卡拉斯女士，他认为自己最有创造性的作品是他最后的几个项目，因为他感到以前一些模糊的东西，在这几个项目中变得非常的清晰。[2] 其中在加州大学河滨校区（University of California's Riverside campus）的艺术大楼是他的最后作品，比较全面地反映了伊斯雷尔后期设计的一些重要特征（图 4.20）。

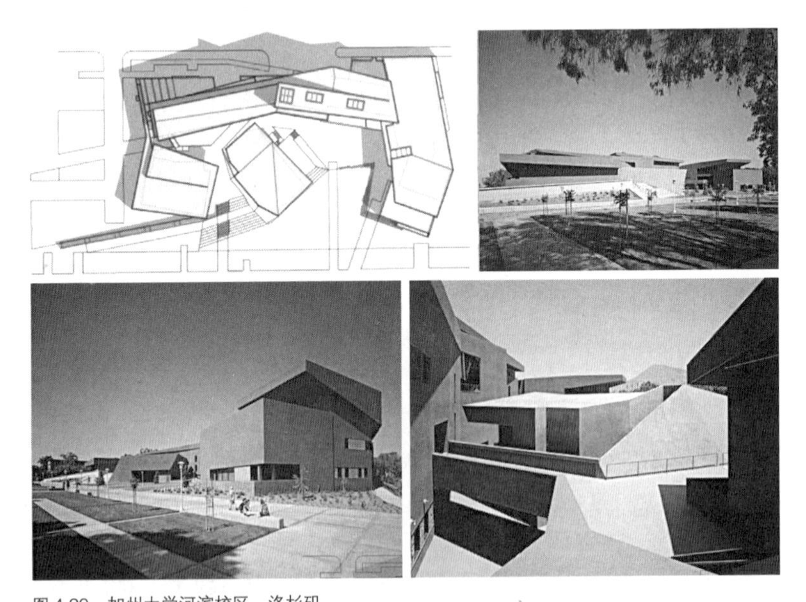

图 4.20 加州大学河滨校区，洛杉矶

[1] Herbert Muschamp，Architecture；A City Poised on Glitter and Ashes，http://query.nytimes.com.

[2] Julie V. Iovine，F.D.I-After The Torch Has Passed，http://query.nytimes.come.

四、伊斯雷尔作品案例分析

1. 吉列工作室（Gillette Studio，1980–1982，图 4.12，图 4.21）

吉列工作室位于纽约自由大厦（Liberty Tower）的顶部（31 楼），这是一栋建于 1929 年的新古典主义的建筑物，业主是个时尚摄影师，要求把面积 3000 平方英尺的室内，改造成摄影师的生活和工作室。在将原来室内构筑物拆除后，伊斯雷尔参照了墨西哥建筑师路易斯·巴拉干的风格来创造室内空间的气氛。在清除得只留下空壳的室内，有一些简洁精炼的几何形体，这些形体有的独立，有的和其他的形体发生关系，它们并置在空荡荡的室内空壳里（参看图 4.21），这些体积有的是结构柱，有的是后加的装饰性的壁炉以及壁炉前方抬起的地面。地面保持原来深色调的、较粗糙的石材，结构柱用拉毛粉刷，其他墙面和顶棚用抹灰粉刷或木材。在室内空间的中心部位的小室外面，附着没有护栏的、没有实际功用的楼梯，楼梯和小室表面的水平向木条一起组成立面投影为“十”

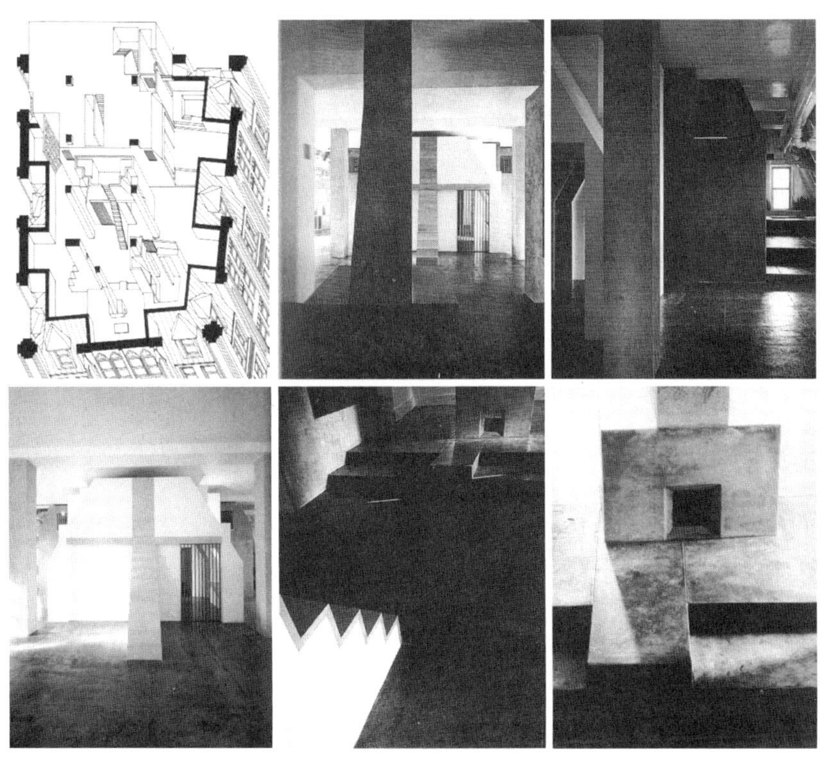

图 4.21　纽约吉列工作室左上为轴测图

字状的装置设置，它成了这个室内空间的视觉焦点。在房间的一角，有一块粉红色的墙面、一面由海蓝色地面围合成的一小片水池，粉红色墙面前，有一股巴拉干作品中常见的小瀑布常年不停循环由高处倾泻而下，发出水的下落和碰撞声。

在室内空间的中心部位，这些色彩、材质、肌理、形式不同几何体积并置在一起，在漫射光线的照射下，形成一个个不同色彩倾向、不同亮度和饱和度的块面，如同一幅抽象的色彩画，整个空间弥漫在漫射的暖色光线里，呈现出一派安详、宁静的气氛，那个没有任何实际用处的“十”字架，还有从房间一角不时传来的水声，顿时把这个室内空间笼罩在一片宗教性的静逸和神秘之中，这是一股来自大都市之外的、久远的、抽象的历史人文气息。

在这个项目中，伊斯雷尔应用了墨西哥建筑师巴拉干的一些技巧，如在房间的角部设置水景，室内小房间和其设施（如壁炉和台阶），都以几何形体作强调和表现，但这个作品最动人的地方是他所塑造的室内场景，充满着一种抽象表达的历史和人文主义气氛，暖色的光线、静止的十字架、潺潺的流水声、一块块表情和色彩不断变化的块面，把整个场景仿佛一下子固定在一个永远也无法返回的、历史性的永恒瞬间，构成室内场景的这些元素也仿佛从久远的历史缝隙中走来，静静地停留在这个室内，永远地安息在此处。在伊斯雷尔的许多作品里，都不同程度地存在着这些带着历史信息的片段，它可能是个门把手，或一个楼梯的扶手，它的式样也可能和历史上的样式不同，但经过伊斯雷尔抽象后的形式，仿佛更能抓住历史的精髓。图 4.22 为伊斯雷尔在两个项目中的细节设计。

2. 拉米·牛顿住宅扩建（Lamy Newton pavilion，1988，图 4.23）

拉米·牛顿住宅位于加州汉考克公园（Hancock Park，California）的一个住宅区内，扩建部分面积在 1500 平方英尺左右，是个两层通高的钢构架立方体，扩建部分还包括一个游泳池，原有建筑为一个殖民地式的传统坡屋顶住宅。扩建部分恰好利用原来建筑“L”形排架的拐角部分，扩建部分与原有建筑拉开一定距离，但两者在室内相通。扩建部分位于原有住宅后部，从住宅正立面只能看到扩建部分的一角，它是个和原有建筑风格差异很大的“门廊式”小体量的东西，虽然空间部分的风格和整个住宅区的风格完全相异，但它谦逊地藏在住宅的后面，所以，不但不对这个住宅区的观感造成侵犯，而且以其既具有一定纪念性，又显得纯朴清新的风格，成为住宅区的一个亮点。从金属屋顶构架到细部角窗做法，都吸收了一些鲁道夫·申德勒在 20 世纪早期，收集在洛杉矶地区著名的“案例研究”中住宅的做法。

这个住宅和其他许多伊斯雷尔设计的住宅一样，深色调的材料使得建筑呈

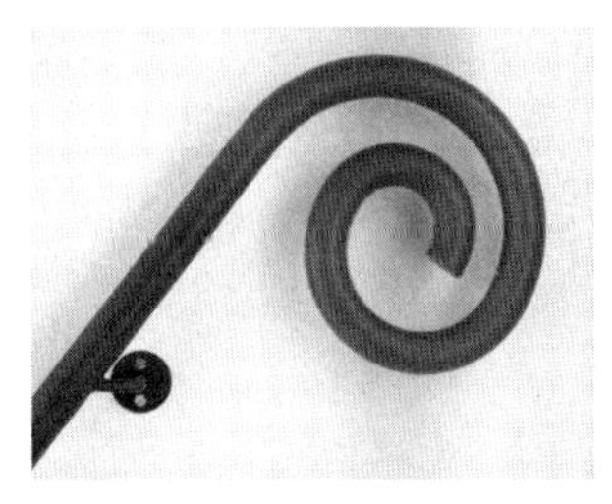

(1) 加州马里布阿特曼住宅（Altman house，Malibu，California）扶手细部设计

(2) 加州，贝弗利山庄阿朗戈·贝里住宅（Arango-berry house，Beverly Hills）细节设计

图 4.22 透着历史主义气息的细节设计

图 4.23 拉米·牛顿住宅扩建，左上为外观，右上为模型，其他为细节设计

现出一种温暖、安详、庄严和宜人的气氛，一些细部设计明显体现出受到鲁道夫的影响，从优秀的现代主义作品中吸取传统养分是伊斯雷尔一贯强调的对待现代主义建筑历史的态度。

3. 阿朗戈·贝里住宅扩建（Arango Berry House，1989，图 4.16，图 4.24）

阿朗戈·贝里是一个电影剧本作家和制片人的原有住宅的改建和扩建项目，原来 1950 年代的旧建筑室内被拆除，外立面重新设计。扩建部分在材料使用和风格并置上，明显受到鲁道夫·申德勒和理查德·诺伊特拉建筑手法的影响，建筑体量关系的组合则受到理查德·诺伊特拉设计的洛夫尔住宅（参看图 4.7）影响，漫射光线把室内笼罩在一种安详、富足、优雅的气氛之中，华丽的色彩隐隐约约透着一股历史的气息。

图 4.24
阿朗戈・贝里住宅扩建

4. 理密莱特制作公司（Limelight Production，1991，图 4.25）室内改建

理密莱特制作公司是一家电视和录像摄制公司，在这个作品中，伊斯雷尔继续着他的“内部城市”的设计手法，原来的建筑范围由两跨拱形屋面覆盖，比例接近于正方形，伊斯雷尔把他在电影舞美设计中对空间序列控制的方法，应用到该项目的室内设计中，重点放在两个方面：

（1）室内空间秩序的组成。他设计了一条从主入口向西的“街道”，在主入口的左边，结合接待台设计了一个导向性很强的漂浮物，把人流引向东区，这条东西向轴线的尽端是个倾斜的、上端达到屋顶的、由玻璃制成的照明柱体，它和从上部屋面来的光线融为一体，把东西向轴线做了很好的收头处理。为了防止顶部光线造成眩光，在街道的左侧、靠近发光体的地方做了一面用来减弱光线的隔断。主要的管理用房靠近入口布置，这样，给人的观感要比现实情况来得开敞，在较短边形成较为开阔的“广场”式的办公空间，其他周边布置一些办公用房。

图 4.25（a） 理密莱特影视机构室内改建，室内场景

（2）综合利用各种价廉的材料，但创造出高质量的空间和气氛效果。木墙材料、水泥墙、粉刷墙、石膏板墙、砖墙、薄金属板、抛光金属门、木材、铝材、日本稻米纸、玻璃和钢结构，这些材料并置在一起，它们的色彩、肌理透明度都不相同，在从屋面洒下光线里，形成了非常丰富的空间效果。

理密莱特是一家影视制作公司，经常会陆续数天通宵达旦、夜以继日地赶

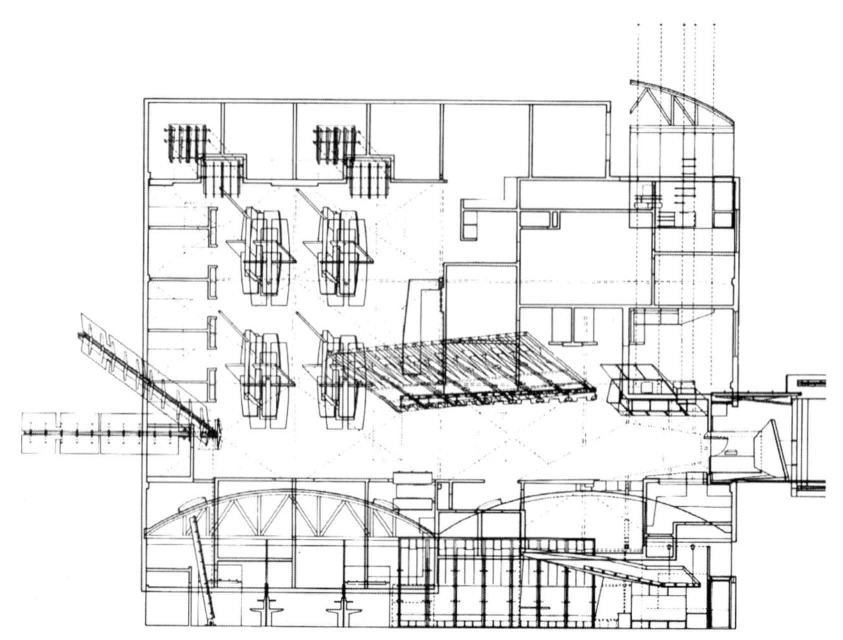

图 4.25（b） 理密莱特影视机构室内改建，平面、剖面和轴测图

项目，其内部功能如同一种都市村落，不同部门之间，穿梭往返，紧密结合。项目原来的建筑是好莱坞一个双跨厂房，一系列从背后照明的纤维玻璃板，以及在夜晚从上部进行照明的、斜置的照明灯柱，在白天和上部柔和的天光融合在一起，把室内空间“夜以继日”工作的概念得到了淋漓尽致的表达，室内不论白天和黑夜，都处在一种白天的工作状态之中。伊斯雷尔在这个项目中特别关注于塑造空间序列，这个序列从建筑外墙开始，穿过整个双跨桁架的纵向空间，抵达纵向轴线的收头部位斜置照明灯柱，之后，再右转进入主要的工作室（studio）单元空间。设计中，通过富有雕塑感的色彩和材质变化，象征了公司的新管理网络。

5. 布莱特联合机构室内改建（图 4.15，图 4.26）

这个项目位于洛杉矶威尼斯区，包括将三个现存旧建筑进行改造转化为凯斯・布莱特联合机构（Keith Bright and Associates）的办公用房，这一组建筑物最早可以追溯到 1929 年，原来用于火车站货棚，之后，用于燃料店，再用于查尔斯和雷・埃姆斯（Charles and Ray Eames）[1] 的工作室。

[1] 查尔斯（1907–1978）和雷·埃姆斯（1912–1988）是一对夫妻，他们是 20 世纪最有影响力的设计师，是建筑、家具和工业设计等现代设计领域的先锋设计师。他们从第二次世界大战中美国海军的实验计划中学习经验并发展自身，是现今工业中使用模铸胶合版的先锋，自 1940 年参与了由现代艺术博物馆（MOMA，The Museum of Modern Art）举办的有机家具设计大赛之后，至今已有近百件作品被各大博物馆永久珍藏。

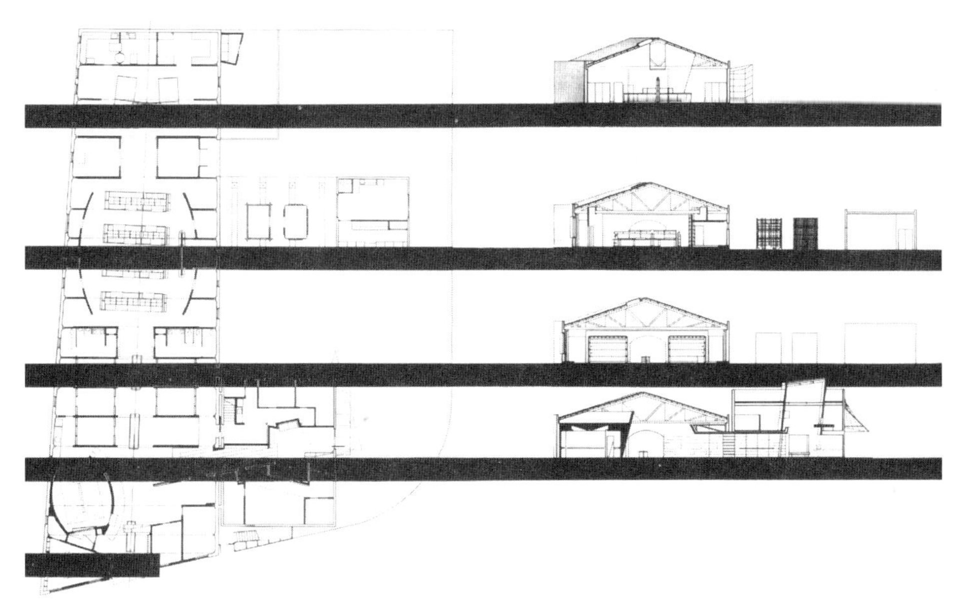

图 4.26（a） 布莱特联合机构室内改建，平、剖面图

图 4.26（b） 布莱特联合机构室内改建，室内场景

原来两个砖石结构的建筑物，之间有一道防火门隔开，现在通过一个外覆金属面层的通道将两者连接起来，这个通道在这个空间序列中扮演着重要的角色，它掩盖了从一个建筑物到另一个建筑物的空间转换，一个两层高的有顶光的中庭布置在入口处，中庭的四周为管理设施用房，其平面为平行四边形，其角度是从周边建筑导出的不规则角度，室外一个被钢化玻璃雨棚覆盖的入口，

昭示着室内戏剧性空间序列的开始。在通道的尽端，在规模最大，历史最悠久的旧建筑内，是一个倒置的圆锥形的大会议室，它基本上是个开放空间，其外部覆面材料为普通胶合板，大会议室的侧边是高级行政办公空间，从这个区域向东转，即为沿线性排列的办公和设施用房，穿过内部“街区”到达大的设计空间，再往前进，就到达影视制作区域，这条轴线的尽端是个由方尖碑划定的图像处理区域，这个区域有顶部采光。这个室内设计在变化的材料、形式、色彩和光线环境中，很好地组织了各种功能，把新旧之间的关系做了很好的结合和利用。

6. 圣女音像室内改造（图 4.27）

圣女音像（Virgin Records）是由一系列不同的形式构成的，内部空间呈现出静逸、宽敞、幽深、神秘的空间气氛，伊斯雷尔的建筑天赋在这个项目上得到了淋漓尽致的表现，尤其是对材料触觉感的表现，对漫射光线的控制和利用。

这个项目位于贝弗利山上，规模在 28000 平方英尺（$2601m^2$）左右，是伊斯雷尔公司所承接最大的室内改建项目。圣女音像，由于商业涉猎的范围较广，所以，这次室内改建就相应地需要更多的各种各样的办公空间，商业和创意办公楼的区域基本上各占一半的面积，所以，平面也就基本上接近于 1 ∶ 1 的对称式布局，由于需要较多的办公空间，伊斯雷尔采用了比较紧密的布局模式，沿着通道两侧布置办公空间，平面呈“T”字形，在“T”字交叉点处，是一个实体形较强的似圆形剧场的场所，其观演区呈现出简约的雕塑性格，仿佛从一个球形体中切除出来。

7. 后期住宅设计案例：德雷格尔住宅（Drager House，Berkeley，California，1992）

伊斯雷尔在后期一系列住宅设计中，已经明显地呈现出破碎化的、非正常的建筑特征，这些建筑往往有着倾斜的墙面，滑移的平面，转折的建筑形态。

德雷格尔住宅位于伯克利山上，俯瞰旧金山海湾（San Francisco Bay），它是一个在 1991 年的伯克利山林大火中，遭到焚烧破坏建筑的基地上重新设计的新建筑（图 4.28），建筑不断以退台的形式借用山坡，获取朝向旧金山海湾的景观。在室内有一个主要楼梯从家庭室向上通往卧室区域，卧室区围绕一个门厅布局，从这个门厅可以向上通往上层的卧室区，以及舞蹈观景平台、花园和游戏区域，向下可以沿室外楼梯走下山坡。建筑物以雕塑的姿态切入基地，与山体融为一体。

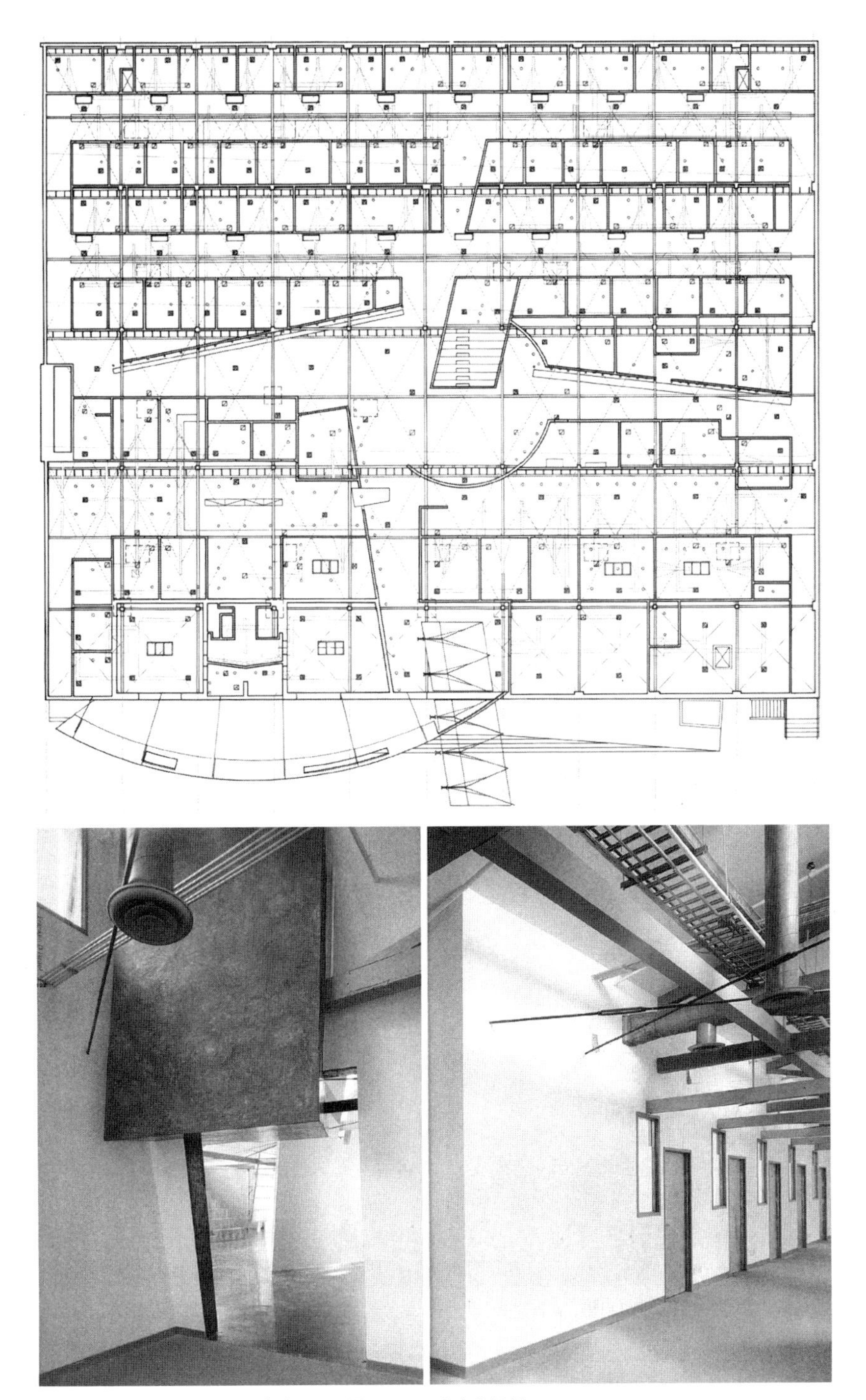

图 4.27（a） 圣女音像室内改建，上为平面图，下为室内场景

图 4.27（b） 圣女音像室内改建，室内场景

图 4.28（a）德雷格尔住宅平面图，左为顶层平面图，右为底层平面图

图 4.28（b）德雷格尔住宅模型

五、本章小结

本章主要探讨了作为伊斯雷尔设计思想核心的历史主义和都市主义的两种表现形态："内部城市"和"亲密建筑学"，以及导致这种建筑思维的原因。"内部城市"，是伊斯雷尔为了弥补后工业时代的洛杉矶在城市尺度和建筑尺度之间所存在的差距，而采取的策略。它是由一系列大小、形式、材质、色彩不同的小房间构成，在他大量娱乐和影视机构改建作品中，这种模式比较切合其功能要求。在传道会电影公司项目中，伊斯雷尔还有意抽象表现意大利城市奥斯蒂亚·安提卡中的一些建筑元素。在伊斯雷尔的"内部城市"里，能够感受到街道般的场所气氛，这是"内部城市"的根本特征。"亲密建筑学"是伊斯雷尔站在人文主义的立场上，为"无根化"的大都市人，构筑的讲求自然倾向的一种风格，伊斯雷尔希望通过这种风格的建筑，为在快速转化都市环境中的人们，对永久性的需求，进行弥补。亲密建筑学特别表现在住宅设计中，这些住宅在光线控制，材料使用，细部处理，都体现出讲求人性化的倾向。

伊斯雷尔的思想是他在美国东部地区几所著名大学里所习得的讲求历史主义、象征主义和折中主义的后现代建筑思想，同洛杉矶城市文化、抽象表现艺术思想和好莱坞电影美学相混合的产物，早期的后现代思想让他确立了自己讲求历史主义和都市主义的建筑方向，洛杉矶城市文化让他在设计中表达差异、多样，在后期还表达矛盾冲突和张力；抽象表现的艺术思想使他的建筑带有明显的时代特征和烙印，这源自他对墨西哥建筑师路易斯·巴拉干和意大利建筑师卡洛·斯卡帕作品的吸收，以及从他的"良师益友"盖里那里得到的教益，而好莱坞电影美学，让他突出地发展出色彩华丽的室内场景，这种特征在他一系列为电影机构所做的室内改建项目中，得到了淋漓尽致的表现。

伊斯雷尔的建筑轨迹，深刻地揭示出一地之文化对建筑设计影响的深刻性，在他后期一些项目中，已经明显地流露出和其他圣莫尼卡学派建筑师们完全相同的建筑观念，这就是注重表达多样、差异、矛盾、张力，如 1991 年在加州大学洛杉矶分校（UCLA）所作的第二次艺术装置展览（图 4.17）、朱庇特住宅（Jupiter House，图 4.18）、卡普兰住宅（Kaplan House）、沃方住宅扩建（Woo Fang Pavilion）、德雷格尔住宅（Drager House，图 4.28），以及加州大学河滨校区（University of California's Riverside campus，图 4.2）

第五章　狂飙年代的产物：汤姆·梅恩的建筑世界

图 5.1　汤姆·梅恩照片

"弗兰克·盖里也是在我这样的年龄获得普利茨克奖的，他所做的事就是我应该做的，他没有沉迷于那些我们熟悉的项目类型，而是努力尝试更多的建筑实验，改变事物并保持成长壮大，我想弗兰克就是我应该追随的、那种可爱的、建筑道路的模式。" [1]

——汤姆·梅恩

"许多人一提到建筑学，总想到虚假的 19 世纪建筑的感觉，而我们已不处在那样的时代。你可以感觉到一个契合时代的建筑物，它总是或多或少与我们是谁？我们怎样生存？这些问题相关。我们处在一个变化和运动的时代，所有的一切都是动态的，我们可以从中吸取思想观念，对我们的生存状态进行快照，这样的话，这些思想观念就在建筑中获得了它们的表达途径。" [2]

——汤姆·梅恩

[1] Christopher Hawthorne，Architect of Unyielding Designs Takes Top Prize，Published in March 21，2005，http://articles.latimes.com/2005/mar/21/entertainment/et-mayne21.

[2] Life & Times Transcript（05/01/2006），http://www.kcet.org/lifeandtimes/archives/200605/20060501.php.

“建筑学就是一个我们如何看待自己的故事，这正是建筑学服务于当今生活的学科目标”[1]

——汤姆·梅恩

“在你整个人生中，你总被告知，你是个无取胜希望的门外汉，你不能按照自己的想法去行动，然而，有一天，你却为此而备受荣耀。”[2]

—汤姆·梅恩

汤姆·梅恩：“近来，形势变得更为不同，变化加快，你必须意识到战争已经变化，冲突也在改变，这就像人的语言，总在不断地变化，你必须能够快速地移动换位，以适应新的形势，这需要敏捷。”

奥尔汗·艾于杰（Orhan Ayyuce）问：“建筑学也是这样吗？”

汤姆·梅恩：“绝对这样，看看我的前辈，卡佩（Kappe）、凯尼格（Koenig）和格雷戈里·艾因（Gregory Ain），所有这些20世纪的设计师，还有柯布西耶，康、密斯和阿尔托，当然，柯布西耶最聪明。这也是不久远的事，一些建筑师发展了他们自己的语言，其他的建筑师大部分时间就以这种语言模式来做设计。他们终其一生在这些语言上做点细微的变化，却仿佛自己有了什么新的发现。这样的事，现在还有人在做，像理查德·迈耶就是这样。我想，无论如何，作为一种制作模式（production model），它是不充分的，也是无效的。”[3]

——汤姆·梅恩2007年访谈节录

“建筑学关于确凿性的任何说法，总会招来反抗，反抗是个好东西”[4]

——汤姆·梅恩

“在过去1/4世纪里，不断增加的速度和人们行动的便捷，已经重新改写（remap）了人工地表形态，重新塑造（refigure）了都市空间，并且根本上改变了我们对周边世界的感知方式，与此同时，我们根深蒂固的对自然、运动和身体的概念也在悄悄地发生着转变，与此相应的一个变化就出现在了表演艺术之中，这进而影响到建筑设计。”[5]

——汤姆·梅恩

---

[1] Julie V. Iovine，An Iconoclastic Architect Turns Theory Into Practice，http://query.nytimes.com/gst/fullpage.html?res=9400EFDF143FF934A25756C0A9629C8B63&sec=&spon=&pagewanted=2.

[2] Jonathan Glancey，I m an outsider，http://www.guardian.co.uk/artanddesign/2005/mar/23/architecture.

[3] Orhan Ayyuce，Thom Mayne in Coffee Break，http://archinect.com/features/article.php?id=61129_0_23_0_C.

[4] Julie V. Iovine，An Iconoclastic Architect Turns Theory Into Practice，http//topics.nytimes.com/top/reference/timestopics/people/m/thom_mayne/index.html?query=Morphosis&field=org&match=exact.

[5]《GA杂志》87期，Morphosis专辑，P85.

“你无须那么犬儒，倒不如做个有识别力的生活观察者，了解20世纪末大部分城市的现存面貌是对不同风格建筑的吸纳过程。”[1]

汤姆·梅恩

“对于建筑学而言，任何权威都只能意味着将会招致对它的反抗与抵制，反抗确实是个好东西。”[2]

——汤姆·梅恩

本章导读

汤姆·梅恩是圣莫尼卡学派中第二位获得普利茨克奖（2005年）的建筑师，他在1972年与弗兰克·盖里、雷·卡帕（Ray Kappa）等5位教师，以及从加州工业大学转学来的40名学生，创办了南加州建筑学院，这40名学生中就包括后来成为他合伙人的迈克尔·罗通迪，也在1972年，他同米谢勒·萨伊（Michele Saee）创办了著名的墨菲西斯事务所，但时间不长萨伊离开了事务所。1976年，迈克尔·罗通迪与梅恩重组了墨菲西斯事务所，并于1991年离开。所以，1991年前的该事务所的作品，应该看成是两人的集体合作，而1991年后的作品，就是梅恩一人担纲。墨菲西斯事务所真正的发展、成熟、壮大，是在1990年代中期之后，在此之前，虽然这个事务所的作品，一直受到世界范围内年轻学生们的崇拜，梅恩那些规模虽小，但品质很高的作品，在美国西海岸一带，有着广泛持久的影响力，但这个事务所一种未能解决好建筑学自身的自治性问题（学术问题）和建筑市场（商业性问题）之间的矛盾。在1990年代中期，当洛杉矶从社会、政治和经济的动荡中，重新走向复苏，迎来经济高潮之时，梅恩真正务实地改造了自己面对设计市场的态度，把学术和市场做了很好的平衡和结合，使得他的事业才真正迈上了一个新台阶，开始承接了一系列重要的政府类项目，并获得了“政府类项目代言人”的美称，甚至连盖里也对梅恩这个称号表现出羡慕之情。由此可见，墨菲西斯事务所一些重要的大项目是在罗通迪离开之后才取得的。

但这个事务所，从创办开始，就持续保持了一个极其重要的根本指导思想，这个思想是梅恩，也是罗通迪和墨菲西斯事务所设计思想的灵魂，这就是多系统整合的建筑学思想（systems-integrated architecture）理论。其学术理论的源头在现代系统理论，而梅恩认为多元化社会与文化现实是他的建筑设计起点之一，

[1] 里昂·怀特森，《建筑新纪元》，http://arts.tom.com.

[2] Pilar Viladas，Meta-Morphosis，http://www.nytimes.com/2007/07/01/magazine/01stylehouse-t.html?_r=1.

也就是说，梅恩的设计首先是在一个多元化的社会里发生的，这是梅恩建筑所面对的社会现实。梅恩以多系统整合的建筑学理论，来应对多元化社会里各种错综复杂，甚至是带有冲突性的、在建筑中必须考虑的问题和价值，他的建筑包容了这些各种各样、种类繁多的问题，所以梅恩也称自己的建筑学是一种包容性的建筑学（inclusive architecture）。梅恩并不把建筑学看成是一种纯粹的应用艺术，躲在艺术的象牙塔里，而是认为建筑学应该承担起服务社会、引导社会、改造社会的职业责任，这是梅恩极其可贵的建筑乌托邦思想，它来源于对早期现代主义乌托邦思想的继承。

梅恩设计的另一个起点是科技文明的现实，也就是说，他的设计要考虑的一个问题就是——人类不得不接受的、科技文明的时代现实，这是不同于以往任何文明形态的一种新型的文明，是一种被科技主导的文明形态。传统文化，在这种文明形态里对社会的影响力度大大减弱，其自身也经历着快速的演化、转变、进化的过程，正是基于这种认识，梅恩提出了自己"文化虚构论"的观念——任何文化都不断建构自身，这是一种运动发展的动态过程，人类社会和文化之间的关系，相当于计算机和软件之间的关系，计算机可以装上不同的软件，人类社会也可以装载上不同的文化形态，科技文明形态正是在技术因素影响下所形成的。由于这种原因，梅恩在早期就重视对技术因素在建筑中的作用，这就是技术形态主义的设计思想，这是一种以技术主导建筑、表现建筑的设计思想，它在梅恩建筑实践的不同时期，具有不同的表现形态。

本章将围绕以下重点内容展开论述：

（1）多系统整合建筑学理论的具体内容；

（2）技术形态主义建筑思想的具体内容及其不同表现形态；

（3）梅恩科技价值观和反传统文化、文化虚构论的思想观念，以及他的设计起点问题；

（4）梅恩设计（转化）过程的特点分析，以及基于这种过程而产生的建筑语言特征。

一、汤姆·梅恩的教育与成长概况

1. 洛杉矶的坏孩子，偶像崇拜的打破者

汤姆·梅恩 1944 年出生于美国康涅狄格州的沃特伯里市（Waterbury, Connecticut），10 岁时父母离异，据梅恩后来提及，短时期内，他要在父母双方之间选择一位作为自己的监护人，这是他一生中所经历最痛苦、影响最大的一件事。父母离异后，有好几年的时间，梅恩要在心理干预治疗的帮助下，才能

平静下来，这造成了他在青壮年期间性格中狂躁、易怒的一面，但童年的这种经历让他后来在设计中对矛盾性给予了高度关注。[1] 梅恩选择了和自己的母亲一起生活，他和他的幼弟、母亲一起离开了沃特伯里来到洛杉矶，这是他外祖母的所在地，他的外祖父是个卫理公会教徒。

在洛杉矶他们一家开始了艰辛的奋斗历程，生来性格孤僻的梅恩在父母离异后，越发孤傲、自闭。和盖里母亲一样，梅恩的母亲也从事音乐工作，她是个钢琴家，有着良好的修养，富有艺术气质，是个有创造力的人，对梅恩性格和气质的形成起到了重大的影响作用。在清贫的生活中，他们母子努力维持着尊严，母亲虽然收入微薄，但她总爱把梅恩打扮得高贵十足，家境虽贫，但他们却用着高档桃花心木的餐桌，困难中维持着高雅和良好教养的性格，导致了他对一切虚假赝品和世俗的憎恶。在建筑上，他厌恶掩饰材料本质的油漆和虚假的胶合板，渴望暴露材料的真实性能，展示设计过程的真实概念和逻辑，这使得他的建筑，如同盖里所夸赞的那样，带有打动人的真实性。

整个青壮年时期，梅恩性格都是那样的狂暴易怒、愤世嫉俗，他的妻子布莱思·艾利森·梅恩（Blythe Alison-Mayne）后来回忆道："梅恩年轻时确实是个叛逆、愤怒的家伙，有一次，他抓起一个甲方的衣领，硬是把人家拎离地面。"[2] 在许多机场，梅恩时常受到"安检部门"的特别"照顾"，因为，他有着高大魁梧的身材，满脸的胡子，坚毅顽强的表情，男子汉气十足的面部特征，还时常身着军装，这让安检人员非常担心他是个恐怖分子。但梅恩却是个非常有教养的人，他有着一颗正直、富于同情的心灵，并从母亲那里自幼受到良好的艺术熏陶。他对社会抱着坚定的、批判的左倾思想，"我年轻时，确实是个我行我素的家伙，总是把建筑学看成是某种可以反抗现实的重要东西，在我事业的前 25 个年头里，我几乎没有回头客，他们都骂我是个傲慢自大的混蛋，因为，我总要把方方面面来个"底朝天"（plow through）的思考后，才把方案做出来。"这是梅恩对自己早期事业的回顾。[3]

2. 自主办学：先锋性院校南加州建筑学院的诞生

1968 年，梅恩毕业于南加州大学建筑学院（University of Southern California，School of Architecture），同年起，他执教于加州州立大学波莫那校区

---

[1] Arthur Lubow，How Did He Become the Government's Favorite Architect? Published: January 16，2005，http://www.nytimes.com/2005/01/16/magazine/16MAYNE.html?_r=1&oref=slogin.

[2] Christopher Hawthorne，Architect of Unyielding Designs Takes Top Prize，March 21，2005 in print edition A-1，http://articles.latimes.com/2005/mar/21/entertainment/et-mayne21.

[3] Arthur Lubow，How Did He Become the Government's Favorite Architect? http://www.nytimes.com/2005/01/16/magazine/16MAYNE.html?_r=1&oref=slogin.

图 5.2
1972 年 SCI-Arc 创立时的成员照片

（Cal Poly Pomona）。1971 年，因为该大学不满建筑系反传统的教学计划，解雇了该系主任雷·卡帕（Ray Kappa）及其拥护者汤姆·梅恩等多名教师，但一个大胆的设想很快就出现在雷·卡帕和汤姆·梅恩等人的脑海里：自己办学，教授前卫的建筑理念。于是，在次年（1972 年），梅恩与雷·卡帕还有其他四位教师，以及 40 名由加州工业大学转学过来的学生，一起创建了一所非常特殊的建筑院校—南加州建筑学院（Southern California Institute of Architecture，简称 SCI–Arc），成为该校董事会成员，直到 1991 年为止。该校的首任院长为雷·卡帕，任期为 1972—1987 年，弗兰克·盖里也是该校创始教师之一，而后来成为梅恩合伙人的迈克尔·罗通迪则是该校的第一批学生，他于 1973 年从该校毕业，并从 1987 年至 1997 年担任该校校长。

正是由于不满于传统的现代主义教学体系，才有 SCI–Arc 的诞生，所以，反传统和前卫性是这所学校与生俱来、先天性的遗传基因，SCI–Arc 的发展历史也证明了这一点。SCI–Arc 办学伊始，就确定了自己的办学方向：将纽约的库帕联盟（The Cooper Union for The Advancement of Science and Art）和伦敦的 AA school（Architectural Association School of Architecture）这两所前卫院校的教学理念引进该校。SCI–Arc 经过 30 几年的发展，已经成为美国甚至国际建筑院校中，先锋性建筑教育的重要力量，对建筑潮流的走向起着一定的主导作用，该学院出版的作品集对建筑教育界影响也很大，SCI–Arc 不但为探索新建筑思想、新建筑形式的前卫建筑师提供教职，而且为洛杉矶及其以外的地区的建筑事务所提供了优质的建筑系毕业生。[1]

[1] 沈克宁，《圣莫尼卡学派的建筑实践》，《建筑师》杂志，1997 年，第 8 期，总第 77 期，P81，沈克宁是我国著名的旅美学者，在国内杂志上发表过大量介绍美国当代建筑的文章。

3. 墨菲西斯是一种思想：创建墨菲西斯事务所

1976年，汤姆·梅恩与迈克尔·罗通迪[1] 起重组了位于洛杉矶西南部圣莫尼卡区（Santa Monica）的Morphosis（形态构成派）事务所。但起初墨菲西斯很艰难，这让跃跃欲试的梅恩很是气恼，罗通迪回忆道："在1970年代的中期，梅恩确实非常热切、急躁（impatient），他是个坚强不屈的激进左派（leftist），对资产阶级的业主非常不满，有一次，他有意用锋利的金属做成个桌子，上面假假地压着块看似安全的玻璃，想用它来绊住、割掉那些坐在桌边的甲方的领带；但后来，这些金属只是把我们的衬衣给割破了，因为没有一个带着领带的甲方会坐在这样的桌子旁边。"[2] 这就是左派的梅恩，梅恩的左倾根源是自己执着于对建筑学学科自治性的探索，但这种探索与资本主义建筑市场，往往格格不入，甚至是背道而驰。

Morphosis一词的意思是："形态生成"（to be in formation）和"赋形"（take shape），指有机体或其一部分，通过改变形状，获得发展，转化是这个词的根本意义。Morphosis事务所的设计过程，就是转化过程，也就是演化、发展、进化、整合和完善的过程，这是一种带有刺激反应性质的、可调整控制的、开放动态的设计方法，用"Morphosis"这个词来表达梅恩的动态设计思想，是非常恰当的。Morphosis事务所于1972年创立，这是SCI–Arc的第一年，事务所另一个合伙人是迈克尔·罗通迪，他是梅恩的第二位合伙人，他是SCI–Arc的第一届毕业生，在1987–1997年间长期担任该校的院长，罗通迪在1991年离开墨菲西斯事务所后，梅恩在事务所中就起到了核心的作用，墨菲西斯现在已经成长为美国最杰出的建筑事务所之一。

洛杉矶，这个独特的城市，一直以来就是革新建筑的温床，查尔斯·埃姆斯、理查德·诺伊特拉、鲁道夫·申德勒、格林兄弟（Greene and Greene）这些革新派建筑师，还有赖特都在此地留下了杰作，墨菲西斯事务所也很早就决心要走一条建筑革新的道路。1977年盖里在圣莫尼卡的自宅扩建完成后，梅恩和罗通迪前去参观，在这个自宅中，盖里采取一些由皱褶的金属板和钢丝网构成的

---

[1] 墨菲西斯成立于1972年，梅恩的第一位合伙人是米谢勒·萨伊。迈克尔·罗通迪1949年生于洛杉矶，他是梅恩的第二位合伙人，于1972年从加州工业大学建筑学院转到由雷·卡帕为首创立的SCI-Arc，成为该校成立时的第一批学生，于1973成为该校的第一届毕业生，1976年加入汤姆·梅恩创立的墨菲西斯事务所，1987–1997年担任SCI-Arc院长，1991年与同是墨菲西斯成员的克拉克·史蒂文斯（Clark Stevens）一起离开墨菲西斯，合伙创立ROTO建筑事务所（ROTO Architects, Inc.），1999年至今任教于亚利桑那州立大学，1992年获得美国艺术与文学学院奖。建筑作品涵盖诸多领域，先后获得19项进步建筑杂志（Progressive Architecture Magazine）奖和21项美国建筑师学会奖项。

[2] Arthur Lubow，How Did He Become the Government's Favorite Architect? Published: January 16, 2005，http://www.nytimes.com/2005/01/16/magazine/16MAYNE.html?_r=1&oref=slogin.

片段语言，创造出令人耳目一新的新形式，在盖里自宅中，他们看到了实验建筑的新希望，建筑的创新和探索，对于梅恩而言，就是一种创造性本能的宣泄，位于帕萨迪纳市(Pasadena,在洛杉矶市东面)设计艺术中心学院的院长理查德·科沙莱克（Richard Koshalek）后来在一篇文章中说道："汤姆·梅恩留给我最深的影响，就是他的探索本能（exploratory instinct）。"[1]

然而这个有着杰出天赋设计师的事务所，在早期一直没能够得到长足的发展，虽然 1980 年代的洛杉矶建筑成为全世界建筑界关注的一个焦点，这得益于菲利普·约翰逊对盖里建筑的赞扬和表彰，但整个 1980 年代，墨菲西斯一直只能在一些废旧工厂的改造项目中，来展示自己的设计天才，盖里也直到 1987 年，才能拿到像迪斯尼音乐厅这样的设计大单，实验建筑还需要一个为社会接受的过程。1990 年代中期之前，墨菲西斯其实并没有承接多少大型的项目，这一点从该事务所的项目履历上可以一览无余，在 1980 年代，墨菲西斯重要的作品是一些工业厂房改造、小型私人住宅和室内装修项目，虽然这些项目在设计理论和方法上有着很大的影响力，这正如洛杉矶建筑师格雷格·林恩（Greg Lynn）所说，在南加州不知道有多少项目受到了梅恩的影响，但梅恩一直以来对建筑学持着非商业化的态度，他不愿意向一些甲方低头、妥协，再加上严峻的经济形势，所以在 1990 年代中期以前，墨菲西斯其实并没有取得长足的发展，而且严峻的经济形势一直威胁着事务所的生存。1991 年，在社会动荡、经济衰退的严峻现实面前，迈克尔·罗通迪离开了墨菲西斯事务所，事务所的人员缩减到只有 6 个人规模，项目也更少了，这是梅恩最艰难的一段时期。

但在渡过了 1990 年代初期严峻的困难期后，90 年代中期，洛杉矶的经济突然奇迹般地火热了起来，又迎来了一个发展的高峰期，墨菲西斯事务所也因此迎来了自身发展的黄金季节。在很短的时期内，墨菲西斯步入了一个崭新的猛烈发展期，事务所开始赢得一些竞赛。这些设计以鲁莽的性格，大胆的形式、原创性地综合使用材料、设计的真实逻辑性，立刻引起了业界的广泛关注，一些公共机构或私人开始接纳梅恩的设计，墨菲西斯不断地在一些重大项目的竞赛中胜出，或得到设计委托，它甚至成了美国政府首选的政府类建筑的事务所，而且还赢得了美国政府一些最有声望的委托项目。加州旧金山联邦办公大楼（San Francisco Federal Office Building，2000-2006 年），俄勒冈州联邦法院（Wayne L. Morse United States Courthouse，Eugene，Oregon，1999-2006 年），马里兰州的国家海洋大气卫星设施（NOAA Satellite Operation Facility，Suitland，Maryland，2001-2005 年），这三个项目是需要通过美国总务管理局（GSA，

[1] Julie V. Iovine，An Iconoclastic Architect Turns Theory Into Practice，Published: Monday，May 17，2004，http://www.nytimes.com/2004/05/17/arts.

General Services Administration）优秀设计计划的严格审查后才能获得的，美国总务管理局是专门替联邦建设项目寻找设计公司的机构。另外，曼哈顿的库帕联盟教学大楼（Cooper Union Academic Building），洛杉矶加州运输局总部大楼（Caltrans District 7 Headquarters），这些也都是非常难得的大型公共项目，墨菲西斯事务所在这些项目中的出色表现，为它挣得了“政府类项目代言人”的美称。在设计实践的锻炼中，梅恩各方面的才能趋于成熟，尤其是在处理社交关系方面（这一直是他的弱项）也有了很大的进步，梅恩在处理各种复杂的社会关系中，已经变得圆润老成了许多，也变得务实灵活了。

多年来，有大量的建筑师和国际交流学生，先后来到这个事务所工作学习，作为思想熔炉的墨菲西斯事务所，培养了一批批的建筑人才，他们有的后来成为洛杉矶地区出色的设计师，但大部分走上了教学岗位，这些受到了墨菲西斯事务所锤炼熏陶的人才，无疑会对该事务所的设计理念和方法做更进一步的传播。

4. 获得普利茨克建筑奖

1978年梅恩获得哈佛大学的建筑学硕士学位，重返SCI-Arc，1993年起梅恩执教于加州大学洛杉矶分校（UCLA），1997年他获得在罗马的美国学院的罗马奖学金，有机会前往罗马游学交流，他也曾在哈佛大学等多所院校执教过，他还获得52个美国建筑师学会奖（AIA）和25个进步建筑奖（Progress Architecture Prize）等多项奖章，在世界各地，曾多次举办墨菲西斯事务所的作品展，2005年汤姆·梅恩摘得普利茨克建筑奖桂冠。汤姆·梅恩是第八位获得普利茨克奖的美国建筑师，他是继1989年圣莫尼卡学派成员弗兰克·盖里之后，第二位获得普利茨克奖的该派成员，也是继1991年罗伯特·文丘里获得普利茨克奖后，长达14年之久，再获此殊荣的美国人。在此之前，梅恩一直是以“洛杉矶的坏孩子”、“特立独行者”、“难以共事的家伙”、“愤青”等叛逆、独行，有时甚至是带有诽谤性的形象出现在媒体上的。但梅恩对此截然反对，他说：“我与媒体上所说的形象没有任何的关系，我不喜欢这样的评价，媒体要说什么，你难以控制，他们想写什么就写什么，他们这样做有自己的商业目标……我其实是个很腼腆的人，我想说什么就说什么，但我不是那种善于外交的人。”[1]

获得普利茨克奖是在梅恩预料之外的事，因为他一直自认为是个主流建筑的局外人，震惊之余，梅恩也坦言，普利茨克奖项是对他非传统设计道路不懈奋斗的莫大肯定，是对他个人真实、诚恳人格的奖赏。梅恩说：“当他们告诉我，我是2005年普利茨克建筑奖的得主时，我几乎不能说话了，这可是件大事，它

[1] Orhan Ayyuce，Thom Mayne in ‘Coffee Break’，http://archinect.com/features/article.php?id=61129_0_23_0_C.

得归结为我教养的一些方面，从我自身的本质和内心而言，我并没有考虑我会成为一个成功者，在我过去全部的人生经历中，我都是把自己看成是一个无取胜希望的局外人（outsider）；”[1]“如果说普利茨克奖对我而言，有什么重要意义的话，那就是它承认并且回报了‘人要依信仰行事’这个重要原则，人要怀着正直和诚实去深信自己的信仰，有时，不论要付出多大的代价，都要去试试，看看自己到底干得怎么样。”[2]

普利茨克奖项被认为是建筑界的诺贝尔奖，梅恩能够获此殊荣，也超乎一些主流媒体的所料，普利茨克奖怎么会授予给这样一个被称为“坏孩子”的建筑师呢？然而，普利茨克评委们对梅恩却有着另一番客观的评价：

（1）普利茨克奖评委主席洛德·帕伦博（Lord Palumbo）这样说道：“不时地有建筑师闪耀在国际舞台上，他教会我们以崭新的眼光看待建筑艺术，他们以原创和丰富的建筑语言、丰富多样的设计手法、执着的信念和敢于承担风险的胆略，对艺术和技术做完美的结合，这些卓越的行为将他们从众多的建筑师中凸现了出来；汤姆·梅恩就是这样的一位艺术家，他完美地履行了伟大的芝加哥建筑师密斯·凡·德·罗的誓言，‘建筑学是新时代的意愿，它要把这种新时代转化进空间、生活、变化和崭新的建筑艺术之中。’正因如此，汤姆·梅恩值得获得今年的普利茨克奖项。”[3]

（2）普利茨克评委阿达·刘易斯·霍克斯泰博（Ada Louise Hu5table）这样说：“汤姆·梅恩的作品，用当代的艺术和技术，将建筑学从20世纪带进了21世纪，它创造了一种动态的建筑风格，表达并服务于今天的时代需求。”

（3）普利茨克评委、圣莫尼卡学派的另外一位成员弗兰克·盖里则高兴地说道：“我很高兴这届获奖者来自我们的阵营，我认识他已经很长时间了，看着他成长为一名成熟的，真实可信的建筑师。他持续探索新的设计途径，创造出一系列可用的、令人兴奋的建筑。”；“他的建筑中确实有一种我们喜欢的真实性（authenticity），毫无疑问，他用辛勤的劳动开拓出（carved out）自己的道路，而且一直没有迷失方向，他从不从别人那里拷贝什么东西。”[4]

（4）由八名评委组成的评审团，对梅恩的建筑做出了这样的评价，“梅恩的建筑超越了传统的形式和材料，他超越了现代主义和后现代主义的一些限制，开辟了新的建筑领域。”[5]

---

[1] 普利茨克网站，http://www.pritzkerprize.com/full_new_site/mayne_essaybywoods.htm.

[2] 普利茨克网站，http://www.pritzkerprize.com/full_new_site/mayne_essaybywoods.htm.

[3] Jonathan Glancey，‘I'm an outsider’，http://www.guardian.co.uk/artanddesign/2005/mar/23/architecture.

[4] 普利茨克网站，http://www.pritzkerprize.com/164/pritzker2005/mediakit.

[5] Ann Jarmusch，Innovator picked for top architecture prize，http://www.signonsandiego.com/news/features/20050321-9999-1c21prize.html.

二、墨菲西斯事务所设计指导思想分析

1. 反传统文化：墨菲西斯的先天基因

梅恩说："Morphosis 是个概念，它与多学科的集体实践相关，起初一群人在一起，搞些图案设计、室内和家具设计、建筑和城市设计。我们在市区有个工作室，我们坐下来讨论……Morphosis 是相当反文化的。"[1] Morphosis 的设计思想中，存在着两个重要的特征，其一为反传统文化（counter–culture）的批判和超越精神，其二为跨学科的多系统整合性。

梅恩坦承自己在 25 ~ 26 岁时是个嬉皮士（hippy），并称赞美国 1960 年代的反文化、反权威、反传统的思想运动，为美国历史上唯一的一次重新思考国家与传统习俗之间关系的运动。他坦承自己设计的创造性根基就是源自这场运动的质疑和反叛的精神，"毫无疑问，我离开南加州大学时，被 1960 年代所发生的一切激动着，1960 年代的社会思潮深刻地影响了我。"[2] 1960 年代被学者们认为是时代分水岭，1968 年的法国巴黎，爆发了举世震惊的"红五月"学生运动，这场学生运动引燃了整个西方世界，它成了西方社会的转折象征，在它之后，西方社会从现代迈入了后现代阶段，后现代的深入发展就是今天我们身处其间的这个多元斑斓，而世俗化的世界。对于在 20 世纪后半叶中成长起来的美国人民乃至整个世界来说，1960 年代远远不只是一个纪年，而是一个思想高潮、一个标准，此后的运动、思想、艺术实践与著述，总难免要围绕着 1960 年代的主题旋转。

1960 年代的美国，也正处在一个反文化、反传统、反权威、政治交战白热化的时期，1960 年代成了美国的狂飙年代。[3] 性解放、争民权、反对清教徒式的严格道德要求是这场运动在美国的主题，它在青年中的极端发展就是重金属、甲壳虫这些崭新的音乐形式的兴起，这些都与吸毒文化、音乐和性有关，这对

---

[1] Lebbeus Woods，An Essay on Thom Mayne，Architect，http://www.pritzkerprize.com.

[2] Christopher Hawthorne，Architect of Unyielding Designs Takes Top Prize，March 21，2005 in print edition A-1，http://articles.latimes.com/2005/mar/21/entertainment/et-mayne21.

[3] 狂飙运动，也称"狂飙突进运动"是 18 世纪 70 ~ 80 年代的德国发生的一次声势浩大的资产阶级文学运动。因德国作家克林格尔的同名剧本《狂飙突进》而得名。运动从要求温和的改革，发展为与社会公开对抗，反对专制制度，反对封建割据，反对模仿法国古典主义，强调文学的民族性，要求个性解放，要求创作自由，歌颂"自然"，强调"天才"，是德国启蒙运动的继续和发展。当时德国各地都出现了大批的青年作家，包括青年时代的歌德和席勒、赫尔德等人。他们以旺盛的热情进行创作，写出了大量具有强烈反封建精神的作品，形成了德国文学空前繁荣的局面。歌德的《少年维特之烦恼》是狂飙运动中最主要的和最有影响的作品，席勒在这时期也写出了著名的剧本《强盗》和《阴谋与爱情》。参考 http://www.kotnation.com/dispbbs.asp?boardid=37&id=1287&page=&move=pre.

压抑的传统社会是个极大的打击，这一代青年被称为“倒塌”的一代，披头士和摇滚乐成了他们的象征，他们我行我素，质疑一切权威；但是，在他们愤世嫉俗的外表之下，却怀着一颗渴望真实的心灵。对许多社会来说，1960 年代的最主要标志是青年的反叛。当时的美国桂冠歌手鲍勃·迪伦（Bob Dylan）传唱一时的一首歌曲，准确而坦白地道出当时青年的呼声：[1]

The Times They Are A-Changing
这是一个改变的时代
Bob Dyla（鲍勃·迪伦），1964
Come senators，congressmen 来吧，众议员、参议员们
Please heed the call 请聆听那呼声
Don't stand in the doorway 不要挡在门口
Don't block up the hall 不要阻碍道路
For he that gets hurt 因为受伤的
Will be he who has stalled 将是那些挡路的人
There's a battle outside 外面有场大战
And it is raging. 正在火热
It'll soon shake your windows 它很快就会震动你的窗棂
And rattle your walls 动摇你的高墙
For the times they are a-changing 因为时代在改变
Come mothers and fathers 来吧，
Throughout the land 普天下的母亲与父亲们
And don't criticize 不要批评
What you can't understand 你所不懂的事
Your sons and your daughters 你的儿子与女儿们
Are beyond your command 已经不受你们的控制
Your old road is 你们的旧道路
Rapidly aging. 迅即衰逝
Please get out of the new one 请别挡住新路
If you can't lend your hand 如果你不能帮忙
For the times they are a-changing. 因为时代在改变

[1] 陈信行，革命无罪、造反有理——60 年代的狂飙精神与情调，http://www.kotnation.com/dispbbs.asp?boardid=37&id=1287&page=&move=pre.

1960狂飙年代的社会革新思潮成为梅恩思想的基因，普利茨克奖执行主任比尔·莱斯（Bill Lacy）认为，从根本上讲，梅恩是狂飙的20世纪60年代的产物，[1]这种思想会以一种令个体几乎无法感知到的、潜意识的形式和力量（即中国人所谓的“性情”）左右着一个人的思维和行为方式，“作为一个建筑师，人们会发现我的作品陌生奇怪，或者有人说是激进，这些都是我不太在意的说法，因为这些特征对我而言是正常的。”[2]此外，梅恩还认为自己是个真正保持着现代主义建筑批判精神的建筑师，他的学术思想以及他真正的整个人生，都与20世纪早期现代建筑有着一种潜意识的联系，像意大利未来主义的建筑理论家马里内蒂（Marinetti，1876–1944年）关于未来主义的设想，俄国的构成主义艺术思想，以及阿基格拉姆学派，这些面向未来的建筑思想都对他产生了深刻的影响，这是梅恩注重建筑的超越品性和技术性因素的重要原因，因为这是一个被技术主导的时代。纵观梅恩设计思想，与圣莫尼卡学派其他的成员一样，梅恩也是一个带着质疑反思、批判意识的人，正是这种精神带给了他建筑设计的创造性。

对墨菲西斯事务所反文化的思想，可作这样理解：

（1）梅恩和其他圣莫尼卡学派的建筑师一样，对事物的认识是持着发展、变化、运动的观点来看待的，在这个快速转化的时代，传统文化与当下时代难免有些脱节，所以，在任何对待传统文化的问题上，梅恩是个文化虚无论者。

（2）文化本身是个不断发展、演化的动态过程，不存在一成不变的文化，文化也是与时俱进，不断调整进化的，即文化也是可以建构（重构、虚构）的，可以不断地被擦除和重写，所以，在文化的发展问题上，梅恩是个文化建构论者。

（3）从他所生活的国际性大都市洛杉矶而言，这里是个多元文化并存的城市，没有一种文化可以取得核心的统治和权威地位，所有的文化都是以一种“少数者”的身份存在的，这种多元发展、差异并存局面，让人难以忠实于某个单一文化，况且，这些不同文化，也在不断发展演化，所以，在对待文化差异性的问题上，梅恩是个多元文化论者，这是一种民主性的思想，尊重个体的差异性。

（4）与科技文明相比，传统文化在对社会现实生活的影响力度方面，已经大大逊色于新兴的科技文明，所以，与反传统文化相对应，梅恩对建筑中的技术性因素，却给予了特别的关注，这是导致他技术形态主义建筑思想的根本原因，所以，在如何对待建筑中技术性因素的问题方面，梅恩是个技术决定论、技术表现论者。

---

[1] Ann Jarmusch, Innovator picked for top architecture prize, http://www.signonsandiego.com/news/features/20050321-9999-1c21prize.html.

[2] Los Angeles Business Journal, Built to last: Thom Mayne, Published in 28-Jan-2002, http://goliath.ecnext.com/coms2/gi_0199-1353243/Built-to-last-Thom-Mayne.html#abstract#abstract.

文化的多元论、建构论的观点，导致了梅恩对传统文化的反叛和批判态度，而赞同文化的建构和发展进化，这与他所经历的1960年代的社会思潮革新和洛杉矶的社会现实状况相关，在这种多元发展、差异并存的观念基础上，梅恩突出地发展了自己的系统论思想，这是指导墨菲西斯事务所30多年建筑实践的根本性指导思想；而对科技文明高度重视的观念，却导致了他的另外一个极其重要的建筑思想，这就是技术形态主义，这也是墨菲西斯事务所长期一以贯之的基本建筑思维。

2. 科技价值观和文化建构论

在梅恩关于建筑学、艺术和科学主题的演讲中，他经常会播放两张照片，一张是美国一位妇女的照片，她经过现代科技药物的干预，全身有着异常发达的肌肉，梅恩认为这张照片生动地反映了当代科技对人和自然的改造，科技通过对人、自然和社会的改造，进而达到对人的思想和社会文化的改造（图5.3）；另外一张照片是美国功夫电影明星、前任加州州长的阿诺德－施瓦辛格（Arnold Schwarsenegger）的一张剧照，在这张照片上施瓦辛格的服装被装扮得五花八门、不伦不类，梅恩特别喜欢这张照片（图5.4），认为它最能生动形象地反映美国当代文化的多元性和杂交性，而他的建筑就是在当代科技主导的多元文化背景下产生的：通过第一张照片，梅恩想阐明，人类今天只能跟随科技社会进化的轨迹，去把握人类的未来，我们无法退回到过去，因为我们的生活已经根本离不开科技了，这就是他对科技力量的信心，科技不但支撑着现代人的生活，而

图5.3　梅恩建筑设计起点之一：科技文明的时代现实（通过药物干预的妇女照片，隐喻了一个被科技主宰、建构的时代文明的现实）

图5.4　梅恩建筑设计起点之二：多元文化的社会现实（通过施瓦辛格剧照，隐喻了美国多元文化的社会现实）

且，改造着现代人的思维，基于此，他认定科技文明是自己的设计起点（出发点）之一。通过第二张照片，梅恩要阐明，美国多元文化混杂并存的社会现状，文化在杂交的过程中，已经发生了根本性的质变，即文化建构、重构和虚构的问题，基于此，梅恩认定，多元化的社会和文化现实，是他设计的另一个起点，他用这两张照片来象征性地表示自己建筑设计的起点。

确实，我们今天关于自然的概念正在越来越快地被科技的发展所决定，所建构，科学的发展已经成了我们今天现实图景中的决定性力量，科技的现实就是当代人类生存的真实境况，在梅恩的作品中可以看到这种观念的象征性质，即表达对科技理性的尊重。梅恩认为他的作品散发着进步和乐观的精神，但是他所谓的进步和乐观指的又是什么呢？他的进步、乐观又和什么样的价值观有联系呢？科学在今天已经彻底地改造了自然以及我们对自然的观念，人们在今天可以通过科技药物改造自己的相貌容颜，改造（也可以理解为重新建构）人类身体的现实状况，例如美国著名黑人歌星迈克尔·杰克逊就是通过科技干预，把自己全身换成了白色的皮肤，并进而可以改造一个人对自身的认识。梅恩的乐观主义正是建立在凭借科技、实现进化的科技信仰基础之上的，而对于社会文化，他认为每一种社会文化的发展都是虚构的，而且都可以被再次重构、建构，即文化与人类社会的关系，也可以像操作系统和计算机的关系那样，同样的计算机可以在不同的操作系统下运行；与之相应，人类的文化也可以通过缓慢格式化（擦除）后，重新装上新的文化“操作系统”，进行新一轮的文化重构、建构、虚构，这是梅恩对文化非常极端的观念，但在今天看来，在一定程度上讲，这也是事实。

文化建构论的阐述，就从根本上奠定了梅恩建筑设计中反传统文化的格调，而且他对谈论道德价值也没有什么兴趣，他认为许多固有的观念也是一种时代性、阶段性的东西，比如“善”与“恶”，在从前的时代是一对非常重要的社会道德概念，但在科学领域和自然界，却不存在“善”与“恶”的概念，他更愿意采取一种科学的价值观，来面对世界和设计。从梅恩对科学的尊重，和对文化的建构观念的表述上，可以真切地感受到，科技进步对人类社会传统文化的根基，所产生的巨大破坏和颠覆作用。当然，梅恩的这种文化观点，与他所生活的特定区域有关，洛杉矶基本上是个由移民组成的，或多或少无传统文化根基的地方，而且，这个城市基本上是完全依靠技术力量，才发展和壮大起来的，因为它是一个地处沙漠边缘地带的城市，缺水是制约它发展的一个重大问题，城市又建立在沙质基础之上，而且，是个地震多发区，如果没有技术力量的支持，不可能有洛杉矶的发展和壮大。梅恩的科学价值观，还导致了他设计思想的另一个重要方面，即对技术和理性（概念）思维的极端重视，这就是技术形态主义的建筑思想。

3. 多学科的整合：墨菲西斯的跨学科特性

梅恩并不把建筑看作单一的艺术，而看作是一个有着共同观念、组织起来解决复杂的问题的群体，是一种集体性的努力尝试，跨学科性是墨菲西斯事务所的一个重要特点。在墨菲西斯公司职员的构成中，有从事舞蹈设计的卡拉（Carla），从事社会学工作的杰瑞德·布伦克（Jared Brunk），从事图像设计的罗兰·罗森布洛姆（Lauren Rosenbloom），从事科学理论工作的马克·约翰逊（Mark Johnson），它本身就是由多学科构成的一个机构，非常注重各学科间的交叉、互动、共生关系。墨菲西斯事务所还和其他一些机构保持长久的合作关系，比如它经常与加州一家非常知名的能源服务公司（Onsite Energy）合作解决"绿色建筑"的节能技术问题，这是一家专门致力于建筑能源管理策略的制定和技术服务的公司。墨菲西斯事务所的"绿色建筑"领域，正是从各学科间的合作中成长起来的，其目标正在于建立多系统整合的建筑学（systems-integrated architecture），多系统整合思想是贯穿在梅恩整个建筑实践过程中的一条主线，而该事务所的人员构成情况，实质上是梅恩系统思想在设计机构组织上的反映。

三、梅恩设计思想的影响因素

梅恩设计思想的形成，主要受到以下几方面的影响：

（1）普利茨克奖执行主任比尔·莱斯认为，"从根本上讲，梅恩是狂飙的20世纪60年代的产物，他把反叛、质疑、求真的态度和对变化的炙热渴望，带进了自己的建筑实践，从而，形成了自己原创性的建筑语言，带有强烈的时代气息和个人色彩。"[1] 梅恩的作品注重在多元、多系统的矛盾对抗和整合中，达成矛盾面的共存，展现出建筑师在一个矛盾丛生的社会里，对重建新型秩序的思考，一定程度上讲，梅恩的思想带有明显的左倾激进倾向，他以充满着矛盾的作品，反映着一个时代的矛盾，以对抗、平衡中求共存的设计手法，隐喻新型民主和秩序的建立，作品充满着动感和力量，充分展现了美国文化中个人主义的色彩和对进步、进化的信心，作品中严谨的逻辑推理，又使其作品表现出高度的理性力量。

洛杉矶矛盾、冲突和对抗的社会与文化现实，他自身孤独（lone）高傲（aloof）的性格，对社会现实的反叛和批判精神，拯救、补救社会的左倾理想，愤世嫉俗、

[1] Ann Jarmusch，Innovator picked for top architecture prize，http://www.signonsandiego.com/news/features/20050321-9999-1c21prize.html.

我行我素的个人主义、自由主义风范，造就了其建筑形态挑衅放肆、不符传统（in-your-face），侵略、（aggressive）对抗与冲突的姿态。梅恩把建筑看作是可以改变社会的工具，是连接城市和社会的极其重要的组织体系（tissue），他想要通过建筑改良社会，或对社会产生补偿性（compensative）和治疗性（therapeutic）的影响，从而，使得他的作品，在一个带有虚无特征的后现代时期，呈现出难得的社会乌托邦色彩。“他在政治和社会观点上的激进主义，就是他的建筑学（His political and social activism is his architecture），只有他的作品，以一种他认为是积极的方式，通过可以塑造人们生活的机制，对居住在他的建筑里的人产生影响，以人和自然的力量，使更大范围的世界活跃起来的时候，梅恩的建筑天赋才真正地得到实现。”这是梅恩多年的挚交好友理伯斯·伍兹（Lebbeus Woods），对隐藏在梅恩设计思想背后深层社会政治观点的首次评论。[1]

（2）受到盖里两方面的影响：（A）盖里改造传统简单明了的秩序为新型的复杂秩序和混乱形态，它是一种接近于混沌的状态，这意味着建筑必将走向复杂化；（B）盖里分解、离散、片段、拼贴、变形地处理形态，以及大胆选用日常普通新材料的手法。但是梅恩与盖里之间也存在着差异，盖里善于从模型着手，雕塑化地处理建筑形体；梅恩善于用多个（子）系统的矛盾层叠、整合，来表达设计逻辑的推理过程和对细节的处理手法。盖里是梅恩的良师益友，对梅恩的建筑理想产生过较大影响，梅恩在2005年获普利茨克奖后，这样说道：“弗兰克·盖里也是在我这样的年龄获得普利茨克奖的，他所做的事就是我应该做的，他没有沉迷于那些我们熟悉的项目类型，而是努力尝试更多的建筑实验，改变事物并保持成长壮大，我想弗兰克就是我应该追随的、那种可爱的、建筑道路的模范。”[2] 由此可见，盖里对梅恩影响的深刻性。

（3）受到美国西海岸一代重视手工制作（尤其是木工）的传统影响。

（4）受到科幻电影及机器美学影响。

---

[1] Lebbeus Woods，All we need to know，in Fresh Morphosis 1998-2006，Rizzoli，New York，P36，梅恩是一个坚持社会政治意识的建筑师，他的思想带有明显的左倾倾向。在1990年代早期，梅恩到萨拉热窝去传播建筑学，并在那里为学生们创立一个车间，当时，这个城市处于最危急的四面楚歌的状态。这个行为，不仅是他的勇气和政治同情心的证明，也是他把建筑学作为补偿性的社会力量和社会工具的思想明证，他愿意为这样的思想承担使命和义务。同样的事情，还出现在1990年代中期，他到哈瓦那和那里的建筑师们一道讨论这个遭受围攻的城市的未来。二战后，在建筑师的队伍里，带有如此强烈的社会责任感的建筑师，实属难得。理伯斯·伍兹是梅恩多年的挚交好友，他们从1974年就开始相识，多年来一直保持着良好的友谊和频繁的交往。理伯斯·伍兹是库柏联盟（Cooper Union）欧文.S.查林建筑学校（Irwin S. Chanin School of Architecture）的一名非常知名名的建筑教授，也是RIEAeuropa的主任和合创者之一，RIEAeuropa是一个致力于发展实验建筑思想和实践的机构。关于梅恩的左倾政治观点可参见，Lebbeus Woods，An Essay on Thom Mayne，http://www.pritzkerprize.com/laureates/2005/essay.html.

[2] Christopher Hawthorne，Architect of Unyielding Designs Takes Top Prize，Published on March 21，2005，http://articles.latimes.com/2005/mar/21/entertainment/et-mayne21.

（5）和其他成员一样，梅恩也深深地受到洛杉矶多元化、异质化和矛盾化的文化影响，他的建筑是在吸收本地文化的基础上产生的，也因而成了洛杉矶文化的快照和速记，能够真正地反映出南加州（尤其是洛杉矶这个城市的）文化。但梅恩反对把他的建筑完全归结为只受加州或洛杉矶一地文化的影响，洛杉矶和伦敦、巴黎、东京等城市一样，是个国际性的大都市，在一个全球化的时代，把一个建筑师受影响的文化，只归结为一地一处是与事实不符的。事实是，他的建筑不仅仅受到洛杉矶一地文化的影响，而且，也受到当今整个全球化文明的影响。

图 5.5　克劳富住宅，加州蒙特斯托

四、汤姆·梅恩建筑思想的演化过程

汤姆·梅恩（暨墨菲西斯事务所）的设计思想演化过程，大体可以分为三个阶段：

（1）在早期，梅恩比较注重利用轴线控制设计，手法比较规整，往往采用几个关系比较明确的轴线体系，对设计进行控制，同时，兼顾使用重复和变化的两种手段，塑造整体感强烈，但又不乏变化的建筑形象。如加州蒙特斯托克劳富住宅（Crawford Residence，Montecito，California，1988–1990 年，图 5.5）和日本千叶高尔夫球俱乐部（Chiba Golf Club，Chiba，Japan，1991 年，图 5.6），这两个项目就比较典型地反映了这种手法特征。这一阶段，梅恩的设计比较接近柯布西耶的理性主义设计思想，柯布西耶的拉图勒特圣玛丽亚修道院是早期的梅恩最欣赏的建筑（图 5.7），重复变化的韵律、疏密变化的方格窗和格栅排列组织方式，以及不同空间之间的独立与联系关系，这些设计手法都被早期的梅恩模仿过。

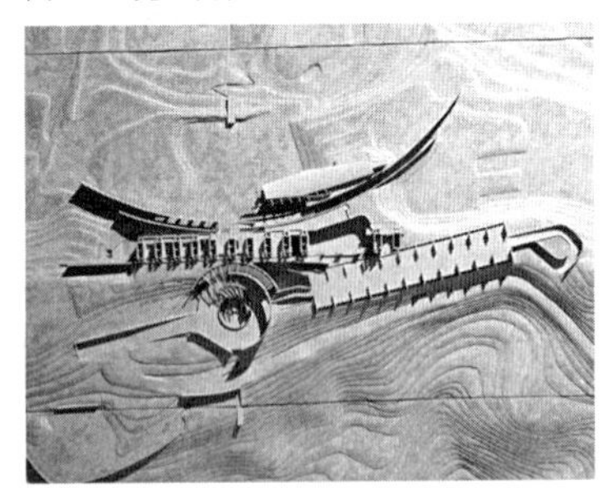

图 5.6　日本千叶高尔夫球俱乐部

（2）走向复杂化、激进化。1977 年，梅恩进入哈佛研究生院深造，次年（1978 年），从哈佛完成学业重返洛杉矶，在哈佛梅恩完成了自己设计思想的重大转变，变得更为激进，他把现代主义早期的一些构成主义、未来主义进步理想和他羡慕的、带有挑衅性的、

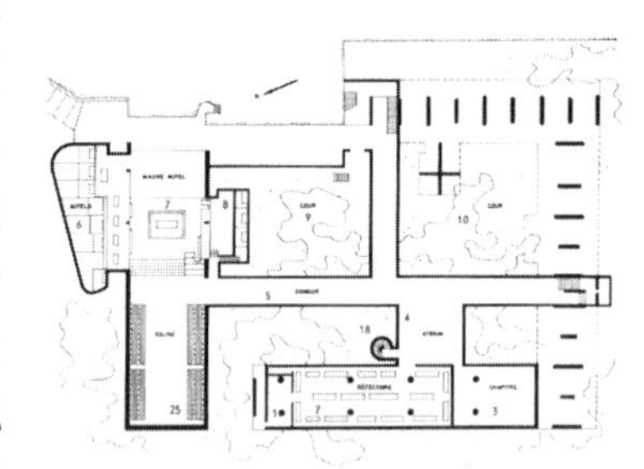

图 5.7　拉图勒特修道院，上为底层平面图，下为外观

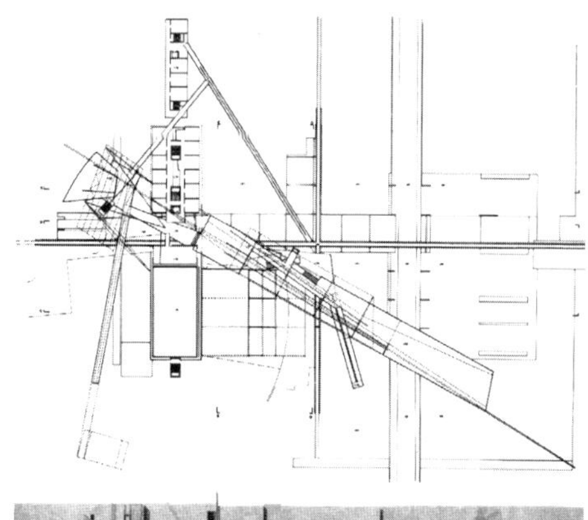

图 5.8　洛杉矶艺术团剧院，依次为 10m 标高处的平面图，较为清晰地反映出平面构成的复杂轴线关系，模型总平面，模型俯瞰和模型剖视图

激进的 1960 年代风格进行融合，形成一种对抗性的动态建筑风格。在圣莫尼卡学派成员中，盖里、莫斯和罗通迪也和梅恩一样，在职业生涯的中期，都曾产生了根本性的转变。1979 年，盖里自宅扩建完成，梅恩和罗通迪一同前往参观，当时，盖里自宅尚未引起什么积极的评价，来自洛杉矶主流建筑圈子的评价也基本上是批评性的，但梅恩和罗通迪却深深地赞叹盖里自宅的创作手法，在盖里自宅中，他们感受到了一股实验建筑的新气息，盖里的方向应该就是他们追随的方向。罗通迪后来回忆道："我和梅恩就那样站在那里凝视着这个建筑物，盖里在洛杉矶因为这个建筑物而遭到攻击的事实，让我和梅恩相信，盖里无疑干了件正确又漂亮的事情。"[1] 在 1980 年代末，梅恩的设计采用破碎的形式与机械装置的拼贴、重叠，轴线关系也变得复杂，如洛杉矶艺术团剧院设计（Artspark Theater，Los Angeles，1988 年，图 5.8）。这一阶段对机械形式、技术因素、机器美学的兴趣和探索，在后来导致形成了墨菲西斯特色鲜明的、以技术统筹形态的技术形态主义（Techo-Morphism）建筑思想和方法。

（3）第三阶段，可以称为强化多系统整合的方法学阶段，虽然多系统整合思想是梅恩思想中一个极其重要的方面，在墨菲西斯早期的一些规模较小的项目上，能够清晰地看到这种思维的痕迹，但因为这时项目规模不大，这种方法学没有大范围实践的机会，也难以发挥其积极的价值，梅恩说在早期的

[1] Julie V. Iovine，An Iconoclastic Architect Turns Theory Into Practice，Published: Monday，May 17，2004，http://www.nytimes.com/2004/05/17/arts.

小规模建筑作品中，他是使用用于大规模项目的多系统整合的方法，来解决小项目的问题。随着事务所承接项目的规模变大、类型变多，梅恩特别强调这种多系统整合的系统思想对设计的指导作用，多系统整合的建筑学理论，是墨菲西斯设计思想的一个核心内容。

在接下来的章节里，将对梅恩设计思想的核心内容，即多系统整合建筑学理论和技术形态主义，以及导致他这种思想的科技价值观和文化虚无观进行深入的探讨。

五、多系统整合的建筑学理论

多系统整合的建筑学理论是汤姆·梅恩在墨菲西斯事务所自创立以来一贯倡导的根本性的设计原则，在探讨这个理论之前，先对系统理论做一简单介绍。

1. 系统理论是梅恩建筑革新的思想工具

系统理论是研究系统的一般模式、结构和规律的学问，它研究各种系统的共同特征，用数学方法定量地描述其功能，寻求并确立适用于一切系统的原理、原则和数学模型,是具有逻辑和数学性质的一门新兴的学科。通常把系统定义为：由若干要素，以一定结构形式联结构成的、具有某种功能的有机整体。在这个定义中包括了系统、要素、结构、功能四个概念，表明了要素与要素、要素与系统、系统与环境三方面的关系。系统论认为，整体性、关联性、等级结构性、动态平衡性、时序性等是所有系统共同的基本特征，既是系统论的基本思想观点，也是系统方法的基本原则。系统论不仅是反映客观规律的科学理论，而且是科学方法论，这正是系统论这门学科的特点。系统论的核心思想是系统的整体观念，任何系统都是一个有机的整体，它不是各个部分的机械组合或简单相加，系统的整体功能是各要素在孤立状态下所没有的新质，即“整体大于部分之和”，系统中各要素不是孤立地存在着，每个要素在系统中都处于一定的位置，起着特定的作用，要素之间相互关联，构成了一个不可分割的整体，要素是整体中的要素，如果将要素从系统整体中割离出来，它将失去要素的作用。正像人手在人体中它是劳动的器官，一旦将手从人体中取下来，它将不再是劳动的器官了一样。

系统论的基本思想方法，就是把所研究和处理的对象，当作一个系统，分析系统的结构和功能，研究系统、要素、环境三者的相互关系和变动的规律性，并以优化系统的观点看问题。世界上任何事物都可以看成是一个系统，系统是普遍存在的，大至渺茫的宇宙，小至微观的原子，一粒种子、一群蜜蜂、一台机器、一个工厂、一个学会团体……都是系统，整个世界就是系统的集合，系统是多种多样的,可以根据不同的原则和情况来划分系统的类型。系统论的任务，不仅在于认识系统的特点和规律，更重要的还在于利用这些特点和规律去控制、管理、改造或创造一个系统，使它的存在与发展合乎人的目的需要。也就是说，研究系统的目的在于调整系统结构，统筹兼顾各要素关系，使系统达到优化目标。系统论的出现，使人类的思维方式发生了深刻的变化，系统论反映了现代科学发展的趋势，反映了现代社会化大生产的特点，反映了现代社会生活的复杂性，所以它的理论和方法能够得到广泛的应用。系统论不仅为现代科学的发展提供了理论和方法，而且也为解决现代社会中的政治、经济、军事、科学、文化等方面的各种复杂问题提供了方法论的基础，系统观念正渗透到每个领域。[1]

系统思维不但是汤姆・梅恩设计思想的核心之一，也是在 1991 年离开墨菲西斯事务所的迈克尔・罗通迪的设计思想的核心内容，以系统理论的眼光看待建筑学，就会把建筑学的发展置于一个动态的不断演化、调整和进化的境地，而建筑学科所具备的自治性特征，在这种系统论的观点看来，也就呼之欲出；赋予建筑学以自治性（自己管理自己，发展自己，进化自己）的属性特征，是梅恩、罗通迪、莫斯及伊斯雷尔共同的思想观念。

2. 多系统整合建筑思想产生的原因

导致汤姆・梅恩多系统整合建筑理论产生的原因有三点：

（1）多元文化及其社会现实状况，是墨菲西斯事务所设计的重要起点之一。梅恩明确表示，他所面对的美国多元文化是他的设计起点之一（另一个设计起点是科技文明）；也就是说，如何把建筑设计与一个多元文化的社会连接起来是梅恩的设计出发点之一，他曾在多场演讲中，以一张照片（图 5.4）象征性地说明他的这种思想，这张照片是前任加州州长施瓦辛格的一张剧照，剧照上他的服装由多种文化的元素组成，这张剧照鲜明地反映了梅恩所面对的混杂的后现代多元文化的现实状况，而他认为这种现实状况是他所必须面对的社会现实，这种社会现实是自己的设计起点之一。[2]

（2）受益于系统论思想的影响，他的多系统整合思想，本质上就是利用系统理论来进行建筑设计的革新改造。[3]

（3）由于洛杉矶矛盾冲突和对抗制衡的社会现实，这让他萌发了补救社会的左倾思想，梅恩把建筑看作是一种可以改变社会的工具，是连接城市极其重要的组织体系，他想要通过建筑改良社会，或对社会产生补偿性、治疗性的影响。

---

[1] 参考百度百科网站，“系统论”词条，http://baike.baidu.com/view/62521.htm.

[2] 参看视频，Talks Thom Mayne on architecture as connection，http://www.ted.com/talks/thom_mayne_on_architecture_as_connection.html.

[3] Lebbeus Woods，An Essay on Thom Mayne，http://www.pritzkerprize.com/laureates/2005.

图 5.9 2-4-6-8 住宅构成分析，1978 年，以分层的方法系统地表达建筑的构成情况

图 5.10 第六大街住宅构成分析，1987 年

多系统整合建筑学，可以允许他把范围广泛的各种问题，纳入到设计的思考范围，使得建筑成为一种能够满足多方利益和要求的平台。

3. 四十年坚持不懈的根本指导思想

多系统整合的建筑（systems-integrated architecture）思想，是梅恩四十年来一以贯之的根本性设计思维，“墨菲西斯长期以来关注于抵制简约主义，而是从多角度思考设计问题，寻找设计策略。多方面地全面解决问题，可以把整合和真实性带进我们的作品。我们长期以来，对待问题的解决是从更多的角度和方面来思考，而不是简单化地以更少的思考维度来解决问题，墨菲西斯有长达 30 年对建筑方法学和实践，进行持续不断的积累、创造和进化的历史，这已经成为了墨菲西斯公司的一种文化品性，墨菲西斯的设计策略不是通过某个人单一权威推进的，而是通过一批不知疲倦的、乐观的职业人员不断贯彻进行的，这些职员，他们彼此理解墨菲西斯共同体内部其他人的建筑设计语言和设计结果。墨菲西斯现在已经达到一定公司规模，可以很宽松地尝试各种复杂的设计方法……但是，在墨菲西斯的早期作品中，就已经包含了它后来设计方法的全部内容。”[1] 虽然，在墨菲西斯早期的一些规模较小的项目上，能够清晰地看到这种思维的痕迹，图 5.9 为 1978 年的 2-4-6-8 住宅的构成分析（2-4-6-8 House，Venice，California，1978 年），图 5.10 为 1987 年的第六大街住宅的构成分析（Sixth

[1] Thom Mayne，Introduction，Fresh Morphosis 1998-2006，Rizzoli，New York，P6.

Street Residence，Santa Monica，California，1987 年），从这些早期项目中，已经可以清楚地看出系统分析、分层构成的手法。但因为早期项目数量有限，规模不大，这种思想没有人范围实践的机会，直到 1990 年代中期以后，随着事务所承接项目的规模变大、类型变多，尤其是因为在旧金山联邦政府大楼（San Francisco Federal Office Building,San Francisco,California,2007 年）中的杰出表现，让墨菲西斯赢得了“政府类项目”代言人的美称，使它有更多的机会承接一系列大型公共建筑项目后,这种多系统整合的建筑思想才真正开花结果,大放异彩。

下面是 GA 杂志的记者，在 2005 年 4 月 28 日，于洛杉矶的圣莫尼卡区对梅恩采访时的一段对话，充分反映了多系统整合的系统思维在梅恩思想中的连续性、重要性和实效性。

GA 杂志问：“是不是对多系统间弹性、适应性和复杂性的关注，以及你对建筑持着一种研究性的态度，让你能够圆润地从以前的小项目顺利地过渡到现在的大项目的设计上？”

梅恩答：“绝对是这样的，我早已为大项目做好了准备，因为我们一直用做大项目的策略来解决早期小项目的问题……事实证明，这种多系统整合的方法学，在解决这些大项目的工作中，得心应手，而且它的价值也很明显，对社会的贡献也很可观，我们也得到了甲方的积极回馈意见，这让我更对我们这种方法学在这些大项目上的表现充满了信心。”[1]

多系统整合建筑理论是墨菲西斯事务所长达 40 年的追求方向，它依赖于对系统理论的理解，系统理论的本质在于以不同（子）系统间的相互作用来组成整体的思想。在一个多样性、差异性和矛盾性普遍存在的时代，多系统整合的建筑思想，允许建筑设计面对错综复杂、多种多样的社会现实问题和矛盾冲突，把这些社会性因素作为影响设计的力量，纳入到设计中去，通过设计提供一个能够满足多方利益、兴趣的平台，进而对社会产生干预、补救作用，以解决广泛的社会现实问题。另外，这种思维也给设计本身带来了影响，它有利于打破设计者狭隘的习惯和直觉局限，对设计所造成的限制，它可以拓展设计思考的范围；再者，它使设计变得明确、透明，并易于掌控，因为决定设计的因素及其相互间的关系，要解决的问题都在设计中得到体现，都展现在图纸上。梅恩说，他通过观察一个项目的图纸，就能够洞察这位设计师想要解决什么样的问题，其原因也在于此。另外，在面对设计过程不确定性方面，这种方法也允许其他的问题、目标、价值重新纳入到过程中，去进行整合，并最终通过建筑的语言形式表达出来。当然，这是一种较为理想的状态，梅恩说，在他所有的项目中，真正能够完全把自己这

---

[1]《GA Document》，87 期，Special Issue-Competitions，Morphosis 专辑，P17.

种多系统整合思想付诸实施的还没有，最多也就能够实施70% ~ 80% 自己的思想，但这种理论会导致一种对人类与自然、社会之间的交互作用，作全新理解的新型建筑理论，它能够使建筑学真正深入到社会现实中，承担起建筑学的社会责任，这是现代主义运动初期思想中，最让梅恩怀念的一种积极进步的观念。

如果，多系统得到很好的整合，那么建筑设计就带有明显的自治性质，以多系统整合的观点看待建筑学科体系的架构，这样梅恩和罗通迪就导出了他们对建筑学的共同认识：即建筑学是一门带有自治性质的学科，这种思想对墨菲西斯事务所的设计，以及对 1991 年离开墨菲西斯的罗通迪都产生着根本性的影响。

在 1990 年代中期之后，随着墨菲西斯事务所承接项目的规模和类型的变化，梅恩得以有机会大范围地尝试他的多系统整合思想，他的设计思想也明显地走向复杂、多面的系统化思维，侧重于多个影响因素（或称为概念、子系统）间矛盾作用对设计的推动和深化作用，其关注的重点已经转向建筑设计的方法学（methodology）层面，其目标在于如何在一个项目中，建构一套能够把设计推演、转化下去的操作系统（operational system），“操作系统”既是理性的，但也可以因机变形，它有着松散开放的结构（因为这个操作系统都是由各种概念、因素构成，可加可减），符合逻辑的推理，带着集体合作的痕迹，实质是建筑师的主观世界与各种客观条件间的交互作用、整合，表现了高度的理智性和策略性的倾向，其终结目标就是要建立多个系统之间相互作用、相互整合的建筑学（systems-integrated architecture），这种思想在欧洲中心银行、洛杉矶艺术博物馆、旧金山联邦政府办公大楼等大量的作品中都有体现。

4. 多系统整合理论的核心内容

（1）多重复合思维是多系统整合建筑学理论的起点

反对简化论（reductionism），确立多重复合（mulriple thinking）的复杂思维，是多系统整合建筑学（systems-integrated architecture）理论的起点和首要要求。

梅恩长期以来关注于抵制简化论。简化论是把一个复杂东西的成因抽象简化成单一、简易的原因，现实世界真实的复杂性被缩减成一种简易、朴素和直率的因果律，并把它看成是事物引发原因的直白表达，这是一种典型的现代式的、以一驱万的思维模式。简化论是建立在抽象还原思维方式基础上的，简化的目的是要抓住事物最根本的本质属性，但往往挂一漏万，其结论往往与事实真相天壤之别，丰富复杂的事物经过简化变得单薄、简单。这是西方概念、理性思维中常常出现的一种现象，马克思把人类复杂丰富的历史概括为阶级的矛盾和斗争史，认为这种矛盾和斗争是人类发展的根本推动力；弗洛伊德把人的发展归结为人受到自身难以克服的“力比多”的性驱动；这些学术思想在根本上都带有简化论的痕迹。简化论的思考方法在现代主义设计思想中也占有极其重要的位置，被喻为第一个现代主义建筑的乌得勒支住宅，其立面、造型就是根据点、线、面的简单直角构成原则得出，简化论还在国际主义风格的形成中起到特别重要的作用，密斯玻璃盒子式的高层办公大楼，就是简化论在国际主义风格中，最具代表性的例证。

与简化论侧重于“少”的思维相反，梅恩侧重于多重复合的设计思维，它以多方面思考问题为出发点，涉及分析、解决问题的多视角、多概念、多因素、多系统、多价值、多层次、多手法等等影响设计决策过程的方方面面，多方面因素的整合，就是多重复合，它是梅恩设计思想的灵魂，这种思维的发展结果就是梅恩的多系统整合的建筑学。多重复合设计思维，涉及以下几个方面。

（2）设计思考范围广泛：多概念、多因素、多系统

广泛的设计思考范围，首先表现在对设计中可能涉及的概念、价值、要求和因素有着广泛的思考，“墨菲西斯的设计道路不仅仅是处理形式的问题，它得要面对摆在桌子上的多重问题，给出自己的解决答案，一个项目和城市的关系，它对社会活动和功能的反映，它的构造和材料问题，景观概念，文化身份等。我对把现实简单化不感兴趣，我更愿意把我们的作品描述成一种包容性的建筑学（inclusive architecture），它反映现实世界的复杂性、模糊性和张力，那些批评我们的建筑过于复杂的人，对于我们的设计理念往往不是很清楚。”[1] 多系统整合的建筑理论，实质上是由于在设计中考虑的概念、价值、要求和因素广泛、复杂和多元而造成的，所以也可以称之为多因素整合、多概念整合或多要求整合的设计思想。图 5.11 为梅恩笔记本上的内容，它记载着梅恩在 2003 年“寂静的冲撞 / 沙勒罗伊舞剧”（Silent Collisions/Charleroi Danses, Venice, Italy, 2003 年）项目中，所考虑到各种概念及其之间的关系，这个厚厚的笔记本上的内容，充分说明了梅恩在设计中，从各种概念、思想、价值、目标、因素着手的设计策略。概念、系统和因素之间既存在着联系，也存在着差别和矛盾。在梅恩的设计中，往往从价值、目标的角度确定很广泛的影响设计的概念、因素或系统，这里的概念、系统和因素是有区别、联系的一个体系，它们将对设计产生直接影响：

①如果考虑的对象是一种抽象的东西，就以概念来称呼。包括价值导向、多方要求，比如在一个项目，把促进个体之间的社会交往作为一个重要的设计目标和价值，那么，“社会交往”就成了影响这个项目设计的一个重要概念，为此，就需要建立一套为实现这种“社会交往”概念的“空间系统”来完成这项任务，这样就把“社会交往”的价值概念，引申、转化成了实现这种概念的一套“空间系统”，系统就是实现概念（价值、目标）的工具。概念在梅恩的设计思想中，

---

[1]《GA Document》，87 期，Special Issue-Competitions，Morphosis 专辑，P17.

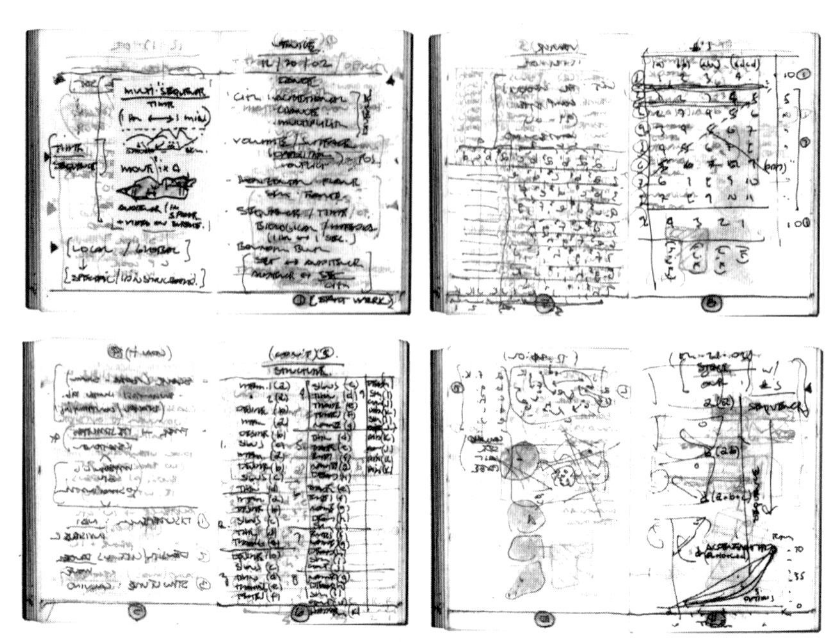

图 5.11 梅恩为“寂静的碰撞”所做的概念分析，他的笔记本记满了设计初期的各种概念和思想，充分说明他从概念着手设计的策略

与“价值取向”、“目标要求”的意义相接近。

比如在辛辛那提大学学生娱乐中心（University of Cincinnati Student Recreation Center，2005 年，图 5.12）的设计中，把刺激一系列连接性事件的发生来鼓励校园周边的活动、增加都市活动密度、刺激校园内社会体验的多价本质（polyvalent nature），作为重要的价值取向，从而导致设计把断断续续的现有建筑和边界连接起来，成为这个设计的重要策略。

亚利桑那州斯科茨代尔市的 SHR 知觉管理中心（SHR Perceptual Management，Scottsdale，Arizona，1999 年，图 5.13）的设计中，把办公文化中平等主义作为一项重要的设计追求目标。这是一个为几家广告、设计、市场公司合用的办公和管理用房，梅恩希望这个设计能够重新解释企业内部关于身份地位的传统、合作文化和生产效率之间的关系，他的设计希望塑造一种带来创造性和合作性感知气氛的工作空间，注意私密、公共和半公共空间的搭配和位置的安排，整个设计强调团队组织，消解了传统的阶层概念。

在俄勒冈州的联邦法院（Wayne L. Morse United States Courthouse，Eugene，Oregon，2006 年，图 5.14）设计中，梅恩破除了传统法院以高高耸立的办公塔楼形象，来暗示法律权威的做法，把民众的日常生活与法律的威严“平起平坐”，从而导致设计将审判庭分开置于象征民众生活的、低层水平流动裙房之上，于民众的日常生活之中，体现法律的尊严。

图 5.12　辛辛那提大学学生娱乐中心，以连续的界面设计，促进学生多种活动的发生

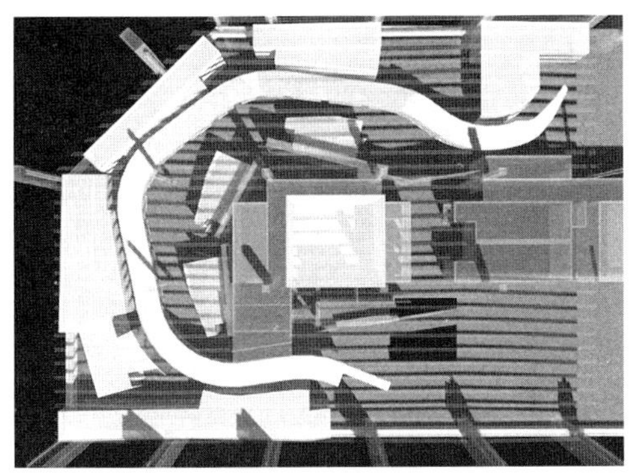
图 5.13　SHR 知觉管理中心，以平等合作为出发点，导致的总体布局模式

图 5.14　俄勒冈州的联邦法院的设计，由于强调民众生活与法律威严同等重要，导致法院的风格与传统法院的设计大相径庭

应该说，在设计初始阶段，对把什么样的设计概念和思想导入到设计中去，对梅恩的设计起着极其重要的影响作用，他的大量作品在不同程度上，都体现出了建筑师直面社会现实，而形成的深刻的时代性、社会性和思想性特色，这是多系统整合的建筑理论，对社会现实生活直接参与和发生塑造作用的体现，建筑承担了一个有思想的建筑师去参与、整合、引导社会现实生活的任务。

②如果考虑的对象本身比较庞杂，它本身就可以构成一个系统，比如建筑室内的人流系统，一个这样的系统还可以再细分为多个下一级的子系统，如人流系统还可以再分为室内各种人流。在一个项目中，像这样的系统还有很多，比如消防系统、表皮系统等；一个“绿色建筑”的节能系统可以再细分为：采光控制（子）系统，空调控制（子）系统等；系统的概念已经进入到了具体的设计过程层面，这种系统思想突出地反映在墨菲西斯大量的图纸中，系统是实现概念和思想的工具，可以说，墨菲西斯作品集中大量的图纸，都是用来表达设计中的这种相互叠加的系统思想的，图 5.15 为 2012 年纽约奥运村项目，虽然 2012 年的奥运会没有在纽约举办，但这个项目的大部分内容还是建设了；[1] 图 5.16 为新泽西州的佩思安博伊中学。

---

[1] 在这个项目中，墨菲西斯事务所还和加州的一家能源服务公司（Onsite Energy）合作，充分显示了墨菲西斯事务所的跨学科性质。这个公司致力于能源管理策略的制定，采用有效成本管理系统（cost-effective systems），在建筑采暖、通风、制冷、采光这些方面对建筑进行技术干预，这是美国西海岸比较出名的一家能源服务公司，一些大型的工业和政府项目时常与之合作，致力于节约能源、燃料的消耗。

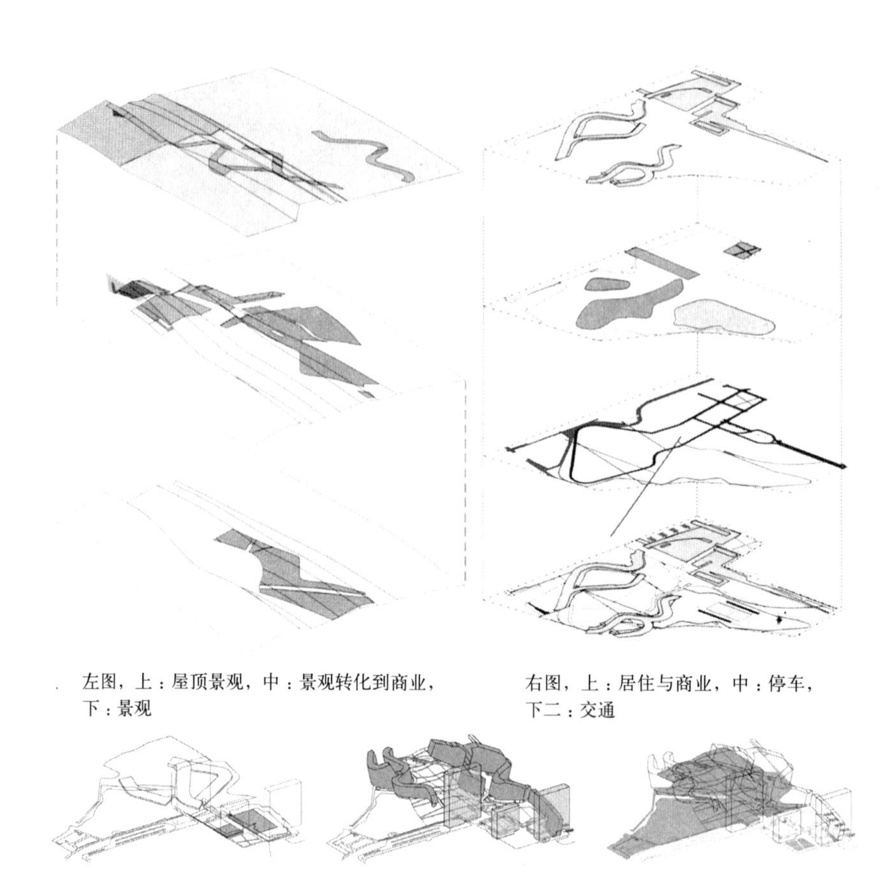

左图，上：屋顶景观，中：景观转化到商业，下：景观

右图，上：居住与商业，中：停车，下二：交通

左：停车系统，中：居住系统，右：景观系统

图 5.15　在纽约 2012 年奥林匹克村项目中的系统分析和叠加方法

③如果设计中有一些重要的制约性条件，如项目所在地是个陡坡，那么，“陡坡”就成为这个项目设计时要考虑的一个因素。例如在钻石牧场中学（Diamond Ranch High School，Los Angeles，1999 年）的设计中，陡峭的山地就成了影响设计的重要因素，而在位于奥地利克拉根福市的海普银行总部多用途中心（Hypo Alpe-Adria Center，Klagenfurt，Austria，2006 年）设计中，周边错综复杂的环境关系，则成了影响设计的根本性因素。

梅恩在谈到自己一以贯之的这种系统思想时说：“建筑学是一种长距离运动，你把自己的思想投入进去，在那里停留 30 年，30 年后你才真正开始。”[1] 从 1990 年代后期开始，这种多系统整合思想开始在墨菲西斯一系列大型公共建筑中渐渐地得到卓有成效的实践。近来随着墨菲西斯在一些绿色建筑领域的不断发展，这

[1] Lebbeus Woods，An Essay on Thom Mayne，http://www.pritzkerprize.com/laureates/2005.

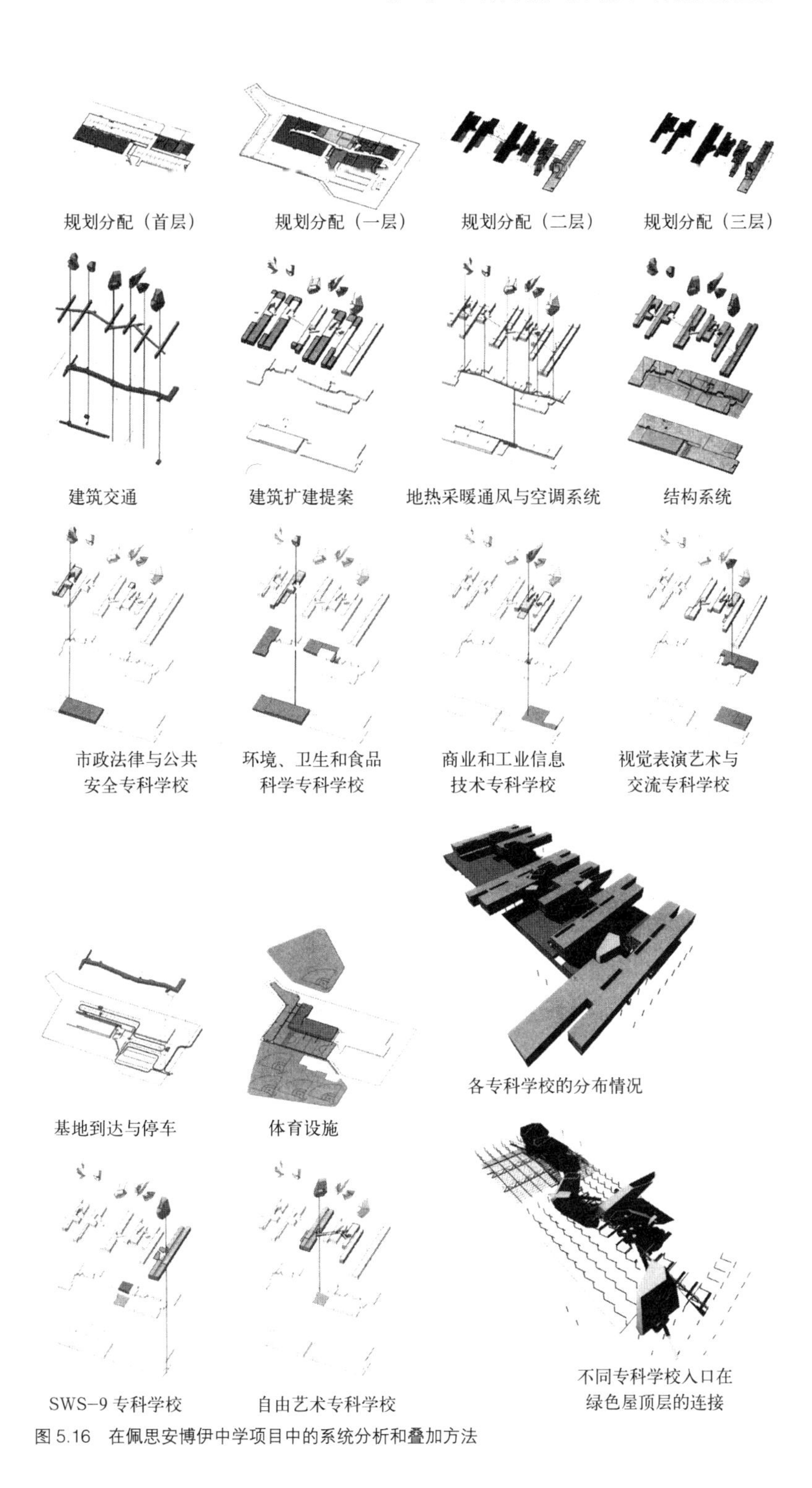

图 5.16　在佩思安博伊中学项目中的系统分析和叠加方法

种思想在把传统的建筑设计，和由系统控制思想指导的节能技术系统相结合、把建筑美学和为技术主导的绿色生态学相结合后，对建筑设计的过程、建筑的形态和风格，产生了决定性的影响作用，这也让梅恩另外一种重要的设计指导思想——技术形态主义，得到了长足的发展。在技术形态主义的设计思想中，技术性因素，对建筑设计起着决定性的主导作用，让多系统整合建筑理论真正大放异彩的正是绿色建筑领域。“梅恩的绿色建筑正是从各学科的根部成长起来的，牢牢地确立他绿色建筑理论谱系的，正是他把建筑美学和生态学结合在一起，这一点非常清楚，他的目标是多系统综合的建筑，这将导致对人类和自然之间交互作用的崭新理解，这种策略展现了其广泛的社会意义和建筑理论价值。”[1] 梅恩技术形态主义的顶峰之作就是将在2012年建成的、巴黎德芳斯巨门附近324m高的“巴黎灯塔”，它将是世界上第一座“绿色”环保大楼。[2] 这与1980年代，梅恩在“2-4-6-8”那样的小房子上尝试着以系统构成思想所取得的成果，已经是天壤之别了。

旧金山联邦办公大楼（San Francisco Federal Office Building）的设计，在梅恩将多系统整合与绿色建筑相结合思想的发展过程中，是具有里程碑性质的一个重要项目[3]，这个项目构成关系非常清晰，它由四个主要的概念（或系统）组成：

（1）计算机控制的双层表皮面板，这是绿色建筑的技术核心，它可根据季节和天气情况适时调整表皮面板（当然也可手动调整），其目标是通过对自然能源的有效使用，为可持续建筑设计确立一个评价基准，它直接导致建筑采用了板式的形体，让建筑以一种高耸、薄板、满占城市街区宽度的办公建筑体量，展现着自身。

（2）旨在提高工作人员健康水准、生产率，塑造创造性的办公环境，重新定义工作场所的文化，体现平等和民主思想的无差别办公空间。

（3）创造一个具有地标性质的建筑形象要求，这是由项目性质决定的，包括主体大楼和裙房。

（4）由于跳停式（skip-stop）电梯系统所造成的室内“不期而遇”的公共交往空间（图5.17）。

与常见的电梯在每层停靠的方式不同，跳停（skip-stop）电梯停靠方式每三层停靠一次，这种电梯停靠方式在柯布西耶的马赛公寓中出现过，梅恩在多伦多

---

[1] Lebbeus Woods，An Essay on Thom Mayne，http://www.pritzkerprize.com/laureates/2005.

[2] 2006年11月底，负责开发巴黎西部最繁华的商业区德芳斯（La Defense）的地产集团Unibail宣布，区内标志性新大楼的设计方案，选用美国墨菲西斯事务所的“灯塔”（La Phare）方案，造价约为10.5亿美元，原计划2012年建成。建成后，“灯塔”将是世界上第一座“绿色”环保大楼，同时，324m高的“灯塔”将打破100多年来巴黎天际线的限制，取代320.7m的埃菲尔铁塔，成为巴黎第一高楼。“灯塔”是梅恩在法国的第一个项目，参加这次竞标的还有英国建筑师诺曼·福斯特和法国建筑师让·努维尔等9位国际知名建筑师，梅恩的方案胜在环保理念。资料来源，http://www.buildcc.com/html/95/32095-258944.html.

[3] 相似的设计方法还在加州运输局总部（Caltrans Headquarters）、库柏联盟（Coop Union）新教学建筑和其他近期的项目中得到运用。

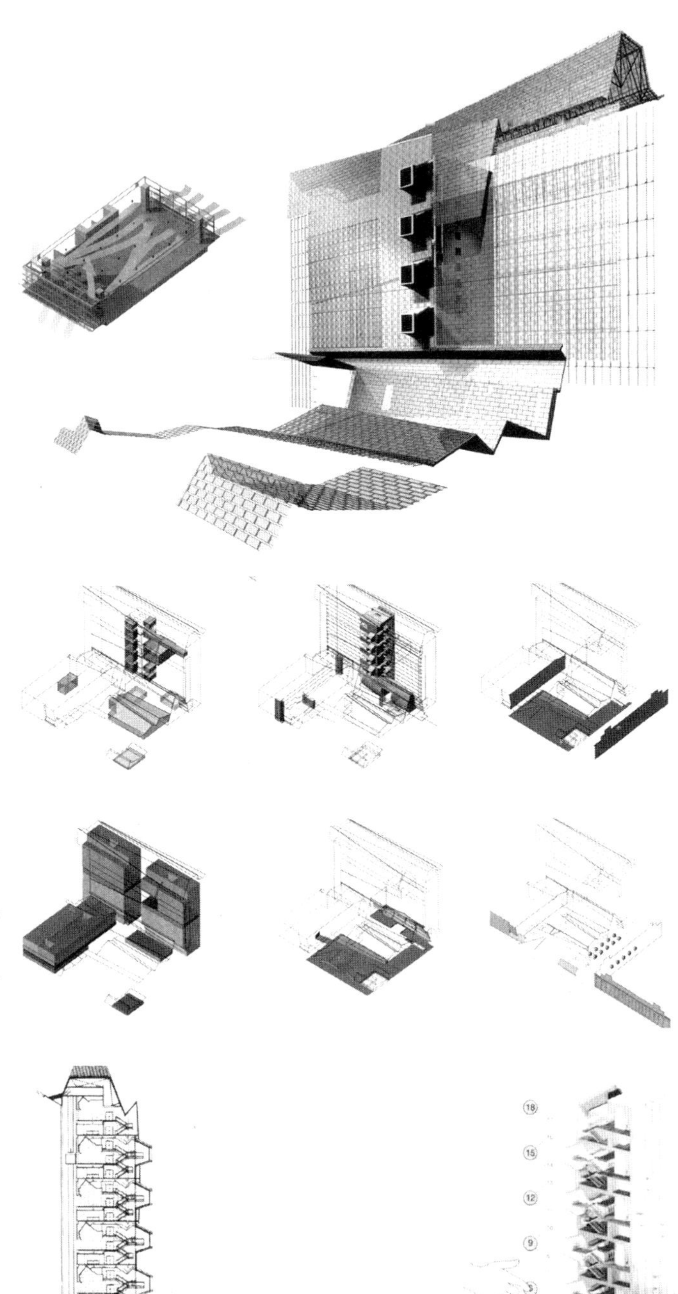

左为无差别的办公空间系统，右为表皮系统（中部为跳停电梯在立面上的影响）

以系统分析方法表达的建筑功能构成情况，上左：公共使用空间，上中：流通和循环，上右：民众空间；下左：配置计划，下中：公共空间，下右：入口

跳停电梯的交通组织系统，及其对交往空间和里面的影响

图 5.17 旧金山联邦办公大楼系统组织分析

大学研究生公寓中首次使用，随后在旧金山联邦办公大楼、库柏联盟教学大楼和欧洲中心银行等项目中，墨菲西斯继续尝试着以独特的电梯跳停方式组织垂直交通，并进一步以此为契机组织生动的室内混合交往空间（与垂直向的交通相结合）。跳停不是隔层停靠（即只停靠2、4、6、8层……，或只停靠1、3、5、7、9层……），而是停靠2、5、8、11层……，或停靠1、4、7、10层……，即中间隔两层停靠一次。举例来说，如果以1、4、7、10层……停靠的方式来说，先通过电梯到达第4层后，由4层可通过楼梯到达3、5层；同样，由7层可通过楼梯到达6、8层，由10层可通过楼梯到达9、11层……，而在2、3层之间，5、6层之间，8、9层之间，11、12层之间，……只能通过楼梯联系；这样，就把垂直交通分解成两种类型，一种是到达、离开建筑物的人流，比如，目的地在第8层的人，可以选择电梯在第7层下后，走一层楼梯到达第8层；第二种，在建筑物内部各楼层间来往的人流，如第2层的人要到的3层，就只能走楼梯。如果第2层的人要到第8层，只能选择楼梯、电梯进行组合后，才能到达目的地。这种跳停方式，大大地提高了楼梯所承担的交通量，整栋建筑物内部不同组织、部门人员之间的交往增加了，许多人必须走楼梯才能达到自己目的地。梅恩把楼梯与公共交往空间（如中庭这种传统的空间模式）组织在一起，让人们在楼梯上不断相遇，促进社会交往，同时他对传统的中庭空间进行改造，让它更为开敞，中庭与周边空间发生重叠、咬合，产生流动渗透，增加中庭对周边空间的吸引力。如果这种垂直公共交往空间，上下之间发生错层，整个空间形态发生变异，那就会产生出人意料的戏剧化效果，用来联系不同层之间交通的楼梯，在不同的高度悬挂于中庭交往空间，交往空间就成了斜向的交往广场，这就是出现在库柏联盟教学大楼（Cooper Union Academic Building，New York，2009年，图5.18）中的情况。

（3）概念是梅恩介入设计的起点

“我的设计从可以导入‘某种东西’的概念入手，但我不知道会走向何方，……创造性设计的第一步是最困难的，有时我几乎是从彻底的一片黑暗开始”[1]。“对多种兴趣、观念、条件、问题做自由、连贯的调研，是我们设计的基础，我们关注于它们之间的联结，它将把我们的工作置于城市、环境、社会、经济和政治的关系内来进行。”[2] 梅恩的设计以考虑多少因素、概念开始，可能涉及哪些知识和专业范围，项目的特殊性和特定的目标是什么？梅恩会以一种图表（diagram）的形式来概括这些内容，在此基础之上，对这些问题再提出有针对性的解决途径（以系统的形式出现），从而把设计引向深入，这是梅恩要做的第

---

[1] 沈克宁编著，《美国南加州圣莫尼卡建筑设计实践》，重庆出版社，2001年版，P47.

[2]《GA Document》，87期，Special Issue-Competitions，Morphosis专辑，P9.

图 5.18　库柏联盟教学大楼斜向室内交通广场，左为斜向交通广场空间界面的网状结构和内部楼梯布局，右为广场室内

一步工作，也是最重要的一个环节。梅恩的设计工作就是从这些问题着手，而不是从那些预想的形式语言开始。针对项目，怎样创造性地提出问题是一个非常重要的问题，因为它将决定一个设计以后的走向。

拓展思维可能性的角度，在梅恩的设计中处于极其重要的位置，下面是一段梅恩关于设计思维可能性问题的谈话："我在教室里，手里拿个茶杯，告诉学生们说，我现在要重新设计这个茶杯，大多数学生会立刻围绕茶杯的形状开始工作，有较少的学生会问这样的问题：这样的茶杯一年需要多少个？一个茶杯能用多少次？当这些茶杯被丢弃掉，得占据多少垃圾空间？它们要多长时间才能分解掉？这些问题恰恰就是我感兴趣的提问方式。我会更倾向于参加提出这样问题的小组，与他们讨论，这是我的天性……我想再次强调，建筑学只不过是你要选择什么样的问题给予陈述，以及你是怎样清晰明确地表达这些问题。因为你不可能涉及所有的问题，这一点是肯定的，只是你要选择什么样的问题进行解决而已。人们总是把建筑看作形式和语言，但根本就不是这样。"[1] 梅恩说："建筑可能是什么，或可能不是什么？建筑要崇敬什

[1] Orhan Ayyuce, Thom Mayne in 'Coffee Break', http://archinect.com/features/article.php?id=61129_0_23_0_C.

么？建筑能吸收利用什么或合并什么？这些问题引导着我们的决策，决定着我们思考问题的范围，也影响着我们对这些问题的解决。注重偶然性是我们的一个特点，在我们作品中永恒不变的是变化，这种变化，包括形式在内，它产生另外一种新秩序，这种秩序不能以一般的协调、融洽来评价，它是建立在一种多层次、多价值、多角度思考的基础上。”[1]

由多个概念组成的概念域（conceptual territory），就会在根本上影响着设计的方向，多概念，就代表着多价值，多要求，多概念间会产生矛盾，矛盾既是价值间的冲突，也是促进设计走向深化、调整的依据。梅恩说："从多重出发点（multiple departure points，即从不同的方向、角度和系统出发思考问题），推进设计，综合不同的组织系统，使它们一体化；这是针对'如何创造多样性？也同时在它们之间建立和谐'这个问题展开研究的模式，没有什么东西是重复的，同时，又体现了复杂秩序的有机观念。”[2] 每个概念（以及实现它的系统）都有自己的独立性，多概念、多要求之间必然产生张力，这就让设计过程处在一种高度理性推理的矛盾紧张状态之中，它的解决需要非常合乎逻辑的推理，这就是梅恩建筑所带有的紧张感和理性美的原因。梅恩的每一个项目都是“量身定制”，根据项目特定条件，先确定代表多个价值要求的概念域，导入与之相应的多个子系统，组成一个更大的系统，子系统之间关系（relation）就成了设计师要处理的对象，设计、转化的过程就是要综合考虑、平衡这些错综复杂的多面要求和关系，相互磋商，对话协调，在弹性的动态转化中达到矛盾共存，这就要求设计师要进入系统性、整体性的思维状态。

梅恩的系统思维具有自己的特殊性：

①他基本上不会把某一个概念、系统或因素置于绝对统治的地位，而不顾及其他方面，或太多地牺牲其他的方面，这是梅恩在多元化社会里的民主政治思想在建筑上的鲜明体现。

②每一个概念、系统都具备自己独立性和个性，不能拿所谓“整体”的价值观对概念（子系统）提太多的要求，丧失（子）系统的独立性和表现空间，这是梅恩系统观的重要内容和特殊性所在，只有这样才能实现对立面的矛盾共存，太多强调整体就会使设计丧失丰富性、差异性、多样性、拼贴性、并置性和融合性。矛盾面的共生，是其设计的重要特点，整体是以个性存在为前提的。

梅恩对思想观念的多样性感兴趣，他认为没有一种单一的概念能够表达他所处时代、社会的混杂性。多概念间的关系是促进梅恩设计深化的生成性力量（generative force），每个项目面临的概念不同，问题不同，系统不同，矛盾不同，

---

[1] Thom Mayne，Morphosis，Phaidon，New York，2006，P272.

[2] Thom Mayne，Morphosis，Phaidon，New York，2006，P276.

从多样的概念着手设计，就避免了设计的千篇一律。从多样概念着手进入设计的方法是墨菲西斯事务所始终保持的设计策略。梅恩对建筑所表达的概念极端重视，他认为建筑的意义就是表现这些概念及其相互之间的关系，“建筑，按照我的理解，是各部分的因素间最佳集合时的产物，消防和建筑法规、工会规则、预算控制、客户要求的变化，还有其他许多偶然性的因素经常会在建筑形式和组织中起到重要的影响作用……在这里，概念最为重要，在这里，每一刹那的清晰，会被不加渲染地明确下来，在这里，我们可以抖落平庸无用和妥协的渣滓，纵情于对丰富性和多样性的体验之中。”[1] 这里的“每一刹那的清晰”指的是，多样、不同问题间的各种矛盾，在得到合理解决的一瞬间，可见，梅恩的设计过程就是解决各种复杂多样问题间矛盾冲突的过程。

（4）多种冲突性的生成力量是推演设计的重要资源

如何寻找一个项目的生成性力量（generative force），尤其是找到项目设计中，可能相互冲突的力量（conflicting forces）是梅恩设计方法的重点和特点所在，找到这样的力量后，接下来的就以（子）系统间关系的方式，把这些力量编织到设计的过程中去，让它们对设计产生影响和塑造的作用。

位于奥地利中型城镇克拉根福的海普银行总部多用途中心（Hypo Alpe-Adria Center，Klagenfurt，Austria，2000 年，图 5.19）的设计，是说明生成性力量影响设计的一个鲜活例证。这个项目是由墨菲西斯事务所于 1995 年通过竞赛而获得，已在 2000 年完工，业主海普银行希望在奥地利的中型城镇克拉根福兴建银行总部，同时也包含办公室、商业空间、住宿及公共空间。克拉根福位于奥地利南部，靠近意大利和斯洛文尼亚，是个临近三国交界的地方，在这一区域不同的社会阶层中，存在着差异性很大的文化形态。项目位置是在城市边界，周边情况复杂，各种混乱的建筑、露天停车场、大型商业中心和郊区居住房屋散布在用地周围，在这里，城市网络渐渐变成农田，都市环境慢慢让位于补丁似的庄稼地。墨菲西斯的设计对周边这些凌乱而冲突的力量做出了回应：

①设计中将城市原本的南北向、东西向轴线，由街区延伸到本中心的地景中，并将一个非城市主要道路的轴线延伸到基地内，以一个开放的、步行集会广场收住这条延伸的轴线，广场被安排在街道交叉口旁的位置，使行人可以方便出入，这样就将这个由城市延伸出来的新都市空间与城市空间整合在了一起。

②入口处被设计成一种呈迎接姿态的巨大开放的屋盖，这个屋盖庇护了这个项目的主要功能，包括银行的总部、商务中心和部分办公用房。在屋盖下有

[1] Lebbeus Woods，An Essay on Thom Mayne，http://www.pritzkerprize.com.

一个天窗采光的庭院，围绕着庭院组织各个部门的办公空间，这个庭院允许天光深入到地面层的银行分支机构。

③在建筑组织上以分别源自城市与乡村地景的都市肌理作为参考底图，以建筑密度的疏密呼应都市的肌理，在基地南侧建筑密度较高，以与城市的建筑型态相配合，近旁是繁忙的福克马克特街；北侧则是低密度的建筑，以便与北侧的农田郊区呼应。

④建筑体量复杂穿插，在基地的南侧，五层楼高的建筑体量与北边大部分是两到三层楼曲线屋顶的建筑物产生对立，因此呈现了建筑与“地景”间的互动性，建筑多方向的形体关系与周边城市和郊外乡村间存在着呼应关系。

⑤通过将公共领域（聚会广场和庭院），插入到私密领域（银行），塑造了一种民众互动的空间气氛，很好地回应了本地区由于三国交界所造成的多元文化的现状，银行总部作为一种民众性的机构形象，有力地应对了它繁忙的日常工作，整个建筑仿佛把周边各种波动的力量进行吸收后，而达到一种凝结状态，那些不断移动的块面和片段，相互冲撞、渗透，但这些形体都与周边环境存在着呼应关系，利用这些片段的差异和对比，塑造了建筑形式的复杂性特质。

这个项目努力捕获城市和农村的两种生成性力量，把城市既有的因素加以转化，对城市的道路体系和周边建筑，都力图通过新建筑加以解释，这个方案特别重视城市的肌理对建筑形式的影响，包括建筑配置、体量和密度，可以说是克拉根福城市景观在基地上的延伸。

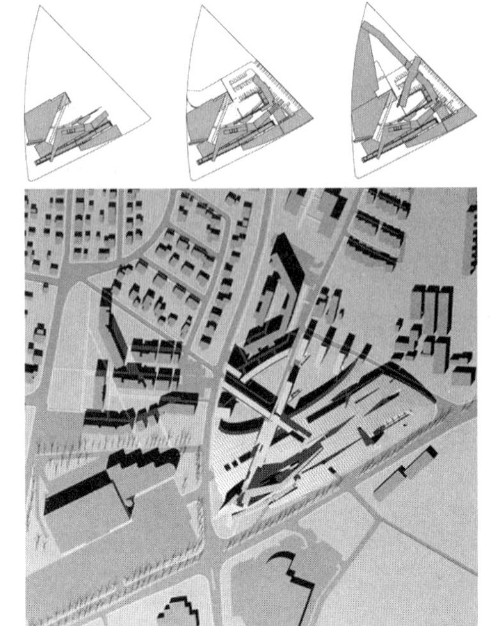

图 5.19　由各种生成性力量塑造的海普银行总部中心

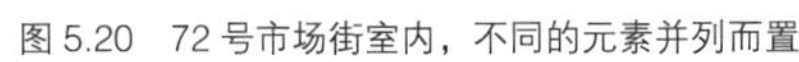

图 5.20　72 号市场街室内，不同的元素并列而置

图 5.21　天使餐厅外立面，不同的元素并列而置

一个典型的梅恩建筑一般至少有 2 ～ 3 个相互影响的系统组成，这些系统可能是建筑形态的，也可能是建筑要求或价值取向的，系统间的关系一目了然。这是墨菲西斯事务所在长达 30 多年里，一直采用的一个最为基本的方法，早在 1980 年代中期设计的位于洛杉矶西区的几个装修项目中，如加州威利斯区的 72 号市场街（72 Market Street，Venice，California，1983 年，图 5.20）、加州贝弗利山上的凯特·曼特里尼（Kate Mantilini, Beverly Hills, California, 1986 年）餐厅，和加州洛杉矶的天使餐厅（Angeli Restaurant，Los Angeles，California，1984 年，图 5.21），在这些规模不大的项目上已经可以清楚地看到不同元素（系统）的叠加和并置。梅恩反对一味只讲究均匀化的整体性，在早期工业厂房改建、整修项目中，他通过引进新的元素到既存的体系中，造成相互之间的冲突，表面上看似随机、很偶然、不正常（informal）的构成关系，其实要经过深思熟虑的思考，在凌乱、矛盾的表象背后，其实隐藏着既符合逻辑，又具有创造性的组织安排。

在全新的设计项目中，梅恩也要引进冲突和矛盾，在他第一个大型的住宅项目位于蒙特斯托的克劳富住宅设计中（图 5.5），他在基地里以 16 英尺间距为网格先制造一种韵律，这种韵律在 7 个红木覆面的垂直向图腾柱子上得到重复，但这种韵律与另外一个拱形的混凝土墙体相冲突，这个墙体也不是完形的，它不断地被中断，它是一个更大的圆周的一个片段，两者的叠加就产生了强烈的矛盾与冲突。这种以几个独立的系统构成矛盾冲突的手法，不论在初期的小项目中，还是在后期像欧洲中心银行的大项目中，都普遍存在，它造成图形的紧张感和复杂、冲突的意义，另一方面，由于系统之间的关系都是经过精心的推理和调整，所以，这种设计有着严谨的逻辑性。

（5）多系统整合思想的应用形式：层叠的方法

"层"（layer），指层积或叠加，它是一种广泛存在于墨菲西斯作品中的层思维、层构成和层表达的方法，是梅恩设计手法中最重要特征之一，它直接构成了墨菲西斯作品中的层品质、层质量（layer quality），这既是一种分析解决问题的方法模式，又是一种提交答案的表现形式。如果把影响设计的一个概念（因素、或系统）看作一层，那么设计就是在概念（因素、或系统）层叠的过程中，解决矛盾的过程，每一个概念层都具有自己的独立性和表现性，但一旦重叠就形成系统，发生矛盾，这就是梅恩设计思想中的层思维。分层地各层解决此层与他层间的矛盾，就会在设计留下明显"层构成"的痕迹。

比如表皮层，它自身是个独立的层，可以赋予它独立的、大胆的构成规则（如不同虚实关系，不同的透明度关系等），它与建筑的体积系统、受力结构系统、技术系统（各种太阳能板，可调整的遮阳板）发生关系后，就要立即做出调整，（可参看图 5.17）适应其他系统的要求，当矛盾解决后，表皮层原来的构成规则会在某些地方进行必要的调整，在有些地方，这种原来的构成规则会遭到彻底的破坏，被改动得面目全非，调整后的表皮层就带有明显的层构成的属性和特点，建筑就是由许多这样的层交叉、累积而成。梅恩的设计图纸往往就是把解答矛盾的答案分层表达，罗列、绘制于图纸上，这就是层表达。很明显，如果单纯从一个层看，读者会不明就里、无法理解，因为在单层上只能看出单层自身的构成规则，但无法辨别层与层之间相互配合的逻辑关系，其实这些层都是经过严谨的推理、组织的，其设计的准确性和真实性就隐藏在这些看似没有关系的层与层的关系之间。

梅恩的层思维类似于 Auto CAD 绘图软件中为不同性质的内容设置的不同"层"，一个成熟的工程图纸，各层之间应该是没有矛盾冲突的，如果能够以透视的眼光来看待这些累积的层，就可以清晰地看到设计的逻辑关系所在。而且，墨菲西斯事务所对大多数方案，都会进行比较抽象的层构成（layer composition）分析，在该公司的网站上，像这类构成分析的图纸比比皆是。

层思维是梅恩从早期就一直保留下来思考和表达方式，不论在早期小规模的 2-4-6-8 住宅（图 5.9）、克劳富住宅（图 5.22）、第六大街（图 5.10）住宅，中期的海啸·亚洲烧烤餐厅（图 5.23）、癌症中心（Cancer Center，图 5.24）、凯特·曼提里餐厅，还是后期大规模的欧洲中心银行（European Central Bank，Frankfurt，Germany，2003 年，图 5.25）、纽约 2012 年夏季奥运村（NYC2012 Olympic Village，New York，2004-2012 年，图 5.15）上，几乎在所有梅恩的建筑和规

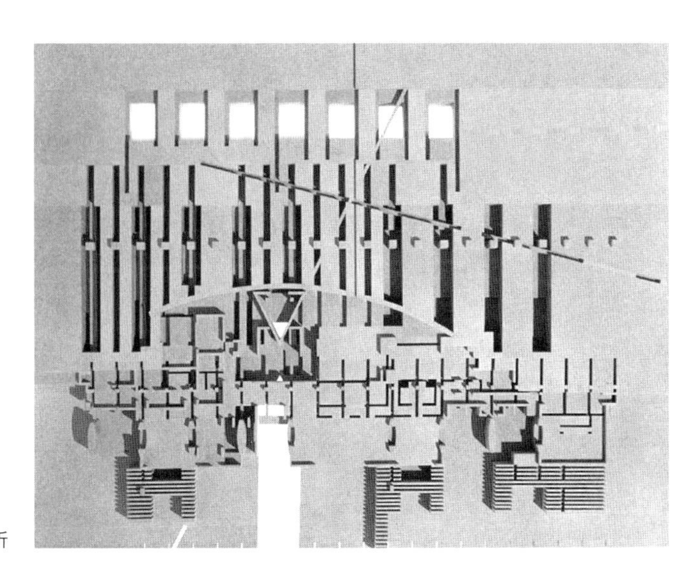

图 5.22 克劳富住宅层构成分析

图 5.23 海啸·亚洲烧烤餐厅，通过表皮层和空间系统的直接叠加塑造了令人兴奋的室内空间气氛，上为分布在不同空间界面的图案，其他为贴上图案后的界面效果

图 5.24　癌症中心层构成分析

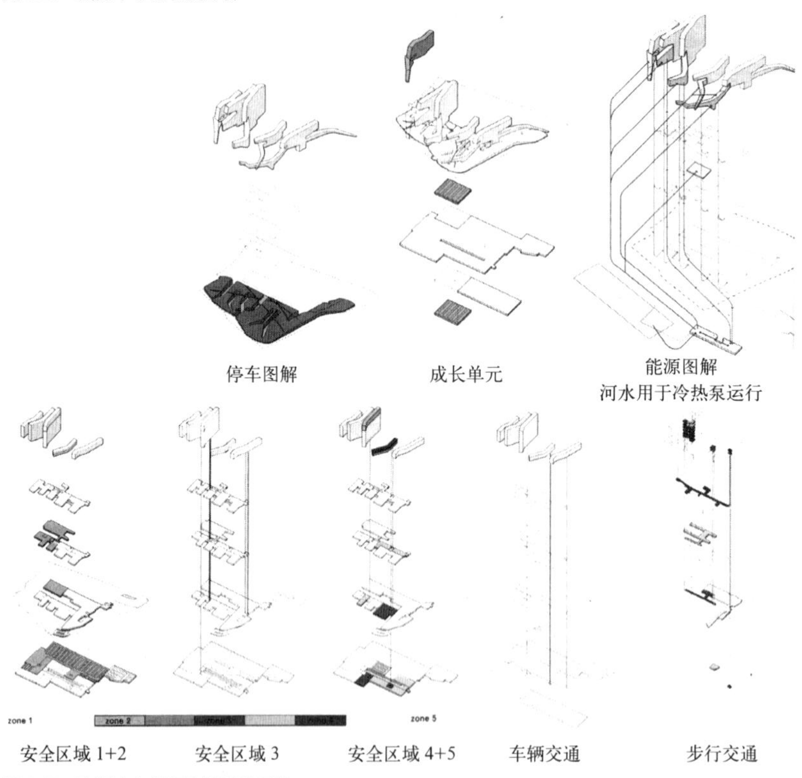

图 5.25　欧洲中心银行中的系统思维

划项目上，都可以看到这种图纸，各种设计概念、目标价值的实现、表皮系统、交通组织、建筑构造层次的组织，这些都是层表达出现较多的地方，表现的方式可以是平（剖）面上下（或左右）排列、也可以是轴测图或两者的混合使用。

层思维的手法还表现在对建筑室内外空间界面的处理上，在梅恩的建筑里，墙壁、顶棚和地板这些空间界面，往往由不断滑移和细微变化的面或体构成，材料的厚与薄、重与轻、有光泽的和无光泽的、不透明的和透明的，没有一种材料占据绝对的主导地位，而是由多种材料汇集而成，它们相互交叠、上下滑移、穿过，造成界面层叠的效果，在同一块面上，往往前后累积着好几层，每一层材质不同、都有着自己独特的表现力。在建筑外表皮的设计上，层叠的特征就更为明显（图 5.26）。

层积概念除了表现在材料使用上外，梅恩的室内空间也具有明显的空间分层现象，使得室内空间呈现出具有多层次景深、多方向空间流动延伸和片段化滑移的特点，加之丰富的细节设计，令人目不暇接。如在布兰兹住宅室内空间，深不可测的空间混合弥漫在建筑之内，视线每过一段距离，就会被不同的形状、有阴影的墙面、不同纹理、不同的反射光线所打断，不同的表面在滑移，表面的背后仿佛隐藏着更深的空间，给人带来一种被包裹的静宜之感。深邃的场景、丰富的空间套接、复杂的界面，是墨菲西斯室内设计的特征，在室内空间的组织以及空间界面的设计上，层叠概念得到了再一次的展示（参看图 5.27）。

层思维还可直接指导一个方案的产生，位于内华达州拉斯韦加斯的海啸·亚洲烧烤餐厅（Tsunami Asian Grill，Las Vegas，Nevada，1998 年，图 5.23）是层思维直接指导建筑生成的鲜明例证，这个设计的目标是：创造一种让人极度兴奋的空间场面（hyper—spatial arena），它是这样构成的：（1）第一步，分别设计两个毫无关联的系统，空间系统和表皮图像系统；（2）第二步，把彼此毫无关联的表皮系统和空间系统直接叠加。

这个项目所在地是赌城拉斯韦加斯，梅恩认为拉斯韦加斯的城市景象完全是在一个基础性受力结构体系的表面，贴上各种广告和虚假的表皮，从而形成一个虚假的城市景象，五颜六色的虚假表面掩饰了真实的受力体系，梅恩把这种“结构和表皮分离”的概念提炼出来——即表皮系统和结构之间分离、独立、无关，这是设计的第一步工作。

第二步，根据餐厅功能要求，把原有房屋改造成餐厅所需的各个空间，把这些空间的界面都漆成黑色，空间及其界面是一个层：空间层；

第三步，在这些表面贴上不同主题内容的，不同色彩，不同饱和度的，反映亚洲文化、生活场景的巨型图片，图片是一个层：图片层；

空间层和图片层经过重叠，就形成了这样的局面：

（1）一方面，空间的确定，要依赖于界面的围合和对界面的确定，但界面

图 5.26　层叠概念在表皮上的体现，左上为国际小学，左下为加州运输局大楼，右上为海普银行，右下为欧洲中心银行

图 5.27　层叠概念在室内空间及其界面上的体现，左上为旧金山联邦政府大楼，左下为布兰兹住宅，右上为 ASE 设计中心，右下为辛辛那提大学学生娱乐中心

的内容在各个面上只有一部分，它是片段的，破碎的，不连续的，它的另外一部分补充内容，却落在另外一个空间的界面上；构成这个空间的界面是由不同图片组成的，这些图片的内容是不相关的，要想形成对这个空间的认知，就得把不同内容的图片构成的界面，在脑子里重新组织在一起；

（2）另外一个方面，想解读图片的内容，视线就得在不同方向游移，找到那个被“丢在”另外一个空间界面上的补充内容，才能建立起连续的阅读感，而在一张图片上有时还点缀一些模糊的，与亚洲文化无关的建筑图纸，或一些虚幻、破碎的图片，它对整体的阅读造成极大的干扰。

空间层（系统）和图片层（系统）之间相互侵蚀，造成了对空间感知和对图片解读的紧张，要把看到的不同图片的内容，在脑海里重新组装成一个空间的界面，才能确认这个空间，同样，把在不同空间界面上读到的图片内容在脑海里重新组装，才能获得对一个图片内容的完整印象。不同色彩、饱和度、清晰度的图片，加之不同的室内照明设计和光亮的金属、不同透明度的玻璃、楼梯造成的运动感、片段化处理的室内陈设，把人带到了一种虚假的、梦幻般的、但又是极度让人兴奋的空间场所中。拉斯韦加斯的城市建筑的构成规则已经渗透到了这个建筑的体内，一切都是变形的、虚假的、想象的、混乱的。这个设计从幻影的扭曲变形之中，创造出了虚幻的空间，但它却是以真实的手段揭示了空间和表皮之间的关系。这个项目的构成并不复杂，它只有空间层和图片层两个层构成，但非常深刻地展现了梅恩层思维的特点。在一些由更多的层构成的项目中，不论是规划项目还是建筑单体项目中，都能够清晰地辨认出梅恩这种层思维的痕迹，在此不一一列举。

层思维还在梅恩一系列的重大规划项目上得到清晰的展现，如（1）马来西亚槟榔屿草场俱乐部总体规划（Penang Turf Club Master plan，Penang Island，Malaysia，2004 年）；（2）纽约 2012 年夏季奥运村（NYC2012 Olympic Village，New York，2004-2012 年，图 5.15）；（3）上海浦东文化公园（Pudong Cultural Park，Shanghai，2003 年）（4）今日马德里总体规划（Madrid Now Masterplan，2007 年，图 5.28）（5）世界贸易中心重建规划（World Trade Center，New York，2002 年，图 5.29）。

虽然是规划项目，但从中可以看出不同价值、目标、问题，不同组织手法叠加在整个规划过程中的主导作用，图 5.28，为今日马德里城市规划设计项目，图 5.29,为纽约世界贸易中心重建规划。如果对照图 5.9,1978 年梅恩在 2-4-6-8 小住宅项目上，以系统、分层的思想进行构思，再结合图 5.28 和图 5.29，在一些大规模规划项目上，依旧采用系统和分层的方法，解决复杂的城市规划设计中的诸多问题，可以清晰地看出，系统和分层概念，对于梅恩和墨菲西斯事务所设计思想和策略而言具有极端重要的意义。

多系统整合的建筑思想是墨菲西斯事务所长期的基本设计策略，可以说，墨菲西斯的成长过程，就是一部在多系统整合思维指导下，探索建筑创作和城市规划的历史，它与技术形态主义（Techo-Morphism）思想一样，是墨菲西斯事务所持续性的、基本的设计策略，它取决于梅恩对当代多元化时代现实的思考，并把它作为自己一个重要的设计起点直接相关。

5. 多系统整合建筑理论的特点

（1）多价性特点

每一概念、子系统或因素具备多价性（multi-valency），即要把它放在与其他因素的关系中通盘考虑，在不同的关系中，有不同的表现方式，类似于某一化学元素，在不同的化学反应中，其化合价状态不同，比如铁元素（Fe），在不同的化学反应中，有 +2 价和 +3 价之别。多价性原则，要求设计从项目自身的目标、条件出发，具体分析各种影响设计的因素，在设计决策中，注重差异性

图 5.28 “今日马德里”规划设计（部分），左上为规划中的一个节点，左下为规划部分鸟瞰，右图是围绕节点（左上）所展开的系统分析，右图的叠加就是（左上的）节点，右图从上到下的内容依次为：市政区，住宅区，商业区，绿化带，公路，列车，停车场

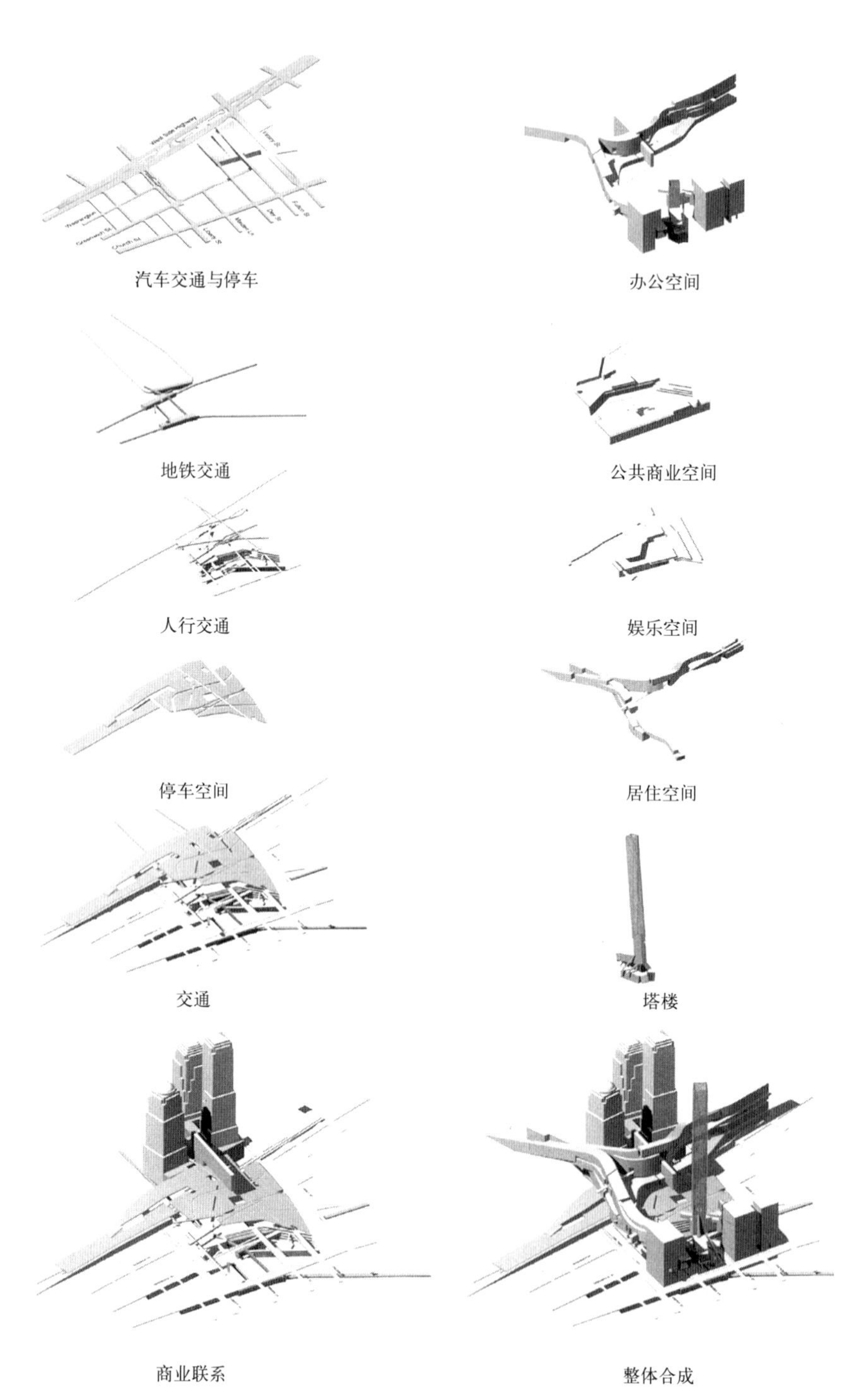

图 5.29　世界贸易中心重建规划项目中的系统分析与构成方法

和反常性，胜于注重适合性，这是梅恩在面对多样选择时的态度，这就产生了其作品的独特性。

（2）多形态特点

建筑形态生成的方法“多”，在力学允许的前提条件下，建筑形态几乎不受任何限制，千变万化，从而形成了其动态建筑的风格。在形态处理时，往往一方面采用构成的手法，另一方面，又采用反构成的手法进行暗中破坏；一方面仿佛以某种规则在整合形体，另一方面，又给以攻击、颠覆，从而使得建筑的形态也表现出复杂性和矛盾性，超出惯例预料的范围之外。形态的构成可通过多种方式来达到：插、推、挤、刺、悬挑、下挂、外凸、拉扯、折叠、包裹、弯曲、重叠、包抄、旋转、交叉、并置、脱离，这样的操作导致了形体间复杂的关系，建筑形体仿佛在努力挣扎着，要脱离地球的引力，还好像在进行着各种体育活动，呈现出十分夸张的、动感强烈的建筑姿态，动态和狂暴是梅恩喜爱的建筑姿势，差异与对比的建筑形式，表现出一定的游戏性质。[1] 多种形态处理的手法，直接产生了被外界称为对抗型（或动态型）建筑风格，在对建筑动感的塑造方面，梅恩显然受到了盖里的影响，动感的建筑形态是普遍存在于圣莫尼卡学派作品中的一个共同特征。

（3）多材料种类特点

建筑材料种类多，梅恩的建筑取材广泛，这也是造成他的建筑丰富复杂的一个重要原因，穿孔金属板材，太阳板，轻护栏，纤维水泥板，夹心波纹板，可调节铝板，预制铝板，铝板或不锈钢板，可调节穿孔板，多种锈迹斑斑的金属材料，金属网，金属瓦楞板，木材，各种不同透明度的玻璃，巨型图片等都是梅恩的选材范围。但梅恩以工业材料为主，基本上不太选用自然材料，因为他认为工业材料在一个技术时代里，就是这个时代的自然材料。工业材料、高科技材料，甚至是航空工业材料，赋予梅恩技术形态主义建筑以强烈的技术感和科幻感。正因为有如此之多的建筑选材，梅恩的建筑才能够创作出丰富的表皮效果，如不同透明度的变化，不同的渗透性，细腻的凹凸和阴影效果，金属屏蔽表皮等。

---

[1] 参考彼得·库克（Peter Cook），“A Serious Vocabulary: The resent work of Thom Mayne and Morphosis”一文，见《Fresh Morphosis 1998-2006》，Rizzoli，New York，P2。彼得·库克是巴特莱特建筑学院（Bartlett School of Architecture）的建筑学教授，他是1960年代有着重要影响的阿基格拉姆学派的创始人之一，这个学派对梅恩技术形态主义（Techo-Morphism）建筑思想的形成，产生相当大的影响。英国的现代建筑教育开始于1841年的伦敦大学学院（University College London），从那时起，设在伦敦大学学院内的巴特莱特建筑学院就一直处于国际建筑争锋的前沿，它是一所有着广泛国际影响的建筑学院。参见：http://www.bartlett.ucl.ac.uk/.

（4）“杂”的特点

指复杂、杂交和矛盾（complexity，hybridization and contradiction）；“复杂性，来自当代社会和个人需求的汇合，建筑师就是通过建筑提供一个众人可以利用它来追求各自兴趣、利益的平台，社会的复杂和多样，在建筑上的反映就是造成一种能够抚育、启发、唤起不同因素之间和谐的机制，它难以有最终的终结答案，只能是一种开敞的对话和调整。”[1] 对于梅恩来说，作为建筑原则的冲突性和矛盾性是他所生活的时代属性。

梅恩特别赞同罗伯特・文丘里《建筑的复杂性和矛盾性》一书中所表达的把纯正的观念进行瓦解产生杂交的思想，杂交性，以及在文化中所存在的那种可以导致杂交性的影响因素是他最感兴趣的方面，因为杂交可以产生新的可能、新的建筑语言。混杂性是梅恩建筑语言的一个重要方面，这种属性的表现大体可以分为几个方面：

①混杂的美学趣味，这是墨菲西斯事务所在1980年代一系列工业厂房改造和小型私人住宅的建设中，逐步发展起来的一种美学倾向，往往表现为采用多种不同美感的材料于一个建筑物内，各个不同部分给人不同的美感。

②空间复杂，它突出的表现在 a. 对传统空间类型进行模糊变形上，比如将楼梯变形为斜向的交通广场，将私密空间和公共空间进行模糊，对建筑与自然，机构和文化等以前是二分法的一对概念，进行模糊整合，其功能混杂模糊了，形成一些介于两者之间的模糊概念、模糊空间；b. 多重空间交叉重叠、转折变形，造成异常复杂的空间构成状态，这种特征在总体规划、群体布局和室内空间三个层次上都有明显的体现（如图 5.30）

③形状混杂，在墨西哥萨波潘的帕林克 JVC 中

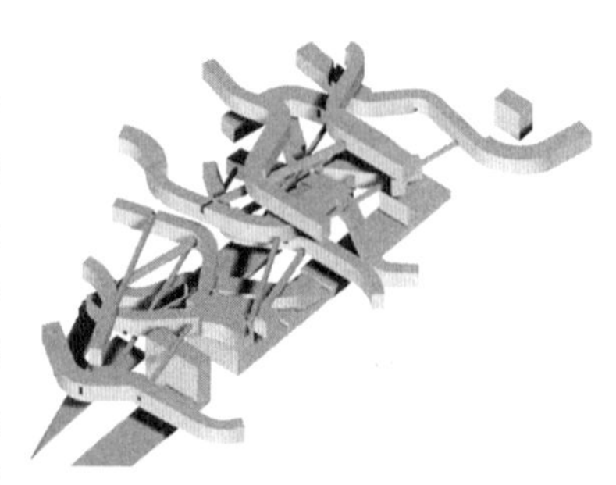

（1）规划阶段所形成的复杂空间，纽约城市花园（New York City Park，1999 年）

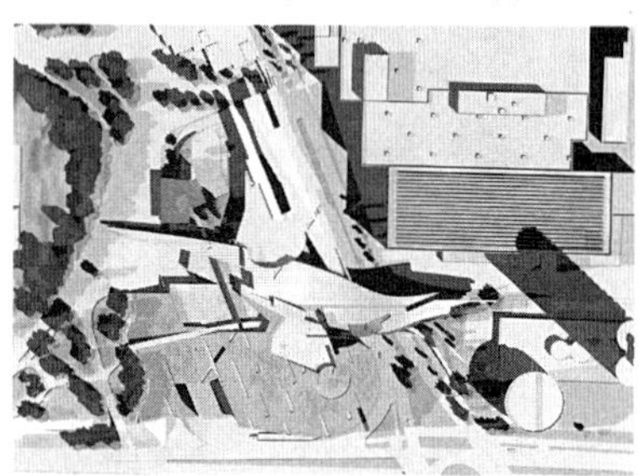

（2）建筑群体构成关系复杂，德国慕尼黑宝马汽车发布中心（BMW Event and Delivery Center，Munich，Germany，2001）

（3）内部空间复杂，加州帕萨迪纳，加州技术学院，天文和天体物理学卡希尔中心室内场景（Cahill Center for Astronomy and Astrophysics at Caltech，Pasadena，California，2008 年）

图 5.30　空间复杂的特征

[1] Lebbeus Woods，An Essay on Thom Mayne，http://www.pritzkerprize.com.

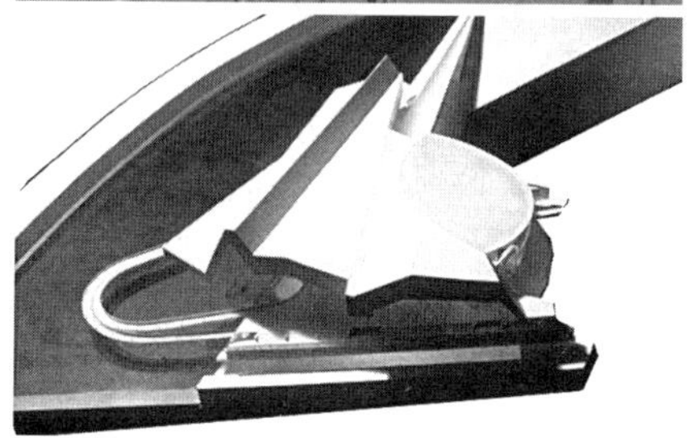
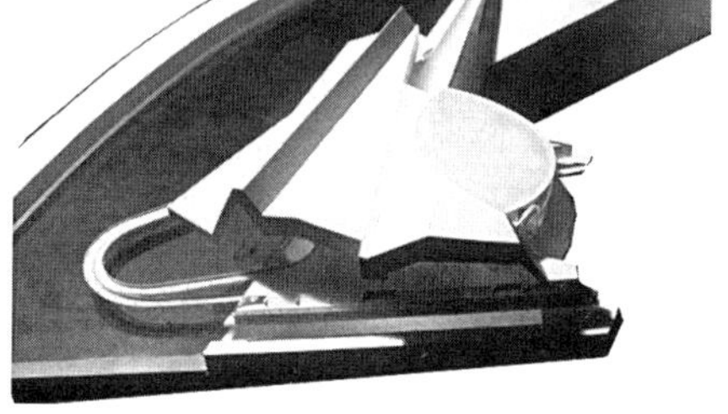

图 5.31　JVC 中心混杂的建筑形态

图 5.32　“异”的特点，瓦格拉姆斯特拉斯居住体

心（Palenque at Centro JVC，Zapopan，Mexico，2007 年，图 5.31）项目上，它的屋顶是一个锯齿形折纸状折叠的平面和一个圆盘状的平面相交叉，形成的一个混杂的造型。

混杂性还产生梅恩设计思想的另外一个特征，即边界模糊。

（5）“异”的特点

“异”，指异质性（heterogeneity），包括差异性（difference）和变异性（variability）。由于考虑的因素、解决的方法多种多样，又不以整体性的名义对部分进行过多的统一，就必然造成这种局面。梅恩对所谓的建筑整体性，尤其是形态的整体性，并没有太高的要求，所以，他的建筑与其他圣莫尼卡学派的成员一样，往往呈现出特殊的异质性和反常感，但墨菲西斯把这种属性发展到一种崭新的、以技术和工艺相结合的技术形态主义风格。图 5.32 为奥地利维也纳瓦格拉姆斯特拉斯居住体（Wagramerstrasse Housing, Vienna, Austria, 1994 年），它的造型能够比较准确地反映出梅恩建筑“异”的特点。一些反常且具有差异性的造型元素并置一起，使得建筑的造型带有明显的异质性特征。

（6）“突”的特点

“突”，即冲突（conflict）、对质（confrontation）和唐突（abruptness）。引进多样影响因素，必然造成多种矛盾关系，这样，每个独立的概念（系统）在与其他概念（系统）间既冲突对抗，又合作妥协中进行着表演，它到底能够以什么样的状态存在，取决于两者发生矛盾的地方——即矛盾面的化解，而不是彻底抛弃相互矛盾的子系统。所以，有些部分或因素，于整体而言，非常独立、突出，呈现出唐突、无礼、粗鲁的一面。在梅恩的设计中，不会以某一种概念占据绝对统治的地位，对其他概念进行统治，他的设计是建立一种近乎无中心（权威）统治的矛盾调整机制之上的，矛盾的调停、抗衡就产生了一种力量美、动态美，它带有多层叠加、力量冲突和碰撞制衡的特点。系统内在概念（价值、要求和目标）和组织形态（形式、排布）平等对话协商（negotiation），相互转化、相互制约、相互制衡，设计的过程就是这种矛盾调解和转化的动态过程，这种设计手法直接影响到建筑形态的生成，设计也就在这种多次反复的动态调整中，逐渐深化、优化，最后走向完成，梅恩的这种设计策略实际上是他本人社会政治观点在建筑上的反映。

美国总统林肯曾说："尽管我们之间有分歧，但是我们绝对不是敌人，而是朋友；尽管我们关系紧张，但绝对不能打破我们之间的友谊。"梅恩的系统就具备这种性质，它是多方利益的制衡，一种复杂的秩序，包容的冲突。在复杂的秩序中展开工作，这种秩序本身又是可以调整的，各种影响因素、促进设计的动力在矛盾中相互作用，而作品则充分地展现出这些因素、动力及其相互之间的矛盾关系，这使得他的设计需要严格的检验、区分和推理，从而，使得他的设计呈现出明显的理性美，另一方面，目标（概念、价值、要求）的清晰性和概念的连贯性，则贯穿设计始终，是指导整个设计过程的重要原则，如果不能坚持这两点，那么面对如此之多的矛盾、因素，设计必将陷入瘫痪，失去控制。

图 5.33 为加州洛杉矶的 MTV 工作室（MTV Studio，Los Angeles，California，1990 年）建筑的不同部分与构件之间，存在着明显的冲突和对抗的关系，建筑显得非常的唐突，这是能够说明梅恩建筑"突"的特点的一个案例。

图 5.33
"突"的特点，加州洛杉矶 MTV 工作室

图 5.34 “并”的特点，左为洛杉矶 101 人行天桥，右为深圳四联体办公楼群体

（7）“并”的特点

“并”，即差异并存、并列、并置，它是梅恩社会政治思想中民主观、平等观和新秩序的表达。在梅恩的作品里，存在着一种平等伦理观的倾向，[1] 许多差异性的东西，琳琅满目地并列在一起，就是对这种伦理观的表达，它也是对一个多样、复杂社会结构的表达和模拟。和谐，想要从根本上实现，它就应该是一个平等并列的新秩序，而不是以某种虚设的整体名义来统治差异和多样性，在现代主义时期，整体和统一是一种常用的手法，这是一种追求统治权威、表达阶层分化的做法；梅恩反对权威，赞扬差异，并列就是表达这种观点的新手法，这是一种道德与美学相结合的设计策略。并列（并置）与差异性是一体两面的，它突出表现在对诸多不同的概念、细部、表皮层次、材料表达的建筑表现上，形成了差异中的矛盾性、真实性和丰富性。

图 5.34 是说明“并”特点的例子，左图为加州洛杉矶 101 人行天桥（101 Pedestrian Bridge，Los Angeles，1998 年）的细部，各种造型元素直接地并列在一起，右图为 2008 年在深圳中标的某个四联体办公建筑群体（Four Towers in One，Shenzhen，China，2008 年），项目打破垂直和水平截然分开的概念，通过连续的形体流动，将四个办公塔楼，编织并列在一起，建筑呈现出流体的运动感。

（8）“密”的特点

“密”，即密集或密度。密度这个词一般情况下不大与建筑学相关，因为大多数建筑是在比较单一的思维指导下，只由较少的概念混合而成的，这种设计显得较为单薄、简易。但在梅恩建筑的多重复合、多层重叠的方法，直接导致了建筑密集丰富、琳琅满目的视觉艺术效果，这是一种高强度的视觉感受。他的建筑总是密集着不同的概念、材质、构造（结构）层、肌理、色彩和形式。许多概念常常唐突地、以预想不到的甚至是令人吃惊的方式碰撞、重叠、并列

[1] Lebbeus Woods，An Essay on Thom Mayne，http://www.pritzkerprize.com.

图 5.35 “密”的特点，左上为俄勒冈州联邦法院室内（Wayne Lyman Morse United States Courthouse, Eugene, Oregon, 2006 年），左下为洛杉矶运输局总部大楼室内（Caltrans District 7 Headquarters, Los Angeles, 2004 年），右上为奥地利格拉茨艺术馆（Graz Kunsthaus, Graz, Austria, 2000 年），右下为洛杉矶运输局总部大楼外观

在一起，概念的“叠加”（superimposition）让建筑呈现出一种高密度、高强度的丰满观感。多概念、多材料、多形式的层积、并列，成了梅恩建筑的一个重要特征，显示了其建筑与众不同的高强度、丰富性和耐读性，图 5.35 为几个能够反映梅恩建筑“密”特点的案例。

六、技术形态主义建筑思想

技术形态主义（Techo-Morphism）的设计思想，以及它崭新的技术美学风格，契合了时代的要求，反映了时代的精神。对机械、机器及技术性因素的关注和表达，是贯穿梅恩设计思想中一条极为重要的主线，在不同时期它有着不同的表现形式，这种思想的源头在于梅恩对当代科技文明的思考，科技文明和多元文化一起构成了梅恩的两个设计起点。

1. 肌肉超级发达的妇人：科技文明，设计的另一起点

这是一段节选自 2005 年元月，由安娜·提亚罗（Anna Tilroe）对梅恩采访的资料，它对理解梅恩设计思想的另一个起点：科技文明的时代现实，有着重要的价值：[1]

“你看”梅恩说道，指着他用于做关于建筑学、艺术和科学主题演讲的便携电脑，快速地打开一张图片，“这就是当代建筑开始的地方，”我们两个看着一个黝黑的身体顶着一个令人啼笑皆非脑袋的妇女，这个妇女的身体肌肉发达得可以和施瓦辛格相媲美（见图 5.3），这是男人还是女人？梅恩说道：“对我而言，这张照片表达了我们文化的杂交性和模棱两可的特征，还有我们和自然界间的关系，以及自然界本身所发生的根本性变化。什么是自然？在今天‘自然’意味着什么？它什么也不意味，我们已经不再以卡斯珀·达维德·弗里德里希[2]（Caspar David Friedrich），在 19 世纪那种看待自然的方式来看待自然，在他的眼里自然是对更高力量的赞歌与颂词，正因如此，自然作为一个概念已经与我们无关，[3] 我们今天关于自然的概念正在越来越快地被科学的发展所决定，科学的发展已经成了我们今天现实图景的决定性力量，科学的现实就是当代人类的生存境况，在我的作品中你可以看到这种观念的象征性质；……”

梅恩再次指着那张照片说道：“在 30 年前，这是不可能的，当时还难以获得她所需的化学物品，或者即便有这样的物品，人们也会立刻把这个妇女消灭掉。但现在，创造你自己的身体，已经成为普通文化的一部分，人们可以决定自己身体的外观相貌，这将决定着他们怎样看待自己，以及他们所生存的现实环境。他们相信，现在你可以建构你自己的现实。作为一个建筑师，我就是从这种乐观主义出发的，即凭借科技的力量，来建构自己的建筑学理论和方法。”

梅恩说道：“今天我们社会一个大问题是我们忽视了隐藏在现代艺术背后的那些观念，不管你谈到毕加索还是超现实主义的杜尚，或是顺着这条线索提到马克思、弗洛伊德或是爱因斯坦，在一定程度上讲，是他们重新定义了我们对自己的形象的认识，[4] 因为，一旦我们问道，‘作为人类，我们是谁？’这样的问题，

---

[1] 这段对话内容，节选自 Anna Tilroe，‘The idea of the future is Dead’-Interview with Thom Mayne，http://www.netropolitan.org/Morphosis/tilroe_english.html.

[2] 卡斯珀·达维德·弗里德里希（1774 年 9 月 5 日 –1840 年 5 月 7 日），是 19 世纪德国浪漫主义风景画家，通常认为他是浪漫主义风景画运动中最重要的代表人物。他最为出名的是中期的一些寓言式的风景画，典型特征是沉思者的肖像轮廓衬托在夜空、早晨薄雾、贫瘠的树木或哥特教堂的废墟之中。作为艺术家，他的重要兴趣是对大自然的沉思，他常常以象征性与反古典主义的作品传达一种对自然界的主观与情绪化的反映。资料来源，http://en.wikipedia.org/wiki/Caspar_David_Friedrich.

[3] 意思是今天人类的精神已经与自然非常疏远，在今天，科技的力量，使得人类已经丧失了对作为更高级力量而存在的自然的敬畏之情。

[4] 即我们的思想认识也是一个被建构的过程，它也是可以不断被擦除和重写的。

问题的答案总是会涉及、回到他们观念那里去。他们塑造了我们的脑子，也因此塑造了这个世界。如果人类共同认为他们的哲学无所谓，不对我们产生作用，并拿亚当和夏娃的故事来代替达尔文的进化论，[1] 那么，我们作为一个种族将会灭绝，因为，我们不可能毁灭基于这些理论的生物技术的发展。这些生物技术的发展，对我们在这个世界的生存非常重要，这一点大家都知道。所以，我们不可能回到过去，我们只能顺着进化的轨迹，任由它把我们带到何方，协调好我们自己的观念，和我们在这种过程中生存状态间的关系。我们只能以如何看待自己生存的方式来生存，这就是说，每一个文化的发展都是虚构的，而且可以被虚构。”

这是一段对理解梅恩设计思想脉络较为重要的一段文字，从这段文字中，可以清楚地看出：

（1）梅恩对科技文明“不得不保持的”乐观的、进化态度，因为除此之外，别无选择，不选择科技文明的进化道路，回到过去的文明形态（“拿亚当和夏娃的故事来代替达尔文的进化论”），就意味着毁灭；现实已经证明，人类只能顺着已经展开了的科技文明轨迹，往前发展，同时，调整好科技、人的观念与生存状态之间的关系，这对于理解为什么梅恩要在建筑中，如此强调技术性因素是有重要帮助的。

（2）同时，这段文字还向我们揭示了梅恩的“文化虚构观”。由于传统意义上的自然，已经不复存在，我们生存其间的文明形态，是一个以工业制成品为生活背景的科技文明，人对手工制作品（科技文明之前）的自然情感，不同于人对工业制成品（科技文明的产物）的物欲和占有情感，人与社会和文化间的关系，将会转化到一种类似于计算机和软件之间的、“硬件和软件”式的关系。对于计算机硬件而言，它可以装上不同的驱动程序，人的社会，也可以装载上不同的文化形态，即文化可以在一个社会中重新建构自身的真实性，这就是新型的科技文明“从无到有”的虚构，但却真实存在的过程，这种过程已经为我们每一个在今天生存于这个星球的人所感知到。

科技价值观和文化虚构观，既是梅恩建筑的两个起点，也是理解梅恩建筑思想体系的两个重要视角。

2. 技术形态主义思想从何而来？

对技术因素的极端注重是梅恩从 1960 年代继承而来的重要历史遗产，技术性因素在墨菲西斯事务所的发展过程中，还受到以下两个方面的影响：

---

[1] 即以宗教，以及来源于宗教的传统文化，来代替科技文明的时代现实。

图 5.36　洛杉矶的木屋，左为邓肯·欧文住宅（Duncan-Irwin House，1906），右为盖姆堡住宅（Gamble House，1908）

图 5.37　木构化的建筑细部设计，左为海普银行总部，（Hypo Alpe-Adria-Center，Klagenfurt，Austria，2002），右为 1990 年日本大阪世博会门房（Expo’90 Gatehouse，Osaka，Japan，1990）

（1）受到美国西海岸建筑传统的影响

美国西海岸一直有着重视手工制作（尤其是木工）的悠久历史（图 5.36）。梅恩吸收精细的手工制作传统，形成自己作品中精致、耐看的“木构化”细部，不论在早期的小规模工业厂房改造项目中，还是在后来大规模的公共建筑中，梅恩的建筑细部总呈现出一种精细木工制作的筑造感、触觉感，这些细部直白、大胆，丝毫没有虚饰，展现着设计师创造组织能力的智性之美和材料自身的本性之美，它们有着直接、明确、合理的构造关系，充分表达了材料各方面的性能，这些细部与传统木工的精湛手工制作特别相像（图 5.37）。

（2）科幻电影及机器美学影响

对机械技术、机器和科幻电影的浓厚兴趣是梅恩不同于所有圣莫尼卡学派其他成员的一个重要特色，基于对机器、机械的兴趣，梅恩形成了自己独树一帜的技术形态主义的建筑语言风格。“Archigram”一词由“Achitecture”和“Telegram”（建筑学＋电报）两词组成，译为“建筑电讯”，或音译为“阿基格拉姆”，它是对梅恩技术形态主义思想的形成产生过重要影响的一个学术思潮，这个学派是在 1960 年，由彼得·库克（Peter Cook）为核心组成的，他们主张建筑学应该同“当代的生活体验”紧密结合，包括电脑、自动化技术、宇宙航行、大规模的旅游、环境保护等。“流通和运动”、“消费性与变动性”等概念，被当作是当代生活体验的主要特征，认为这些特征应当作为建筑创作的指导思想和理念。

另外，他们还把使用建筑的人看成是“软件”、把建筑设备看成是“硬件”，是建筑的主要部分，“硬件”可依据“软件”的意图充分为之服务，至于建筑本身，他们强调最终都将被各种功能的建筑设备所代替，因此建筑被看成是“非建筑”（Non-Architecture）或“建筑之外”（Beyond Architecture）。阿基格拉姆学派对技术抱着乐观的态度，著名的英国建筑师皮阿诺和罗杰斯即属于这个学派。2002 年 11 月，在阿基格拉姆学派四十周年的纪念讲座上，汤姆·梅恩在演讲中阐述了阿基格拉姆学派对自己设计之路的影响。[1]

3. 技术形态主义的表现形式

Morphosis 一词的意思是：“形态生成”（to be in formation）和“赋形”（take shape），指有机体或其一部分，通过改变形状，获得发展，转化是这个词的根本意义。技术形态主义（Techo-Morphism）就是梅恩在一个技术统治的时代里，对建筑进行“赋形”的方法策略，以技术统领建筑形态，技术性的建筑形象就是建筑在技术时代的变形、适变，以求切合时代精神及其要求，这是墨菲西斯极其重要的设计思想。

墨菲西斯建筑往往有机械般的外形（图 5.38），机器般的精美细部，高科技的表皮，高度自动化的“绿色建筑”控制装置，机械感和机械构成效果是墨菲西斯多年来所形成的重要特色。在墨菲西斯的机械形态背后往往隐藏着难言的救赎情怀和焦躁情绪，这是一种对技术喜忧参半的矛盾情感，既有赞美技术力量和希望的冲动，又有对技术灾难、毁灭的担心。技术理性、技术形态是墨菲西斯事务所重要的思想基础，其早期作品中，不论整体的建筑形态，还是局部的构造处理，都已经呈现出明显的机械感，这种思想在随后的发展中，获得了另外几种表现形式：

---

[1] 倪晶衡，汤姆·梅恩的建筑“矛盾性”研究（电子版），中国知网，P16.

图 5.38　机械般的建筑外形，左为尤真·文太奇汽车博物馆，(Yuzen Vintage Car Museum，Los Angeles，1991)，右为奥地利维也纳瓦格拉姆斯特拉斯居住体（Wagramerstrasse Housing，Vienna，Austria，1994 年）

图 5.39　室内陈设的机械化，左为 SHR 知觉管理中心，右为凯特·曼特里尼餐厅室内陈设

（1）机械装置与建筑构造相结合

精细木工制作手法与机械装置的受力、传动逻辑相适应，作品细节丰富密集，构造精美，高度浓缩。

①有时以具体器具形式出现，如座椅、橱柜。在亚利桑那州斯科茨代尔的 SHR 知觉管理中心（SHR Perceptual Management，Scottsdale，Arizona，1998）项目中，一些室内的座椅、工作台面、会议桌都成了精美机械装置；在加州贝弗利山庄的凯特·曼特里尼餐厅（Kate Mantilini，Beverly Hills，California，1986）室内的陈设也进行了机械化的处理（图 5.39）。

②有时以机械装置的形式出现，它超出具体的使用范畴，完全出于表现机械的目的，成为一种机械雕塑或装置，如凯特·曼特里尼餐厅里的“太阳系仪”、加州洛杉矶癌症综合治理中心（Cedars Sinai Comprehensive Cancer Center, Los Angeles, California，1988年）的雕塑、马里兰州国家海洋和大气局卫星操作用房（NOAA Satellite Operation Facility, Maryland，2005年）以及奥地利克拉根福的海普银行中心（Hypo Alpe-Adria-Center, Klagenfurt, Austria, 2002年）（图5.40）。

图5.40　表现性的机械装置，左上为凯特·曼特里尼餐厅里的“太阳系仪”，左下为癌症综合治理中心的雕塑，右上为国家海洋和大气局卫星操作用房室外技术实施，右下为海普银行中心室外望台

图 5.41　与建筑控制或传动部分相结合的联动装置，左上为大阪博览会，左下为 72 商业街室内，右上为布兰兹住宅室内，右下为威尼斯 3 住宅室外

③有时与建筑控制或传动的部分相结合，如门窗和百叶，形成符合机械逻辑的精美控制装置，如大阪博览会则把机械传动装置直接引入建筑中。（图 5.41）在 1980 年代晚期，墨菲西斯广泛深入地研究了一些项目，尝试着各种展览装置模式的形式，探索创造复杂室内环境的方法，大阪博览会方案就是这一时期装置思想的产物。以系统动态的观点看待这些普遍存在的机械装置，构成了墨菲西斯复杂的建筑转化、调整策略的基础，把建筑构造和机械装置整合为一体，则是墨菲西斯作品最重要的原创性之一。

（2）以致亡技术或后毁灭技术形式出现

致亡技术（Dead-Tech）或后毁灭技术（Post-holocaust Tech）的倾向，表达了对技术性因素的担忧。科幻电影一再表明，技术的发展导致人类和地球彻底毁灭。大灾难已迫在眉睫（致亡技术），或已经发生（后毁灭技术），致亡技术或后毁灭技术形态的建筑语言，表达的就是面对技术灾难时的复杂情绪。有时对技术忧虑恐惧，作品带有明显的受虐和忧郁气氛；有时对技术顽固抗争，作品带有狂躁和侵略的特点，有时完全是这两类复杂情绪的混合，这是墨菲西斯事务所技术形态主义建筑语言最让人迷惑的地方，充满着复杂、矛盾、难辨的情绪，在那些锈迹斑斑、色泽深沉的重金属表面，能够捕捉到这种对技术的复杂情感，它来自1960年代狂飙时期，带着披头士摇滚乐的金属感、颓废、狂躁和忧郁，著名建筑评论家查尔斯·詹克斯把这种情绪称为墨菲西斯的“精神分裂症”风格[1]，这类风格在后核时代俱乐部（Club of Post Nuclear，1988年）、天使餐厅（Angeli's Restaurant，1985）、凯特·曼特里尼餐馆和波特兰2号商店（Store No.2，Portland）等作品中可以看到，这些建筑大都采用废旧、废弃材料，色彩深沉，给人一种压抑和焦躁感。另外，在一些以破旧材料做成的模型中也表达了这种情绪，如图5.42所示，其中后核时代俱乐部的入口以一辆倾倒的汽车墙绘作品表达了对技术发展的担忧，而72商业街的概念构成分析图纸中，则以忧郁的红色，表现技术带来的兴奋、恐怖、压抑、担忧、受虐等复杂的情绪。

（3）以科幻或太空机器形式出现

数字化与科幻电影场景相结合而产生的高度精密的机器感和太空感，最具代表性的作品是台北的ASE设计中心（ASE Design Center，Taibei，China，1997年）和伦塞利尔电子传媒和表演艺术中心（Rensselaer Electronic Media and Performing Arts Center，2001年，图5.43）以及原计划在2012年建成的巴黎“灯塔”（参见图5.47），尤其是后两者表现出明显的科幻色彩，这与梅恩一直对阿基格拉姆学派以及科幻电影的兴趣有关，伦塞利尔电子传媒和表演艺术中心，呈扁状卵形的建筑造型，外覆光亮的航空金属材料，如同一个太空不明飞行物（UFO）降临在一个斜坡地上，它有着熠熠生辉的表皮，简洁完美的造型和严谨合理的功能组织，是墨菲西斯事务所近年来最优秀的设计之一，而巴黎灯塔则是采用盖里式的双曲双层的轻盈表皮，塑造出一种未来的科幻色彩。

[1] Charles Jencks，Heteropolis: Los Angeles · The Riots And The Strange Beauty Of Hetero-Architecture，Great Britain，Great Britain，Academy Editions · Ernst & Sohn，1993，P61.

墨菲西斯的两个住宅模型

天使餐厅

后核时代俱乐部入口

72 商业街概念构成分析图纸

图 5.42　对致亡技术或后毁灭技术的担忧

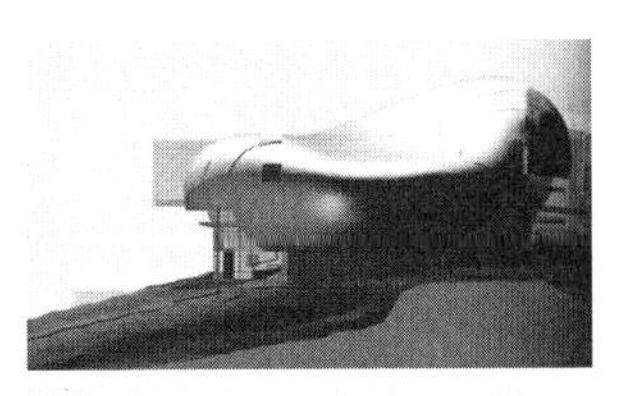

图 5.43　带有明显科幻色彩的纽约伦塞利尔电子传媒和表演艺术中心

4. 表皮：技术形态主义最突出的表现

技术形态主义思想在 1990 年代中期之前，只能在一些小规模的建筑上得到实践，这主要由于梅恩过于孤傲的性格，不能够调整自己与社会之间的冲突，不能适当地获得这个事务所凭借自己的能力应该获得的项目规模。但随着 1990 年代中期，洛杉矶地区经济的再次复苏，梅恩及时地调整了自己面对设计市场的态度，“我已经改变了自己，我知道要想获得我所想要的东西，我必须得这样做，这更多意味着要磋商，而不是把我的拳头猛击桌面来捍卫我作品的自治性。大规模的公共项目需要很多人的同意。以捍卫艺术的自治性为借口而远离公众是一种过于简单的做法。你可以既保持自治，同时也和社会和政治界接触，所以，我非常清楚，我要是捍卫自治性，我就走向自我发展的相反方向。这是一种本能性的反应，这对于保持作品自我的一面，这也是我最感兴趣的那一部分来说，是很重要的；但今天，在我们的文化中，它处于危险之中。虽然，个人的一面难以通过公共逻辑来证实，但你得寻找到一种可以工作的逻辑，在其中可以为了作品的利益来辩论。今天每个建筑师都得找到一条途径来建立这种联系，库哈斯在这方面是个天才，但值得可疑的一点是，他工作自身的逻辑以及阐释它的语言，是否真的彼此有关呢。”[1]

---

[1] Anna Tilroe，‘The idea of the future is Dead’-Interview with Thom Mayne，http://www.netropolitan.org/Morphosis/tilroe_english.html.

由于获得了一系列大规模项目的机会，技术形态主义思想的实践，也随之步入了一个崭新的时期，获得了重新实践的良好机会，它最为集中地表现在一系列重大项目的建筑表皮处理上，在一些绿色建筑中，表皮的处理也往往与节能技术相结合，如旧金山联邦办公大楼。结合多种构造方法，对不同表皮材料进行组织、搭配，进而形成了墨菲西斯作品中，带有明显时代特征的丰富表皮语言。

（1）丰富的双层表皮语言

双层表皮是技术形态主义在建筑上的重要表现途径，如1997年在韩国首尔的太阳大厦（Sun Tower，Seoul，Korea，1997年），奥地利海普银行中心（Hypo Alpe–Adria–Cente，Klagenfurt，Austria，2002年），加州运输局总部（Caltrans District 7 Headquarters，Los Angeles，2004年），旧金山联邦政府办公大楼（San Francisco Federal Office Building，San Francisco，2007年），库柏联盟学院大楼（Cooper Union Academic Building，New York，2009年），在这些大型公共建筑中，墨菲西斯一直尝试着建筑表皮多样语言的探索，在1990年代后期，墨菲西斯开始通过强调短暂性、透明性和多价性，探索材料变化对建筑表情的影响。屏幕、面纱、平纹织物是经常出现在其建筑表皮上的材料，给其作品增添了一种特殊的观感，直观地看上去建筑体积变得更为复杂、多变，界面变得振荡不安，在室内，来自表皮的光线和阴影对室内空间的体验产生了深刻的改变，变得虚幻、失真。在外部，建筑经常外罩倾斜、折叠的金属屏蔽（金属网、穿孔板）或玻璃（或部分金属板）幕墙，给人留下轻逸、虚幻的联想（图5.44，图5.45）。

外层表皮的做法有以下几种：①采用钢、玻结构，玻璃在透光度、色彩上可有不同的变化，可采用显框、隐框两种不同的做法；玻璃可以有磨砂玻璃和普通玻璃，金属板也有多种不同的形态（普通、镀锌或磨砂），也可外挂石材，暴露具体细节；②把作为支撑结构的金属构架与金属网、穿孔金属板或裸露的混凝土板相组合，形成不同肌理和透明度的屏蔽表皮，大多数情况下采用不同密度的穿孔不锈钢（或铝）板，外表皮就像手工折纸一样，与建筑若即若离，或附着、包裹于建筑真实体量之外（如旧金山联邦政府办公大楼），或完全脱离开建筑而成一种折纸式的游戏（韩国太阳大厦），金属屏蔽把光线的入射角度产生扭转，给室内造成一种不真实的感觉，在外观上建筑仿佛穿了一层金属网纱；③各种金属百叶或遮阳板也是外层表皮经常采用的一种手法。

在一些绿色建筑中，这些百叶或遮阳板往往是全自动控制的可调百叶装置，根据自然气候和使用要求，也可手工调整。在不同的建筑中，外表皮有不同的形式，旧金山联邦政府办公大楼的外表层结合节能系统一体化设计，大楼是板状的，非常薄，允许大部分工作空间沿周边部署，楼面布局也故意打破等级化，不论哪

图 5.44　技术形态主义思想在建筑形态和表皮上的反映（1），左为太阳大厦，右为旧金山联邦政府办公大楼

个等级的职员都享有开放、明亮的办公空间，所有外窗上的百叶窗都可根据个人对光线和空气的需要手工调整，获得需要的视线、自然采光和新鲜空气。这栋大楼的表皮是统一的金属和玻璃网格，它已经完全成为一种节能装置，在夏季夜晚，可自行打开窗户，利用夜间冷空气对混凝土结构进行降温，将它转变成被动式的储藏冷源，从而降低白天的空调能耗。板状外形对节能策略起到非常重要的作用，通过节能装置 70% 的制冷负荷可以通过自然通风得到解除，照明电能可以缩减

图 5.45　技术形态主义思想在建筑形态和表皮上的反映（2），左上三幅为加州运输局大楼，左下为库柏联盟教学大楼，右为海普银行中心

图 5.46　加州运输局大楼夜晚照明效果

1/4，它的能耗比加州能源署规定的标准还要低 33%。[1] 它的被动节能系统完全通过计算机管理系统自动执行，当自然光线照度达到一定的量值时，或者这个空间无人使用时，它可以自动地关闭室内电灯，它还可以打开或关闭建筑物外表皮上的通风口，自动调节室内气候，获得舒服宜人的空气质量。

（2）不同的表皮透明度

由于表皮采用多种材料和做法，使得它具有不同的透明度、渗透性、开放性，在加州运输局总部大楼（图 5.46）项目中，表皮的透明度还可以不断改变。时尚的生活场景、文化图像、商业广告、夜景照明，可与不同透明度、材质的表皮进行重叠、交叉，建筑仿佛丧失了物质形态和重量感，庞大的体量和虚幻的表皮间，产生了极大的视觉矛盾和紧张。

（3）绿色节能技术与表皮相结合

墨菲西斯事务所把节能看作是自己应该承担的社会责任，他们从早期开始就一直自觉地在区域规划和单体建筑设计中，努力实现节能目标。

[1] Witold Rybczynski，Thom Mayne's U.S. Federal Building，http://www.slate.com/id/2195682.

①首先，在规划阶段就注意通过合理的规划组织，减少能量消耗。例如，在纽约新城公园的规划中，他们提出把海潮涌动能量收集起来的设想，整个规划也采用东西向布局方式，争取最大限度使用自然光照。在2012年纽约夏季奥运村项目中，在规划阶段，就把这个区域当作一种低能耗的生活机器来规划，[1]通过场地、建筑和景观"三位一体"的合理布局，形成反映生态、支持生态的景观体系，合理有效地使用水资源，采用可持续的基地内部循环能量使用策略，优化使用水和废物水的管理，最大化利用废物和再生能源，努力实现中等水平排放量的目标。这是墨菲西斯事务所迄今所承接的最大规模的实施项目，在这个项目中节能、环保成为一个重要的目标。

②节能环保对墨菲西斯事务所来说是一种在早期就培养出来的自觉意识，在早期一些条件不成熟、未能引进大规模机械节能系统的作品里，通过灵活的设计技巧，组织自然采光、通风，采用小型太阳能集热板，储存能量，尽量减少能耗，在建筑表皮处理上，非常注重通过细部设计达到节能的目标。在癌症中心（Cedars Sinai Comprehensive Cancer Center）和国家海洋和大气局（NOAA Satellite Operation Facility）的设计中，通过改造地形，为地下室部分引进自然光线，在科学中心学校（Science Center School）、欧洲中心银行（European Central Bank）、旧金山联邦办公大楼等项目中，都主动地使用中庭烟囱效应来调节室内建筑气候。

墨菲西斯在一些小项目上，进行的多方面节能技术的积累，为它后来在节能技术提高方面，打下了坚实的基础，在后期一些重大项目中，墨菲西斯实行了大规模、技术含量高、节能标准高的节能技术，可以在一个项目中，根据不同部位的节能要求，综合组织大、中、小型节能技术（如旧金山联邦政府办公大楼）。节能技术手段及其在建筑造型、形态上的表现，已经极大地影响了墨菲西斯建筑设计的方法和建筑的外部形态，其技术形态主义风格也因节能技术的广泛采用，具备了更为真实、可信、可靠的技术基础。原计划于2012年建成的巴黎"灯塔"（图5.47），将是世界上第一座"绿色"环保大楼，它位于德方斯巨门前方，324m高的"灯塔"将打破100多年来巴黎天际线的限制，取代320.7m的埃菲尔铁塔，成为巴黎第一高楼。[2]墨菲西斯的"绿色建筑"有很高的技术要求，2002年梅恩获得德方斯巨门前方的巴黎"灯塔"国际竞赛，就是在击败了英国建筑师诺曼·福斯特和法国建筑师让·努维尔等9位对手后取得

---

[1] 在这个项目中，墨菲西斯事务所还和加州的一家能源服务公司（Onsite Energy）合作，这个公司致力于能源管理策略的制定，采用有效成本（cost-effective systems）管理系统，在建筑采暖、通风、制冷、采光这些方面对建筑进行技术干预，这是美国西海岸比较出名的一家能源服务公司，一些大型的工业和政府项目时常与之合作，致力于节约能源、燃料的消耗。

[2] King Danny，Built to last: Thom Mayne，http://goliath.ecnext.com/coms2/gi_0199-1353243/Built-to-last-Thom-Mayne.html#abstract#abstract.

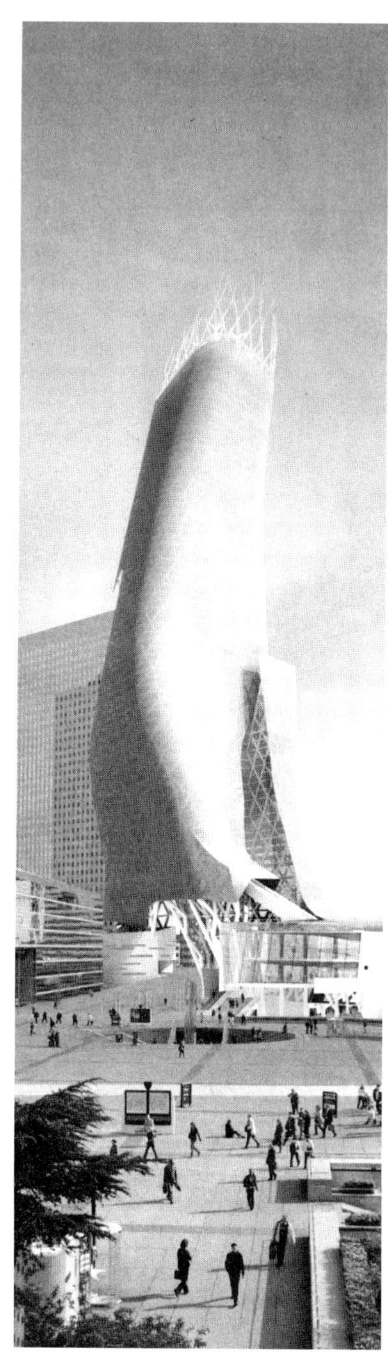

图 5.47　巴黎灯塔（La Phare），原计划于 2012 年建成，324m 高，是墨菲西斯技术形态主义思想的顶峰之作

的机会，这将是世界上第一栋高科技“绿色”高层建筑。对于墨菲西斯事务所一系列基于绿色节能技术而产生的绿色建筑，梅恩说道：“在美感、美学和主观层面范围内，（建筑艺术的）表演可以和美学联系在一起，你可以喜欢或不喜欢这个建筑物，但你必须理解它的目标和生态学、文化以及政治文脉之间的关系。”[1]

技术形态主义是墨菲西斯事务所一项长期的设计策略，从早期注意结合一些机械性的传动设施，创造机械式的建筑形象，在建筑中表达新时代的机械气息，到后期把高科技节能技术与建筑形态相结合，创造带有科幻色彩的绿色建筑，可以说，墨菲西斯的成长过程就是一部探索建筑如何与机械、技术相结合的历史，技术形态主义与多系统整合的建筑理论一样，是墨菲西斯事务所持续的、基本性的设计策略，他取决于梅恩对当代科技文明的思考，并把科技文明的现实作为自己一个重要的设计起点有关。

七、梅恩建筑设计过程及其建筑语言的特征

在这一节，将探讨汤姆·梅恩建筑设计（转化）过程的特点，以及基于这种过程而产生的建筑的语言特点，另外，本节还要探讨他的反类型学思想。

1. 转化和赋形：墨菲西斯的设计过程

怎样解决各种错综复杂的关系？如何较好地解决？这是梅恩设计转化过程的重点所在，也是“Morphosis”一词在梅恩建筑思想中的根本含义。当由多种概念引入多系统至设计思考的范围后，梅恩就成了一个问题驱动型（problem driven）的建筑师，

[1] Ted Smalley Bowen，The ArchRecord Interview: Thom Mayne on Green Design http://archrecord.construction.com/features/interviews/ 0711thommayne/0711thommayne-1.asp.

但他对自己如何这样，而不是那样解决问题的解释，总是会回归到目标的清晰性和概念的连贯性上，这个或那个元素或空间，如何表达一个独特的概念？为什么这个概念和那个概念相比较，更为重要？他对这些问题的处理都是非常直白，不带任何修辞色彩的，更与历史、传统无关，所以他的建筑呈现出非常直率的性格。他经常质疑、反思自己的决定，如果不满意，还要去寻找最后的答案，最终，他会在自己与建筑之间达成一种内在的共振和共鸣，即自己已经深度地认可了自己的设计。在这个设计转化调整的过程中，梅恩不是个艺术上的唯美主义者，而是直面社会和设计现实条件，针对多重复合的概念、系统、要求而带来的复杂问题，给出自己的解决方案，这种问题解决型的设计过程（problem-solving process），已经成了墨菲西斯作品的一种文化品性和工作习惯。

（1）过程性

关注过程胜于关注结果，是一种过程决定论（thinking process is the conclusion）的设计，设计结果完全由设计过程决定，不把设计限定死，而是任由各种因素间的矛盾关系及其解决途径来决定，它是一个弹性可变、动态的设计调整过程，设计直面设计要求、目标、技术、预算、材料这些现实条件，得出具有异质性的独特解决方法，这种解决不是以通常的适宜性为原则，而是以与众不同的异质性为目标，否则，则丧失了创造性，梅恩给出的答案总是，既合乎理性，又在一般常规之外。

（2）非确定性

注重确定性的同时，也关注非确定性，设计是柔性的，弹性的，相对的，设计调整、转化的空间很大，即使是概念、系统、因素之间的关系和矛盾的方式，都有改变、调整的余地，这种设计方法完全把设计从传统的“可靠的玩形式”的游戏，引导到一种没有保证的、“无终点、无确定性”（play without end, without security）的设计转化过程之中，正是这种对设计过程不确定性的高度重视，才展现了梅恩的探索天赋。“梅恩创造性设计的一个重要特征就是他的怀疑论，他对所有的东西不断地质问，包括他自己在内。任何一个听过他在公开场合演讲的人都知道，他充满着疑虑和不确定性。……怀疑是发明的启发者，它可避免失去对事实的洞察力和发明，尤其是以对已知知识重新进行思考的形式，而出现的发明、怀疑，是任何前瞻性工作领域必然提出的要求。”[1] 对不确定性的强调，是普遍存在于圣莫尼卡学派建筑师之间的共同特点。

---

[1] Lebbeus Woods，All we need to know，in Fresh Morphosis 1998-2006，Rizzoli，New York，2006，P33.

（3）偶然性

关注偶然性（contingent），每一步选择都不是唯一的，有时是不可预见的（unexpected），每一步都具有偶然性的特点；"对事物发问的方式，决定了解决事物的方式。……我们的设计策略是临时性的，因为每个项目都要遇到无法预知的因素和方向……我们特别注意吸收偶然性的因素，保存对方案设计有推动作用因素的痕迹和片段，让他们处在一种无法描述、生疏处理的状态。"[1] 保罗·奥斯特在其《玻璃之城》（City of Glass）写道："没什么东西是真实的，只是机缘而已，一切都可归结为机缘，是数字和偶然性结合的产物。"偶然性在梅恩和圣莫尼卡学派建筑师的思想中，都有明显的体现，接受了偶然性，才使得他们的作品，常常出人意料地呈现出生疏感、陌生感和反常感。

（4）系统性

系统性（system），即在设计中讲求各部分间的对话关系。梅恩的系统是以部分（子系统）的独立性为前提的，他拒绝以整体的名义对部分进行较多的统治，这是梅恩系统观的特殊性。工程、技术领域的系统要特别强调整体、部分间的合作性，但梅恩的系统与此不同，它是为了实现较为全面的建筑，而采取的一种思考、解决问题模式，在梅恩的多系统整合的建筑理论中，其整体性与一般工程、技术领域系统对整体性的要求存在一定的差距：除了要满足技术性层面的整体性，即各个工程专业系统之间的合作性之外，更重要的是要允许建筑美学矛盾性和混杂性的存在。梅恩首要强调的是部分之间的差异性、独立性，部分与部分是平等的，系统要尊重部分的这种独立性、差异性，给部分以充分表现的机会和空间，除了在一些特别要强调整体性的地方，要特别强调部分之间的合作性之外，在其他地方，部分之间的关系是松散的，是部分之间的并列，这是梅恩系统观的一个重要特点。与1991年离开墨菲西斯的罗通迪不同，在梅恩的系统观里，部分之间的关系要松散得多，整体性也相当的弱，他首先强调的是部分，所以，部分的个性往往非常突出，甚至带有侵略性、攻击性，建筑显得鲁莽大胆，而罗通迪相对来说对整体性、和谐性强调得要多一些，所以，罗通迪的建筑相对来说，要温和、整体、收敛得多，这是他们之间一个很重要的不同点。

允许部分之间的差异性各自存在，并列表现，就必然会产生变化。梅恩说"在我们作品中永恒不变的是变化，这种变化，包括形式在内，它产生另外一种秩序，这种秩序不能以一般的协调、融洽来评价，而是建立在一种对多重、多维、多角度的思考和权威认可的基础上的。"[2] 这样就形成了梅恩系统复杂的有机性与

[1] Thom Mayne，Morphosis，Phaidon，New York，2006，P250.
[2] Thom Mayne，Morphosis，Phaidon，New York，2006，P251.

和谐性，它常常给人的感觉是“局部矛盾，整体和谐”；有些部分往往带有非常个性化的特征，它仿佛与“他者”有矛盾，但实际并非如此，这就让梅恩的作品带有一种未完成的感觉，因为视觉上总是感觉这个作品“怎么还有如此之多的矛盾没有解决”，但实际上，是因为保留了很多非常有个性的部分。如果以一种整体性的价值观把这些部分“驯化”，部分失去了自己的独立性、差异性，那么，也就失去了梅恩建筑中，最迷人的一部分内容，即梅恩所说的“变化”。

（5）开放性

开放性（open），开放性和创造性是一体两面的性质，无开放性即无创造性可言，梅恩设计过程的始终都向开放性、不确定性敞开大门，并且，他不把可理解性（understandability）作为设计决策中必须遵守的原则，他甚至把令人费解的一些新抽象表现主义的手法也引进设计中，令作品容易产生模糊的解读和歧义。

（6）博弈性

博弈性（improvisation），也就是即兴性、随机性，这是梅恩与罗通迪的共同点，罗通迪离开墨菲西斯后，也一直致力于即兴性、随机性在设计过程中表现，详细内容，可参考第六章的有关内容。

（7）反复性

反复性（reiteration），他的设计是个可以不断修整（open–ended）不断完善的过程，甚至会因为设计过程中条件的变化，对起初的一些概念进行调整，“我们的工作是基于我们的方法学（methodology），我们的设计操作策略则基于反复（reiteration）。”[1] 反复调整是梅恩设计方法重要的方面，当然在圣莫尼卡学派中，这是一种普遍的现象，它伴随着对形式调整、材料配置、概念贯彻、构造做法的考虑。这样，设计中的形式就不再是一种抽象纯粹的几何语言，它与对材料的选择、造价、做法联系在了一起；材料，也找到了自己的角色，它既是形式的赋予者，也是形式的接受者。

（8）反传统性

反传统性（anti–contradiction），首先，梅恩明确拒绝经典的建筑创作规则，而热衷于在形式和材料方面做更大胆的尝试，他反对功能主义和传统的类型学

[1]《GA Document》，87 期，Special Issue-Competitions，Morphosis 专辑，P10.

思想对设计的限制；其次，他并不一定采用已知的建筑语言元素，而向那些“危险大胆”的思想领域敞开设计的大门，费解、歧解与难解，往往会造成建筑语义的暧昧模糊。梅恩关注的是创造自己独创的、能够反映时代性的建筑语言，这样他就必须面对一个重要的传统问题：如何面对传统的类型学理论？

2. 时代的快照：墨菲西斯的建筑语言特征

在将设计策略应对社会现实、时代剧变的众多研究型事务所里，墨菲西斯一直处于国际前沿阵地，其作品展现了真实、复杂、迷人的时代性。济慈（Keats John，1795–1821，英国诗人）曾经写道：“美，就是真，真，就是美；这就是我们所知道的，所需要知道的。”[1] 而墨菲西斯事务所的建筑，利用并开拓了我们时代中过于复杂的社会真相，这是关于其作品，我们所需要知道的全部。[1] 与其他圣莫尼卡学派成员一样，梅恩认识到，面对社会的巨大变化，只有彻底改造、转化传统的建筑语言，才能适应时代的变化要求。“我们需要真实地反映我们的时代，我们知道在面对城市的多样和复杂性时，（现代主义）这样一种倒退性的设计策略是没希望的，它无法反映现实的混杂。建筑有必要依据现在，努力反映现实的存在。”[2] 面对现实的建筑语言也是墨菲西斯建筑作品的真实性所在，在这一节，将具体分析梅恩建筑设计语言的一些重要的特征。

（1）边界模糊与混杂

这里的“边界”是个抽象的概念，指关于某个事物的概念范畴，或者说是定义域，边界的模糊与混杂，就是指对某个概念，进行改造、变形、颠覆，一个明显的例子就是，在库柏联盟教学大楼设计中，他把传统关于楼梯的概念，转化成了一种交通广场，既具备楼梯的交通功能，同时又滋生了一种新型的功能，即学校的师生们可以在此相遇、交流、停留、对话。在佩思安博伊中学（Perth Amboy High School，Perth Amboy，New Jersey，2003 年）设计中，梅恩还把楼梯、门厅整合在一起，形成了一个个具有不同形态特征的专科学校的入口门楼，在纵向上贯穿于教学楼主体，成为师生们乐于停留、经过的交通空间（图 5.48）。“边界的模糊与混杂”有多种表现形式，①概念模糊，即打破传统两分法所产生的一系列截然区分的对立两面，如室内—室外，公共—私密等；这方面的例子可以参见梅恩对公共交往空间塑造，对建筑环境、基地进行“三位一体”设计的章节；②类型模糊，把一些传统的建筑类型加以改造，使其丧失传统类型学上的明显特征，这方面的例子可以参见俄勒冈州联邦法院设计案例。

---

[1] Anthony Vidler，Working the Language，in Fresh Morphosis 1998-2006，Rizzoli，New York，P36.
[2] 转引自，倪晶衡《汤姆·梅恩的建筑“矛盾性”研究》，P24.

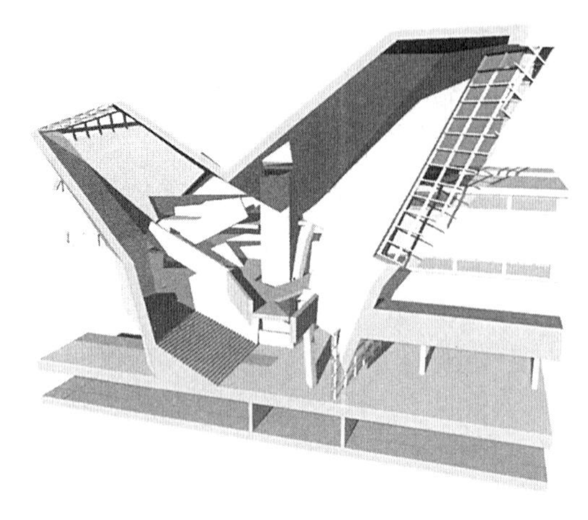

图 5.48
商业和工业信息技术
专科学校入口门楼，
佩思安博伊中学

（2）对基地、建筑、景观进行“三位一体”的设计

在许多墨菲西斯的作品中，都展现了这种“三位一体”的设计策略，基地可以看作是建筑，建筑也可以看作是基地的重新装配（reconfigure）和延伸（augment）：

①改造基地使其建筑、景观相得益彰，基地完全可以重新塑造、调整，把基地、建筑、景观整合为一体。

②在总体布局上，把建筑作为围合、划分景观类型的边界元素，与景观的布局统筹考虑，还可把建筑形体作适当的调整，可在削减后，缓缓地插入、消隐到基地、景观里，以与景观相协调，通过这样的处理达到三者和谐有机的协调。

在国家海洋和大气局卫星操作设备用房，科学中心学校，海普银行，钻石牧场中学，辛辛那提大学学生娱乐中心，癌症中心，洛杉矶县艺术博物馆，纽约 2012 夏季奥运村（因纽约没能申奥成功，这个项目只有居住部分付诸实施），纽约世界贸易中心重建规划（2002 年），上海浦东文化公园规划（Pudong Cultural Park，Shanghai，2003 年），马来西亚槟榔屿草场俱乐部总体规划（Penang Turf Club Master plan，Penang Island，Malaysia，2004 年）等许多项目上，都可以看到这种“三位一体”的设计原则（参见图 5.49）。

（3）在类型的混杂模糊中进行创新

从起初规模较小的国内建筑，到后来大规模的公共项目，墨菲西斯的作品始终存在着统一的主旋律，那就是对现代风格传统的规避，而致力于发展自己独一无二的建筑语言，其中一条途径就是对传统的一些类型、观念进行混杂模糊，把建筑艺术从实用性（功能主义）和传统的语言符号学（类型学）的领地拯救出来。

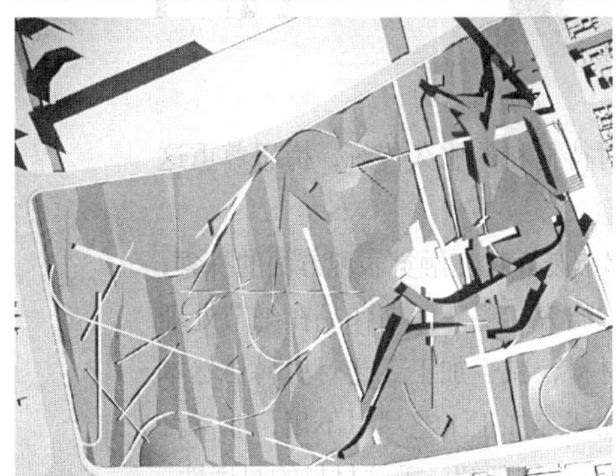

图 5.49 “三位一体”设计案例，上二图为马来西亚槟榔屿草场俱乐部总体规划，下二图为上海浦东文化公园规划

（4）采用片段化、不连续的语言设计建筑细部

墨菲西斯特别关注细部设计，它的细部具有机械雕塑的真实感和抽象概念的表现性特征：

①墨菲西斯的细部设计往往采用片段、分裂和非连续的语言进行，离散、差异的片段散落分布在建筑的各个地方，细部之间并不太注意统一，每一个细部都似一个静止的画面，可以进行细致阅读，细部的并置往往就是整体的完成，作品仿佛就是由细部组成，这种对待细部的态度，受到意大利建筑师卡罗·斯卡帕的明显影响，另外，墨菲西斯设计过程的即兴性也受到斯卡帕过程性设计观念的强烈影响。

②由于特别强调细部，不以整体来统治细部，有时甚至从细部开始设计，墨菲西斯倒置和颠覆了由整体→细部的设计传统，变成了细部→整体的设计顺序。不同的细部可能会表达不同的概念和美学思想，各个细部争相表现自己与他者的不同，细部间明显的差异性给作品带来强烈视觉张力和冲击。

③墨菲西斯的细部设计强调简练、浓缩，尽力使用最少的构造层次来表达深邃、严谨的思想，抽象性特别明显。在最小的面积上，以最少的材料形成最抽象、精炼、浓缩的构成概念，细节简练，就越能敏锐地表达设计者的匠心独运和高超技巧，细节具有高强度的耐读性。另外，其细部设计还时常和机械装置整合为一体，带有明显的后工业数字化机器美学的倾向。

④在细节设计上注意对洛杉矶当地建筑细节处理手法的吸收，木、钢、塑料和铝等多种地方性材料是其使用的元素，且一直强调对材料属性（肌理、质感、受力性能和

图 5.50　第六大街住宅，左上为构成分析，其他为室内场景

美学性能等）做完整表达，这是西海岸一带对待材料的悠久传统，梅恩尊重这种传统。

⑤不论是在早期作品里，对构造细节及都市废弃物在触觉表现方面的探索，还是在后期大型公共建筑对表皮不同透明性的研究，墨菲西斯作品在细节处理上，都尊重材料的自然状态，按其本性使用材料，减少加工工艺对材料自然本性的破坏和掩饰，对隐藏物质本性的磨光、油漆等加工工艺尽量不用，非常直白地展示材料的自然美，同时，希望材料容易被识别理解，关注材料的易读性。

采用片段化语言进行设计，案例（1）：第六大街住宅（6th Street Residence，Santa Monica，Los Angeles，1992 年，图 5.50）

第六大街住宅完全采用都市里各种废弃物，来组织到建筑设计中，这个项目的设计概念起源于要收集、拯救工业时代里被废弃的人造物品和都市残骸，这些物品是当代文明的见证，对其进行收集，就是一种针对当代文明的考古学，把这些收集来的废弃元素组织到房屋和室内装修中，这些已被时代文明抛弃、失去效能、技术过时的废弃物片段，被“格格不入”地、“强行”纳入一个项目之中，它们歪曲了比例，把人们基于对传统类型学的期待彻底推翻，创造了崭新的居住功能和美学特征，一方面，它们既不合逻辑地起着作用，另一方

图 5.51　加州威尼斯住宅Ⅲ

面，它们却奇妙地作为连接、胶合的组织体系，给整个项目带来了充满异质观感、多元并列的一致性。

采用片段化语言进行设计，案例（2）：加州威尼斯住宅Ⅲ（Venice Ⅲ House，Venice，California，1986 年，图 5.51）

在设计中暴露建筑建造的过程是梅恩的一个基本思想，威尼斯住宅Ⅲ，作为梅恩早期项目之一，就消化和吸收了威尼斯地区折中主义都市片段的原始信息。受到城市发展过程中所展现出的可调整、偶然性过程的启示，梅恩让这个建筑也带有明显的片段化、偶然性制作的痕迹，在周边充斥着不同风格的建筑环境中，这个建筑以片段化的语言特征，表达着一种和周围环境的分离（isolation）和自我节制（self-containment）的品性，但同时，它也把都市文脉中一些片段化语言元素，吸纳到建筑之中，这个建筑的形式策略和材料使用，也是面对苛刻造价限制的现实产物。

威尼斯住宅Ⅲ尝试采用低造价材料，像混凝土板、沥青屋面板墙和金属护墙板，着眼于这些材料的并置和它们质感、肌理和细节的表现，还设置了一些根据力学原理设计的滑轮组、平衡锤和其他平衡、传动装置。

3. 别了，类型学

"对于建筑学而言，任何权威，都只能意味着将会招致对它的反抗与抵制，反抗确实是个好东西。对于建筑的艺术性，也不能完全从实用性（功能主义）和语言符号学（类型学）的角度来看待。"[1] 梅恩的设计基于调查研究的过程，而不是对已形成的、为人熟知的语言元素做选择和分配，以此作为自己设计的依据，所以，盖里称赞他"从来不从别人那里拷贝什么"。梅恩的设计依赖于对潜在可能性的探索、不断反复的决策选择、不断转化的设计过程，它把形式的变异、转化提升到高层次的艺术水准，形式变异（Morphosis）是他的设计方法，而不仅仅是表现设计结果的一种手段。

与盖里不同，梅恩大量接触的是传统的建筑类型，如银行、中学、法院、办公建筑，如何在这类建筑中实行创新，把建筑从已为大众熟知的陈腐模式中解救出来，这就必然涉及如何对待传统类型学和功能主义的问题。传统的功能主义观点是现代主义建筑思想的一部分，它认为建筑物应该是有效的，没有多余部分，每部分有特定目标，在整体观念的统治下，各部分相互运作。功能主义符合大多数人对传统的喜爱，但这些人不喜欢变化，而梅恩却喜爱变化。这些人认为传统是建筑形式中唯一可靠、可信的资源，而且认为建筑学中存在着一种功能性的形式（functional form），即形式若从类型学角度而言，与特定的使用功能和建筑类型有着固定的对应关系。传统的建筑类型概念，则要更古老一些，它起源于巴黎高等美术学院的鲍扎艺术，和一些把不同历史风格分配给不同公共、私人建筑类型的建筑理论。

建筑类型，对把复杂的城市景观塑造成和谐的整体来说，一直是重要的手段。类型学的支持者认为，类型学通过确定建筑物的尺度、规模、材料和形式，可把社会阶层具体化。传统政治文化长期发展的结果，导致人被社会类型化、阶

---

[1] Pilar Viladas, Meta-Morphosis , http://www.nytimes.com/2007/07/01/magazine/01stylehouse-t.html?_r=1.

层化，在讲求等级的社会中，每一类型和阶层的人被安置在相应的工作位置和生活空间，社会维持着等级秩序。那些赞同使用类型学方法进行设计的人往往还认为，建筑设计应该使用权威的、经过社会历史检验的类型学方法，无须作太大调整；城市的历史已经证明，许多城市的结构肌理就是由这种类型学的设计方法而形成的，这是一种熟悉、安全和可靠的设计模式。

法国思想界杰出代表福柯，在其权力空间理论中，则详尽地阐发了这种历史传统造就的、制度化的社会实物空间，是如何对人的思想、行为实现强制性的驯化、规劝与胁迫，以维持权力阶层的权威和统治，梅恩和莫斯一样，对福柯与卡夫卡的思想理论都有着浓厚的兴趣，如罗通迪所说，梅恩是个明显左倾的人，他的身上总是带有1960年代狂飙时期的反叛性。梅恩对这种类型学的理论是难以接受的，他认为，按照类型学来进行设计的一个问题是，类型学仅仅适应于相对来说比较静态的社会环境，在这样的社会里，人们是根据一套一成不变的价值观念和思维方式来思考问题的。在当今这个充满着矛盾和冲突的年代，这种理论捉襟见肘，无从适应时代、反映时代，所以，梅恩要对这种传统类型学理论进行吸收、转化，改造成切合时代的建筑语言。

在美国俄勒冈州尤金的韦恩·莱曼·莫尔斯联邦法院（Wayne Lyman Morse United States Courthouse，Eugene，Oregon，2006年，图5.52），这个象征着传统权力建筑类型的设计中，梅恩展现了完全不同的、基于改造传统类型学，而产生的理论方法和语言技巧。在他的设计中，法院的权威既不依赖于法院设计所形成的传统知识，也不是依赖于古典主义威压的花言巧语，而是依赖于不同的甚至是相互矛盾的建筑形式之间强有力的相互影响，通过这种手法，他完成了法院象征性形象的塑造。这个法院是由多种相互连锁的空间组成的，梅恩认为，这种连锁的空间真正象征了当代生活的本性。他是在为一个变迁的社会而作的法院设计，在这样的社会里，法律必须在不断变化的人类生存环境中进行实践，得到强化，因而也就必须谨慎地、明智地改变法律自身，人的现实生活是不能处在法律的权威和高压之下的，而是法律应该根据现实改变自己。面对现实的建筑学就是要表达这种社会现实，所以，他的法院呈现出我们不熟悉的形式、空间与我们熟悉的形式、空间之间的混杂结合关系，这使得确立民众运动和法律思想间的新关系、新模式成为可能，这是在这个项目上，梅恩所要表达一种的政治观点。

事实上，这两种系统：一方是充满着活力的民众，另一方，是更为沉静、保守的法律，两者是相冲突的，但它们得共存于一个矛盾的现实生活之中，它们彼此并不否认对方的合法性，而是共存；这两者之间的互动关系，只能以建筑学的空间语言进行表达，并为民众所感知。通过这样的设计，法律的权威被保留了下来，它的象征就是三个呈钟状的、传统对称形式的审判庭，这是从传

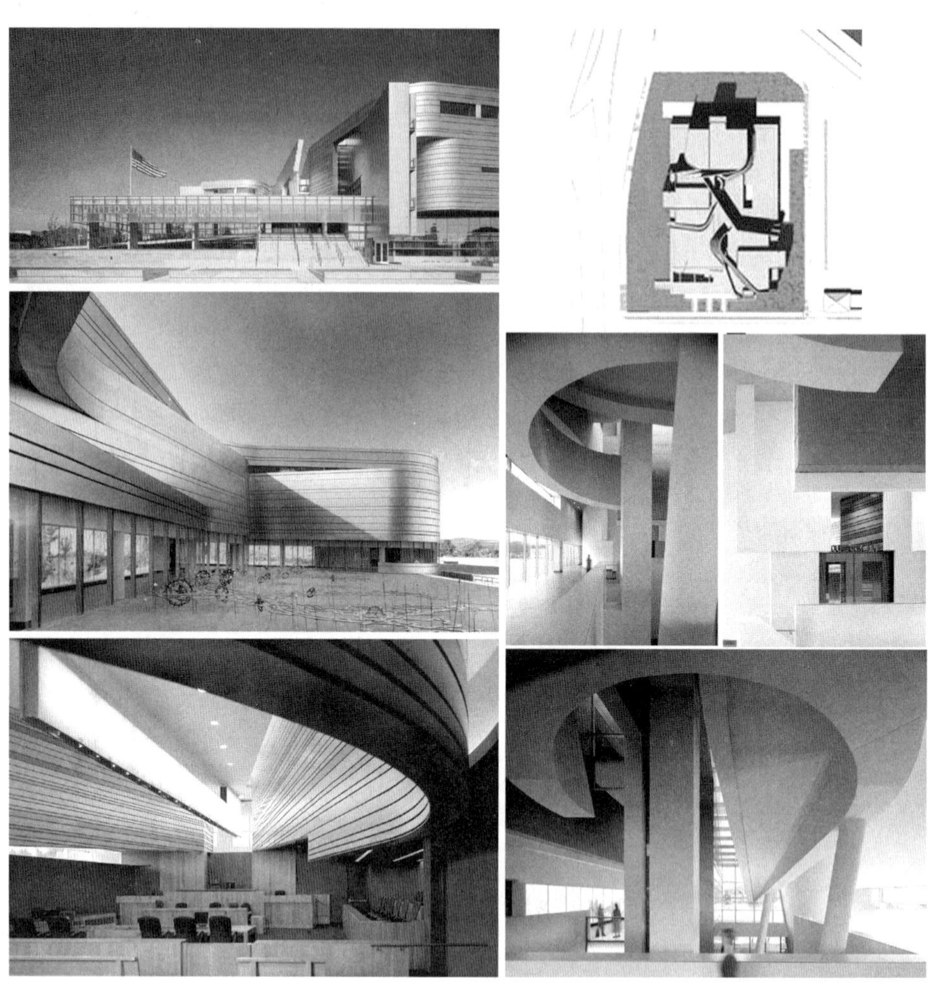

图 5.52（a） 俄勒冈州联邦法院，上二图为外观，下为审判庭室内，审判庭内，象征民众和民主的水平线脚取得了和审判官席位同样的重要性，并且高高地凌驾于审判庭上方，隐喻着民主和民众力量高于法律的权威

图 5.52（b） 俄勒冈州联邦法院，上为总平面图，三个审判庭坐落在象征着民众生活力量的裙房之上，其他为室内场景，室内场景展现的完全是一种普通公共建筑的空间气氛，没有法律权威的威严和严肃

统继承下来的审判庭模式，但它并不表现为一种统治，法律的重要性并没有被贬低，而是以更民主的方式，放进了自由得多的整体之中，这种民主方式的象征就是连接三个审判庭裙房部分的水平向运动的裙房，它表达民众生活的活力和变化，水平向线脚形式在整个建筑（包括审判庭）得到反复使用，其目的就在于隐喻民众和民主的力量。

具有启发意义的是梅恩参与了这个项目基地的选择工作，他改变了项目原来放在市中心的政府计划，选择了一块不在市中心的基地，因为许多象征着社会权威的建筑物通常都聚集在市中心，以求稳定地加强它们对城市起影响作用的印象。把法院设在城市边缘地带，置身于工业建筑和商业区中，在这里，作为法律机构的法院就要象征性地调整自己，适应周边环境的不确定性，适应郊区日常平凡生活中的兴衰和变迁，这是一个大胆的位置变动。“我开始对俄勒冈州联邦法院中所采用的这种方法，做更深入的思考，这个项目不是我们做过的最好项目，但此后，它致使我用在这个项目上所发展出来看待事物的视角为策略，来重新看待事物，这是一种完全不同的思考方式。”[1]

梅恩的设计以革新对抗类型，以陌生对抗熟悉，以偶然对抗正常的策略，来自于对改变我们思考和行为方式的必要思考，它们是对类型学的挑战，但这种设计策略能够灵活地允许传统类型学自己进行演化，而不是抛弃和颠覆它们。关键是，如果仅仅修补这些类型，这种创新是不可能发生的；只有通过和来自外界新的、陌生的东西发生碰撞和对抗，才能出现上述状况。[2]

八、墨菲西斯事务所作品分析

这里所选案例，以能够反映梅恩设计思想的精髓为标准。

1. 加州洛杉矶塞达斯·西奈综合癌症中心（Cedars-Sinai Comprehensive Cancer Center，Los Angeles，California，1988，图 5.53）

这个项目的目的在于，探索建筑学在癌症病人康复过程中，进行医学治疗和恢复病人自信心方面的潜能，业主是伯纳德·萨里克博士（Dr. Bernard Salick），萨里克设想了一种创造性医治癌症的计划，这个计划把不同的医治方法综合在一起，包括诊断、化疗、放疗、配方制药和心理咨询，这就要求建筑设计也要相应地为这种更为人性化的医治措施提供支持。项目在部分地下用地的条件下，把室内空间作为设计的重点，特别是在光线的使用方面，一个半桶状的拱形天窗，照亮了主要的病房楼层，通过弯曲的墙体，漫射光线可以到达病房，病房的设计考虑躺在床上的病人视线。

这个项目设计概念的核心是把家居生活和医疗设施相结合，在化疗中庭的每一个病房，都朝着用于和亲属交流会晤的主要社会性空间开放，但允许病人自行决定自己病房的私密程度。这个案例，能够反映梅恩的设计，从概念入手的特点。

---

[1] Orhan Ayyuce，Thom Mayne in ‘Coffee Break’，http://archinect.com/features/article.php?id=61129_0_23_0_C.

[2] Lebbeus Woods，An Essay on Thom Mayne，Architect，http://www.pritzkerprize.com.

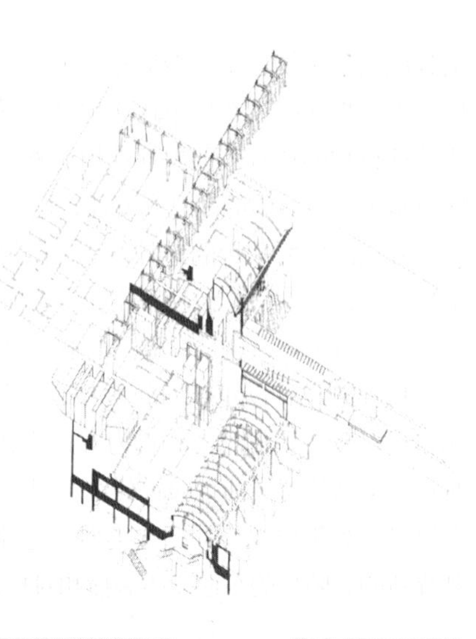

图 5.53　加州洛杉矶塞达斯·西奈综合癌症中心

2. 加州波莫纳钻石牧场中学（Diamond Ranch High School，Pomona，California，1999 年，图 5.54）

梅恩在加州钻石牧场中学设计中，采用了与传统类型完全不同的建筑语言，但却创造了一个更为亲密互动、与环境非常契合的建筑群体。

首先，以远处的山脉轮廓为建筑形态的组织线索，以中间“峡谷式”的交往空间为枢纽，在其两侧组织教学用房，在中间的峡谷，创造了一种街道式的、熙熙攘攘的公共领域，大大地激发了师生间的互动交流。其次，采用动态的建筑语言，创造活泼的建筑形态，结合陡坡地形高差变化，把场地和建筑综合在一起考虑，完全模糊了传统中学设计中那种泾渭分明的空间划分以及建筑和基地间的界线。他把台阶处理成可以观看比赛的看台，把屋顶改造成活动场地，多标高的场地变化，形成了一系列户外开放空间，以多层次、多样化的空间，组织室内外的学习和交往活动，激发了学生的好奇心，打破了美国传统中学设

图 5.54（a） 加州波莫纳钻石牧场中学，左上为地面层平面图，右上为从建筑开口看远景，下为“街道”空间

图 5.54（b） 加州波莫纳钻石牧场中学，屋面形态，左上为方案阶段片段化屋面形态，右上为模型鸟瞰，下为实景鸟瞰

计中，以钢丝网围合起盒子式教学建筑的模式。空间变化丰富，室外的台阶宽度有变化，并结合地形高差设计，视线可以通过建筑之间的空隙观看到远处的山景，屋顶的造型受到远山轮廓的启发，形成起伏波动的态势，与山景相呼应。梅恩说：“这个项目表达了一种对话关系，它想把不同的力量和因素集合起来，形成一个多少有些异常的作品，但这个设计拒绝完整，它属于这块基地。”[1]

这是个位于山地的教育类建筑项目，梅恩在这个设计中，围绕着几个由于陡峭用地的原因，可能相互冲突的问题展开：（1）满足日常教学功能所要求的教学用房；（2）满足社区归属感和都市体验要求的户外活动空间和体育锻炼场地；（3）打破传统中学设计模式，采用动态的建筑形式；（4）建筑群体与周边山景的景观关系。梅恩在设计中，首先以片段化的建筑形式围合一个类似于街

[1] Robin Pogrebin，American Maverick Wins Pritzker Prize，http://www.nytimes.com/2005/03/21/arts/design/21prit.html.

图 5.54（c） 加州波莫纳钻石牧场中学，外景

道的峡谷式公共交往空间，这个街道空间成为学校户外交往的重要空间，它连接着教学用房、户外活动和体育活动场地，利用周边建筑物成角和倾斜的墙面，造成充满活力、特征鲜明的动态建筑风格，在“街道”两边，一系列分离、倾斜的建筑形体、剧烈地悬挑，伸向街道空间的上方，烘托着交流聚会的“街道”空间，这里有着与高密度都市空间中相似的街道空间体验，各种不同因素，会以不可预期的方式发生相互影响，展现出明显的街道文化活力。漫长的台阶上空两侧，外悬的建筑形体可以“遮风避雨”，在这里，会发生一系列不期而遇的交往行为，它有力地塑造了学校的社区感，同时也暗示着一种和市区相似的都市环境。整个建筑群体的屋顶，呈现出片段并置而达成的混杂整体效果，建筑形体或折叠或弯曲，与远山取得了良好的呼应关系。中心街道在一些地方被打开，建筑开口成了一个个画框，在这里人们可以远眺山景。

这个设计关注各种刺激设计生成的因素，如对动态建筑风格、街道空间的追求，利用陡峭山地获得建筑室内外空间，特别把塑造户外不同竖向高度上的交往空间和扩大化的景观体系，作为设计的重点，把建筑和基地都当作手段，塑造公共与私密领域之间的模糊性，基地和建筑相互影响、渗透、改变，基地

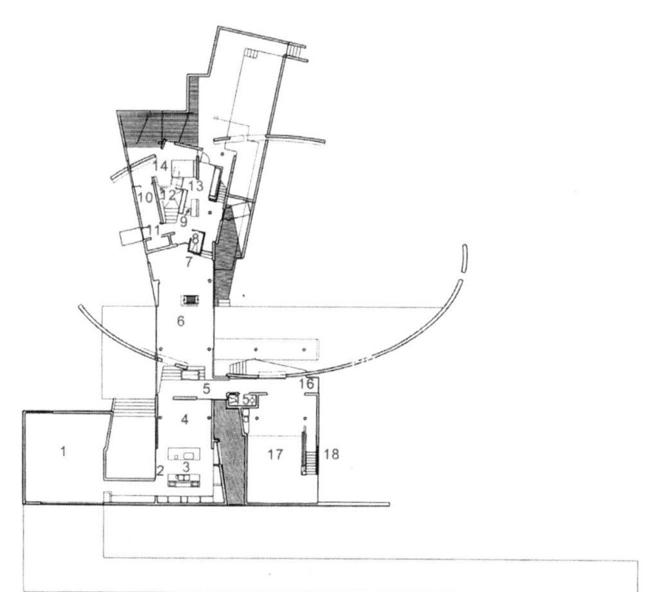

图 5.55（a） 布莱兹住宅地面层平面图 1. 车库；2. 储藏室；3. 厨房；4. 餐厅；5. 入口；6. 起居室；7. 多媒体；8. 卫生间；9. 盥洗室；10. 壁橱；11. 化妆间；12. 淋浴；13. 通道；14. 卧室；15. 卫生间；16. 通道；17. 画廊；18. 室外工作空间

图 5.55（b） 布莱兹住宅，室外实景

可以当做建筑，建筑也可以看作是基地，将基地与建筑进行一体化的设计和改造，建筑与基地之间存在着高度的相互交替关系，整个项目成了一个被设计所操控的景观体系。

3. 加州圣巴巴拉，布莱兹住宅（Blades House，Santa Barbara，California，1996 年，图 5.55）

在布莱兹住宅设计中，梅恩用整顿基地地景的手段来达到模糊建筑内外界线的目的，他将这块 5700 平方英尺的基地整合成一个缓坡，在主要体量的北边是一个人工水池，并且以两道弧形的混凝土墙穿插于整个建筑体量中，使得室内与室外的“房间”无法有清晰的分界，于是建筑物与基地环境融合交错为一体。梅恩在设计布莱兹住宅时，尝试空间之间的“渗透”，打破对空间边界的传统限定。举例而言，主卧室与更衣间、冲澡间、二楼悬臂而出的女主人书房，甚至是户外的空间之间并没有明显的分界，而是巧妙地交叉、融合。两组不同类型墙面的使用，则是设计中的重点，一组是平行正交的墙面，它呼应周边邻居的墙面；另一组则是椭圆形的长墙面穿插整个建筑物，并延伸至外部的空间，从而使得住宅如同是在基地上一些散落的体块，由墙面连接在一起，集合而成，造成室内外空间之间丰富的层次。

美国郊区住宅比较强调私密空间与自然间的对比，典型的美国郊区居民可以拥有自己的大片庭园、停车场、后院，但建筑部分是非常独立的，可以说这些郊区住宅就是美国现代人的城堡，他们虽安稳地居住在自己的领地上，却与自然环境分离，他们必须走到屋外，才能接触到自然。而在布莱兹住宅中，梅恩将住宅空间与基地自然间的界线，进行模糊化处理，利用不同的墙体，特别是贯穿建筑体量的那道椭圆形墙面，来混合公私空间之间的关系。

4. 加州洛杉矶，加州运输局第七街区总部大楼（Caltrans District 7 Headquarters，Los Angeles，California，2004 年，图 5.56，参看图 5.45，图 5.46）

加州运输局第七街区总部大楼是一个城市地标性建筑，它以不断变换的表皮界面标识出一个公共广场。虽然它的材料语言和结构元素，暗示着高速公路，建筑立面通过水平向布置的细长灯具，塑造出动态的建筑风格（kinetic architecture），直接描摹了运动中汽车的活力特征，双层表皮的外层从建筑中分离出来，形成屏障，它由穿孔铝板构成，可根据太阳的入射角度和强度不断调整开合。在中午时，整个建筑呈现出无窗和半透明的状态，因为此时铝板都是关闭的，而在黄昏时分，建筑物则接近于透明状态，建筑物随着时间流逝，不断变化自己的表情是这个建筑的重要特征。

加州运输局总部大楼的设计，是建立在对附近城市环境在进一步城市发展过程中，可能出现的活力，作乐观判断的基础之上的，它主要的门厅其实就是一个布置在建筑之外的广场，它为办公人员、来访者和普通公众，提供小憩聚会的场所。娱乐设施，包括一个展廊和咖啡馆，布置在广场附近以吸引人流，广场上的公共艺术装置是与艺术家凯斯·索尼尔（Keith Sonnier）合作完成的，它成了建筑物的一部分。水平布置的红色氖气和蓝色氩气照明管，模仿高速公路上疾驰汽车前灯所形成的色带，它以设计好的程序，在夜间进行照明。巨大的悬挑光条将建筑和第一街道联系起来，而 40 英尺高向前倾斜的超大符号

图 5.56　加州运输局第七街区总部大楼

“100”，则标识出南面主街的入口，这个巨大的符号，把建筑物城市地标的角色，给予了鲜明的确定。

5. 法国巴黎，巴黎灯塔（Phare Tower，Paris，2006–2014 年，图 5.47，图 5.57）

这是墨菲西斯事务所近年来在组织场所特质，修整城市肌理方面做得较为成功的一个案例，也是一个最能反映梅恩多系统整合和技术形态主义思想的典型案例。

这个项目地处巴黎德方斯（La Défense Arche）巨门附近［见图 5.57（a）］，周边城市环境复杂凌乱，巴黎灯塔就是在综合考虑基地多种影响因素后而提出的方案，它整合了周边各自分离的建筑功能及其建筑形态产生的影响，并且把市政设施（地铁交通）也整合进建筑设计中去，形成了既反映基地特点，又带有多种流动特性的建筑方案，同时，也反映了建筑技术的最新发展水准，它是世界上第一座完全意义上的绿色高层建筑，技术性因素对建筑的形式也起到了决定性的影响作用，巴黎灯塔将成为巴黎最新的标志性建筑［见图 5.57（b）］。

巴黎灯塔复杂的结构和表皮体系，适应于它非标准化（反常）的建筑形式，但同时它也反映了周边复杂且常常相互冲突的环境因素，它采用绿色建筑技术，

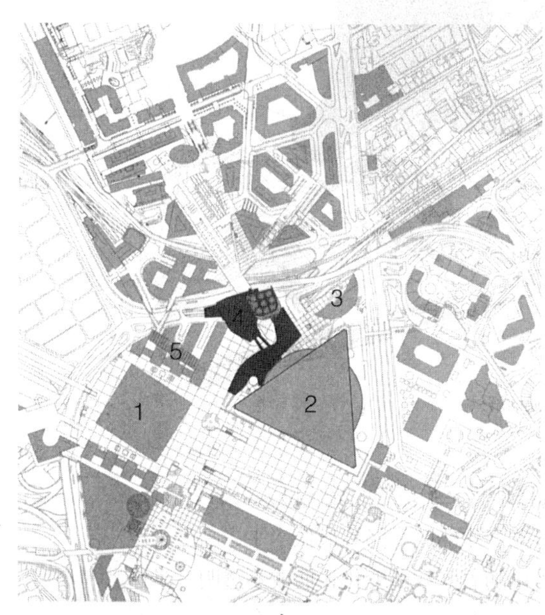

图 5.57（a） 巴黎灯塔的周边环境及位置图
1. 德方斯巨门（La Défense Arche，1989）；2. 国家工业科技中心（CNIT，1958）；3. Ex Bull Tower，1990；4. 巴黎灯塔（Phare Tower，2014）；5. Collines de l’Arche，1990

图 5.57（b） 巴黎灯塔建成后的虚拟效果

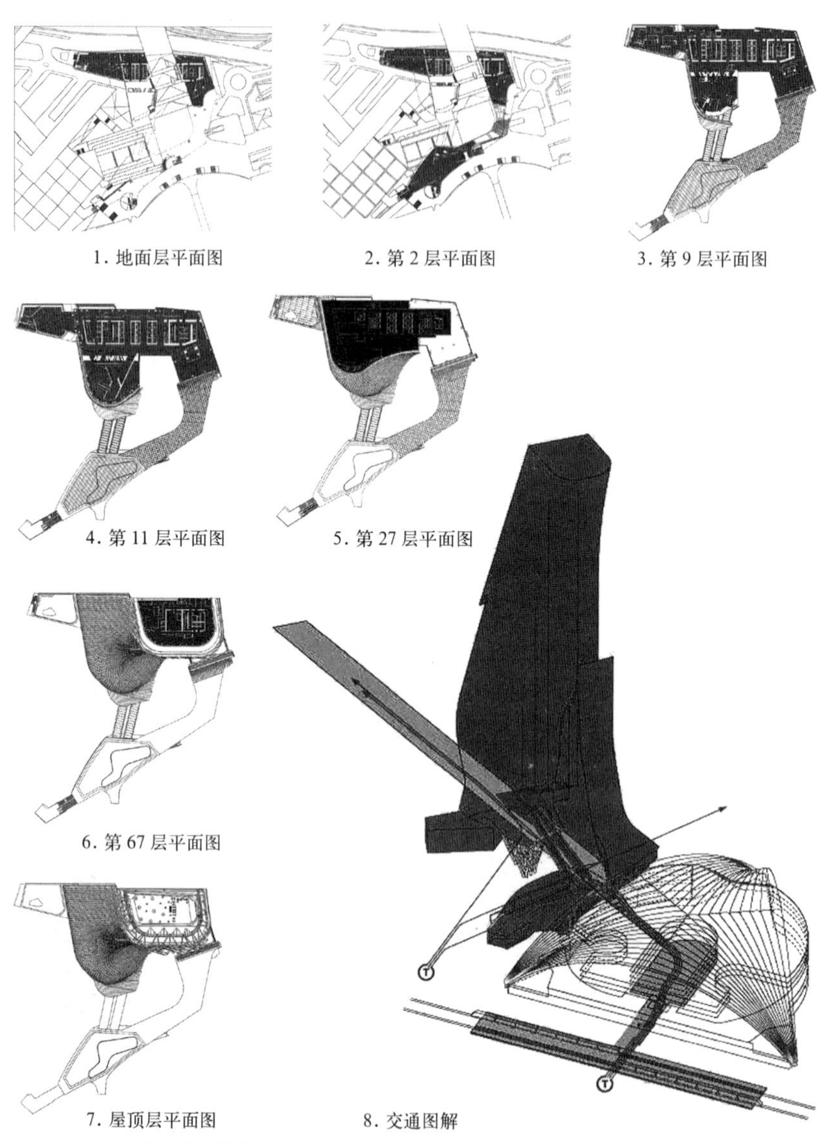

图 5.57（c） 巴黎灯塔部分平面图及交通图解

从阳光和风力中获得能源，但同时有选择地将一些位置的光线摄入量降至最低，而在另外一些位置却将白天自然光线可能产生的眩光降到最低水平，高度表现性的建筑表皮从不同角度和特征点，可以随着光线的变化，而成不透明、半透明和透明状态，在夜晚，光带（ribbons of light）把建筑装扮成一个个象征胜利和荣誉的花环，强化了不断变幻的形式特征。

在 1958–1989 年间，巴黎城中心地带禁止建造高层建筑，从而导致了在巴黎城西德方斯一带形成了现在的商业街区，巴黎灯塔是这一重要地区重新开发的标志，目前，这一地区由一些不连续的建筑散布在各种空旷的广场上而形成，城市空间肌理比较凌乱。巴黎灯塔是从它周边不规则的基地环境中衍生出来的，他的用地由一个高速公路和一个铁路连线所限定，但一条人行道路又将基地一分为二，基地位于 1989 年的德方斯巨门和 1958 年的国家工业科技中心（CNIT）之间，见图 5.57（a），这是以前法国电信学专业校际大学联盟（National Inter-University Consortium for Telecommunications）的展厅，这个建筑的立面是由 2008 年普利茨克奖得主让·努韦尔（Jean Nouvel）设计的，是以极细的不锈钢杆件支撑的玻璃面，CNIT 已被法国列为历史建筑，在 1989 年再次进行改造更新，因为经历 30 余年的展览任务，CNIT 已破旧不堪而几乎弃置。1988 年 SARI 财务集团买下这幢建筑用于集会和展览，在一年之内将内部全部挖空，但久享盛名拱顶依旧保留下来，在内部成功地设计了“村落广场”（village square），包括咖啡座、小商店及花房，并且从地面层由行人广场可以直接进入。

巴黎灯塔周边这些根本不同的（disparate）建筑挤在一起，仿佛毫无关联，这就为缝合、修补（mend）这个区域提供了契机，设计的策略就是把周边建筑与城市交通整合起来，连接这一带的城市空间，形成一个完整连续的场所。在城市空间肌理和交通组织的层次上，巴黎灯塔弥补了现状的缺陷，把 CNIT 转化为商业和娱乐中心，将交通直接从地下现存的交通转换中心导出 [见图 5.57（c）—8，交通图解]，穿过整修过的 CNIT 设施，通过一个门廊入口进入巴黎灯塔的公共空间，这个入口门厅也与周边建筑物和另外一个交通转化处的人流相接，这样，从水平交通转化到垂直交通，就成了构成建筑整体所必需的（integral）元素。外覆玻璃的室外自动扶梯 [见图 5.57（d）左图] 从入口门厅飞跃 35m 后，到达巴黎灯塔的第 9 层门厅大堂 [见图 5.57（d）右图]，在这里，每天有将近 8000 人通过自动扶梯和大堂进行交通转换，当行人到达大堂，通过精心设计的

图 5.57（d）　巴黎灯塔部局部，依次为（左）自动扶梯，（中）张开的底部支撑结构腿，（右）第 9 层的空中门厅大堂

图 5.57（e） 巴黎灯塔剖面和建筑模型，（左）穿过空中门厅的剖面，（右）建筑模型

玻璃表皮，可以观看到下面人来人往的交通景观，也能够看到远处雄伟的德方斯巨门。

巴黎灯塔不是一个孤立自治的塔楼，而是一种混血的结构（hybrid structure），324m 高的塔楼像个三角鼎，跨在基地之上，以适应基地环境的特殊情况，它包括一个张开的（splayed）结构腿，[见图 5.57（d）中图]，和在建筑东西两侧呈梯形、可以使用的支撑建筑，而入口门厅则应对周边城市环境，转化成公共广场空间，两个可以使用的支撑建筑，在建筑的底部形成 24m 宽 30m 高的中空空间，它是一个带有纪念性的城市之门，它保持了来自巴黎灯塔北侧原来的城市人行道路视觉走廊的通透性，允许行人直接通往地下[参见图 5.57（a）和图 5.57（c）中的 1 图和 2 图]。

当塔楼从三角鼎的基部升起来后，它不对称的轮廓开始慢慢地向外鼓起，鼓起的部分就形成了高空处的（第 9 层）大堂，随后又开始缓缓收缩，变得苗条，以缩减在高处所受到的风荷载，塔楼最后在顶部渐渐变细，形成一簇密集的风力涡轮机（wind turbine）[见图 5.57（e）]。塔楼外形不断变化，在不同的地方造型截然不同，而不是一个单一的形象，以便适合基地环境、绿色节能和建筑

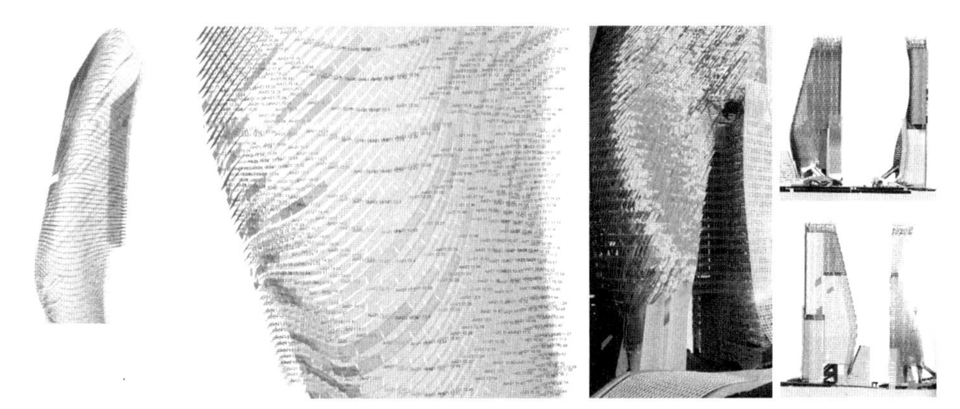

图 5.57（f） 巴黎灯塔第二表皮细部与建筑立面，（左）计算机模拟第二表皮随季节和光线变化的开合情况，（中）斜置的第二表皮模型细部，（右）建筑模型立面

表现的要求。在高区的底部，建筑的表皮打开，把一个高度为 233 英尺（71.01m）的大厅（Grand Hall）暴露出来，这个大厅成了一个暴露于空气之中的公共广场，它也是所有垂直方向转化的核心，从大厅的安检点，人流交通被纳入快速电梯通往塔楼高处典型的城市空间，如观景平台和咖啡馆，在整个大楼的垂直方向都有分布，在 66 层，有一个顶层高空餐厅，它有一个可以环视全景的平台。

巴黎灯塔的顶部，把一簇天线和捕获风能的涡轮机编织起来，形成建筑顶部最后的收头，建筑形式和方位的确定，以太阳运行的轨迹为依据，建筑的北立面为平坦光滑的玻璃面，以便全年最大化地将建筑的室内空间暴露于自然光线之下，不锈钢网片（mesh panels，穿孔板）斜向布置形成建筑的第二表皮（second skin），它把建筑的南、东和西三个方向的玻璃立面包裹起来，以便将建筑热能的摄入量（heat gain）和眩光（glare）降到最低，从而将建筑的能效（energy efficiency）最大化。建筑第二表皮的不同位置，在常年可根据太阳入射角度和强度的变化，而自行调整不锈钢网片（穿孔板）的开合程度，从而形成了建筑表皮不同位置，不同透明度的变化状态［见图 5.57（f）］。

九、本章小结

汤姆·梅恩是继弗兰克·盖里之后，圣莫尼卡学派成员在国际建筑舞台上令人瞩目的杰出建筑师，梅恩的建筑思想带有明显的社会乌托邦色彩。在一个多元化的社会中，梅恩提出的多系统整合建筑理论，能够灵活地面对各种错综复杂的设计条件，得出有说服力的、面对现实的、有着严密推理逻辑的真实建筑。多系统整合建筑理论，以广泛的思考领域为基础，从概念着手，对建筑设计进行多价值、多要求、多因素、多角度、多系统的思考，这些思考问题往往通过

“层叠加”的方式反映在最后的设计成果上，这里的层（layer）就是每一个设计中思考的对象（价值、要求、因素、角度、系统……），层思维、层构成、层表达、层品质是梅恩建筑和规划思想的突出特点，几乎反映在墨菲西斯事务所的全部作品上。

多系统整合的建筑理论是墨菲西斯事务所长达四十年，一以贯之的、根本性的设计指导思想，这种思想通过梅恩特有的设计转化过程，对最终的设计成果产生了决定性的影响作用，本章也详细地分析了梅恩设计转化过程的多方面特征，以及基于这种特殊设计过程而产生的建筑风格特征。多系统整合建筑理论是以多元化的社会和时代现实作为设计的起点，而提出的一种行之有效的设计方法学，它是建筑学理论与系统理论相结合的产物，由于具有灵活变通、广泛全面的特点，所以，在不同的项目中，这种理论的具体实现形式也不尽相同，反映了这种设计方法在面对千变万化的设计条件时，而表现出的高效、有力、完备、准确的方法学价值。

技术形态主义是梅恩设计思想的另一个重要方面，它是梅恩把科技文明的时代现实作为自己的设计起点，在一个技术取得决定性统治作用的时代里，而提出的设计策略：即在不同的阶段，利用可以获得的技术因素和力量，来统筹建筑的形态和风格。在多年的实践中，这种思想有不同的表现形式，但总体上呈现出从简单到复杂的趋势：从早期创造一些带有机械美学性质的建筑形象，到在建筑中加进一些技术性的装置，再到高科技“绿色建筑”体系的建立，以及最后在巴黎灯塔的设计上，将这种思想推到炉火纯青的地步。

技术形态主义思想在墨菲西斯事务所的不断深化和实践，也正从一个侧面反映了技术对建筑设计、建造的影响，不断加深的趋势。梅恩和盖里一样，在获得普利茨克奖之后的实践中，都自觉地将技术性因素对设计的干预和控制，不断引向深化，从他们所走过的道路中，我们应该敏锐地察觉到，技术性因素对建筑工程的影响控制，将不断加深、加强的时代趋势。

第六章　完美的建筑沉思者：迈克尔·罗通迪的建筑世界

图 6.1　迈克尔·罗通迪照片

"静点（The still point），
这是一切事物开始，结束，
又再次开始的地方，
它是事物产生和死亡之点。
故无所谓开始和结束。
零，是无穷大的孪生姐妹（一体两面）。
静点正是我们人类的核心，
它不曾被极端触及，
但却反映了极端的纯粹本质。
在这里，内在世界和外在世界，
联结成为一体，
在这一刻，万物同时发生，
它们拥有相等的身份，
尤其是拥有相同的重要性。
静点，就是完美的平衡，
在这里，既无空间，也无时间，

这是合二为一之处。

它正是我们这个复杂纷扰世界的静点。”[1]

本章导读

埃里克·欧文·莫斯称迈克尔·罗通迪为完美的建筑沉思者。1976年，罗通迪与汤姆·梅恩重组墨菲西斯事务所，至1991年离开；在1987-1997年，长达10年的时间里，他担任南加州建筑学院（SCT-Arc）院长，全面负责学院的人事行政管理和教学体制质量管理工作，他不但要考虑SCI-Arc的建筑学教育的发展，他还要置身于复杂的行政管理事务之中，与人打交道，这种集管理和教学工作于一身的特殊经历，对于他建筑思想的形成也起到了影响作用。在《ROTO作品:静点》(Rotoworks: The Still points)一书中,罗通迪提出“静点”(still point，也有静止的点，依然如旧之意）的概念，这个概念接近于坐标原点、圆心。如果把当代建筑思潮的革新变化,比作为一场快速向前推进的“龙卷”风暴，那么，罗通迪试图站立的立足点就是这场风暴的“风眼”，虽然在龙卷风的外周，飞沙走石，“风眼”却异常的寂静，但正因为有了这个寂静、无为、虚空风眼的存在，才会发生外周强有力的风暴。纵观罗通迪的建筑思想，明显带有东方哲学思辨的色彩，罗通迪认为“静点，它不曾被极端触及，却反映了极端的纯粹本质”，这是一种带有明显东方思辨色彩的思维方式，它要求全面整体地观照世界，以洞察顿悟的方式来透视世界。在罗通迪关于当代建筑学科体系演变趋势的理论中，鲜明地反映他这种整体思维、辩证发展的思维特征，在一定程度上讲，这种思维方式在埃里克·欧文·莫斯、汤姆·梅恩和迈克尔·罗通迪三者身上的共同、共通性非常明显，这或许与莫斯的事务所和墨菲西斯的事务所曾经长期共同租用一个建筑有关，不但这两个事务所连在一起，而且，他们三人都是好朋友，莫斯就为罗通迪事务所第一本作品集《ROTO作品：静点》撰写了前言《罗通迪的一个秘密》(Rotondi's a secret)，文章指出罗通迪的秘密就是“只身独行”(Go alone)，从莫斯的行文可以看出，莫斯对罗通迪在1991年离开墨菲西斯事务所，似乎抱着赞同的态度。

罗通迪在接受奥尔汗·艾于杰（Orhan Ayyuce）的采访时，明确地说，ROTO事务所和墨菲西斯事务所是一个母体上生长出的两个子体。[2]这两个事务所之间共同的设计思想就是以系统的眼光来看待、推进建筑设计，即多系统

[1] Michael Rotondi and Clark P. Stevens，Rotoworks：still points，Rizzoli，New York，P14.

[2] Orhan Ayyuce，Transversing Michael Rotondi，Mar 09，2007，http://www.archinect.com/features/article.php?id=53581_0_23_0_C.

整合的建筑学理论，全面展现罗通迪这种系统思维的建筑案例就是森特·葛勒斯库大学（Sinte Glesku University）的规划设计。但罗通迪在离开墨菲西斯事务所后，并没有把墨菲西斯事务所早期作品中所强调的技术性因素，加以突出的强调和发展；另外，罗通迪的思想和梅恩相比，要平和中庸、折中得多，这也是罗通迪在离开墨菲西斯事务所后的作品，要比墨菲西斯事务所的作品显得收敛、平和的原因，罗通迪的性格也比梅恩的性格平和，而不像梅恩那样激进，这也是两者之间的区别所在。

本章的主要内容包括：

（1）罗通迪关于当代建筑学科体系演变趋势的理论。

（2）整体有机的系统思想。

（3）迈克尔·罗通迪的建筑案例分析。

由于1991年前，罗通迪的作品已经包含在墨菲西斯事务所的作品之中，墨菲西斯事务所的一些设计思想，实质上是罗通迪与梅恩两人的共同思想，所以，本章的内容的分量要较上一章少很多，本章侧重于对罗通迪最为核心的系统思想展开分析。

一、迈克尔·罗通迪的教育与成长

迈克尔·罗通迪（Michael Rotondi）1949年生于洛杉矶，1972年从加州州立大学波莫纳校区（Cal Poly Pomona）建筑学院转到由雷·卡帕（Ray Kappe）为首创立的SCI–Arc（南加州建筑学院，Southern Institute of Architecture），成为该校成立时的50名成员之一，并于1973成为该校的第一届毕业生，于1976年重返SCI–Arc，成为该校指导研究生教学的教员，同年与汤姆·梅恩合伙重组墨菲西斯事务所，1978年建立SCI–Arc的研究生课程教学计划，1978–1987年为SCI–Arc研究生部主席，1987–1997年成为该校院长，全面负责教学、管理工作，1980年至今为该校董事会成员。1991年与同是墨菲西斯成员的克拉克·史蒂文斯（Clark Stevens）一起离开墨菲西斯，合伙创立ROTO建筑事务所（ROTO Architects，Inc.），1999年至今任教于亚利桑那州立大学。1992年获得美国艺术与文学学院奖，建筑作品涵盖教育、文化、商业和居住等多种类型，先后获得19项进步建筑杂志（Progressive Architecture Magazine）奖和21项美国建筑师学会（AIA）奖项。

迈克尔·罗通迪是继SCI–Arc的主要创始人雷·卡帕（该校第一任院长）之后，该校的第二任院长，任期为10年，他对这个独立、前卫院校的生存和发展，建筑教育思想、风格、特色的探索形成和稳定传承，起到不可代替的重要作用，他集管理者、教师和建筑师三种角色于一身，在担任院长的10年时间里，迈克尔·罗通迪形成自己对于当代建筑一系列问题的认识，通过教学内容和体系的设置，深刻地影响了 SCI–Arc 的建筑教育模式和风格特色，他的建筑实践正是自己的教育思想、建筑观念在实际中的应用和检验。

二、双向运动：当代建筑学科体系演变趋势

中心（center）和边缘（edge），在 20 世纪后半叶西方人文学术理论中是一对重要的概念，迈克尔·罗通迪借用这对概念充分阐释了自己对当代建筑理论方法、演变趋势的认识。他认为建筑学是个自治自足的学科，独立的学科（autonomous discipline），它的自治、自足和独立体现在这个学科能够应对时代社会的变迁，经过自身内部的调整，产生与之相适应的、新的学科体系。建筑学有着在漫长时间跨度里，应对（response）人类社会的变迁，形成自身理论和方法的历史，作为一门学科，建筑学如同任何有机体，在漫长的历史中形成了自己的智力结构（intellectual structure），这种智力结构就是建筑学自身内在的编码逻辑（coded logic），它指导着建筑学科内在的组织运作。建筑学的智力结构有时会进入到一个急剧加速转化的调整阶段，它会应对时代变化，调整、演化、产生出一种较新的、完整的智力结构，这个结构有两个重要的特征：首先，较以前的智力结构而言，它是一种新结构；其次，它是完整的。它的出现不是任意偶然的，而总是以一种整体结构的形式出现，它的形成是两种方向相反、同时发生的运动使然：

（1）第一种运动是由圆心指向边缘（圆周）的运动。在这里圆心有几重含义，首先它指从过去传承下来的经过编码处理过的、稳定成熟的建筑学科知识结构体系，作为一种传统的知性和智力（intellectuality）的存在，它拥有对现实的强大控制作用，但另一方面，在时代的面前，它的局限性也暴露了出来，旧有的学科知识体系结构，无法应对新时代的新问题。其次，中心还隐含着话语权拥有者所持有的、对边缘的控制力量和权利。在历史上，当一种建筑风格经过酝酿、形成达到成熟阶段，总会以一批建筑师作为这种艺术风格的传承载体，那么，这一批建筑师则构成了拥有主流话语权的中心阶层。

但一切知识，在本质上，都具备衍生的特性，旧知要不断繁衍、演化，导致处于圆心位置的传统旧知潜在地具有一种发射、流变而成新知的趋势，进而构成了从圆心处的旧知指向边缘，产生新知、新信息的运动，尤其在当代，这种运动的速度加大，出现了知识大爆炸的现象。对于任何一门学科来说，它的边缘处的新知存在两种可能的情况：其一，这种新知识根源于旧知，从圆心的旧知处繁衍演化而得；其二，这种新知可能是由于本学科和其他学科交叉而形成的新知。但无论是上述哪种情况，在初期，这种新知总是既灵动又幼稚，它

还不成熟，不成体系。但由于人类认知规律总趋向于体系化、理论化，所以，处在边缘处的灵动的新知要经过振荡、整理，而走向成熟稳定的体系化和理论化，即产生了另外的一种由圆周指向圆心的运动。

（2）由边缘（圆周）指向圆心的运动，在这个看似复归的运动中，新知带有旧知的影子或遗传基因，但它是崭新的生命体，它趋向圆心的运动是走向成熟、体系化、理论化的运动，是新知的传播和稳定成型的运动，走向中心才能便于人类知识的遗传和传承，为下一轮知识的更新换代和新陈代谢提供必备的基础。另外，我们可以看到，在一些新兴交叉的边缘区域，所受到（来自圆心的）旧知的控制作用，相当的微弱，这些领域从而拥有了一定程度自我发展、自治自足的空间，也呈现出了令人惊喜的创造性。

对于建筑学这门特殊的综合性学科而言，与其相关的社会、文化、艺术、哲学、科学理论和技术等，在当代不时地与传统的建筑学科相交叉，产生了一定程度的影响，使得当代建筑学的边缘地带出现了多学科交叉、叠合的现象，造成了建筑学在今天所出现的多元化、多样性的新局面。例如新艺术（如极少主义艺术、波普艺术等）、新哲学（如解构主义哲学等）、新思潮（如后现代思潮等）、新理论（如控制理论、熵理论和系统理论）、新运动（如绿色环保运动）、新技术（如计算机技术）等，都在一定程度、一定范围，对传统的建筑学科产生了影响。新兴的交叉领域一旦出现，它就要经过振荡、整合，走向成熟稳定的体系化、理论化的中心区域，对中心区域既有的传统知识体系实现更新改造。从圆心指向边缘和从边缘指向圆心的两种运动，正是建筑学科知识体系结构自治性的表现。当代建筑的发展，展现的正是建筑学在时代变迁背景下的这种自治性的双向整合运动，它是包含复杂性和创造性、拥有高级秩序的自组织、方向相反的两种运动，不是一方征服另一方，而是一种“你中有我，我中有你”、共融共生、互惠合作的创造；它要求既对边缘交叉领域可能出现的新知，持开放包容的态度，同时，对新知在建筑领域的深入、应用，持积极支持、充分肯定的态度。迈克尔·罗通迪认为，“正是这种创造性的工作，促成了建筑学科自身身份的确立，这一点，在当代比任何历史时期都更为明显。”[1]

重视建筑学科新兴的交叉边缘领域，是SCI-Arc建筑教育的一个重要的特色，也是圣莫尼卡学派建筑师的一个重要的特征，不论在罗通迪个人的建筑理论方法中，还是在SCI-Arc的教学体系中，对建筑学科这种动态的、创造性的、自治性的、系统化建构现象的理解，对社会、文化、美学、科技等学科在交叉领域所产生广泛影响的认识，都占有非常突出的地位，这也是圣莫尼卡学派、

[1] Michael Rotondi，From the Center，Design Process of SCI-Arc，The Monacelli Press，New York，1997，P10.

SCI–Arc 建筑教育和罗通迪建筑思想实验性的表现，但无论这些交叉领域有多么的庞杂，最终都要通过空间（space）、秩序（order）、结构（structure）、形式（form）和材料（material），这些建筑最基本的语言形式表达出来。

三、整体有机的系统思想

在迈克尔·罗通迪建筑观念形成的过程中，SCI–Arc 的教学和管理经验起到一定的启发作用。SCI–Arc 是个独立、前卫的实验性建筑院校，它完全是一个从无到有，自己创造自己的神话、自己决定自己的命运、自己实现自己梦想的建筑院校，以独特的教育体系和思想确立了自己的影响和地位，在世界范围内引起了重视，并吸引了一批批世界各地建筑学生。不可否认，在尊重个人自由、个人主义的文化背景下，它的内部不可避免地存在着多样性、差异性带来的冲突，否认它的存在，可能导致集体创造力的丧失，但任由个性不加控制的发展，则会导致集体混乱、失控和集体身份存在的危机。如何管理这样的建筑院校，既保持它的创造性，又避免体系的崩溃，作为管理者的迈克尔·罗通迪给出的答案是既要尊重个体平等、自由选择的权利，同时个体要受控于集体内在尺度的制约，这种思想在一定程度上也反映在他系统设计的思想上，即在系统、整体的前提下同时实现创造性和合理性。

1. 系统思维的四个核心概念

有四个核心概念构成了迈克尔·罗通迪的系统思维（systemic thinking）：

（1）过程性（process）的概念，注重设计的转化（transformation）过程，对设计中每一步都持着暂时性的、相对性的态度，而不是绝对的、刻板僵化的态度。

（2）秩序性（order）的概念，它由系统内部子系统、元素之间的相互关系（inter–relationships）构成，它含有结构性的意义。

（3）整体性（unity）的概念，它由系统内子系统、元素之间的相互依存性（inter–dependence）构成，它要求部分要与整体相关联，子系统之间既相互独立，也相互关联。通过对比可以发现，墨菲西斯的系统观念中，更重视部分，而罗通迪在离开墨菲西斯后，在系统观念上更重整体。所以，墨菲西斯的作品，在形式上，由于部分之间的直接并置（甚至对峙），所带来的力量感和视觉冲击力，要永远大于罗通迪的作品，罗通迪的作品要委婉得多、谦逊得多。罗通迪曾用一个形象的比喻来说明部分与整体的关系：部分与整体的关系，相当于人体与宇宙的关系，人体细胞与整个人体的关系。[1]

---

[1] Michael Rotondi and Clark P. Stevens，Rotoworks：still points，Rizzoli，New York，P24.

（4）层次性（hiberarchy，分层结构）的概念，具有差异性、多样性的子系统或元素，它们根据在系统中的地位和重要性并不是绝对的相等，它们之间有主次之分。

2. 系统思维的核心内容

系统思维既是罗通迪设计思想的核心内容，也是墨菲西斯事务所设计思想的重要内容之一，与在墨菲西斯期间相比，罗通迪对系统在工程技术的表现方面有所弱化，更强调系统的自然有机性，如果说前者更强调技术性、力量感，那么在离开墨菲西斯之后，罗通迪的系统更多呈现出柔韧性、自然有机性。罗通迪的系统思想是参照、模拟有机体组织系统而提出的，要求各子系统能够自发地转化，转化过程不仅仅满足于合理性的要求，同时要切合自然界有机体成长的形象、规律，这是罗通迪系统思想在离开墨菲西斯之后，发生的一个重要转变。罗通迪的系统思想的核心内容包括：

（1）首先，他认为一切事物都具备一个内在逻辑（internal logic）或称核心概念，这个逻辑为系统提供结构，系统内部分之间以明显的自发性相互响应、作用，系统内部在转化过程中，存在着多种可能性，对于建筑系统而言，复杂性（complexity）和一致性（coherence）之间并不存在本质的冲突，如果调整好系统之间的关系，系统内部可以同时实现复杂性和一致性。

（2）其次，每个建筑物都拥有自己的DNA编码，它深深地植根在系统的组织结构之中，以一种我们看不见，但能够感受得到的方式，对系统的内部活动、变化既设定限制，也提供自由成长的空间，建筑创作的自由与对这种编码的认识相互嵌套，对编码的认识体悟越深刻、准确，获得创造的自由空间也越大，设计可以驾驭这种自治系统（autonomic system）应付意料之外状况的出现，在动态之中，实现调整、优化。

（3）再次，子系统之间差异性越大、越多样化，它们之间互惠合作程度越高，动态关系调整得越好，整个系统的质量越高，这样的话，通过设计，就可以实现建筑在观念上、空间上和感官上的连贯一致。

罗通迪曾这样形象地比喻他的有机系统思想：建筑设计的过程，就像一颗种子长成一棵参天大树，它内在的基因遗传密码要不断地与外在力量之间产生对话关系，据此，在基因密码限制的范围内，适时灵活地调整自身，最后长成大树。

3. 概念和系统的全面性和整体性

罗通迪的设计过程起始于概念和系统的确定，概念是项目的核心思想，它以设计的策略来表达，系统是与设计策略相应的组织结构，它相当于生物体的

DNA 双螺旋结构，完整地记录建筑的重要特性，具有稳定性，它是贯穿、指导整个设计过程的内在尺度、标准，保证设计的连贯性，系统结构关注于处理子系统间相互关系，是设计概念和策略的实行手段，是保证项目进行下去的内在制约机制和基础。设计的起初，要对项目涉及的相关方面进行全面的分析，最后确定设计概念和策略，这是一个反复、变化剧烈的酝酿阶段，一旦概念和策略确定了，就会随之确定设计的（也是建筑的）系统结构，它由多个表征价值取向的子系统构成，如节能系统、采光系统、通风系统、空间系统、受力系统、表皮系统、体块系统、功能系统、秩序系统、图形系统、象征系统等，每个子系统表达、管理某一方面的价值和属性；子系统的内容、重要性顺序，因项目的不同而不同，反映着设计概念的差异，重点的不同，主次矛盾的差异。设计质量的高低，取决于它的系统结构内容是否全面，结构是否合理，系统结构可以保证设计过程的整体性、全面性。只有系统结构的内在限制，才真正确保设计过程的创造性，否则创作便是空中楼阁；自由和结构，不是对立的关系，而是彼此嵌套，“你中有我，我中有你”的关系，对系统结构了解得越充分、深刻，获得的创作自由也越大。

四、设计过程的有机性

罗通迪的系统思想是参照有机体系统概念而提出的，他的设计过程中，还体现了以下几个原则：

1. 整体思维和互惠共生

整体思维，即设计要有整体观，不破坏既定的核心概念和系统结构的整体性，整体为部分的调整提供约束，部分带有整体烙印、服务整体。互惠共生，即决不把某子系统置于绝对控制、统治的特权地位，而要统筹兼顾，只有互惠共生才能达到整体和谐。在罗通迪看来这样的设计才是好的设计，他反对那种故弄玄虚、蓄意制造轰动性视觉效果，而在其他方面存在着明显缺陷的建筑。

2. 智性结构：设计过程的自发性、自治性与自组织

罗通迪的系统理论是建立在对有机体系统模拟基础之上的，有机体的自发适应成长过程，使他相信一个有效、合理、健康的设计决策系统，也应该像有机体那样，在应对外来刺激时（指各种设计要求和目标），能有效地适应变化、转化自身、实现进化。罗通迪把对有机体自治性的自组织能力的信任，引进了设计决策过程，彼此关联的子系统处在各种制约力量的关系网络之中，彼此的

矛盾促成了相互的运动，“牵一发而动全身”，任何一个子系统都具有在动态中不断适应、调整、自组织优化的本能，设计师的作用就是平衡子系统间的相互关系，实现整个系统的最优化组合，这是罗通迪系统思想的本质。

3. 智性结构的表达：多样性和复杂性并存

罗通迪的作品时常呈现出多种可能性形成的张力，“任何设想都可以实现”，这是罗通迪面对设计的态度，抛弃偏见，探索各种可能性是他开启设计创造性的重要方法。设计如同博弈，每一步都面临着多种选择，有多种可能性，设计就是在多种可能性所造成紧张和自由之间穿行。多样化的子系统可能造成叠加、交叉的复杂局面，这就要求，在子系统接合面要特别注意调整系统叠加造成的复杂关系，子系统要相容共生，不能矛盾冲突。子系统的独立性、各自不同的价值取向、多步骤的设计转化过程及其在建筑形式上的表现，给设计带来了异常复杂的局面，子系统间可能冲突、排斥，也可能包容、共生，它们之间的结合关系可能低效、零散，也有可能高效、有机，建筑设计的转化过程就是把系统不断引向优化的过程，当所有的既定目标概念都已实现，所有的矛盾都得以化解，所有的运动即告消停，设计也就随之完结。它是由内在结构控制的多样可能性和复杂性的融合，它展示了罗通迪建筑的一个特征：包容的复杂性。包容性是系统性、整体性原则使然，它排除了极端的破裂感、混乱感和颠覆感，这在埃里克·欧文·莫斯、弗兰克·盖里和汤姆·梅恩的作品中是一种常见的现象，但罗通迪的作品在这方面的表现，有所减弱；复杂性，则是由一步步创造性、跳跃性的设计选择过程所造成的结果。

4. 自组织：转化应变和排序调整

设计的过程就是以排序（ordering）为手段，不断回应变化、要求和矛盾，转化形式、优化结构的过程，在这个过程中，整个系统维持着动态的稳定和平衡。排序（包括分类、调整和排列）以系统内在限制为依据，既对子系统内部进行排序布局，也指导子系统间的对话交流，协调相互关系，促进整体有序优化、成长，它是一个不断地精心选择、调整的过程。对秩序的尊重是罗通迪设计思想的一个重要方面，他认为“秩序能超越任何建筑理论的限制，它是渗透在整个宇宙间的根本法则，只有通过秩序才能探索、认识复杂性，无论整个大系统有多么复杂，它都是由多个具有秩序性的子系统构成的，解决好每一个子系统的秩序问题，才能保证大系统的合理性。”[1]

---

[1] Michael Rotondi and Clark P. Stevens，Rotoworks：still points，Rizzoli，New York，P25.

5. 完美的沉思：过程的一致性和连贯性

系统和整体思维，保证了过程的一致性、连贯性，设计中要注意处理好两对关系：保存与改变、统一与变化。

（1）保存与改变。多样的可能性造成了复杂性，所有的事物都处在一种无法逃脱的极为复杂的关系网络之中，每一步设计过程，都要面对“保存或者改变什么？如何保存或者改变？”这样的问题，最后的设计记录了思考的痕迹。

（2）统一与变化。对整体无条件地服从，整体观念贯穿整个设计的始终，这是罗通迪系统思维的一个重要的原则。它要求在处理变化问题时，以不破坏统一为原则，只有这样，才能把创造性的转化过程运用于发展和维系整体统一关系之中；在处理部分与整体之间关系时，既要看到部分的独立性，更要看到部分对整体的服从。

五、迈克尔·罗通迪作品分析

1. 洛杉矶 CDLT 1.2 住宅

这个项目（CDLT 1.2，1987–1992，图 6.2）是以即兴创作的手法，不经过正规的图纸设计，边构思，边施工，把建筑当作全比例的建筑模型来研究，以检测建筑师的自发创作、沟通观念和实际解决不可预见问题、平衡创造性和整体性、与施工方合作的能力。这是罗通迪重要的实验性建筑项目，较全面地展示了他的理论和手法的诸多特点。

CDLT 1.2 是罗通迪准备自住的住宅，在确定了整个项目核心概念后，施工方即开始施工，设计的核心思想包括：（1）采用一步一步的、博弈式（棋艺）的即兴创作手法完成整个项目，边设计，边施工；（2）确定项目的使用功能；（3）确定室内空间的特性：流通，但无边界限制；（4）注重平面和剖面的秩序组织；（5）材料的使用（类型和尺寸）要与功能一致。在概念系统确定之后，施工方就按照罗通迪每日提供的草图施工，施工过程中，双方之间存在两种沟通方式：一是根据实际情况，进行阶段性会晤，集中讨论遇到的问题、解决的办法；由于罗通迪大多数情况下并不在施工现场，所以另一种沟通的方式就是施工方在下班时，用聚光灯照亮他们觉得有问题、不理解、遇到施工麻烦或认为不合理的地方，并留下必要的文字说明，晚间罗通迪回来时，就根据这些聚光灯的照亮情况，逐一解决问题。这样的“急诊”式工作时常会通宵达旦，进行到第二天早晨，在留下能够指导第二天施工的草图和一些指导性文字后，罗通迪才离开现场，项目就这样博弈式的，由观念变成现实。工作断断续续地

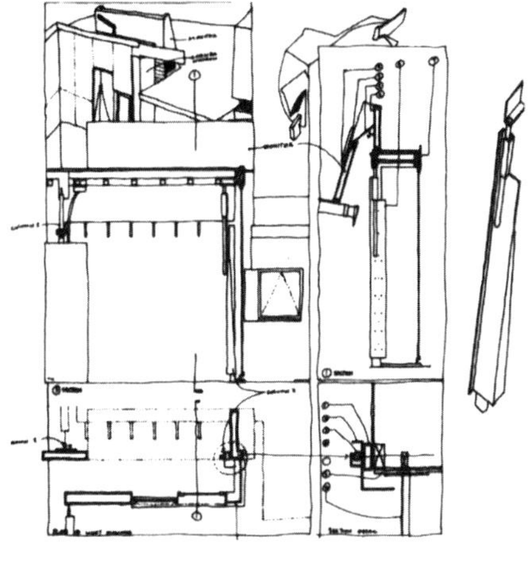

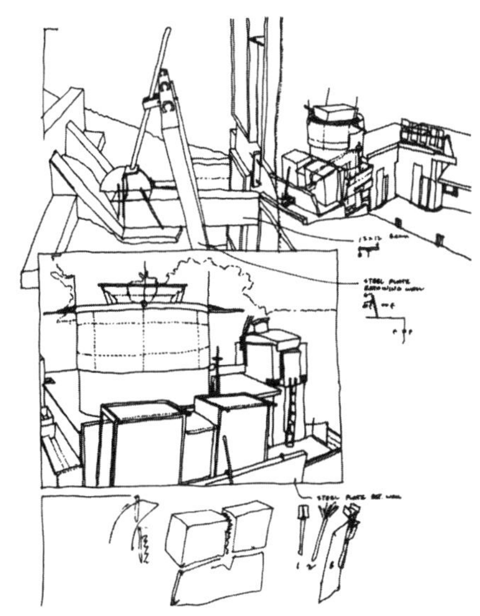

图 6.2　CDLT1.2 住宅，上为外观，下为罗通迪的草图

进行了五年，留下了大量的草图资料，详细地记录了项目整个实施过程。CDLT 1.2 虽然是个规模不大的住宅项目，但作为罗通迪代表性的建筑实验活动，在长达五年的时间里，较为完整、典型地展现了他的思想和方法。

（1）见机行事的即席创作手法，它由一步只有一次机会的、几乎是“落子无悔”式的博弈过程构成，博弈式的设计，每一步都如同爵士乐的即兴演出，没有非常完备的指导乐谱，演出效果只能靠演出者之间的领悟、默契、临场发挥技巧和现场演出气氛来塑造。CDLT 1.2 项目，没有全面详细的施工图作为指导，每一步的实施都是建筑师和施工方临时合作的结果，在传统的眼光看来，这样的过程，处处充满着不完美、不确定；罗通迪却认为，整个过程的每一步都不存在绝对的正确和错误，都是多种可能性的一个选择，因为一盘棋有无限多样的下法，每一步都是对设计师的极大挑战。即便觉得上一步设计效果不满意，罗通迪也不是简单地推倒重建，而是在后续设计中，在不如意地方的周边区域，做必要而节制的修饰，这种修补、挽救让人觉得瑕疵是设计师有意造成的。五年时间里，在可能性和整体性，创造性和系统性所构成的巨大张力间，一步步的即席创作在缓慢地进行着，建筑自身内在逻辑的规定性和建筑的形式语言，慢慢地呈现了出来，记录在了有形的建筑物上，它成了一件磨砺、记录、展现罗通迪建筑思想和方法的重要作品。

（2）对设计转化过程的重视是罗通迪建筑思想一个重要方面，每一步博弈性的转化过程都是集生成性（generative）、分析性（analytical）和批评性（critical）于一体综合性过程。这里的生成性含有自发性（spontaneity）之意，指建筑师在对概念和系统结构有了充分理解掌握后，在设计中所具备的一种主动控制能力，建筑师一旦掌握了这种能力，建筑就成了展现其智力运用的道具，他的每一步设计都是在系统结构框架内，契合逻辑规律的推演，对下一步设计而言，都具有引导意义，建筑作品因而也具备了一种智性之美；分析性是指，每一步设计过程，都是尝试性、相对性、暂时性、开放性的，它的效果要在随后的建造实践中接受检验；批判性是指，每一步设计都是在此前设计所造成的现实性基础上进行的，对此前设计中所出现的、意料不到的瑕疵和问题，可从对以往决策过程的记忆、批判中得出经验来解决（或一定程度上抵消）这种不利影响，因而，每一步的设计过程又都具有修正性的机会。

（3）系统性、整体性、过程性和创造性是罗通迪设计思想的重要特征，在生成、修正与创造、调整的双重张力间展开的设计过程，揭示了建筑自身内在系统结构的整体性和规定性，它如同生命有机体的 DNA 双螺旋结构，有效保证了建筑的“自性”及其表现，它是建筑内在的智力性（intellectuality）因素，对它的认识，要依赖于建筑师的修养、见解、智慧、体察和顿悟。另一方面，每一步的设计、选择，都是一种交流、反映和体验，子系统在交叉、叠合的关系面，都以感受刺激的方式，对外来影响做出反应、调整，它如同儿童在应对外来刺激后，做出自己的本能性反映；不论是设计过程，还是儿童成长过程的这种反应、调整，在本质上，它都是一种学习的过程。在 CDLT 1.2 项目中，看似简单、自由的每一步设计，都要通盘考虑系统整体性、内在制约性、概念连贯性、方法多种可能性之后，才提出策略方法，它是一个极富创造性的设计过程。

2. 南达科他州，森特・葛勒斯库大学

这是充分展示罗通迪系统思维的一个建筑案例，森特・葛勒斯库大学（Sinte Glesku University，South Dakota，1994-1998，图 6.3）是美国最古老的部落大学，位于南达科他州。ROTO 事务所在一个湖畔边上的草原上，规划了一个全新的校园，并承接当中三个建筑的设计。当地印第安人传统的星相学知识[1]、宇宙模式（Kapemni）、数字命理学对空间和形式特定的认知模式，对这个项目从选址、规划到设计都产生着极其重要的引导作用，这个项目充分展现了迈克尔・罗通迪善于从大概念（big ideal）着手，精于在动态中优化设计，在确保观念一致性、系统完整性的前提下，实现建筑创造性的能力。在南达科他州印第安人的文化中，古老的星相学知识占据着特别重要的地位，它通过口头故事、日常典礼、仪式舞蹈、庇护所和短暂居住地的建造活动，深刻地影响着印第安人的现实生活，今天，在一些老人的记忆中，

[1] 包括占星术（astrology）和天文学（astronomy）两方面知识。

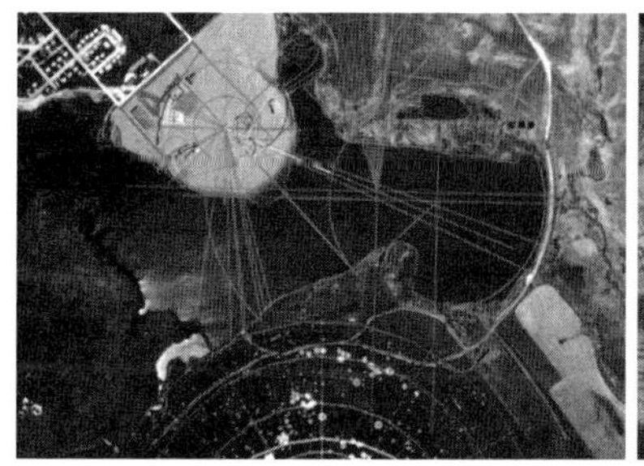

（1）将南达科他州印第安人的天象学图案、不同半径的“医学转轮”作为规划的控制线

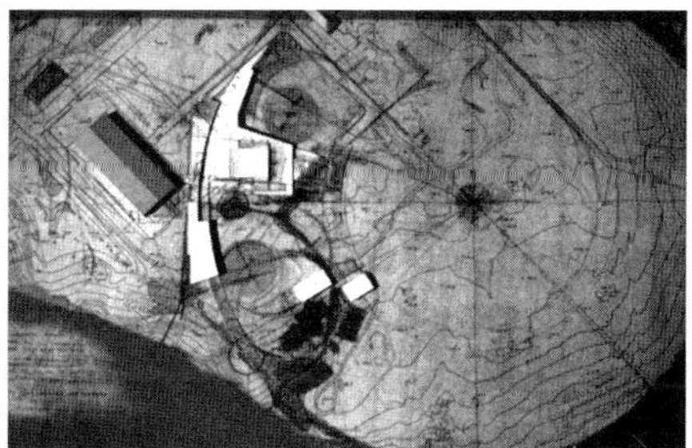

（2）将控制线导入建筑群体和单体的设计

（3）由控制线得出建筑群体和单体的设计，建筑的实体模型产生

（4）建成后的室内实景

图 6.3　南达科他州，森特·葛勒斯库大学规划设计

还保留着这个古老神秘的知识。对于 ROTO 事务所而言，为这个古老游牧部落设计如此重要的文化教育建筑，最关键的挑战是寻找到一种当代的建筑形式来表达他们的传统价值和日常生活仪式的文化意义。

从历史的角度来讲，南达科他州的当地居民主要是提顿族的印第安人，游牧、迁居是他们基本的生活方式，他们根据太阳运行规律追随美洲野牛，往返穿越平原过着游牧的生活，满足典礼仪式和日常生活要求是他们选择场地短暂定居的首要条件，永久定居在他们的历史上曾无先例，但在 120 年前他们被迫接受了这种生活方式。

ROTO 事务所通过接触当地印第安人，了解到他们是怎样扎营，怎样安排他们临时庇护所（tipi，帐篷），怎样规划他们的营地规模和图形（configuration），其建筑结构和自然结构之间存在着怎样的对位关系。ROTO 事务所还发现，印第安人在地表的迁移路径和停顿地点是对天象的镜像反映，它是一个不断变化的、带有节奏的连续循环。南达科他州的神话传说记载了这种天、地之间生动的对位关系，体现了镜像[1]、比例[2]、筑巢的概念，这些概念都是对宇宙间所有事物间秩序（order）和关系系统（systems of relationships）一体化的具体表现，尺度与比例（size and scale）、有形物质、美学和精神，这些内容都不可避免地关联在了一起。根据这种知识体系，一个地方、一个人、一件事的特性（identity）和定义的明确程度是由这个关系网所决定的，这种关系系统是在任何时候都起控制作用的因素。

南达科他州印第安人的星相学知识，最集中地体现在人们对领地、家园、归属地的认识上，它告诉人们，在地球上，人皆有属于自己的领地，把南达科他州印第安人对星相的认识镜像、反映到地面上，就确定、限定、宣布了他们家园的位置和大小，而且还可指导他们在自己领地范围内，进行地表建造活动。这种星相学知识奠定了他们日常活动的神性和道德基础，确定了他们活动的内容和目的。传统的南达科他州印第安人，对他们草原地表景观方方面面的特征了如指掌，对于他们而言，地表景观既是有形物质的表现，也蕴含着精神层面意义，所有的事物都是在一种互惠和尊重的基础上，而达成的动态平衡中存在衍生。

ROTO 事务所在深入理解地方文化后，懂得了当地印第安人整体性生活的方方面面，在此基础之上，他们确定这个项目的设计概念：

（1）地表的建造活动要暗示南达科他州印第安人的口头历史、季节性游牧生活情节、太阳极其重要的位置意义和当地星相学知识。

---

[1] mirror，即根据天象星宿之间的关系，确定地面迁移路径和营造地点，类似于中国的“象天法地”概念。

[2] Scale，地表的尺度关系不可能是天象星宿真实尺度关系，而是经过比例调整后的模拟。

（2）通过研究地方部落游牧生活地表迁移途径，择址营建，反映印第安人对空间认知的传统。有鉴于此，他们通过在地方文化语境下对自然景观进行解读后，从中抽象出事物之间一系列的联系和相应的关系模式，[1] 在这个基础上，他们发展出一个层次系统，[2] 用来指导择地和确定校园图形。

（3）确定了自然（以体验为基础，对象为有形环境）、抽象（以智力为基础，对象为抽象关系）和神话（以精神为基础，对象为象征意义）三个不同意义和角度的、多比例的、相互关联的理性排序系统（网络结构），用来指导整个项目的规划设计。

通过对南达科他州印第安人传统空间系统的了解，森特·葛勒斯库大学校园的规划结合了人造和基地自然环境两方面的因素。首先采用"医疗转轮"[3] 的圆形图案模型，在南达科他州印第安人整个活动范围的尺度上确定基地范围，它是一个以黑山（Black Hills）为圆心的圆形，"医疗转轮"确定了它的半径。之后，准确地推算、绘制出在南达科他州（Antelope）大学校园的半径，确定了它与所有的春季游牧途径中仪式地点，以及与此相应的星座和日落途径之间的关系，这个过程揭示了春季游牧地点的基本位置和仪式时间之间的紧密关系。建筑位置确定后，在推敲建筑体积时，以从基址范围内的可见性为标准，综合考虑草原地形的变化，确定建筑的形式，在构造逻辑和材料选择方面，罗通迪所持的原则是：建筑的美要与实用性和实际情况相结合。

在这个项目中，罗通迪展示了自己的系统观和整体观，善于从地方文化中抽象出一系列系统关联模式。这种关联模式来源于当地印第安人的古老生活，但经过罗通迪转化后，以几何（数学）图形的语言形式指导了项目的择地、规划和单体建筑的设计，这是一个有机、连续、整体、创造性的设计过程。

在完成这个项目后，罗通迪深情地写道："南达科他州印第安人的古老神话故事，源于生活实践，却加深了真实事件的深刻意义，这些故事植根于真实的场地，在这里，真实而富于想象的人和动物，在一种特殊力量的撮合下，彼此融洽相处。一个故事就是一幅深刻洞察人之本性的图画。许多故事的隐喻不仅仅是虚拟的图画，它就是现实本身。隐喻可以帮助我们塑造自我发现的体验，让我们有机会观察更大的生活画卷，分析行为的复杂性，迫使我们解决碰到的障碍。我们其实就活在这些历史故事中。"[4]

---

[1] 即一种辅助认知的子系统结构模式，比如可以从季节（时间因素）来确定他们的日常活动对空间的占有情况；从不同的礼仪活动（文化因素）对不同空间的占有情况，游牧路径与时间之间的关系等。

[2] 确定哪些因素、按照什么样的重要性等级次序（即哪些是主要的因素，哪些是次要的因素），对整个规划和设计过程产生影响。

[3] medicine wheel，地面上的圆形辐射状图案，以石头建成，中心处有石堆标志，具有测量星相的功能。

[4] Michael Rotondi and Clark P. Stevens，Rotoworks：still points，Rizzoli，New York，P139.

六、返璞归真，重返寂静的创作原点

近年来，迈克尔·罗通迪的建筑思想出现了一种返璞归真的回归倾向（即对 still point，静点，原点的高度认可）。面对当代建筑纷繁复杂的现象，罗通迪明确地提出自己的观点：要以自然与人的本性标准来检验、整合这些现象，他的设计开始超越智力和技巧，走向了对自然宇宙精神的体察、领悟和静观，这是他设计思想的返璞归真的一面。在与奥尔汗·艾于杰 2007 年 3 月的访谈中，罗通迪说道："我知道我设计的最好的作品，正在前方等着我，这与已经掌握的技巧无关，而是源自对自然与人性精神的洞见。"[1] 在罗通迪的设计思想中，一直潜藏着一股参悟、表现自然之道的涌流，在 1994–1998 年间，由于森特·葛勒斯库大学和奥格拉那艺术中心（Oglala Lakota fine arts center）项目的机缘，他开始接触印第安人的思想世界，在 1998–2002 年间，因为两个佛教项目的机缘，他接触到了佛教禅宗文化，这些古老宗教文化中对自然之道和自性觉悟的敬畏情感，深深地触动了罗通迪的心灵，并进而影响到他的设计思想。

印第安人的星相学知识直接影响着他们的日常生活，以有机联系的系统观点看待事物，一个事物的身份和意义只有在一个更大的系统中，在同他物的关系中才能得到确认，印第安人这种古老的认知模式是罗通迪系统思想的有力佐证。印第安人还认为"人类的生活是个不断显现过程，外在世界是内在世界外延，世界万物相互嵌套（nested），相互联系的，并不断地以一种看不见的方式转化。"[2] 这也与罗通迪对设计过程中，经过逐步转化实现系统优化、进步的思想不谋而合。这种思想是建立在这样的信仰之上：万事万物"具备"自组织完善能力，成长、趋善的力量不在事物之外，而在事物之内，不论这种事物是自然界的有机体，还是人为设计的有机系统，这是一种非常积极、可贵的"信自信他"的佛教精神信仰。罗通迪系统思想中的秩序观念也是他对自然宇宙的秩序和力量的体悟，看似杂乱无序的宇宙星体，都按照自己既定轨道有序运转，并没有发生碰撞，秩序是宇宙、自然之道，建筑设计的有机系统思想应该，也必须表达这种秩序的观念。罗通迪对自然界有机物适应、成长的本能，一直怀着深深的敬畏心理，他时常问的一个问题是："一颗橡树的种子，是如何长成一棵参天的橡树？" 隐藏在他系统思想背后的正是对有机物这种转化、成长本能的赞叹，以及人类对自然之道参悟、学习能力的自信。1998–2002 年期间，迈克尔·罗通迪曾先后接触两个佛教建筑项目，也因此接触了佛教文化的心法，在为修禅者提供静想

---

[1] Orhan Ayyuce，Transversing Michael Rotondi，http://archinect.com/features/article.php?id=53581_0_23_0_C.

[2] Michael Rotondi and Clark P. Stevens，Rotoworks: still points，Rizzoli，New York，P147.

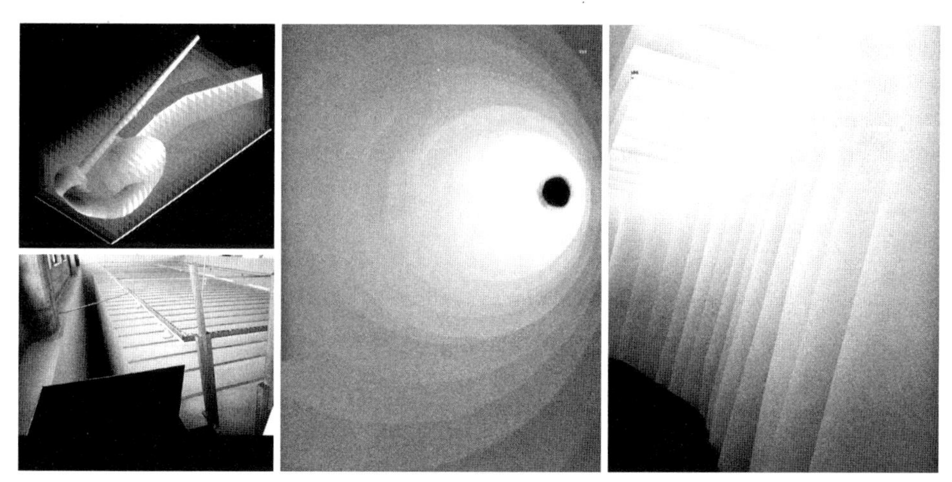

图 6.4 南加州建筑学院，艺术装置寂静的原点（still point），左上为计算机模型，左下为装置的外部实景，中图、右图为装置的内部实景

空间的“丛林庇护场所（Forest refuge）”项目中，他就曾直接以忍耐（patience）、寂静（silence）、静观（bare attention）、自发涌现（spontaneity）这样修禅的方式，帮助自己完成项目的设计，这种设计思考过程已接近于直觉的自发涌现了，它与一般的逻辑推理有着根本的不同，它是一种直指心性的顿悟，一种心灵的自发涌现。“不要去思考，倘若要思考的话，就去思考虚无。”[1] 这种观点已是佛教“性空”思想的直接表白了。迈克尔·罗通迪的建筑思想已经达到了在创作的原点和自然、人性、天道、宇宙进行精神对话的境界，这正应验了埃里克·欧文·莫斯对他的评价：“迈克尔·罗通迪是个完美的建筑沉思者。”[2]

SCI-Arc“寂静之点”装置设计（2004 年，图 6.4）是罗通迪对自己建筑思想原点进行思索的最好表达。这个装置由 40 片 12 英尺高，25 英尺宽，间隔 14 英寸的纯白色织物构成，在 40 片白色织物组成的矩形体积中挖出三段分别呈圆形、椭圆形和矩形的通道，和两个大小不等的卵形虚空体空间。这个装置被置于充满漫射光线的室内大厅的地下一层，由窗户来的漫射光线缓慢地从装置的顶部撒下，装置体内部通道和虚空体，呈现出一片白茫茫的纯洁、宁静、神秘和柔软之感。从地面经过楼梯下至地下层入口，穿过宁静、安详、神秘、纯净的洞穴式通道空间，最后到达象征繁衍生育的卵形虚空体空间，这个纯洁无染、寂静神秘的卵形虚空体，正是罗通迪建筑思想原点（still point）的象征，它体现罗通迪这样的设计原点概念：无始无终、无生无灭、时空合一、和谐平衡。

---

[1] Michael Rotondi and Clark P. Stevens，Rotoworks: still points，RIZZOLI，New York，P191.

[2] Michael Rotondi and Clark P. Stevens Rotoworks: still points，RIZZOLI，New York，P6.

七、本章小结

本章着重介绍了迈克尔·罗通迪的系统论建筑思想及其在建筑设计上的表现，以及他别具特色的“即兴设计”的建筑实验，从中可以看出罗通迪和梅恩之间的设计思想大同小异。罗通迪更注重系统的整体性、有机性，大自然在演化的过程中，所表现出的既复杂又有机的秩序是罗通迪深深思索的秘密。面对纷繁复杂的建筑思潮，罗通迪更强调建筑对自然、人性和宇宙精神的表达，他的思想带有明显哲学玄思的色彩，广博而又包容；他的思想有激进的一面，但他思考建筑问题的立足点，依旧是建筑要体现、契合自然宇宙之道。罗通迪对当代建筑演化趋势的分析，则更多地显示出他作为一个建筑教育家所具备的远见卓识。

第七章　建筑狂想家：埃里克·欧文·莫斯的建筑世界

图 7.1　埃里克·欧文·莫斯照片

我认得出一个形状，一个空间，一个组织，
因为我以前曾经见过它，
它在我的历史范围之内，或者，
它是集体记忆的一部分；
但是，另一方面，
一个空间或形状未被承认、认知，
我没见过它，
对我而言，它是新事物，
它超出集体记忆；
这是一种辩证关系，
它存在于此前已被认知、承认（即“历史”）
和试图重新定义可被认知之间的边界上，
换句话说，
那些尚未成为历史的（即“前历史”），
是怎样成为历史的，

或者是，
那些已是历史的东西，
会怎样再度形成（re-form）他物（即“后历史”）？[1]

本章导读：建筑狂想家

埃里克·欧文·莫斯被公认为是圣莫尼卡学派成员中最具才华的一位建筑师，在哲学、艺术、文学等相关学科领域的深厚造诣，让他常常语出惊人，与众不同，他的建筑就是他哲学思想的反映，而他的哲学思想，则明显受着后现代主义哲学思潮的影响，相对主义是他的思想基础，从此处出发，他能够质疑一切，得出世界只不过“以你所愿”来解释的观点，一切的思想、认识、文化、艺术都是一种演化的过程，不存在什么本质主义的中心和权威。有了相对主义的思想武器，他就获得反叛传统的力量和自我表现的机会。但另一方面，他的思想则充分显示了辩证法的智慧，与“执其两端，而用其中”的中国传统智慧有异曲同工之妙，但因为莫斯的两端之中，有一端带有强烈的反叛倾向，所以，在所有圣莫尼卡学派成员中，他的建筑表现了最强烈的张力感，即他所谓的“最脆弱的平衡”。

与其他成员不同，莫斯可谓文才出众，他通过《感知建筑学》一书，巧妙地宣示了自己的建筑思想，旁征博引、深入浅出地展现出自己思想的多方面内容，显示出他广博的知识视野和深刻的哲学思辨能力，这是一本透视当代西方哲学和建筑思潮的难得佳作。

本章主要围绕以下重点内容展开：

（1）相关学科领域对莫斯思想的重要影响；

（2）莫斯建筑思想的基础——暂时性和相对性的思想；

（3）矛盾张力是莫斯重制建筑意义的主题和切入点；

（4）历史双向运动的理论及其在建筑设计上的反映；

（5）佩涅洛佩建筑理论以及边建边拆的形式策略；

（6）辩证抒情表达与矛盾修辞法在建筑设计上的应用；

（7）利用“头颅”雕塑，建立矛盾运动的分析和解释模式；

（8）不断繁殖复杂性的设计技巧；

（9）采用多样的连接方式，组织断裂的片段；

（10）从简单的几何体着手，进行变形转化。

---

[1] Eric Owen Moss，Building and Project 3，Rizzoli，New York，1999，P11.

一、埃里克·欧文·莫斯建筑生涯的概况

埃里克·欧文·莫斯（Eric Owen Moss）1943 年出生于加州洛杉矶，1965 年毕业于加州大学洛杉矶分校，获艺术学学士学位，1968 年加州大学伯克利分校环境设计学院荣誉建筑学硕士，1972 年哈佛大学研究生院设计学院建筑学硕士，1974 年，南加州建筑学院设计学教授，学术指导主任委员会成员，1975 年，成立埃里克·欧文·莫斯建筑事务所，2002 年起担任南加州建筑学院院长，2007 年再次连任至今。1996 年，莫斯参加了威尼斯双年展，初步登上国际建筑师舞台，随后参加了由汉斯·霍莱茵主持的"感知未来——作为测振仪的建筑师"重要展览，1998 年，他在德国杜塞尔多夫海港（Dusseldorf Harbor）重建项目的国际竞赛中获胜，2001 年，他在俄罗斯圣彼得堡老城区核心部位的、重要文化建筑——新马琳斯基歌剧院（New Mariinsky Theater）和新荷兰文化中心（New Holland Cultural Center）国际竞赛中胜出，第二年（2002 年），莫斯的作品在威尼斯双年展活动中展出，从此，莫斯的建筑事业渐渐跳出美国本土，获得了国际性的知名度，进入国际明星建筑师的阵营。同年，59 岁的莫斯（从 1971 年起就职于 SCI-Arc），出任 SCI-Arc 院长，对保持和推动该校在世界范围内，作为先锋性建筑学教育的重要阵营、地位和形象，做出了重要的历史性贡献。

莫斯是一位在理论和实践两方面都有所建树的建筑师，他在 1999 年出版的《感知建筑学》[1] 一书中，深刻地阐述了自己的思想及其在建筑上的表现，显示出广博的知识视野、深刻的辩证思维和创造性的学术研究能力，他有众多的优秀作品建成，获得众多的各种建筑奖项，其中包括美国建筑师学会奖、进步建筑

[1] 在《感知建筑学》（Gnostic Architecture）书名中，莫斯使用 Gnostic 一词来表达他个人基于认识进化的建筑学理论。Gnostic 一词来源于诺斯替教，这是一个在历史上相信神秘直觉学说、早期基督教雏形的名称，但它早于基督教。诺斯替教，在古远的时代，综合多种宗教的信仰，认为人类是神赐的灵魂，但人类限制在了一个由不完美的造物主所创造的物质世界，这个不完美的造物主就是《圣经》上所传的、希伯来人的始祖亚伯拉罕神（Abrahamic God），人类经常地把自己与这个不完美的造物主视为一体，与不完美的人类形成鲜明对比的是另外一种高级的独立存在体，即神性。在历史上，Gnostic 一词本身也存在着语义的转化，基本上徘徊在一元论、二元论和多元论之间，这个词本身时常暗示着，在一个既有的分类体系里，存在着多样的分类标准。可见莫斯采用 Gnostic 一词来表述自己建筑思想的深刻用意。通观莫斯《Gnostic Architecture》一书，这个词在莫斯的语境里，有以下两个突出的暗示：（1）认识本身就是一个需要不断转换视角的、运动的、主观的意识活动，带有创造性和建构性特点；（2）这个意识活动本身虽然与人的理性认知活动相关，但理性的认识只是人复杂认识的一个（较为简单、低级、狭隘，能够被人意识到的）阶段，人的认识中还有比较复杂的非理性、直觉、灵感和精神性因素的参与，这些因素，人往往难以在理性和智力的层面，对它们做出准确、完备、令人信服的解释，这些因素来自于人类久远的宗教文脉，自我内在心灵的顿悟，和受到某种类似于神启的启示。正是在这样的双重语义下，莫斯才使用这个古老的 Gnostic 一词，而不是使用一般仅仅限于理性和智力认知的词，如可理解的、可被认知的（understandble），在莫斯的语境中，Gnostic 带有感悟、顿悟、认知的含义，从莫斯感兴趣的艺术家群体肖像中，不难察觉出，莫斯使用 Gnostic 一词，特别突出对感悟、顿悟、直觉等精神性因素的强调。

图 7.2 莫斯早期建筑作品：(左) 708 House，1982 年，洛杉矶，(右) Petal House，1984 年，洛杉矶

奖等多种重要的奖项。

莫斯的建筑生涯大体上可分为前后两个阶段：

第一阶段：在 20 世纪 80 年代中期之前，莫斯的作品也是相当地缺乏深度和批判性，基本上还处于一种模仿者的设计状态，尚未形成自己明显的手法特征和深刻的思想基础，图 7.2 为莫斯早期的住宅作品案例。

第二阶段：20 世纪 80 年代中期之后，莫斯的思想渐渐地发生了很大的变化，其原因有三点：

（1）来自盖里的影响。1988 年，45 岁的莫斯（这时他已有自己的设计公司，也是 SCI-Arc 的教授）开始跟随盖里工作学习，直到 1990 年结束。盖里对建筑形式、材料用法的大胆革新、我行我素的行为作风，对莫斯产生了深刻的影响，为他寻找自己的建筑理论和思想，增添了信心和胆量，为他开拓创新自己的建筑思想、视野和事业，起到无法估量的促进作用，莫斯后来也多次提及盖里对他的重要影响。盖里所开创的圣莫尼卡学派，在 1980 年代中期，越来越在全美乃至国际建筑界引起广泛的关注和热议，这个学派一些建筑师的代表性作品开始在全美的重要艺术馆和博物馆展出，1989 年盖里还获得了普利茨克建筑奖，这些都是对莫斯有着巨大鼓舞作用的历史性事件。

（2）与墨菲西斯的互动影响。莫斯的事务所与汤姆·梅恩和迈克尔·罗通迪的墨菲西斯事务所，这时合租同一个楼面，两个事务所是连在一起的，他们都是 SCI-Arc 的重要人物，他们之间有着亲密的交往关系[1]，通观圣莫尼卡学派建筑师的设计思想，不难发现这种相互交往，在成员之间形成了一些共通的理念，

[1] 沈克宁编著，《美国南加州圣莫尼卡建筑设计实践》，重庆出版社，2001，P55.

例如在设计中对不确定性、偶然性、矛盾性、辩证整合思想的强调，就是他们的共同点。

（3）最为重要的是，莫斯由于长期以来一直热衷于对文学、绘画、哲学等与建筑相关领域的广泛涉及，这些人文领域的思想更为本质地、直接导致了莫斯在自己思想深处的根本变化，这种思想的革新发生在世界观、认识论的层面，它不仅仅限于对建筑学的思考，其中来自于卡夫卡、乔伊斯的意识流文学，和贝克特的荒诞派文学中的虚无主义和反理性思想，来自罗斯科抽象表现主义绘画中的对矛盾张力的强调与表现，来自于诺斯替教派的古代哲学对直觉、精神的强调，以及荣格心理学的完形学原理，都对莫斯思想的形成，产生了至关重要的影响，造成了莫斯批判、独立的性格，和独特的思考方法。这样他的思想在1980年代的中后期，产生了质的“飞跃和突变”，其重要的观念包括：虚无感（非虚无主义）、相对论、怀疑论、矛盾张力、暂时性的思想。这样，他就从一名熟练的模仿者转变为一位有着广博学识、辩证思维、深刻思想的探索者，他开始摆脱前辈思想的束缚，渐渐形成了自己与众不同的思考方法。

在这个过程中，他以知识考古的方法，分析知识及其认识模式的形成、发展和演化过程，导致他最重要核心思想——“暂时性”观念的形成，这是一种把世界、知识、人生、建筑等等现象，都看成是一种暂时性（也必然要发生运动、变化）过程的思想，这对莫斯建筑思想的转变，大胆建立自己的理论方法，产生了极其重要的影响，可以说“暂时的、暂定的”（provisional）思想就是莫斯建筑思想理论的基石，这是一种明显带有虚无感和相对论色彩的思想，但同时它也天生地具有批判和革新精神。1999年，莫斯的《感知建筑学》（《Gnostic architecture》）一书出版，这是一部认识莫斯建筑思想形成的内在逻辑和主要特征的重要著作，《感知建筑学》采用的是一种松散的、自传体的散文格式，以意识流的文笔风格，把他对哲学、文学、音乐、雕塑、诗歌、科学、数学等多领域的思考架构在一起，从中可以看出莫斯所关注的核心问题，以及他对这些问题的看法，这是莫斯建筑思想的发源地和基础，书中点缀一些复杂的手稿、模型和作品照片。这本书的版面设计也非同一般，它的四边都不等长，只有一个角是直角，其他三个角都不是直角，封面和版式也不是矩形的，内部文字的排版也是斜的，页码的编排也打破常规，处处体现出莫斯刻意的与众不同。通观此书，可以明显地看出，社会变革所导致的思想变迁，对莫斯的深刻影响，莫斯的建筑革新是发生在思想深处的根本变革，它强烈地受到了时代思潮、社会文化的综合影响。

莫斯建筑思想“突变”后，他就有了自己明确坚定的思想基础，解决了设计中“为什么要这样做，而不那样做”的认识问题，从而使他能够把自己的建筑实践深深扎根于自己思想的土壤之中。此后，莫斯就开始把自己的建筑思想，通过对几何形体充满矛盾张力变形过程的探索，转化为一种以表达矛盾张力、运动转化为特征的建筑语言，极大地拓展了当代建筑学研究的边界。莫斯的作品带有强烈的先锋色彩，体现了他上下探索、力图超越的开拓精神，他的建筑在表达思想的同时，也取得了明显的艺术成就和理论价值。

二、从后现代思想中走来：埃里克・欧文・莫斯的设计理论

1. 后现代人文学科的深刻影响

莫斯一直对音乐、文学、诗歌、雕塑、科学和数学抱有浓厚兴趣，例如他对约翰・凯奇[1]（John Cage），诗人埃兹拉・庞德[2]（Ezra Pound）、T・S・艾略特[3]（Thomas Stearns Eliot），文学家塞缪尔・贝克特[4]（Samuel Beckett）、弗兰兹・卡

[1] 约翰·凯奇（John Cage，1912–1992）是20世纪美国著名的"实验音乐作曲家、作家、视觉艺术家。"1912年出生于洛杉矶，他在美国现代音乐发展史中，处于一个极为重要的地位，在很长一段时间内，在先锋艺术领域里，他几乎就是一位领袖或先知。由于对传统作曲法的不满，和对自我超越的追求，凯奇先后创立了"节奏结构"、"空"、"增懂（不断增加的理解感悟）"、"silence（无声）"和"空的节奏结构"等音乐观念，极大地颠覆了传统关于音乐的概念。在20世纪60年代，凯奇把行为艺术引进音乐，在作品中最大限度地将生活与艺术之间的距离拉近和抹平，在这个阶段，他迈出了离传统的音乐概念最远的一步，几乎完全取消了原来意义上音乐构成的基本因素——乐音，打破了听音乐的习惯方式，消解了观众的审美距离，最大限度地将音乐予以泛化。约翰・凯奇是美国文化背景中产生的音乐家，他的思维和行为方式都带有典型的美国式特点：开拓、创新、向传统挑战。从某种角度说，他开创了一个时代，却彻底地毁灭了音乐。参考 http://baike.baidu.com.

[2] 埃兹拉・庞德（Ezra Pound，1885–1972），美国著名诗人，意象派文学的重要发起人之一，曾帮助詹姆斯・乔伊斯（James Joyce）出版《青年艺术家的肖像》（A Portrait of the Artist as a Young Man）和《尤利西斯》（Ulysses），帮助艾略特整理删节《荒原》（The Waste Land）的初稿，并向出版社推荐出版，他在巴黎结识并帮助海明威出版了他的第一本书。庞德是1948年诺贝尔文学奖得主，大诗人T・S・艾略特的著名长诗《荒原》的副题就是："献给埃兹拉・庞德，最卓越的匠人"，该诗曾得力于庞德的亲自修改。参考 http://www.wansongpu.cn/authorshow.asp?id=133.

[3] T・S・艾略特（Thomas Stearns Eliot，1888–1965），生于美国，卓越的诗人、评论家、剧作家，其作品对20世纪乃至今日的文学史都有深远的影响。1948年，60岁的艾略特获得诺贝尔文学奖，其代表作包括《普鲁弗洛克及其他》（Prufrock and Other Observations，1917年），《荒原》（The Waste Land，1922年），《四个四重奏》（Four Quartets，1943年）等，其中《荒原》至今仍被认为是英美现代诗歌的里程碑之作，1927年，艾略特加入英籍，1930年以后的三十年里，艾略特成为了英国文坛上最卓越的诗人及评论家，1965年于伦敦逝世。参考 http://zh.wikipedia.org.

[4] 塞缪尔·贝克特（Samuel Beckett，1906–1989），爱尔兰、法国作家，创作领域包括戏剧、小说和诗歌，尤以戏剧成就最高，他是荒诞派戏剧的重要代表人物。1969年，他因"以一种新的小说与戏剧的形式，以崇高的艺术表现人类的苦恼"而获得诺贝尔文学奖。他最重要的戏剧三部作品是《等待戈多》、《剧终》和《啊，美好的日子！》。《等待戈多》（1952年）是贝克特的代表作，也是荒诞派戏剧的奠基之作。西方评论界对《等待戈多》有各种各样的解释，而贝克特始终拒绝对自己的这部作品做出解释。比较通行的看法是：戈多是一种象征，可能是"虚无"、"死亡"也可能是某种被追求的超验。戈多代表了生活在惶恐不安的现代社会的人们对未来若有若无的期盼。英国评论家马丁・艾林斯认为："这部剧作的主题并非是戈多，而是等待，是作为人的存在的一种本质特征的等待。"参考 http://baike.baidu.com.

夫卡[1]（Franz Kafka）、詹姆斯·乔伊斯[2]（James Joyce），雕塑家亨利·摩尔（Henry Moore）等人的作品都有着浓厚的兴趣，他开放地吸收和参照这些领域，并在建筑设计观念和方法上进行实验。这些领域所揭示出的世界观和认识论，对莫斯产生了重要的影响："不知何故，这些人给了我一个视角和眼界，它们或许是诗歌、雕塑，或是一种感觉、情绪，正是这些穿越历史时空的声音，帮助我去观察、思考、理解这个世界，而我的人生也就不知不觉地建立在倾听这些久远历史的声音之上。选择这些声音作为自己人生和生活的向导，也没什么特别的理由，我的参照也就是我个人的参照，我顺应自己的本能，它与别人告诉你'必须读这个或必须读那个'无关，这些参照对我是有影响的，它们不是那种可以重复拷贝的东西。如果你去研究、使用它们，它们会扩展到让你以它们来理解世界的程度，而不是停留在抽象文字的层面。举个例子，几年前，我为世界贸易中心（WTC，World Trade Center）重建做过一个方案，采用的就是来源于约翰·凯奇音符的一个图案（图 7.3），用它来暗示我们应该做什么，看看音乐和形式之间的关系。"[3]

2. 一切在时间中产生的，都在时间中消亡：暂时性思想

在受到广泛的人文学科、洛杉矶社会文化和圣莫尼卡学派内部成员的影响后，莫斯的思想趋于成熟。通过研读《感知建筑学》一书和其他相关资料，可以对莫斯的思想做以下的概括[4]。

---

[1] 弗兰兹·卡夫卡（Franz Kafka，1883–1924），20 世纪著名的德语小说家。文笔明净而想象奇诡，常采用寓言体，但其背后的寓意人言人殊，暂无定论。卡夫卡的作品很有深意地抒发了他愤世嫉俗的决心和勇气，别开生面的手法，令 20 世纪各个写作流派纷纷追认其为先驱。他与法国作家马赛尔·普鲁斯特，爱尔兰作家詹姆斯·乔伊斯，并称为西方现代主义文学的先驱和大师，许多现代主义文学流派如"荒诞派戏剧"、法国的"新小说"等都把卡夫卡奉为自己的鼻祖，卡夫卡最著名的代表作是《变形虫》。参考 http://baike.baidu.com.

[2] 詹姆斯·奥古斯丁·阿洛伊修斯·乔伊斯（James Augustine Aloysius Joyce，1882–1941），爱尔兰作家和诗人，20 世纪最重要的作家之一，代表作《尤利西斯》（Ulysses），在《尤利西斯》中，乔伊斯大量采用了意识流技巧、揶揄风格以及许多其他新的文学创作技巧来刻画人物，这部小说的全部故事情节都发生在一天之内：1904 年 6 月 16 日，《尤利西斯》全书分为 18 个章节，每个章节讲述一天中一个小时之内发生的事。全书的故事从早上 8 点开始，一直到次日凌晨 2 点结束。将多种风格融于一炉，在形式上追求极端、追求暗示性的特征是《尤利西斯》对 20 世纪现代主义文学最主要的贡献。参考 http://baike.baidu.com.

[3] Paola Giaconia，Eric Owen Moss，The Uncertainty of Doing，Rizzoli，New York，2006，P50.

[4] 莫斯的散文体《感知建筑学》一书，内容庞杂，思想跳跃性极大，他的行文也没有太多的前后逻辑性可言，他也并未明确、系统地阐述自己的思想是怎样一步一步地建立起来的。本书的写作是在对该书核心内容、观念之间的关系，进行深入思索，并参考其他关于莫斯的理论和方法的著述后，所组织起来的，以期能够对其建筑理论和方法建立的内在逻辑进行解释和认识，所引内容，文中都予以标出。

图 7.3　从凯奇音符转化来的图案

（1）生命张力是莫斯重制建筑意义的根本推动力

在短暂的生命和易逝的时间之间，在西方传世的艺术作品中，莫斯体会到了强烈的生命紧张感（life-tension），或称生命张力，这是联系莫斯的人生和他对建筑学宏伟抱负的强有力纽带，也是他要重制（remake）建筑意义的根本推动力。

莫斯在米开朗琪罗西斯廷小教堂壁画中（图 7.4），看到了人类面对死亡的恐惧和绝望；在西班牙画家弗朗西斯科·戈雅的《农神吞子》绘画里（图 7.5），看到时间无情地吞食一切在其中产生的东西，如同农神吞食自己的孩子，这让他感受到生命存在的莫大恐惧；在雕塑作品《白脸》（图 7.6）中，他看到个体生命在时间面前的脆弱和无能，时间无情地把芸芸众生，一张张形态、表情各异的脸庞，冲刷、雕饰成一张几乎完全相同、千人一面、毫无特征可言的白脸，这是芸芸众生生命存在的真相。无论什么样的个体创造，最后都要被时间冲刷得只留有一丝惨淡的痕迹，生命在时间面前是何等的脆弱！他在被森林植被覆盖的柬埔寨吴哥窟上（图 7.7），看到了大自然正在慢慢地吞没这个曾经盛极一时的宗教圣地。在世界各地，又有多少古老寂静的庙宇和曾经灿烂辉煌的教堂，已坍塌成残垣断壁，已是满目疮痍，曾经发达灿烂的文明，被时间和历史无情地冲刷、遗弃，时间将吞没一切人类创造的文明，只让它留下一些残存的碎片，它把文明的热情慢慢地冷淡、剥离，淡化成文人骚客惆怅的追忆。一切色尘（物质世界及其现象）和意尘（人对外部世界的思想意识），都永远处在无法停顿的、

图 7.4 米开朗琪罗西斯廷小教堂壁画

图 7.6 雕塑《白脸》

图 7.5 西班牙画家弗朗西斯科·戈雅绘画作品《农神吞子》，(Saturn Devouring his Sons)，1819 年

图 7.7 柬埔寨吴哥窟，佛塔与佛像

永恒的运动、转换过程之中，逝去的文明（如古玛雅文明）正是这种命运的化身，一切产生于时间之中的，都将在时间中消失。

在时间和历史面前，死亡宣布了自己的胜利，人看到了生命的有限、绝望、无助、无奈与悲伤，人所创造的一切，最终都将被时间无情地吞没，这就造成了个体生命存在的悖论，对时间流逝表现出的无奈伤感，和极度紧张的心理，这就是生命的紧张感（life-tension），或称生命张力。这是莫斯从永恒的变迁性、流动性、过程性、易逝性的角度，来理解世界、人生和建筑所得出的结论，莫斯是从生命存在的角度和意义，来思考自己与建筑之间的关系的。人生短暂易逝，世事无常流转，怎样在短暂的人生中，达到建筑事业上的成就？时间和历史无情地把个体生命冲刷成一张张“白脸”，在有限的人生中，有没有可能突破时空的限制，赋予自己的“面孔”一些持久一点的特征和意义？怎样让自己的人生和建筑，能够在历史中，留下哪怕是一丝一毫的惨淡痕迹？

虽然，面对着生命的无奈和脆弱，但人为了能够说出生活和人生可能是什么，他必须生活下去，去努力回答自己这个问题，去赋予自己的面孔，一些与众不同的特征和意义，以此来抗拒时间和死亡所强加给生命的虚无，哪怕这些特征最后也都会被时间冲刷得只剩下一丝痕迹。于是雕塑作品《白脸》成了莫斯切入建筑人生的一个象征性比喻，他要在自己的建筑上，努力赋予其特征，他不希望自己的人生和建筑也将在历史中，变成一张张“白脸”，他要去抗战，他要赋予自己的建筑以差异性和特征性，以便据此来探索“建筑可能是什么”的答案。因而，莫斯宣誓道，自己的建筑必须重制（re-make）意义，“我曾经说过，生活就是一张白脸，但它从来不是完全的空白，总会留下一些此前你曾经赋予给它特征的残留痕迹。为了赋予我的建筑以新的特征，我必须擦除前人所留下的特征。我必须把一些东西，从我的道路上搬开。”[1] 这就是莫斯通过思考自己的人生与历史、时间和建筑的关系后，而得出的带有英雄主义色彩的建筑宣言。

“我不知道，建筑学是否也曾明确地让这样的思想—— 一切在时间中产生的，都将被时间抹除干净——成为它的主题，生命是何等脆弱，人的生命只有一次。把这种生命的张力（life-tension）建构进建筑艺术里，这就是我的‘感知建筑学’的强烈愿望和抱负。”[2] 这就是说，莫斯把从人生——由于时间的限制而产生——的绝望情绪中，所焕发出的勇气，导向了建筑的天地；在莫斯的讲演中，他经常以“建筑学是一个绝望的男人，在现实世界所采取的行动”[3] 为开端，来讲述自己的建筑故事；由此可见，正是体会到生命张力，面对生命的虚无，莫斯以建筑的形式，展开了人的命运抗争，这是人的一种本能，一种面对虚无的勇气，它是建立在对生命的虚无有了深切体验后，所焕发出的力量和勇气。

这样，在建筑上，赋予自己的特征，重制自己的意义，就完全成了他个体性的行为和强烈的生命意识，建筑无非就是一条由过去流向未来的河流，建筑

---

[1] Eric Owen Moss，Gnostic Architecture，Monacelli，New York，1999，P3.12，此书的页码设计，也不是按照通常的规则，如第 83 页，而是按照第几章，第几页来编页码的，如 P3.12，代表第三章，第 12 页，下文同此。

[2] Eric Owen Moss，Gnostic Architecture，Monacelli，New York，1999，P3.29.

[3] Eric Owen Moss，Gnostic Architecture，Monacelli，New York，1999，P3.29.

师所能做的就是往这条河流里添加点什么东西，然后让它漂流而去。为了重制意义，以一个崭新的视角来看待事物，或者说以一种实验性的方式，来看待这个世界，就成了莫斯建筑和人生问题的本质。为了重制意义，他还要探索那些不确定的、尚未被认识的、超出预见之外的事物；因为对他而言，确定的、已经认识的、可以预见得到的事物，往往并不产生意义。[1] 艺术家的个体行为品质，正是 20 世纪先锋派艺术的本质所在，艺术的品质就是由这些个体生命的体验和经历铸成，因而差异性和不确定性才能创造出意义，而确定性、同一性往往并不创造意义，这样，莫斯就把自己生命的意义，定位在探索不同和差异，他认为，"世界不会保持不变，改变世界也是可能的，立足于发现和探索的建筑学，将会证实世界也可不必如此。"[2]

（2）莫斯建筑思想的基础——暂时性思想

认识或知识的相对性、建构性、暂时性的本质，使莫斯以相对和怀疑的眼光看待一切知识，基于相对论和怀疑论基础上的认识论，帮助他打破了对权威的崇拜，确立了强烈的自主意识，促使他把自己的建筑置于不断探索、实验和超越的道路上，实现"建筑是一种个体性的艺术行为，建筑师在设计的过程中创造自己"[3] 的理想。

在怎样赋予建筑自己的特征、重制自己的意义之前，莫斯首先通过考察人的认识过程，也就是对人认识客观世界所形成的科学知识，和他所采用的科学认识模式；人对自身认识所形成的文化知识，以及他所采用的文化解释模式，这四个方面进行分析，他得出了这样的结论：这四个方面都带有一个根本的相同点，即它们都是"暂时性"（provisional）的，不但人所获得的知识是暂时性的，而且认识模式和解释模式都是暂时性的。首先，人是在一种脆弱的模式中去试探着认识，然后建立起相对稳定的模式，随后，随着时间的流逝，这种模式遭到质疑和批判，最后被后来的模式所代替，一切认识及其模式都具有相对性、建构性、过程性、主观性、互文性（互相参照、索引）的特点。世界（包括物质世界和人类社会）以及关于它们的知识，都没有所谓本质的、内在的、永恒不变的属性，如果说有什么的话，那也只能是永恒的运动、变化，当然这种流变，后来者总是不可避免地或多或少带有先前的遗传基因。人关于世界的认识，都只不过是人的主观所建构的并通过实践加之于世界的，世界正是在这种由人主观建构起来认识的分析、指导和组织下，被创造了出来。

[1] Paola Giaconia，Eric Owen Moss，The Uncertainty of Doing，Rizzoli，New York，2006，P44.
[2] Eric Owen Moss，Buildings and Projects 2，Rizzoli，New York，1996，P13.
[3] Eric Owen Moss，Gnostic Architecture，Monacelli，New York，1999，P5.4.

认识过程的建构性运动和新陈代谢，让一切旧知在新知面前，暴露了自己的局限性，旧知及其认识、解释模式被修正，甚至被抛弃，认识的过程表现为人主观建构的、创造性的智力运动变化过程，这个过程不是直线性的、基于简单决定论的运动，它具有多种可能性，而且，每一种解释和认知模式，都具有自己的美学表现，因为，作为被认知对象的客体及其组成成分，在思想的空间上被分类、排列、组合后，达到了秩序性的建构和组织。

世界因人的认识和解释而存在，人的解释和表达存在着多样的可能性，不存在什么固有的、本质的、内在的模式，只有非本质的、外加的模式，这样莫斯就把世界及关于世界的认识赋予了相对性的特点，而他自己则对知识持着怀疑论的眼光。认识不是直线连续的，它存在着突变，因而，世界呈现在莫斯的眼里，就是一种非单一的、无本质的、无中心的、非连续的状态。人对世界的认识，一定程度上是人的主观立法，因而是短暂的、易逝的。人因为对秩序的需要，他创立了主观的知识体系，只有在这种带有主观性的（不否定客观性）自主创立的知识体系中，他才能达到对世界的认识和把握，用以解释宇宙和社会，在文化知识及其解释（建筑学更多的是涉及文化）模式中，才使得不同文化下的生活看起来似乎是合理的，对于建筑学而言，设计的模式和语言才有一定的说服力。但这种知识体系处于永恒的转化运动状态，任何解释模式都是暂时的，而且，它应该反省、批判地包含着对自己解释模式的质疑精神，从这里莫斯确立了自己对建筑及其历史、理论、方法的批判精神。

科学知识及其认识模式，仅仅只是人理解世界的方法，它是一种帮助我们认识的方法，科学知识往往基于测量数据的分析，但这种测量往往漏掉了那些重要的、不可测量的东西，结果导致科学只能“勉强地说出”认识对象中，能够测量得出的一部分属性，科学所建立的理性逻辑，只是这个世界的一个片段。这样，就造成了科学方法的狭隘性；科学的结论，看似客观，事实上却带有很大的主观性；标准的科学模式，无非是为了在知识体系中，建立一种连贯性、一致性的、自圆其说的论述逻辑，但它却忘记了世界是复杂、混乱、无序和矛盾的，科学模式要意识到这一点，就必然要走向相对性和运动性，在相对的、运动的理解中，力争接近真理，说出真理的部分成分。

文化知识是人按照自己群体生活的需求，经过由内向外的外化所创建的，首先是认知者创造一种对人自身做出解释的模式，这种方式是按照他们自己所想要的世界模式来建构的，或按照他所感受到的世界的方式所建立的，他们需要世界“如此这般”地被理解，而且，这种文化认识和认知、解释模式，也处于永恒的变迁之中。另外，人自身也是一个不断被涂写、擦除、建构的客体，“我是谁”取决于“我”的大脑里所装的知识、文化、思想观念，“我”也是处于一种不断转化的状态中。

世界、知识和自我都处于永恒的转化状态，都是暂时的，万事万物皆是“唯心所见，唯识所变”，一切的现象无不处在转瞬即逝的过程之中。但人必须通过确立一种短期内较为稳定的模式，才能认识世界和自我，可是，这种模式将不断地在新知识、新模式面前，暴露出自身的局限性，将会被新的模式替代或修正，一切的存在都摆脱不了这种矛盾的状况，世界就存在于矛盾之中。这是莫斯对世界的根本看法。在谈到一切模式和知识的暂时性时，莫斯说：“牛顿创造了一种模型来解释、认识世界，但他不知道电磁学；马克思也创造了一种解释模型，但他把富于弹性的中产阶级给遗漏掉了；弗洛伊德创造了一种模型，但他有一些东西不完善，后来荣格对他进行了完善；达尔文创造了一种模型，但他忘记了在智利的峭壁上所发生的特殊情况。这些人创造的模型都是不同的阐述方式，这些模型都在向我们展示着这样的信念，‘世界就像我所描述的那样，我理解它，并且我知道它要到哪里去，是什么东西驱使它这样的’。但世界从未像他们所说的那样，朝着他们所指引方向而去。”[1]

所有的这些解释，都是“以你所愿来解释”，那么，在建筑学的世界里，建筑师也可以创造出“以你所愿来解释”的模式，这也就是建筑师的独创性所在，虽然这种独创性最后在时间面前，也将被击成碎片。莫斯在为世界贸易中心重建所作的提案中，就大胆地采用这种“以你所愿来解释”的态度，提出了一个非常有独创性的方案。

人、知识和世界都处于永恒的暂时性之中，对世界做“暂时性”的认识，是莫斯认识论的本质。从2002年起，莫斯担任了南加州建筑学院的院长，他把这种“暂时性”的原则，导入了对南加州建筑学院的教学计划安排、人事管理制度中。在运动中把握一切，避免僵化、教条，永远持着开放、运动变化的观点看待一切，是莫斯认识论的本质所在。莫斯在SCI-Arc教学体系建立的文章中写道：“我们制定的新教学法，不希望它成为教条，它是天真的，或许还有些幼稚，它是一种共享的天性、直觉和本能，它不把建筑学富有想象力的未来，看成是某种终点，而是把它作为批判地思考、独立地试验来看待的，……这种教学体系，表达的是一种‘暂时性’模式（provisional paradigms）的年谱关系：起初脆弱，然后建立，随后衰败，最终被取代。在过程中，追求这种脆弱感的思想，直到今天也依然保存着。SCI-Arc是个倡导暂时模式的学院，一旦暂时模式要变成某种固定权威时，当然这是难以避免的，这时，我们就又要开始新的方向了。”[2]

不但知识及其模式是暂时的，在莫斯看来，艺术的形式、风格、模式也同样如此，创造性的建构现象，也同样出现在莫斯感兴趣的艺术家的创作活动中。音乐家约

[1] Eric Owen Moss，Gnostic Architecture，Monacelli，New York，1999，P3.17.

[2] By Eric Owen Moss，http://www.sciarc.edu/portal/about/history/index.html.

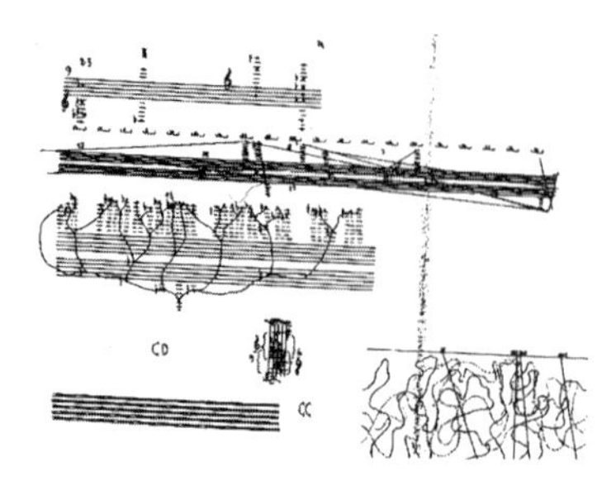
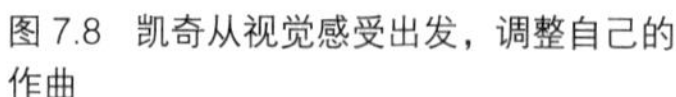

图 7.8　凯奇从视觉感受出发，调整自己的作曲

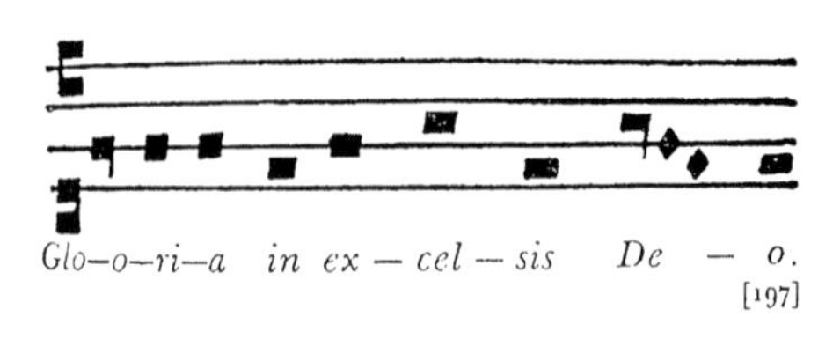

图 7.9　乔伊斯以自己创造的模式，从乐谱中直接导出文字

翰·凯奇的“空的节奏结构”模式，乔伊斯在《尤利西斯》所开创的意识流风格，亨利·摩尔的雕塑形式，这些都是从未有过的艺术形式，这些创造性极大地颠覆了传统的艺术概念，这对莫斯认识“建筑学可能是什么”的问题，带来了启发。

凯奇在音乐创作中发现，自己所能够运用的创作模式（传统的作曲法），还不足以表达自己的感受和情绪，于是他在视觉上分析自己的乐谱，再以分析的结果，对乐谱进行调整。也就是说，凯奇在传统的作曲模式里，看到了这种模式对表达他情感的不足，于是，凯奇转身从音符在乐谱上视觉跳动的空间视觉着手，从视觉感受出发，把音符在谱线上所处的位置及其相互间的空间关系做出调整，即改变音符，挪动了的音符决定了新的音乐旋律，即视觉感受决定了音乐感受。这种操作模式，让凯奇对什么是“音乐性”的问题产生了深深的疑问，凯奇问道：“音乐是什么？它是我们所写出来的，我们所演奏的，我们所听到的，我们所听到并被我们所记住的，或是我们所看到的？”[1]（图 7.8）这种追问精神，让凯奇在后期彻底地颠覆了传统的音乐概念，凯奇对音乐的追问，深深地震撼了莫斯。

乔伊斯的《尤利西斯》在既定的简单框架（故事的时间限定）中，不断插入倒叙、插叙，打断故事的直线铺展，并且不断繁殖这种复杂性；乔伊斯还从乐谱的空间构局中，通过自己发明的模式，直接导出文字或字母（图 7.9），莫斯认为乔伊斯这种文学写作模式已经消解了传统文学的界限，把音乐由传统的听觉转到了视觉，音乐的素材和记号都被文学化了，音乐也不再被理解为仅仅是听，传统文学的构成规则被彻底打破，没有什么是必须遵守的；在《尤利西斯》中，乔伊斯还让读者对直线性思维、秩序、语法、句法和预测的希望，一再地延迟、受挫、沮丧甚至是破灭，让读者处在一种近乎无法忍受的焦虑等待中，文学必须遵守的东西，在此都完全失效了。

对在音乐和文学之间所发生的这种情况，莫斯提出了这样的问题，“音乐是什么？文学又是什么？或者，由于这种暗示，建筑学又是什么呢？对于

[1] Paola Giaconia，Eric Owen Moss，The Uncertainty of Doing，Rizzoli，New York，2006，P18.

图 7.10　华盛顿史密森尼研究机构顶棚

图 7.11　“这是什么墙”（What Wall?）项目上的墙与窗

那些倾向于要重新定义什么是一扇门、一个窗户，一堵墙，一个屋顶和一个空间的人来讲，迄今还不存在任何一部可以靠得住的辞典。”[1] 正因为有了这种批评和质疑的精神，莫斯才能够设计出一些看起来反常的建筑，图 7.10 为莫斯在华盛顿史密森尼研究机构（Smithsonia Institution）项目中，用玻璃棒做成的天棚。图 7.11 为莫斯在“这是什么墙？”（What wall？）项目上奇特的墙体和窗户。

通过对世界、知识、自我和艺术创作主观建构性的分析，莫斯奠定了自己的世界观和认识论的基础——相对性和暂时性，他还认为世界是极为复杂、混乱和矛盾的，任何简单化的思维都不能把握这个快速转化的世界，“我不想做的是给你一些单色的、单一思维的东西，不管怎么说，单色和单一思维总是彼此接近的，所以，如果什么东西是简单对称，或者是简单平衡，或者是简单线性排列，或者是简单讲述，那么，它就是简单思维，我的建筑世界不是这样的”。[2] 这样莫斯就确立了自己对建筑的复杂思维。

除此之外，对直线性思维的批评，对突变、跳跃进化的认识，在莫斯的建筑思想中也占有重要的地位。自然界存在的突变现象，让他找到了自己建筑变革的理论依据，这是一张莫斯用来宣讲其突变思想的地层构造照片（图 7.12），它展现了地层在过去遥远的年代中，一直不断突变的现象。莫斯认为，建筑学必须去解读这种地质学上所展现的突变现象，认识到世界常常是通过跳跃式的突变，而不是根据单一的、合乎逻辑的直线进化来运动的事实，更应该寻找突变理论注入建筑学的途径；“突变理论可以把建筑学带到一个不断前进、进化上升的方向，去探索建筑学可能的未来。”[3]

---

[1] Eric Owen Moss，Gnostic Architecture，Monacelli，New York，1999，P3.17.

[2] Paola Giaconia，Eric Owen Moss，The Uncertainty of Doing，Rizzoli，New York，2006，P12.

[3] Eric Owen Moss，Gnostic Architecture，Monacelli，New York，1999，P3.13.

图 7.12 不断以“突变”方式进行连续改变运动的地质构造

图 7.13 撒米托大楼造型

音乐、文学、雕塑和自然界的这些现象的暗示，还直接影响到莫斯建筑创作的具体手法，那就是对复杂性、突变性、暂时性、运动性、转化性的特别关注与表达。

（3）矛盾张力是莫斯重制建筑意义的主题和切入点

在断裂的碎片之间，重建微妙秩序、复杂均衡时，会存在着多种可能性，多种可能性之间所存在的矛盾张力（contradiction tension），是莫斯重制建筑意义的主题和切入点。图 7.13 为卡尔弗城（Culver City）早期开发启动项目，也是莫斯步入稳健发展期的一个最为重要项目——撒米托大楼（Samitaur Building，1989 年）的造型。图 7.14 为 2003 年竞赛获胜的加拿大蒙特利尔剧院及办公楼（Montreal Theatre Offices）的造型。充满矛盾张力、运动转化的建筑形体关系，一直是莫斯表达他“矛盾张力”思想的重要途径。

由于把世界、知识和自我在根本上看作是动态的主观建构和运动过程，这样当莫斯面对知识爆炸时代的信息时，他就基本上以一种“碎片”（fractural）的状态来看待这些知识，世界也是以一种游离不定的、断裂的和不连续的状态展现在莫斯面前。事实上，当代建筑也正是处在一种不断转换“断裂的连续”状态之中。以碎片（fragment）形式存在的世界及其知识，是否还存在着重建秩序、连续性、一致性的可能，在对这个问题的回答上，莫斯和翁贝托·埃

图 7.14
蒙特利尔剧院及办公楼造型

科[1]（Umberto Eco）持着相似的观点,他们都认为可能存在一种不是非常容易解读的（decipherable）、结构非常复杂的、不稳定的联系组织，它有可能适合（possible fit）于，把部分碎片合并统一，但这只是可能的事情；而且，这个联系组织，在重建条理性、连贯性、一致性的过程中，将会面对诸多的可能性，在其所重建的连续性之中，也可以感受到不连续性的存在，这将是一种微妙的、多样秩序所混合的状态，是一种极其复杂的均衡。也就是说，这种极其复杂的联系组织，在把碎片重建成一种连续性、一致性的秩序过程中，将要不断克服诸多可能性之间所造成的强大的矛盾张力，这样建立起来的连续性和秩序性,是一种接近混沌状态的秩序,是一种脆弱的平衡。图 7.15 是莫斯（1998 年）在德国杜塞尔多夫海港（Dusseldorf Harbor）重建国际竞赛中，胜出方案概念规划阶段的图纸，整个图面由多种元素聚合在一起，显示出一种临时拼凑的、转瞬即逝的、混沌的秩序状态，这种由多样秩序拼凑成的复杂组织关系，大量出现在莫斯的一系列作品中。1994 年，莫斯为古巴哈瓦那旧城核心地段——维亚广场（Plaza Vieja，Habana，Cuba）的重建做了一个提案（图 7.16）。维亚广场在 17 世纪形成，18 世纪时，成了城市重要的露天广场，常举行各种狂欢活动，19 世纪开始破败，周边遭到拆除蚕食，不过周边的老建筑依然保留下一些历史碎片。20 世纪初，这里又成了一座绿树成荫的公园，而到了 1950 年代，它又被改造成一个下面是停车场，上面被抬起来的广场，这就是维亚广场几个世纪以来的命运。维亚广场的重建，要集论坛、剧院、体育馆诸功能于

[1] 翁贝托·埃科（Umberto Eco，1932-）是一位享誉世界的哲学家、符号学家、历史学家、文学批评家和小说家，《剑桥意大利文学史》将他誉为 20 世纪后半期最耀眼的意大利作家，代表著作《开放的作品》、《玫瑰之名》、《不存在的结构》。

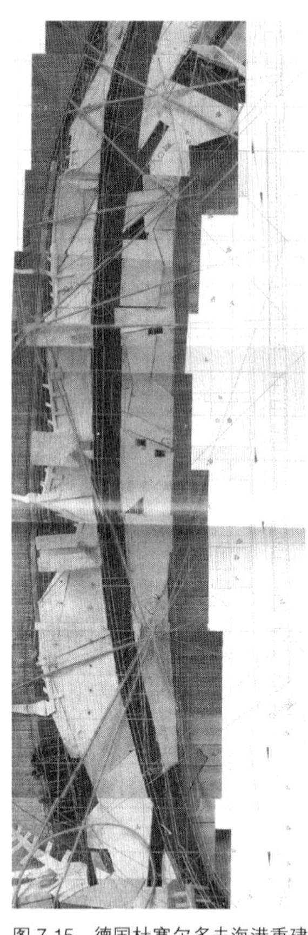
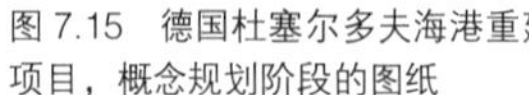

图 7.15　德国杜塞尔多夫海港重建项目，概念规划阶段的图纸

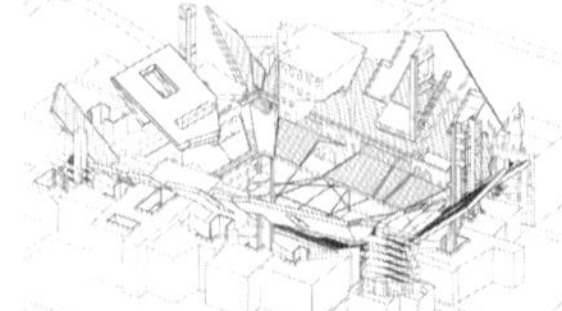

图 7.16　古巴哈瓦那维亚广场重建提案

图 7.17　俄罗斯圣彼得堡，新荷兰文化中心模型

一身，莫斯的提案是个集历史残片、现代艺术片段、广场台阶、多种建筑部件和构筑物为一体的，复杂混血、混沌有序的方案，各种要素粉墨登场，在这里，演了一出多声部的大合唱，但历史的回忆和沧桑、浪漫的狂欢气氛、古巴人的天真与质朴、现代的时尚感，这些几乎不能聚于一起的东西，在这里都得到了体现。2001 年，莫斯在俄罗斯圣彼得堡新荷兰文化中心（New Holland Culture Center，ST. Petersburg，Russia）国际竞赛中胜出，图 7.17 为核心建筑——文化中心的模型照片，多种不同气质的建筑造型元素整合在一起，画面表达出一种尖锐的脆弱平衡感。

对于莫斯而言，在从碎片→经过联系组织→重建微妙、混沌、脆弱的秩序过程中，所展现出的多可能性间的矛盾张力，正是他重制建筑意义的切入点，他的根本兴趣，就在于表达这种矛盾张力，在他看来，这种矛盾张力才是永恒运动变化世界的真相，世界展现的就是这种“变与不变间的矛盾，可能性间的张力”现象，这是他的“感知建筑学”真正注入建筑设计开始的地方，而他的建筑魅力，也正在于表达这种复杂和混合状态下的、可能性间的矛盾张力，对复杂性的探索，对材料和形式进行不可预期的实验，正是他作品的重要特征，如图 7.18 所示。“我对一些新事物可能发生的可能性抱有兴趣，不论这种刺激是来自内部还是外部，它也可能不会出现，也可能很少出现，我也不想说它必然出现，或许，它会渐渐地出现。但是，对我而言，确实存在着这样的可能性，通过对可能性的探索，我可以把那些我不能明确的问题本质（problematic nature）给明确了。”[1]

在探索种种可能性的过程中，实现对问题本性的认识（即这是一种什么性质的问题），而不是简单地以提供解决答案为目标，这是莫斯面对可能性间矛盾的态度，他会超越矛盾双方，不会在双方间绝对地区别“谁对谁错”，采取“非此即彼”的策略，而是往往采取“既可以是这样，也可以是那样”的态度，这是莫斯作品的一个亮点和力量所在。对于莫斯而言，设计的过程最重要的是能够把问题、矛盾的本性，通过它们之间的张力和冲突勾勒、澄清出来，这比解决这个问题还要重要，更具有价值；即便不能澄清这些问题，尝试着把这些问题记下来也是非常有益的，这就迈出了对还不知道的东西，试图做出探索的第一步。

探索问题本质的兴趣，培养了莫斯个人一些独特的视角和思维方式，在他大量充满智慧的言辞中，能够感受到他思考问题的深刻力度，同时，也让他在一些项目上创造了独特的思考方法，莫斯为世界贸易中心（WTC）重建所做的方案，就是这方面突出的例子。

（4）“历史的双向运动”[2] 对火卫——反常现象的解释

莫斯在火卫一（Phobos，图 7.19）的现象中，看到了它对自己认识论的隐喻意义，莫斯的“前历史”⟷“历史”⟷“后历史”之间动态转化的“历史的双向运动”理论，解释了这个在科学上难以解释的自然现象。莫斯以“历史的双向运动”理论看待建筑形态的动态形成过程，表现出对“历史”、“标准”范畴强烈的背叛和逃离情绪。

火卫一是火星的两颗卫星中较大、也是离火星较近的一颗，形态不规则，呈团状的土豆形（非标准球形，反常），火卫一与火星之间的距离也是太阳系中所有的卫星与其主星的距离中最短的（反常），从火星表面算起，只有 6000 公里，

[1] Eric Owen Moss，Gnostic Architecture，Monacelli，New York，1999，P5.12.

[2] “[……] History is running in both directions”，Eric Owen Moss，Gnostic Architecture，Monacelli，New York 1999，P1.5.

图 7.18　洛杉矶当代艺术中心与剧院方案，1993

图 7.19　火卫一的几何形态

也是太阳系中最小的卫星之一，火卫一的环绕运动半径小于同步运行轨道半径，因此它的运行速度很快。由于公转方向与正常的方向相反（非常反常），通常每天有两次“西升东落”（非常反常）的过程，由于它离火星表面过近，以至于从火星表面的任何角度都无法在地平线上看到它（反常），而且它的自旋方向也是混乱的（非常反常）。

1971 年由“水手 9 号”[1] 首次拍摄到火卫一的照片。当火卫一的形状、运行轨迹、自旋方向、近地距离等一系列科学数据摆在科学家们面前的时候，它颠覆了所有美国国家航空和宇宙航行局（NASA）科学家们的预测，他们面临难以给予科学解释的尴尬局面，因为按照大爆炸的理论设想，所有的星球都在同一时刻产生，有着相似的运动轨迹，从这样的科学角度看的话，火卫一就不应该存在，它是这一解释模式所无法包括、预测和解释的，是个根本性的错误，但是这个不该出现的星球，却已经在太空中运行了漫长的岁月。

然而这个不该出现的星球却让莫斯兴奋不已，因为，在火卫一的现象中，他找到了自己认识论的证据：

①科学、标准常规之外的东西，可以出现、存在；②看似不合理的东西，却是合理的；看似不可能的，却是可能的；③看似反常的，却是正常的；被视为“反常”的火卫一，也与火星之间建立了稳定的关系，否则，它无法围绕火星运行，也就是说，有些宇宙间的秩序还没有被我们认识到，但这些秩序是存在的；④更为重要的是，莫斯在看到了科学认知模式局限性的同时，看到了自己对事物矛盾运动进行分析、认识模式的长处，这就是莫斯的“历史”⟷“前

[1] “水手 9 号”是美国国家航空和宇宙航行局（NASA）用于探索火星的卫星，也是“水手号计划”的一部分。“水手 9 号”于 1971 年 5 月 30 日发射飞向火星，并于同年 11 月 14 日抵达，“水手 9 号”为人类第一艘环绕地球以外行星飞行的太空船。

历史”⟷“后历史”之间，可以相互运动转化的认识模式，即“历史的双向运动”思想。

火卫一的形态是一种在几何上难以定义的形态，比较接近团状、厚实的土豆形，而大部分星球则接近标准球体，球体是已被人类认识的标准几何形体，它已经成为历史性的知识，也是科学（以建立标准著称）认为是合理的星球形态，这样就可以把球体归结到历史的范围，即球体→历史。泛化的讲，那些已经被人类认识所掌握的客体及其知识，都属于历史的范围，即现存的知识→历史。那么，火卫一应该属于哪一类呢？历史（标准球体）肯定拒绝它，因为以对标准球体的定义来看，无法对这个土豆形态进行包括、描述、定义。但也可以这么看，即火卫一拒绝了任何以科学标准、历史知识为原则的命名、分类，它深刻地揭露了当代科学知识体系、认知模式的根本性漏洞。

但火卫一在莫斯的建筑思想中，却找到了自己的归属地，因为在莫斯的认知模式里，不但有历史的范围，还有非历史的范围：前历史（pre–history）和后历史（post–history）就专门“收藏”那些被历史、标准拒绝的、“无家可归”的事物及其知识，这样在莫斯的“前历史”⟷“历史”⟷“后历史”认知模式中，火卫一就获得了自己的身份和名称，莫斯称它为“前球体”（pre–sphere）或“后球体”（post–sphere）。

如果，把火卫一看成是处在快要形成标准球体之前的状态，那么就可以称其为“前球体”：目前，虽然它还不具备标准球体的几何关系，但它正处在通往球体的道路上，它的形式构成规则处在连续的改变状态之中，处在探索球体几何关系的不稳定状态。

同时，也可以把火卫一看成是刚刚从一个标准球体变化而来的，一种非球体的形态，它刚从标准球体的“历史范围”逃逸而来，丧失了一个标准球体的形式结构规则，正在发生转化、改变，将要变成另外一个难以预测的东西，它带有原来球体的一些特征，它既不完全否定原来球体的几何关系，同时也带有自己的独特个性，它和球体之间的关系是“既似球体，又不似球体”，在“似与不似”之间。莫斯也可以把“前球体”、“球体”、“后球体”的概念泛化成它的“前历史”⟷“历史”⟷“后历史”的认知模式，他通过这种模式来解释和表达建筑在空间、形体形成过程中的运动转化和不确定、不稳定的矛盾状态。

下面是一段在莫斯诸多作品集中多次引用的一段短文，它深刻、形象地表达了莫斯的“前历史”⟷“历史”⟷“后历史”间动态转化的建筑思想，这种思想概括的讲，就是在主观智力的世界里，跳开时间单向度运动的限制，把“历史”看成是可以向“前历史”和“后历史”两个方向同时展开的运动，探索事物在落入“历史”范围之前或之后，可能出现的状态，即“历史双向运动”，而莫斯的“感知建筑学”则是将建筑保持在一种永久运动状态的设计策略，目的是探索空间、形态在落入为我们所认识的“历史”范围之前或之后，可能出现的形状、空间和形态组织关系，也就是说，探索那些还未能被我们认识、感知、理解的关系：

我认得出一个形状，一个空间，一个组织，
因为我以前曾经见过它，
它在我的历史范围之内，或者，
它是集体记忆的一部分；
但是，另一方面，
一个空间或形状未被承认、认知，
我没见过它，
对我而言，它是新事物
它超出集体记忆；
这是一种辩证关系，
它存在于此前已被认知、承认（即“历史”），
和试图重新定义可被认知之间的边界上，
换句话说，
那些尚未成为历史的（即“前历史”），
是怎样成为历史的，
或者是，
那些已是历史的东西，
会怎样再度形成（re-form）他物（即“后历史”）？[1]

其实，“历史”只是人们为了认识必须人为设定的名称和范围而已，运动才是真相。对于莫斯来说，“历史”就是现存的标准、知识，而“前历史”和“后历史”既然属于“非历史”的范畴，则意味着对“历史”的逃离和背叛，莫斯说道：“我总是在挣扎着寻找一条突破现有规则、形式、秩序、式样和樊篱的途径，总在寻找逃逸的道路，这在某种程度上讲，也就是不断地探索和超越……限制总是人造的，我总是一直努力冲破这些束缚……总有新的限制和局限，也总能找到突破它们的途径和方法。”[2]

一旦以“历史双向运动”来看待世界，世间一切则都处在这种运动之中，而现存的一切规则、形式、秩序、式样、知识，则是人类已经认识到的，事物诸多可能运动方式中的一种，事物的运动变化还存在其他的可能性。“我抱定决

[1] Eric Owen Moss，Building and Project 3，Rizzoli，New York，1999，P11.
[2] Paola Giaconia，Eric Owen Moss，The Uncertainty of Doing，Rizzoli，New York，2006，P51.

心要在客体（object）和前/后（pre/post）客体之间、在已被历史认知的现有类型，和前/后历史假定之间，建立某种冲突，这种假定暗示着形式自身并非静态。历史在运动之中，因而空间也在运动之中，我的目标是在建筑中创造运动。”[1]以“历史双向运动”的眼光看待世界，则世界充满着多种多样的可能性，那么关于当代建筑那种似乎“只能如此”的年谱（chronicle）关系，在莫斯的眼里，就成了另一番景象：“当代建筑总是感到必须建立某种关于建筑逻辑的年谱，尽管没弄清是什么因素塑造了这样的建筑逻辑。我希望能够建立一种争论性（argued）的建筑逻辑年谱，在其中连续性是变化的。”[2]

莫斯在演讲中，会经常拿火卫一现象来论证自己的思想，莫斯想用火卫一现象证明，在宇宙中，那些被我们认为根本不可能、完全不可能的东西是存在的，不能被科学、标准、历史和已经掌握的知识，束缚了自己的思想。一定程度上说，成为火卫一那样的“非常态”，正是莫斯的愿望所在，这也是包括查尔斯·詹克斯在内的一些理论家，常常能够从莫斯的建筑中解读出“非常态”的原因，因为莫斯追求的就是“既反常”，但也不是完全“不正常”的火卫一状态。火卫一的公转轨道，虽然与众不同，它的自转也混乱得很，很少有秩序可言，但火卫一还是沿着自己的公转轨道，绕着火星运转。

（5）“边建边拆”的“佩涅洛佩建筑理论”

跳开时间单向度运动的限制，如果在主观的世界里，“历史”和“非历史”（包括“前历史”和“后历史”）同时向对方展开运动，而在建筑上表达这种自相矛盾的双向运动，那么矛盾和冲突就产生了。同时展开“历史双向运动”，就会使设计远离那种直线式的推论、演绎过程，这种推论、演绎过程没有什么令人惊奇之处，而且往往导致传统秩序（“历史”）的诞生。为了避免再次落入“历史”的圈套，莫斯就采取了“产生东西，同时也拆除它”的“边建边拆”策略，这是“合并”和“拆离”、“建构”和“解构”同时进行的策略（如图7.20~图7.22所示），这也就是莫斯所描绘的“佩涅洛佩建筑理论”（Penelope theory of architecture）。这种策略，并不意味着莫斯对设计要走向何方没有一点主见，也并不意味着任何的做法都可以，而是意味着任何做法都可能是个开始。这样，莫斯就可以把建筑创作始终置于一种开始的状态，这是一种避免设计走向简单僵化、直线思维，最终不可避免落入“历史”陷阱的好办法，他说道：“如果艺术工作不是一个开始，一个发明，一个创造，那么，它就是

---

[1] Eric Owen Moss，“in the lexicon of phobos”，Eric Owen Moss-Buildings and projects 3，Rizzoli，New York，2002，P9.

[2] Eric Owen Moss，Gnostic Architecture，Monacelli，New York，1999，P1.3-1.4.

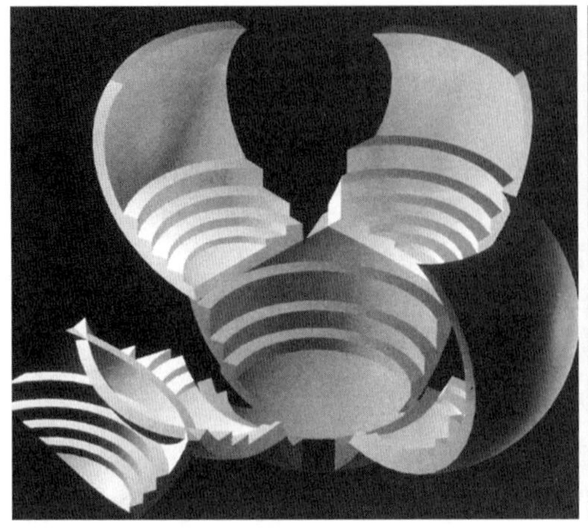
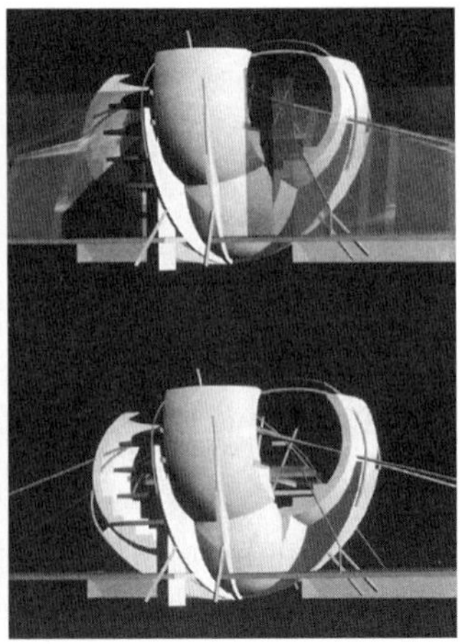

图 7.20 摩洛哥某露天广场电脑模型（已实施），1996 年，形体以球面为基础，部分球面被肢解、移动，部分球面维持原状，形体充满矛盾、张力和运动感，典型的“边建边拆”、“双向运动”的手法

图 7.21 英斯剧院（Ince Theatre），卡尔弗城，1993，形体以对冲的双球面为基础，同时对之进行错位、挖掘

图 7.22 维斯大街转盘（Vesey Street Turnaround），纽约，1994，形体为同一球面上不同位置切下的面，掰开后再次进行部分切割、变形

一个价值很小的、不足道的东西。”[1] 由此可见，莫斯的设计是在很高的复杂智力水平上进行的。

在古希腊荷马史诗《奥德赛》中，阿凯亚人中最有智谋的首领奥德修斯（Odysseus）长期远征在外，在特洛伊战争中，他以木马计攻陷特洛伊城后，历经 10 多年的万般磨难才返回自己的故乡—古希腊城邦；而奥德修斯忠贞的妻子佩涅洛佩（Penelope），则长期不知道丈夫的生死。在奥德修斯的古希腊城邦中，人们认为奥德修斯已经战死，他的宫殿里来了 100 多个贵族子

[1] Paola Giaconia，Eric Owen Moss，The Uncertainty of Doing，Rizzoli，New York，2006，P16.

弟，他们是来向奥德修斯美丽的妻子佩涅洛佩求婚的，这些人在奥德修斯的王宫中终日宴乐，纠缠着佩涅洛佩。忠贞的佩涅洛佩痛苦地陷入了矛盾的境地，如果彻底拒绝这些贵族，自己将处境艰难，这些贵族甚至会杀死自己的儿子忒勒玛科斯（Telemachus），如果答应他们，则有负于自己生死不明的丈夫，无奈的佩涅洛佩于是想出一个妙计，说是要为公公织好一匹布，做好寿衣后才考虑嫁人，于是她白天织布，晚上又拆掉，以这种方式来拖延时间，等待可能归来的丈夫。

如果说，佩涅洛佩在"一织一拆"中，等待着可能出现的神话（因为人们都说她的丈夫已经战死），那么，莫斯就是在"边建边拆"的矛盾中，探索那种可能适合（possible fit）于建筑的形态和空间的秩序关系，而他的建筑世界就游走在这种看似矛盾的、同时展开的双向运动之间，莫斯说："建筑学的任务既是把事物聚于一体，但同时也要重新检查，再把事物分开，只有在建筑物中，人们才能体验'把事物分开，再把事物聚合'，将起到怎样的作用，具备怎样的吸引力。"[1] 也就是说，通过对"建"或"拆"单独一方操作，能够更好地促进对对方的理解和运用，这是发生在对待有形物质上的具体手法。通过拆解，可以洞察一个建筑物原来是怎样被建构起来的，这是分析它的建构逻辑，因为一旦拆开，建筑物的构成元素及其相互之间的关系模式，就暴露无遗；通过分析这种关系模式，倘若能够找到一个新的、不同的关系模式，代替了原来的，那么，就实现了对原来模式的超越，创造性也就从中诞生了；一旦发现新的关系模式，再依照这种关系模式，建构一个不同的建筑物，就是比较容易的事情了。这就是，为什么拆解一个建筑物，对莫斯有那么大的吸引力的原因所在，这也是西方切片分析式的求知方式，在达到建筑创造性方面卓越能力的体现。在拆解中，可以保持思维的开放性，从而达到创造性的实现，莫斯的作品集中，有大量的轴测图，表现的就是他的这种"边建边拆"的双向运动思维。

不但面对建筑他采取这种"边建边拆"的策略，而且，他还要对自己的思想观念动这样的"大手术"："我一直寻求一种保持内在对话（必然是双方的）处于开放状态的方法，这意味着我可以把自己的思想观念和精神，连续地拆开，我一直有勇气那么做。个人可以倡导连续性，文化也可以追求连续性，但最后，在时间的面前，连续性还是在最终不可排除的环境压力下，被击成碎片。"[2] 这就是说，莫斯在思想深处，一方面可以从矛盾的一方出发，在动态的、片段式拆解思维中，寻求到达对方的可能途径，这是辩证法的高超智慧，这也为莫斯

---

[1] Herbert Muschamp，Architecture View；An Enterprise Zone for the Imagination，Published: March 14，1993，资料来源，http://query.nytimes.com.

[2] Eric Owen Moss，Gnostic Architecture，Monacelli，New York 1999，P5.11.

对矛盾双方可以抱着辩证超越的姿态，做好了铺垫；另一方面，他还可以从相反的方向，把连续性拆解为一个个断断续续的片段或碎片。实质上，这也就是“历史的双向运动”和“边建边拆”在无形的思想上，所进行的运动，是发生在智力层面上的“佩涅洛佩”运动；莫斯之所以要对自己的思想动这种手术，目的是要让自己的思想远远处于一种开放状态，不能自我封闭，只有开放的状态，才能保证思想观念有新陈代谢、进化发展的可能，建筑也才能走上创新和实验的道路。同时，这句话在本质上，也暴露了莫斯对世界的根本看法，这就是说，他更倾向于认为，世界是以一种断裂的状态呈现的，持续性难以持久，它最终将不可避免地被打破。

佩涅洛佩的“边织边拆”，形象、鲜明地比喻了莫斯“边建边拆”的建筑手法，“建构”（construction）与“解构”（de-construction）同步进行，这也是莫斯区别于一般解构主义建筑师的根本所在。

（6）超越矛盾张力，辩证抒情表达与矛盾修辞法的应用

面对矛盾冲突，莫斯所采用的是以辩证抒情的姿态，对矛盾双方在智力层面进行辩证理解和整合，在情感层面进行包容、超越，以抒情去克服、超越理性的矛盾冲突，去维系矛盾体的存在，在两者间建立一种“不稳定的平衡”状态。以建筑的语言，抒情地表现矛盾双方间的冲突、张力和制衡，这就是莫斯的“辩证抒情”（dialectical lyric）理论，矛盾修辞法是实现“辩证抒情”的主要方法。

为了创造自己的建筑特征，重制自己的建筑意义，莫斯把怎样在建筑中表达永恒的“变与不变间的矛盾，可能性间的张力”确立为自己建筑表现的主题（subject），有了这个主题框架，他就可以在矛盾双方对抗的概念间架起桥梁，从而使得一种紧张的对话关系可以继续下去。他喜爱表现双方间的冲突张力，但自己并不陷入双方的争辩纠纷，因为他认为“任何人的任何话，都有一定的正确性，这让我远离了那种永恒的忠诚（permanent allegiance），因为，只要我选择站在一边，我就制造了一个另一边的反对面，而且，在几乎所有的情况中，另一边至少也存在一些有用和合理的东西，这就在两边之间创造了张力。”[1] 在面对矛盾时，莫斯不会做出“谁是谁非”的决然选择，他既不会站在这一边，也不会站在那一边，始终将自己置于矛盾的中心；同时，既去理解这一边，也去理解那一边；对于矛盾中双方的冲突，他不会简单地以一方去克服另外一方，如果非得要在两者间做出选择，那么莫斯的答案往往是“既可以是这个，也可

[1] Eric Owen Moss，Gnostic Architecture，Monacelli，New York 1999，P3.29.

以是那个”。也就是说，在莫斯看来“非此即彼”的解决矛盾的模式，根本就是错误的，这种在矛盾冲突中，求得秩序的思想，与梅恩和罗通迪的思想，如出一辙，它也是整个圣莫尼卡学派建筑师的一个共同点，它既不否认冲突，也不否认秩序，而是一种“冲突着的秩序”、“不平衡的平衡”、“短暂的安宁”。

辩证抒情为多种因素参与、整合到建筑设计过程中，并在建筑上表现这些因素，奠定了基础，这是一条通向多元化的道路；在这一点上，莫斯与汤姆·梅恩、迈克尔·罗通迪的思想是相通的，他们都对引入多种因素、概念、价值，抱着非常开放的态度，梅恩的“多系统整合的建筑学理论”基础，也正在于多元化、多样性；只是由于莫斯大量的实践集中在卡尔弗城的城市更新中，在旧建筑改造项目中，设计中所能涉及、考虑到的因素有着一定的限制。而墨菲西斯事务所，由于承接的项目类型多，规模大，所以，梅恩能够有机会，突出地表达他“多系统整合的”建筑思想。莫斯虽然有着同样的观念，但囿于项目类型，所涉及的因素，还是不能够相比的。莫斯辩证超越的对象，主要还是建筑的形式和风格问题，纵观莫斯的思想，建筑的形式和艺术风格问题是他思考的重点所在，他也曾明确地说，技术性的问题，不是他关心的问题，“我不认为我的作品，在技术性层面的意义上，反映着某种进步或发展，它仅仅反映着一个人的内在精神和他的个体性发展信念……”[1]

莫斯不会陷身于矛盾冲突，但他对表现矛盾、可能性间的张力充满着兴趣，因为他认为，世界就存在于这种矛盾的、可能性间的张力中，而他对解决矛盾问题没有什么兴趣，因为他认为，“一切出自理性造成的矛盾和冲突，都不能在理性的层面得到最终的解决，唯一的途径是以抒情的方式进行情感超越。”[2]所以莫斯说：“最终我还是对矛盾张力感兴趣，与其说我不想解决它，还不如说要找到表达它的途径。”[3]。这是借用矛盾达到推进设计的一种策略。也就是说，对于在设计中可能出现的矛盾种类和性质，他持着开放接受的态度，比如，有些设计要在设计中引进地方传统和现代元素，这样，两者间就会造成冲突，那么，莫斯对这个问题，给出的答案就是，两者都可以进行表现，因为在他看来，对为什么要表现传统因素？和为什么要表现现代因素？这两者间存在的论辩，几乎无法在一个理性层面展开的论辩中，能够找出一方说服另一方的道理，莫斯认为这是出于辩论双方，完全站在理性层面而导致的冲突，即矛盾的辩证冲突，这种冲突是人的理性思维，所无法根除的，在理性的层面也难以得到解决，要想解决这种冲突、矛盾，只能采用辩证抒情的办法。

---

[1] Philip Johnson and Wolf D. Prix，Eric Owen Moss. Buildings and Projects，Rizzoli，New York，1991，P43.

[2] Eric Owen Moss，Gnostic Architecture，Monacelli，New York，1999，P5.3.

[3] Paola Giaconia，Eric Owen Moss，The Uncertainty of Doing，Rizzoli，New York，2006，P43.

辩证抒情的办法是对矛盾双方的状态，在智力层面进行辩证理解和整合，在情感层面进行包容、超越，一方面，辩证抒情可以在智力层面对双方进行整合、控制，自己却不落入“理性”冲突的陷阱；另一方面，辩证抒情诉诸人的真知、直觉和灵感，它所进行的是以精神和情感来化解、超越基于理智层面的辩证冲突，因为在莫斯看来，这种产生于理性层面的冲突，也难以在理性的层面得到真正的化解，只能求助于感性和精神。真知、直觉和灵感不是一般的经验知识，它起源于人类古老的宗教文明，也正是在这个意义上，莫斯把自己的建筑学称之为“感知建筑学”（Gnostic Architecture），他用“Gnostic”这个古代“诺斯提教”的宗教名称，来称谓自己的建筑学。“Gnostic”既是古代的宗教名称，同时，它也含有感悟、洞察、直觉的意思，这种从感悟、感知、洞见进行认识活动的直觉状态，而不仅仅完全从理性逻辑来认知的方式，它普遍地存在于民众之中，扎根于人的精神深处，但它也与个人的气质、性情、喜爱有一定的关系，莫斯采用“Gnostic”来称谓自己的建筑学理论，有着两层含义：

①对西方近几个世纪以来，特别发展起来的，基本上基于理性、逻辑的科学认知方式的批判，因为这种认知方式，最容易导致权威，权威在莫斯看来意义不大，它属于“标准”、“历史”的范畴，应该以暂时性、批判性的眼光来看待所有这些知识。

②他特别强调，感知、精神、直觉、领悟、顿悟，这些不能完全包含在理性范围之内的认知方式，对认识世界、建筑、人生的重要意义，这是莫斯采用这个词的根本用意。这种感悟世界和人生的认知方式，既是一些古老文明的起源，同时它也渗透在一些宗教里，艺术的世界，基本上扎根于感性，而不是扎根于理性。这样，采用“Gnostic”一词，对于莫斯而言，就具有了一层要把建筑从理性的世界里剥离、拯救出来的含义，而要把它安置在一个更多强调直觉、顿悟、精神、感性的艺术世界。莫斯用这个词来命名自己的建筑学理论，就是要强调建筑中的那些理性之外因素的重要性。

莫斯认为，一切产生于理性的矛盾冲突，最后，都难以在理性的层面，得到根本的解决，也就是说，他对理性能起多大的作用，表示深深的怀疑。英国讽刺作家吉尔伯特·切斯特顿（Gilbert Chesterton）说：“疯狂的男人什么都丧失，可就是保留了他的理性（reason）”[1]，这多么讽刺地勾画出理性主义的局限和可悲：完全限于理性的境地可以让一个男人发疯。所以，莫斯在基于理性而产生的矛盾面前，永远保持中立，但同时，他又利用人的智力和理性，来理解双方的合理性、有用性，对双方实现辩证整合和超越。

---

[1] Eric Owen Moss，Gnostic Architecture，Monacelli，New York，1999，P3.19.

理性的人，从根本上来说，难以摆脱产生于理性的矛盾冲突，这也就是莫斯认为世界就是存在于矛盾张力之中的根本原因，对于莫斯而言，他喜爱表达的就是矛盾双方之间的张力和冲突，而不是让双方的矛盾消除掉，如果这样做了，就意味着，以一方克服、消灭了另一方，其实就是消解了矛盾，矛盾不存在了，也就无表现可言；莫斯的兴趣不是消解、消除矛盾，而是表现矛盾，尤其是表现多种可能性之间的矛盾，"建筑学是从一种不稳定的心理状态中产生的，它存在于一种矛盾的辩证张力（dialectical tension）之中，无须对任何所谓的典范表示忠诚，所需要做的就是同时保持一定量的、相互矛盾的可能性，我的这种想法是不是很疯狂？"[1] 以抒情去克服、超越理性的矛盾冲突，就是莫斯的"辩证抒情"（dialectical lyric）的理论。

"辩证"要诉诸人的理性，但这是一种立足于包容、超越状态的理性，是建立在对理性能够起多大作用，产生怀疑后的，对两者都不信任，但又不能完全否认两者的态度，它会在智力层面努力理解、整合、包容、超越双方，同时借助于抒情的姿态，达到矛盾双方辩证的统一体；"抒情"，则诉诸艺术家的精神世界，它充满着感性灵动，是设计师的情感力量（emotive power）对理性制约的超越。建筑上的辩证抒情是理性整合和感性表达的同时进行，它可以带来无法预期的、崭新的、超越经验范畴的建筑体验，也往往会造成陌生感、疏离感、反常感和解读上的困难，这是一种介于"能够说出"和"不能说出"、"理解得了"和"理解不了"、"是"与"不是"、"似"与"不似"、"既认识"与"又不认识"、"既有过去的影子"与"也有未来的影子"之间的模糊、混合和朦胧的意象，是一种不平衡、不稳定的状态。

在马克·罗斯科[2]（Mark Rothko）的绘画中，观众在"既是矩形，又不是矩形"的解读中，所感受到的矛盾和心理紧张，一直是莫斯努力地想在自己的

---

[1] Eric Owen Moss，Gnostic Architecture，Monacelli，New York，1999，P3.19.

[2] 马克·罗斯科（Mark Rothko 1903–1970）是生于俄国的犹太人，1913 年移居美国，他是现代艺术史中一位非常杰出的抽象表现主义画家，早年受希腊神话、原始艺术和宗教悲剧等传统题材对描绘人类深层情感元素所吸引，复又受胡安·米罗（1893–1983）及安德烈·马松（1896–1987）等超现实主义画家的创作手法的影响，使得他的作品带有超现实主义的色彩。1947 年后，他趋向以更纯粹的形式和技巧去创作，作品常见两三个色彩明亮、边缘柔和、微微发光的矩形色块，配以朦胧柔和的边缘，毫无重量感地排列在一起，简洁单纯地悬浮在画布上，如同一种自由的思想漂浮于画布上空，简练、单纯，但却磁力般地将人深深吸引，其作品的特征是对色彩、形状、平衡、深度、构成、尺度等形式因素的严格关注。他的绘画创造了一种新的、情绪化的、抽象艺术形式，不过他不愿意人们仅从这些方面来理解他的绘画。"只要一个画家画得好，他画什么都无关紧要。好作品是纯粹的，它与任何东西都无关。"罗斯科旨在超越一切理智跟感官认知，追寻人生的终极哲学——赤裸又神圣的宗教体验与感情。罗斯科的目标是走出绘画，全身心地投入灵魂深处，他拒绝谈论他的技术，愤怒地否认自己是一个色彩画家，并极力地使观众看到潜藏在画布下面的悲剧。在他的画面上，看到的是有边缘的几何形体，但感觉到的却是由微妙色彩对比所辐射出的情绪，他是在通过几何本身来挣脱几何的控制，如同每个人都是在自己的命运中摆脱命运。参考百度百科 http://baike.baidu.com.

图 7.23 马克・罗斯科（Mark Rothko）的抽象表现主义绘画作品

建筑中实现的状态，莫斯是通过引用文学写作上的一种技巧，来表现这种矛盾状态的，这种写作技巧就是矛盾修辞法。“在建筑上，我所提出的是一种辩证的抒情（dialectical lyric），这是一种故意的矛盾修辞法（oxymoron）。它不会消除以智力方式（in an intellectual way）展开的对话，但它或许会以一种精神的方式（in a spiritual way）去超越辩证冲突。”[1] 矛盾修辞法，在莫斯的建筑思想和方法中，占有极其重要的地位，实质上，它类似于莫斯的“历史的双向运动”和“佩涅洛佩建筑理论”，表现在设计上，也是一种同时展开的、自相矛盾的“既建又拆”、“既强调一定的秩序，又对之进行破坏”的双向运动，它保留着矛盾的双方，以及双方所造成的矛盾，如同罗斯科的绘画，既有确定、坚硬的矩形边界，又有幽暗难辨、散发着微光、接近于矩形的朦胧色块，两者同处于一幅画面，两者间矛盾，就是作品所要表达的主题（图 7.23，4 幅）。

在文学上，“矛盾修辞法”是一种把语义截然相反、互相矛盾或不调和的词组合在一起的修辞手法，用以揭示事物矛盾性质的一种修辞手法，例如，“震耳欲聋的沉默”、“悲伤的快乐”，英国桂冠诗人阿尔佛雷德・坦尼森（Alfred

---

[1] Eric Owen Moss，Gnostic Architecture，Monacelli，New York，1999，P3.18.

矛盾修饰法（oxymoron）使用两种不相协调，甚至截然相反的特征来形容同一个事物，以增强语言感染力。在对艺术作品阅读理解和解码过程中，矛盾修辞法可以产生出两种强烈的修辞效果。第一，出人意料。第二，引人入胜。例如徐志摩的《赠日本女郎》一诗：

赠日本女郎
最是那一低头的温柔，
像一朵水莲花不胜凉风的娇羞，
道一声珍重，道一声珍重，
那一声珍重里有蜜甜的忧愁——
沙扬娜拉！

这是徐志摩于 1924 年陪同印度诗人泰戈尔，游历东瀛岛国日本时写的长诗《沙扬娜拉十八首》中的最后一首。这首小诗表现了诗人的浪漫灵动与风流情怀，诗中末尾的“密甜的忧愁”作为全诗的诗眼，就是运用了矛盾修辞法，诗人采用对立情绪产生的矛盾效果，浪漫地表达了自己的情感。我国古典名著《红楼梦》里也有许多成功运用矛盾修辞法的例子，例如：宝钗笑道：“你的绰号早有了，‘无事忙’三个字恰当得很。”在此例中，“忙”和“无事”的语义是相互矛盾的。正是巧用这一特点，薛宝钗把贾宝玉“终日瞎忙，无所事事”的讥讽传神地表现出来，具有画龙点睛之效果。参考 http://baike.baidu.com.

Tennyson）（1809–1892）曾经写过这样的诗句：

His honour rooted in dishonour stood

他那来源于不名誉的名誉依然如故，

And faith unfaithful kept him falsely true

而那并不诚实的诚实保持着虚伪的忠诚。

在这句诗中，诗人巧妙运用“dishonor”修饰“honour”，用“unfaithful”修饰“faith”，“falsely”修饰“true”，从而形成一系列的语义对立，产生出了鲜明的矛盾修辞效果。

在建筑上的矛盾修辞法，可以塑造一种在“不平衡”与“平衡”间，不稳固的、脆弱的“不平衡的平衡”，这就是莫斯认为最珍贵的、最理想的、最尖锐的平衡状态，而他就是希望自己的建筑处在这样一种“刀锋”上的状态，达到的一种尖锐的力量（incisive force）。“我的目标是要努力达到——至少暂时是这样的—— 一种概念的对称[1]（conceptual symmetry）。在建筑上，我要尽可能准确地把这些对立面，摆放到建成的空间和环境中，最后，如果这些建成的空间和环境，与这种辩证（dialectic）冲突或者是张力间取得联系，就像马克·罗斯科绘画中那种情况，那么，我就希望我的建筑，能够诗意地超越那种智力上的辩证痛苦，去与那些在智力上应该保留下来的张力间，取得情感上（emotionally）的和谐。辩证法，在智力的水平上维系着自身，但它被建筑的诗意所包含。”[2]这样，莫斯最终就把他的建筑安置在了艺术和诗意的殿堂；也就是说，莫斯的建筑艺术，来自对理性争辩局限的包容和整合，但它超越了理性的局限和争辩的陷阱，最终来到了艺术和抒情的诗意境界，这就是“Gnostic Architecture”的境界。

莫斯在《感知建筑学》一书中，反复强调马克·罗斯科充满着矛盾张力的绘画作品对自己的影响，罗斯科的作品在“矩形”、“非矩形”，“色彩”、“但又难以识别、无法命名”所造成的矛盾中，给观者带来了紧张和矛盾的心理。建筑上的辩证抒情表达，在解读上往往造成“似曾相识”，但又“不明就里”，“既是新，又不是新；既是旧，又不是旧，既是新，又是旧”，甚至还有一部分超出了正常的理解范围，对于这些“不能被理解”的部分，莫斯则给予了高度的重视，设计中能否出现这种超乎所料的部分，也是莫斯关心的一个方面，“不能被理解”的部分被莫斯认为是创造未来的“种子”，是一种属于“非历史”范畴的东西，这正是他所要探寻的，虽然这种东西一开始，还比较稚嫩，忽隐忽现，模模糊糊，还未定型、成熟，“但是若要论及创造未来，则只能依赖于个体创造的这种还‘不

---

[1] 即保留矛盾着的双方，如在“甜蜜而忧愁的心情”、“痛苦而富裕的生活”这两句里，“甜蜜”与“忧愁”，“痛苦”与“富裕”同时存在，构成了矛盾，如果取消一方，矛盾立即消解。

[2] Eric Owen Moss，Gnostic Architecture，Monacelli，New York，1999，P5.8.

图 7.24　卡尔弗城，皮塔德・沙利文大楼外立面造型

能被理解’的东西。”[1] 他认为这种“不能被理解”、“超乎所料”的部分，正是艺术家自己独创的一种认知、解释和表达的模式，艺术家通过自己独创的这种模式，鲜明地表达了他所切身感知到世界和人生，这就如同马克・罗斯科自己特殊的人生经历，让他创造了自己独特的绘画模式，这种模式不是什么技巧、技术，而是艺术家心灵的独白，是艺术家与世界、人生进行对话的途径。建筑设计在莫斯看来，完全是一种个体性的行为，他创造了一种属于自己的建筑语言模式，通过这种表达矛盾张力的建筑模式，他活在自己所创造的、真实的情感空间里，也就是说，通过这种模式，他自己创造了自己。

通过表达矛盾冲突，在维系矛盾双方两种感受的同时，在两者间建立一种“不稳定平衡”状态，在这种状态下进行的抒情表达，就可以呈现出不确定性、模糊性、偶然性和断裂性的美学特征，以卡尔弗城的皮塔德・沙利文（Pittard Sullivan）项目建筑为例，它依赖于新旧之间的张力，是一个混血（hybrid）型的项目。基地上先前存在的四栋建筑被推倒了，从原始结构中保留下来的唯一元素是一堵墙和一个双拱木质托架，一个新建的外壳在这个古老的木桁架结构体系之外建立起来，木结构被部分保留下来，作为对制造业历史的记忆，古老的木梁端部暴露在新建的外墙上，仿佛是工业时代遗留下来的历史片段。在室内，新旧因素之间造成模糊、混合的美感（图 7.24，图 7.25）。

[1] Eric Owen Moss，Gnostic Architecture，Monacelli，New York，1999，P5.2.

图 7.25　卡尔弗城，皮塔德·沙利文大楼室内空间

（7）利用亨利·摩尔的雕塑“头颅”，建立矛盾运动的分析和解释模式

如同在 Phobos 的反常现象中，莫斯看到了自己的认识论隐喻，同样，莫斯在亨利·摩尔的一系列头盔雕塑作品（The Helmet）中（图 7.26），看到了自己矛盾运动与分析的模型。头盔的外形虽然也遵循着它所包容的内容（即头部）的形式，两者间的形式关系是适合的。但是，亨利·摩尔却对这个简单的关系给出了不同的解释：头盔的内容（即头部）可以通过外表面上的孔洞感知到，但总难以认识理解它的全部，这主要是由于在容器（头盔）和内容（头部）之间，存在着各种各样不连续的中断区域（孔洞），虽然，内部的内容为外部的形式所包裹，但这两者不同，而且相互分离，内部和外部同时既是一致符合的，但又是中断不连续的。莫斯将摩尔的《头盔》雕塑的空间形态，划分出“外部的外部”、“外部的内部”、“内部的外部”、“内部的内部”等空间层次，而将这些区域连接在一起的东西是空间，空间处在实体所造成的张力控制之下，而张力由这些“虚实”间的矛盾关系产生。

莫斯从头盔的几何和空间模糊性方面，看到了形体、空间的转化关系，这个雕塑就成了他用来分析建筑上“虚实”之间相互转化关系的模式，内部和外部形式经过运动转化彼此成了对方，不同区域由矛盾张力的“胶水”粘接在了一起。莫斯说：“其实，人们可以据此再往下细分出更多的层次、更多的片段、更多的空间，以及相互间的更多张力，所以这个模型可以被理解为既是有限的，

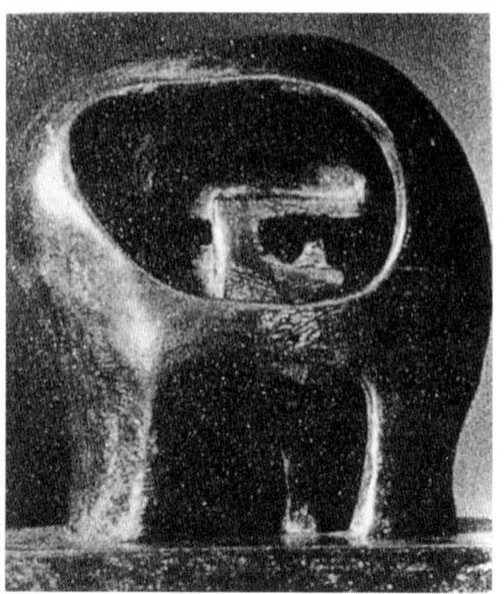

图 7.26　亨利·摩尔的头盔（The Helmet）系列雕塑

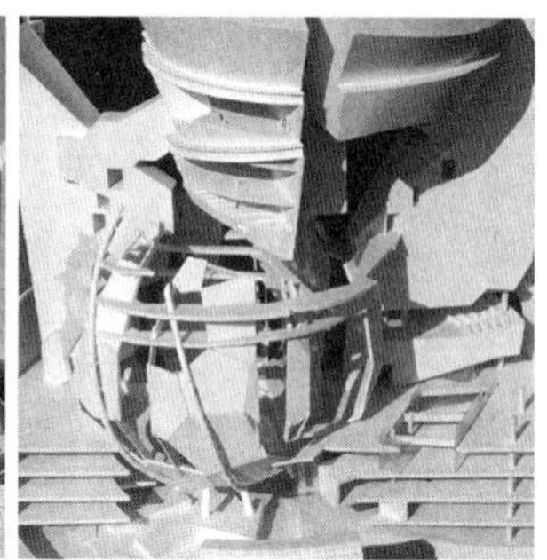

图 7.27　莫斯用摩尔“头盔”雕塑来解释的建筑“虚实”关系，上为阿罗诺夫住宅，中为撒米托大楼，下为储气罐改建

又是无限的。对于形式间关系而言，头盔也是一种美学的混合物，外面和内部既是偶然巧合的、同时发生的，也是不连续的、中断的，它们之间的形式关系既适合，也不适合。”[1] 尽管莫斯接触到《头盔》雕塑是在撒米托大楼（Samitaur Building）、储气罐改建（Gasometer）和阿罗诺夫住宅（Aronoff House）这些最具有莫斯风格的项目建成之后的事，但莫斯却用这种分析模式很好地解释了这些项目中复杂的体积（实）和空间（虚）、内部和外部的关系（图 7.27）。

（8）莫斯建筑思想与解构主义的区别

“边建边拆”必然导致“变化的连续性”，从此处着力于对建筑可能性的探索，是莫斯建筑思想的一个重要特征，“变化的连续性”本质上与“历史的双向运动”、

[1] Eric Owen Moss，Gnostic Architecture，Monacelli，New York，1999，P3.15.

"佩涅洛佩建筑理论"、"'头盔'分析模式"，这些莫斯建筑思想的重要方面，是一脉相承的，它不但强调变化，同时也强调连续。它虽是连续的，但它是"变化着"（或部分断裂的）的连续，存在着突变、断裂现象；它是变化的，甚至在局部它还是突变和断裂的，但透过这些突变和断裂，也能感知到连续性的存在，它是一种"连续着"的突变和断裂。

像乔伊斯创作《尤利西斯》那样，先设定一个有着控制力的框架（《尤利西斯》的故事控制在 18 小时内），其后在这个框架内繁殖复杂性，不断对这个控制性的框架进行破坏。一个典型的莫斯建筑往往会从基本的、有控制力的几何形体（一个或几个）开始，随后对其进行一系列拉伸、相交、叠加、切割、扭转、变形，在变形的过程中，既要破坏、又要保持这些基本几何形体，这样，建筑的形式就产生了强烈的矛盾冲突，"变与不变间的矛盾，可能性间的张力"随之在建筑上表现了出来，一切处于矛盾的运动转化之中。

不可否认，莫斯在"变"的方面，展现了类似于解构主义的一些手法，因而有人把莫斯纳入解构主义的范围，对于这一点，莫斯在其《感知建筑学》一书中，就给予了明确的澄清，"不必向新城市主义者（New Urbanist）、解构主义者（Deconstrutivist）或者是新极少主义者（Neo-minimalist）看齐，简单地讲，这些理论都忽视了这一点：总存在着一些有力的矛盾点。"[1] 也就是说，这些"主义"太过于单一、单纯，只有矛盾的一方，没有矛盾的另一方，因而，矛盾难以建立起来。莫斯这里"有力的矛盾点"，指的就是，他在建筑中所着重表现的"限制"与"反限制"之间的张力，明确地讲，莫斯与一般解构主义建筑一个最大的区别，就在于，他可以去"解构"一些东西，但他的解构是为了表达矛盾张力，在解构的同时，他还要保持连续性，否则，他的建筑与解构主义的作品就没有什么区别了，"解构"的手法，只能说明莫斯手法中"解"、"拆"的一面，但他的手法中，还存在着"建"、"聚"的一面，而且，它的"建"与"聚"，还往往从最简单的但有着控制力的几何形体出发，而他的"解"和"拆"往往就是对这些简单几何形体所进行的"不解构的解构"。也就是说，解构是莫斯手法的一个方面，而不是他的目的，他的目的在于制造矛盾张力，莫斯说道："一些人坚持认为，意义来自于进步（指解构主义），来自于向前，不管这样做能带来什么，反正意义就是来自于此。我所提倡的是，真理是过去和未来可能性间的张力，我不忠实于任何一方。我的这种反对态度，都可以从我的建筑上读出来。"[2] "如果，建筑的表现充分有力的话，那么，建筑的抒情表达，就会提供一条走出智力困境的道路，这条道路就是矛盾张力的清晰表现和显露。建筑抒情诗是唯一可以走

---

[1] Eric Owen Moss，Gnostic Architecture，Monacelli，New York，1999，P5.9.

[2] Eric Owen Moss，Gnostic Architecture，Monacelli，New York，1999，P5.3.

出这种困局的道路，仅仅选择追忆往事（指落入“历史”的范畴，如新城市主义者），或仅仅选择勇猛前进（指解构主义者），都难以奏效。这两种选择，都将会漏掉生活中内在固有的、本质的东西（指矛盾张力）。……而诗歌，抒情诗，从历史的观点上说，可以抒情地跳过（jump over）历史。”[1]

三、卡尔弗城（Culver City）的城市改造计划

洛杉矶是个一处于运动中的城市，它不断地重新调整、塑造着自身，它不要求这里的建筑师，以其他历史性城市里的建筑师都必须采纳的传统方式去进行建筑设计，也没有很多关于建筑艺术风格方面制约和限制，这样就为当地建筑师发展自己建筑和城市规划理念，提供了良好的实验土壤。尽管在接触卡尔弗城项目之前，莫斯已经设计了一些令人惊异的房屋，但他真正的突破和成就是在看起来不太可能成功的卡尔弗城取得的，这是一片完全恶化、废弃的后工业荒地，几乎无处可用、毫无价值。卡尔弗城是洛杉矶西南部的一个区域，老早以前，这里就混杂着中下阶层的房屋和小工厂，以及建于1950和1960年代的车间和一、二层的工业仓库，有些甚至是二战前建成的。1980年代，随着对重工业危机的觉醒，一些服务于IT与媒体行业的新投资，带来了城市的剧烈转化，这个区域基本上被抛弃了，成了一片荒芜、破碎的区域，被遗忘的角落。

卡尔弗城的开发商是弗雷德里克（Frederick）和劳里·撒米托·史密斯（Laurie Samitaur Smith）兄弟，他们从1970年代开始涉足地产业，主要经营软件业、娱乐业的房屋开发建设。但他们并不满意以前的一些建筑师们为他们提出的建筑方案，史密斯是学数学出身的，他认为计算机时代已经打开通向新概念建筑的大门，以“非线性现象”和“混沌理论”为特征的科学，已经要求建筑师投以越来越多的关注，尤其是那些为新经济类型提供场所的建筑，必须反映最新的非线性和混沌理论；作为对这种要求的回应，这类建筑在几何学上就必须是复杂的。在卡尔弗城项目上，他要找到合适的建筑师，能够理解他的观念：以复杂的建筑，来反映基于计算机设计的非线性数学，这样他找到了莫斯。

史密斯首先交给莫斯的任务是在国家林荫大道（National Boulevard）8522号的一个单层小建筑，随后是卡尔弗城的英斯综合体（Ince Complex）的一些项目，几年以后，又交给他英斯林荫大道剧院（Ince Theatre 1993年）。英斯综合体的设计成为这个项目的起点，它是一项投资巨大，不断渗透的地产开发

---

[1] Eric Owen Moss，Gnostic Architecture，Monacelli，New York，1999，P5.3.

项目，其目标是，在大约 10 年的时间里，转化 3 万 m^2 以上面积的建筑，服务于新经济（广告、娱乐、信息业等），起初的项目极大地转变了这一地区，把这个区域从什么都不是的　个地方，变成了一个像模像样的地方，紧随其后的是一系列的复兴计划，而且刺激政府开启了旨在组织公用设施和提高此地安全性的政治干涉策略。

1992 年洛杉矶暴乱之后，国际关注点开始从以前的贝弗利山、好莱坞、银湖转向了洛杉矶其他街区，功能不明确的、形态不确定的卡尔弗城就成了这些地区之一，这样，从 1990 年代开始，卡尔弗城就经历了全面的重新建设。卡尔弗城虽然接近暴乱的地方，但穿越卡尔弗城的步行者并不感受到威胁，因为这个更新后的地区，已经不是那种给人黑暗、消沉和沮丧感的地方，它日益成为一个稳定、繁荣，并且可以为就业广开门路的新经济类型的汇集区。在功能组织上，它包括零售商业、娱乐设施、博物馆、美术馆、剧院、中高档的写字楼、餐厅、电影院和摄影棚，多种投资、组织、经营模式，保证了项目缓慢持续的进展，对该地区既存的城市结构，进行了根本性的永久变形和转化，刺激了文化、社会和经济在遭受打击的后工业区的复活，实现了将老工业区转换成一个重要的刺激城市新经济发展的区域和社会工场的理想。

莫斯在整个项目上采取的策略是“自由形的城市肌理，以随机应变、不可预测模式向前推展，依照项目的实际情况，通过个别项目的操作，带动项目开发量的稳定增长。我们尝试的是一种游击战式的城市规划，这是一种按偶然性来行动的模式，和奥斯曼（Housman）男爵在巴黎，罗伯特·莫斯（Robert Moses）在纽约的规划模式相反。那种规划模式一旦产生要延续百年；我们的模式，却完全不同：它是一种游击战式进攻的、连根拔除的、包围智取的模式，几乎在空间里跳舞，设计的策略必须是非常可变通的。”[1]“天时、地利、人和”的开发条件和“珠联璧合”的双方合作，创造了卡尔弗城市更新计划的成功实现，有着明确开发意向的开发商，找到了适合开发理念准确推展的建筑师，切合实际的规划和经营策略的制定，促使项目的社会、经济效益稳定增长和实现，这是一次在商业操作、城市更新和建筑理论创新，三方面都取得成功的实践，它证明了当代建筑可以扎根于反常的文脉，并表现这种文脉的可能性。正如《纽约时报》著名建筑评论家赫伯特·马斯卡姆（Herbert Muschamp）所说的那样，“卡尔弗城是应用于建筑学的遗传工程，一系列在遗传上修正改良的建筑，为在遗传上修正改良的城市带来了生机。”[2] 莫斯改变了老工业区卡尔弗城的命运，给

---

[1] Paola Giaconia，Eric Owen Moss，The Uncertainty of Doing，Rizzoli，New York，2006，P25.

[2] Herbert Muschamp，Architecture View，An Enterprise Zone for the Imagination，参考 http://query.nytimes.com.

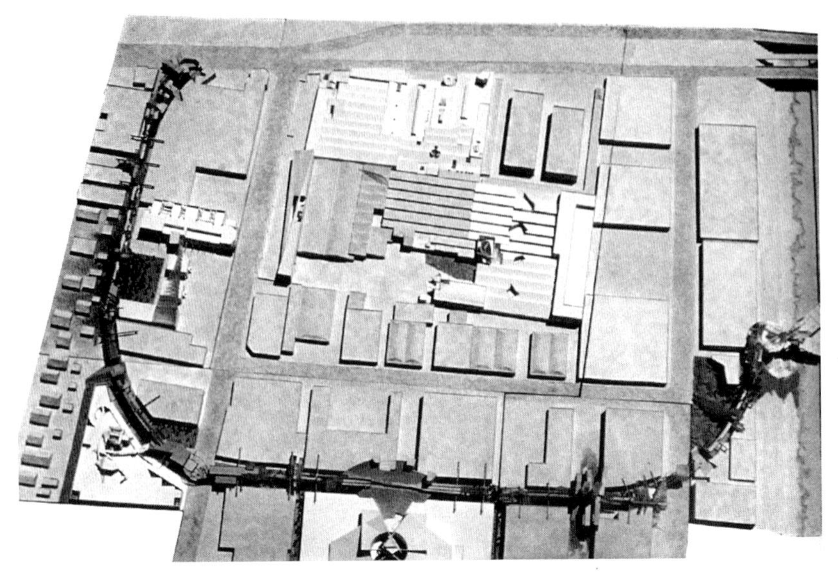

图 7.28　卡尔弗城模型照片，洛杉矶，加州

史密斯兄弟带来了巨大的商业利益，同时，卡尔弗城也促使了莫斯建筑事业的成功和辉煌，改变了莫斯的命运（图 7.28）。

四、走向复杂性和多样性：莫斯复杂建筑的设计方法及其特征

詹姆斯·乔伊斯小说《尤利西斯》的写作技巧，对莫斯建筑创作手法的形成，有着重要的影响，一方面他使用该小说在简单框架内无限繁殖复杂性的手法，制造相互冲突、令人费解的多种矛盾，因为他对世界的根本看法就是：世界存在于“变与不变的矛盾”和“可能性的张力”之间；另一方面，他又采用乔伊斯的“双关语”和“矛盾修辞法”，以“既肯定，又否定”、“既建构，又解构”的手法造成混血、杂交的建筑美学趣味；矛盾双方在微妙尖锐的平衡后，达到一种“不稳定平衡”状态，这种脆弱平衡的秩序，仿佛存在于“刀锋”之上，给人造成一种惊心动魄的紧张感；各种形式、元素争相表现，仿佛展开了一张激烈的辩论赛；他的建筑是各种矛盾在与对立面的奋争中，仿佛从一个不可能的境地里被创造出来，这让其作品充满着矛盾、活力和紧张，并伴随着一种爆炸性的力量和狂想家的艺术气质。

立足于挑战建筑的可能性、拓展建筑边界，以探索和超越为建筑的第一要义，莫斯的建筑设计表现出高度复杂抽象、辩证整合的智力水平，哲学、文学、诗歌、音乐等相关领域的广泛涉及，对形成他丰富、多变、复杂的建筑艺术表达手法，

产生了深刻的影响，从而使得他的作品既表现出高难度的不断拆开、不断辩证整合的理性美，同时，又展现出他恣意汪洋、大开大合的艺术家狂想气质。也正因为莫斯在对建筑美学的突破方面取得难以置信的成就，他于1999年获得由美国文学与艺术学会（American Academy of Arts and Letters）颁发的建筑学学院奖[1]（Academy Award in Architecture），莫斯的建筑极大地拓展了当代建筑学的边界，提升了当代建筑的理论水平。

1. 为我所用：借用其他艺术创作手法进行建筑设计

采用来自其他相关领域的启示，运用于建筑设计领域是莫斯手法中的一个极为重要的方面。凯奇对音乐作曲模式的质疑，给了莫斯看待世贸中心（WTC）重建项目新的视野，莫斯认为真正能够切合这个特殊项目意义的，不是我们所熟悉的重建有形物质建筑的形式，所以他的提案，不是一种常见的建设规划图纸，而是一张带有深刻寓意的绘画图纸（图7.29）。9.11事件已经成为美国人心理上的一个难以挥去的阴影，使部分美国民众丧失了对直线性历史进展的确定感，对本民族和自己命运的信心开始有些动摇，从而促使他们接受对事物不稳定的观点。为了深刻揭示"9.11"事件所富含的历史意义，他的提案并没有在废墟上进行重建，而是保留事件留下的场所和深坑作为广场和露天剧场。他的提案是个非常视觉化、概念化的图形，画面中跳动的几种元素，表达出一种强烈的不安心理：（1）惨剧遗留下来一段幕墙的网格，莫斯从凯奇音乐的感受中受到启发，将网格变形后作为图形保留下来；它时而连续，时而断裂，拉扯扭曲，破碎不堪，它的外观像城市道路网格体系，暗示着遭到袭击的城市，这是图形的"底层"。（2）随后，一些象征死亡和恐惧的红色划痕，深深地切进地表，穿透进灾难留下的深坑，这些令人恐惧的红色，象征着死亡和令人不堪回首的记忆，但它已经深深地刻进了美国人的记忆之中，它覆盖在象征着城市道路的网格之上，更为破碎颤动，象征着人们内心的痛苦。（3）四个倾斜的黑色塔影，重重地倒在基地上，两个塔影，象征着原来的双塔，另外两个，一个代表双塔遭受袭击的时间，一个代表双塔倒塌的时间。整个画面的网格线，在视觉感受上，有着音乐旋律的颤动感，这是莫斯从凯奇的音乐中，得到暗示后，所作出的一种图形语言，但它是建筑化的。莫斯提案的整个画面充满着令人窒息的不安和恐惧情绪，它深刻地表达了"9.11"作为美国历史上史无前例的悲剧事件，

---

[1] 对于莫斯而言，这个奖项的特殊意义是，它和建筑学没有太大的关系，它颁发过的人很广泛，像画家、音乐家甚至是政治家。比如获得此奖的Mario Cuonlo就是纽约的一个地方长官，与莫斯同时获得这个奖项的还有他非常感兴趣的意大利人安伯托·艾柯（Umberto Eco，1932–），艾柯是一位享誉世界的哲学家、符号学家、历史学家、文学批评家和小说家，其代表作《开放的作品》（The open work）是莫斯非常爱读的一部作品。

图 7.29 莫斯为世界贸易中心重建所做的提案

对这个国家民众心理的影响,“以你的所愿来解释”[1] 是莫斯对这个提案的设计和表达态度，它一改常见的建筑表达模式，在所有的提案中显得与众不同，虽然这个提案未被采纳，但这个提案展示了莫斯的历史意识。

詹姆斯·乔伊斯在《尤利西斯》这部被认为是意识流的代表作品中，采用一个简单的故事作为文本的框架（因为，这个故事结构并不复杂，它发生的时间只有 18 个小时），但乔伊斯在叙述中，大量的插叙和人物内心独白，以及试图对此做出详细解释，而导致的更多插叙，带出了人物绵延不断的意识流动，这种意识活动，又完全不同于传统小说中有逻辑、有条理、完全在理性支配下，按照时间直线铺展的心理描写，而是不受时空限制、不受逻辑制约，具有极大跳跃性、随意性、偶然性、断裂性的人的意识的本原状态。乔伊斯不断繁殖这种复杂性，就造成了文本的复杂性、歧义性和意识流[2]（stream-of-consciousness）

[1] Paola Giaconia，Eric Owen Moss，The Uncertainty of Doing，Rizzoli，New York，2006，P18.

[2] “意识流”的提法，最早出现在研究心理学的著作中，最先由美国的心理学家威廉·詹姆斯提出来，他认为意识并不是片断的连接，而是不断流动着的。他的“意识流”概念，强调了思维的不间断性，即没有“空白”，始终在“流动”，强调意识的超时间性和超空间性，即不受时空的束缚，因为意识是一种不受客观现实制约的纯主观的东西，它能使感觉中的现在与过去不可分割。这一概念及其内涵的思想直接影响了文学家，并被他们借用、借鉴，从而进入文学领域，作用于作家的创作，导致“意识流”文学的产生。小说中的意识流，是指小说叙事过程对于人物持续流动的意识过程的模仿，也就是以人物的意识活动为结构中心，围绕人物表面看来似乎是随机产生，且逻辑松散的意识中心，将人物的观察、回忆、联想的全部场景与人物的感觉、思想、情绪、愿望等，交织叠合在一起加以展示，以“原样”准确地描摹人物的意识流动过程。西方现代小说史上，如詹姆斯·乔伊斯、弗吉尼亚·伍尔芙、福克纳，卡夫卡等，都以成功地运用意识流而闻名于世，而乔伊斯的《尤利西斯》被认为是意识流文学作品的经典之作。意识流观念同样也受到 20 世纪西方非理性哲学和现代分析心理学的影响。参照 http://baike.baidu.com.

的叙述风格。

这种不断繁殖复杂性的文学创作手法，对莫斯形成自己“复杂建筑体系”（complex architecture system）的思想，产生了根本性的影响[1]。莫斯在许多项目中，把这种创作手法不断地展示了出来：在卡尔弗城的皮塔德·沙利文项目中（Pittard sullivan building），原来建筑中的拱形桁架和柱子，被保留了下来，它是原建筑的烙印和旧结构的记忆，在这个残存的结构里，一个由钢管柱、宽翼横梁组成的新方形钢结构框架，避开原来的桁架，叠加在它的上面，支撑着三层新增加的办公区，原来桁架的支柱就落在新钢结构的走廊上（参看图 7.25），而在门厅设计上，新旧结构体系与楼电梯、坡道、结构部件和墙壁组成了一个异常复杂的体系；在古巴哈瓦那的维亚广场设计中，保留下来的旧建筑片段和新建部分，也混合成了一个异常复杂的结构体系（参看图 7.16）。

让读者对直线性（思维）、秩序、语法（句法）和依据感觉判断的希望，遭受延迟、受挫、沮丧甚至是破灭；有时，当一个比较严格的秩序成为写作的主要框架时，乔伊斯就会通过在它的上面，配置一系列空间和时间的干扰和破坏，来对这个框架进行颠覆，这是乔伊斯常用的写作技法。在莫斯的劳森·威斯汀住宅（Lawson Westen House）项目中，我们也能领略到莫斯这种“捉迷藏”式的技法。在这个项目中，很难通过观察单一某个部分，而对其余的部分进行彻底的理解，它的每一部分都好像和其他部分相冲突，就拿顶棚的曲梁作为例子，它包括三部分，它们单独的每一部分都不足以解释其全部的构成关系。此外，观察箱体（The Box）这个项目的草图，也可以发现，通过对原初外表清晰、易于理解的箱体轮廓，实现一系列意料之外的变形、拉移、颠覆和消解，一个“既似箱体，又不似箱体”的东西才得以产生。

如果仔细推敲莫斯建筑的复杂性，就会发现它们是一个部件、片段或元素，依赖于另一个部件、片段和元素的存在为前提条件的，后者是前者的支点，它们之间存在的逻辑关系既是合理的，也是变化的、不连续的，也就是莫斯建筑的“变化的连续性”特征，其中的复杂和变化包括：（1）多样的连接关系，这里包括空间之间的相互转化，比如从一个立方体出发转化进一个球形空间，还包括不同的连接部件（梁、索、杆件、板、楼梯、墙面等）。（2）这种连接关系在空间分布上的变化（方位，高度），特别表现在连接部件在空间分布上的变化。也就是说，莫斯如同乔伊斯一样，把复杂性给以繁殖了（图 7.30 ~图 7.32），大量构成关系复杂的元素汇集在一起，就给人造成一种解读困难、极为复杂的观感。通过考察南加州建筑学院师生的作品，不难发现这种“繁殖复杂性”的手法，

---

[1] Paola Giaconia，Eric Owen Moss，The Uncertainty of Doing，Rizzoli，New York，2006，P18.

图 7.30　卡尔弗城，海德塔楼模式照片（1）（Hayden Tower，Culver City）

图 7.31　卡尔弗城，海德塔楼模式照片（2）

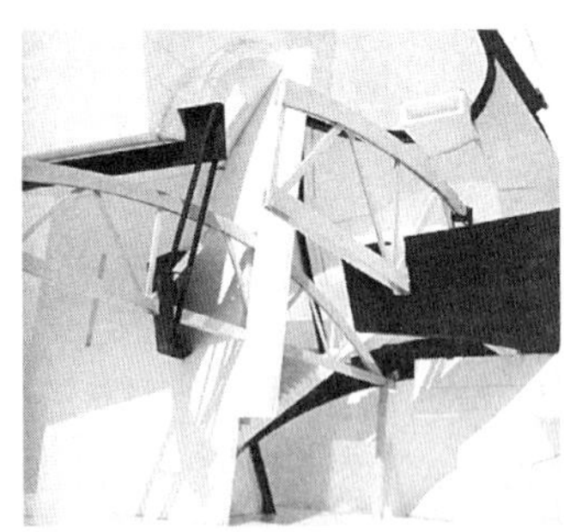

图 7.32　不断繁殖复杂性的室内空间，左上：卡尔弗城，皮塔德·沙利文大楼室内空间，左下：劳森·威斯汀住宅；右上：麦塔夫住宅室内（Metafor House）；右下：352 海登大厦（352 Hayden，Culver City）

普遍地存在于他们的作品之中，他们的作品让人惊异之处在于，塑造“变化连续性”的多样手法。

莫斯的建筑，使用复杂的建筑系统来产生美学效果，而不是把简单化、朴素化、经济和直截了当的结构，作为自己的目标，他喜欢以自己建筑的复杂性，挑战那些使用其建筑的人们，希望他的建筑能够拓展人们对建筑可能性的理解。但在一定程度上讲，在莫斯的部分作品中，这种复杂性的表现是有些过分的、不必要的。

2. 历史的双向运动：变形和转化

从简单的几何形体开始，进行变形、碰撞、相互转化，实现空间的延展，“边建边拆”，逐步繁殖复杂性，最后走向混杂、多样、动态。在莫斯的代表作品中，如阿罗诺夫住宅（Aronoff House）、盒子（Box）等，明显地体现了以一个简单的几何形体开始，对之进行大量的复杂处理，最后导致一个异形体的出现。几何形体经过拉伸、重叠、切挖、扭转等变形处理后，往往产生了解读困难，加之其他结构、部件、元素的混合，就形成复杂性、偶然性、断裂性的特征。一个典型的莫斯建筑，正是建立在大量的复杂性基础之上的。

莫斯早期的作品致力于研究相互重叠的几何实体，进行变形、碰撞、相互转化，实现空间的延展和运动、转化。这方面的例子有：（1）海登大道 3505 号项目，（3505，Hayden Avenue，）（图 7.33），这是一个办公建筑，建筑造型以一个圆柱体为基础，将其进行切开、部分挖除后，再进行拉伸。（2）三剧院（Three Theaters），这个项目由三个剧院组成，整个建筑由一个在空中进行游动、同时进行扭转的矩形体（30m × 30m）构成，在两端和中部分别各布置一个剧院，整个建筑物，给人强烈的运动感（图 7.34）。（3）斯特尔斯剧院（Stealth Theatre，

图 7.33　海登大道 3505 号项目

图 7.34　三剧院项目（Three Theaters）

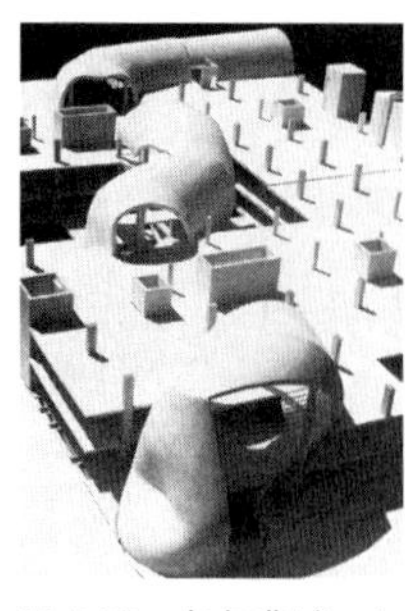

图 7.35 卡尔弗城，入口处项目

图 7.36 卡尔弗城，韦奇伍德·霍利综合体中的翼龙停车场

参见后文，作品分析部分）。

有的项目的基本形体，是由两个（或多个）形体直接冲撞在一起造成的，在此基础上再进行变化，这方面的例子有：

（1）卡尔弗城，入口处项目，（Gateway，Culver City，）（图 7.35），这个项目是在极为普通的双层平房上，塞进一个在空中不断游走的、不断变化的管状空间，造成室内外空间的丰富变化。

（2）卡尔弗城，韦奇伍德·霍利综合体中的翼龙停车场（Wedgewood Holly Complex : Parking Garage e Pterodactyl）（图 7.36），这个项目的特征是在于其顶部有若干条六面体的棱柱直接冲撞、交叉而成，相互冲撞的部分作为办公用房，而下面比较规整的部分则为停车场。

还有的项目是在两种形式之间不断转化的过程中形成的，例如，阿罗诺夫住宅（Aronoff House，Tarzana，CA），这个住宅的造型是在圆球和立方体之间不断变化所形成的，参看后文作品分析部分。

在韦奇伍德·好莱综合体中的斯特尔斯剧院（Wedgewood Holly Complex: Stealth，Culver City）的设计中，其两端的基本形式已经定下，即一端为四边形，一端为三角形，整个设计就是在如何处理“三变四”和“四变三”的问题中进行的，参看后文作品分析部分。

莫斯的建筑设计，往往采用建筑学最基本的工具——几何形体，如立方体、圆柱体、椎体、椭圆形，然后对之实行干扰、变化，经过研究，对空间进行变形后，就可能会产生适合于建筑的空间形态关系。莫斯认为这是“建筑穿越历史时空的永恒道路”[1]，但这并不意味着他刻意去追求空间的奇怪，而是根源于他对“可被理解的”（understandable）和“不可被理解的”（un-understandable）之间张力的兴趣。但莫斯对细节做享乐主义（epicureanism）式的精雕细刻和

[1] Eric Owen Moss，Buildings and Projects 2，Rizzoli，New York 1996，P14.

奢华考究推敲，并未表现出特别明显的兴趣，这是因为他认为空间的语言比细节要深刻得多。

球形是莫斯经常采用的一种基本造型元素，在一系列最具莫斯特征的建筑物中，如在“这是什么墙？”项目（what wall？图 7.11），在罐气站改造项目（Gasometer D-1 参见后文，作品分析部分），阿罗诺夫住宅（参见后文，作品分析部分），英斯剧院（图 7.21），维斯大街转盘（图 7.22）等项目中，都是从一个或几个相互关联的球体出发，对之进行挖空、附加异形体、切割、开口处理，在这个过程中，寻找可能适合（possible fit）于建筑的形态关系，这种从简单的或稍微复杂的基本形体开始，逐步走向繁殖复杂性的设计手法，是贯穿在莫斯大多数项目中的一个基本的手法，这也是莫斯与解构主义建筑师间的一个根本差别。在大多数莫斯建筑中，依旧能够找到较为简单的、基本几何形体的影子，及其对设计的控制性力度，通过对这些基本形体进行一系列拉伸、转化、变形、切割、镂空、开口、附加的手术后，再辅助性地配置大量建筑部件，空间上采用复杂化的排布方式，经过这种手法处理后，无论在室内空间还是在外部形态上，都产生了复杂混合、多变丰富、动态变化的视觉效果，展现了莫斯以“边建边拆，边聚边散”为手段，创造出人意料建筑空间和形式的卓越能力。

3. 采用多种连接方式，组织断裂的片段

莫斯特别强调起连接作用的构件，如构架、梁、钢索、平板，让人觉得他的建筑并非是完全飘渺的想象、流动意识随意拼凑而成，建筑通过这些连接部件被束缚、拴接在了一起，组成了一个整体，连接部件的运用，抵消了在设计过程中产生的非正式的、反常的、偶然的随意性感觉。这是贯穿在莫斯所有建筑中的一个最为基本的手法，各种各样的连接部件，不但起到结构或构造的真实作用，莫斯更多的是以一种表现性的眼光来对待这些部件的。

图 7.37 为卡尔弗城的撒米托杰夫双塔（Samitaur/Jeff-Jeff Towers），建筑外面真正起到结构作用的混凝土梁，却儿戏般被处理成“飘带”的形式。

图 7.38 为撒米托大楼（Samitaur Building）中部，莫斯把这里硬性挖空，让建筑物呈现出断裂感，然后用脆弱的木质连梁，仿佛要把洞口周边的墙体连接在一起。

图 7.39 为 2002 年在埃及金字塔前做的开罗博物馆（Cairo Museum），为了表达埃及古老文明的源远流长，博物馆被设计成双曲玻璃面的水平流动形态，在玻璃的外面，结构骨架螺旋状地水平伸展，强硬地束缚住流动感极强的、脆弱的玻璃面，造型充满着强烈的紧张感。

图 7.40 为三剧院（参见图 7.34）端部的造型处理，各种构件把建筑空间紧紧的“捆住”，表达了一种近乎无秩序的建筑构成关系。

图 7.37 杰夫双塔外立面上的“飘带”

图 7.38 撒米托大楼中部连接部件

图 7.39 埃及开罗博物馆

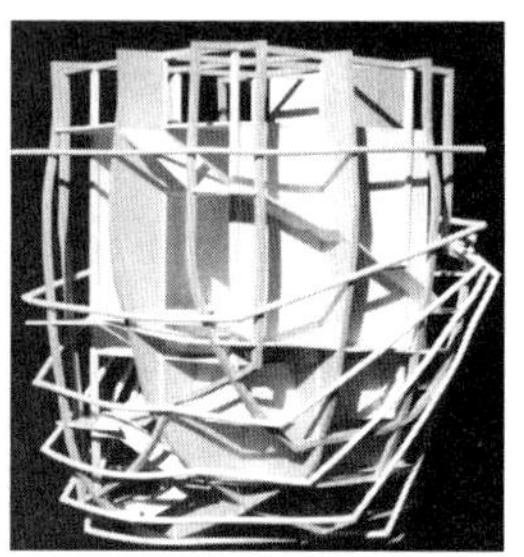

图 7.40 三剧院项目端部构造处理

上面这些例子，都是典型的“矛盾修辞法”在建筑上的应用，造成读解上严重的反语、矛盾感。另外可参见蒙特利尔剧院及办公楼造型（图 7.14）；三剧院项目（图 7.34），以及图 7.32、图 7.33。

多种连接部件在空间中穿插布局，这也是在莫斯作品中普遍存在的一种手法，这些部件有的是起结构和稳固作用的梁、钢索、杆件或屋架，有的是旧建筑遗留下来的记忆，有的是新建筑的加建，有的是建筑的楼梯、栏杆，有的平铺直叙，有的夸张表现，有的在空中突然切断，有的故意伸出（墙面）而不切割。对各种的连接部件，做夸张的、创造性的建筑表现，是莫斯建筑一个突出的手法特征。

4. 对实体面进行硬性的切挖

对实体面进行硬性的切挖，造成建筑的雕塑性；外墙面开口，暴露内部空间。在大量建筑中，莫斯对墙面、地板和顶棚进行硬性的切割，暴露一些连接部件，甚至把屋面板进行切割，将建筑向天空开敞，切割留下的开口里，有时作为墙面采光口，有时填入其他异性插件，或塞进一个圆柱，或塞进一些阳台，或与室内的天桥相联系。可参看撒米托大楼（图 7.13），洛杉矶当代艺术中心与剧院方案（图 7.18），卡尔弗城，皮塔德·沙利文大楼（图 7.25），以及后文作品分析部分的案例。

5. 对材料、色彩和端部的处理

莫斯的建筑取材广泛，既有工业材料，也采用木材和一些破损的旧材料，多种材料并置使用，如钢铁管或小管、胶合板、钢索、拉杆、抹灰等，材料之间的搭接不做过渡，直截了当。经常采用那些难以对之进行命名的冷灰色彩，造成突兀、冷酷的视觉效果，具有强烈的工业化时代的破碎、怀旧感，带有一定的嘲弄和讽刺的色彩。在建筑表面的处理上，强调粗糙的触觉感，并经常暴露部件的端头、螺母和螺钉。

五、莫斯建筑作品案例分析

1. 盒子

盒子（卡尔弗城，洛杉矶（Box，Culver City，L.A.，1990–1994，图 7.41）严格来讲，不是一个完整的建筑，而是镶嵌在一个现有两层木结构平房屋顶上的“小盒子”，用于私人会议，但它成了这个改建项目“浓墨重彩”的一笔，把一个毫无趣味可言的沿街立面，一下子突显在来来往往的行人面前。这个“小盒子”实际上由三部分组成：（1）第一部分是一个类似圆柱的接待区，镶嵌在原来单层木结构平房的屋顶上，原有的一部分屋顶构架被放在圆柱形结构内部，从外面能够看到这些保留下来的结构。接待区的背面有一部室外楼梯可以上达二楼的屋顶，这个屋顶靠下面外露的屋架支撑，架在接待区的上方。方平台和圆形屋顶切口之间的区域装上了采光玻璃，这样下面的接待区就有了良好的光线。（2）第二部分，实际上是从球形几何里切出来的两个垂直相交的钢构架，它位于盒子的下面，把盒子的重量传到下面，这样，架在这个钢构架上面的盒子，看起来像在一个“虚球体”上面，摇晃不已。（3）第三部分，是主体建筑，盒子。沿着楼梯上去，在二楼和三楼之间有一扇门，这扇门把内部的楼梯和上面的盒子联系在了一起，三楼的盒子是个会议室，在对角线上各开一扇窗户，窗户都是开在与屋角相邻的墙壁和顶棚上，窗户朝向天空，外观上也像个玻璃盒子，两个窗户用来眺望远景，而不是近看。

整个盒子不分内外、墙壁、顶棚、地板，都是同一种灰黑色水泥砂浆粉刷，这是一种莫斯惯常使用的、模棱两可的灰黑色彩，邋遢冷酷，给人一种桀骜不驯的感觉，这是一种象征着死亡和重生的颜色，有着强烈的触觉感，让人萌发一种要举手触摸它的冲动。在劳森·威斯汀住宅和撒米托大楼项目上，莫斯也

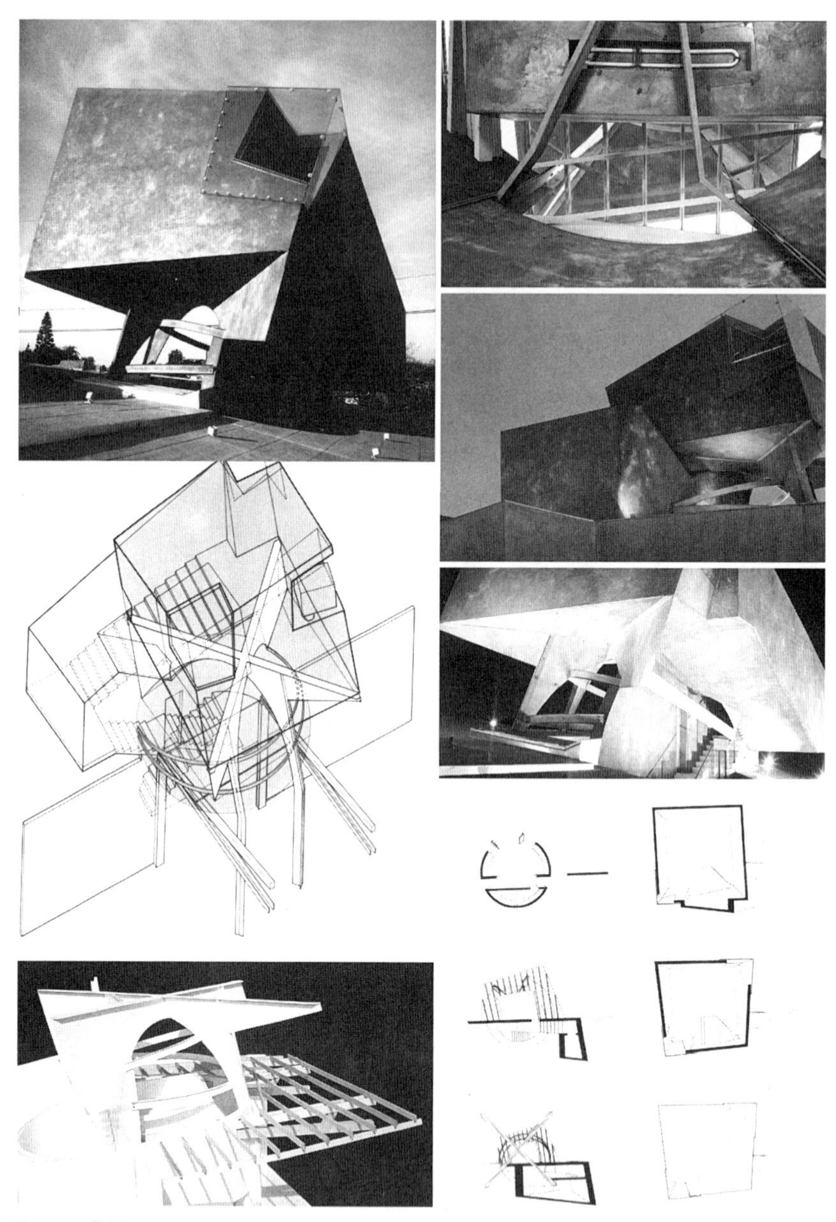

图 7.41　盒子

是采用这种灰黑的色彩，这是一种人们无法辨认，也无法对之命名的色彩，这种色彩是经过莫斯亲自调试后而采用的，它是一种存在于大多数人的记忆之外的色彩，与盒子建筑的空间相似，这种色彩有着很高的优越性，它既能够被理解，又难以被理解。莫斯希望通过盒子建筑空间的构成关系说明，世界原来也可以这样存在。

在盒子项目上，莫斯贯彻着他一贯的以基本几何形体为出发点，通过变形转化塑造建筑形体和空间的手法，在这里复杂的空间，渗透、弥漫在不同的构件和几何体块之间，把它们粘接成了一个整体，这也是莫斯在自己的一系列建筑中（包括“盒子”、劳森·威斯汀住宅、阿罗诺夫住宅等项目中），发现了与亨利·摩尔“头盔”系列雕塑的虚实转化模式之间，存在着相似性后，采用摩尔的“头盔”建立自己建筑“虚实转化”分析模型的原因。

2. 阿罗诺夫住宅

该项目地处洛杉矶圣莫尼卡山区北麓的一片坡地林中（Aronoff House，Tarzana，L.A.，1991），业主的地产从基地处开始一直向西北延伸，然后顺坡而下，最后到达圣莫尼卡保护区，这是一片受到保护的美丽林区，从基地向北，可以看到壮观的森林景色，基地处于坡地与南边一块平地结合处。

建筑一共有三层，功能有工作室、办公室和私人住宅，顶层是业主的办公室，二楼是员工的办公室，一楼是个老神父的独立公寓，屋顶被处理成一个露天看台，观者可以从建筑周边的台阶或三楼的楼梯登上屋顶，从这里可以饱览圣费兰多大峡谷（San Fernando Valley）和圣莫尼卡保护区的秀美山色。整个项目由球体和立方体两种形式，交替演化而成，外轮廓基本上是个被多次砍削、切除、开口、破坏的球体，虽然它的形式遭到一系列的侵蚀，但球形努力保持着自己的形式不能从根本上消失，这样，从外表上还可以分辨得出球体。立方体基本上被球体包裹，它也在一些地方被砍削、开口，并对球体的形式造成破坏，因为要远眺山景的原因，建筑总体上是个外向的格局。建筑物虽然牢牢地扎在平地上，但在视觉上，感觉球体要顺坡滚下去，建筑物仿佛就在摇摇欲坠中，保持着“脆弱的平衡”，成了一个“不稳定的稳定体”（图 7.42）。

通过诸多的切口处，可以看到建筑内部，类似于摩尔“头盔”式的虚实关系和空间格局，复杂而有序。在这个项目中，莫斯采用了常用的“矛盾修辞法”，在“球体”、“立方体”之间，在“稳定”与“不稳定”之间，在“复杂”与“简单”之间，在“完形”与“破碎”之间，制造了惊心动魄的张力。在谈到这个项目的创作时，莫斯说道：“建筑美学的实现不是单一、均匀的（homogeneous），它应该是一种多样化的、异质混杂的（heterogeneous）综合，我希望在建筑上制造一种智力上的冲突（intellectual conflict），然后对之进行抒情的解决（lyrically resolved）。”[1] 这个项目代表了典型的莫斯手法，即首先自己制造对立矛盾的两面，

---

[1] Eric Owen Moss，Buildings and Projects 2，Rizzoli，New York 1996，P141.

图 7.42　阿罗诺夫住宅

如“球体”与“立方体”,“稳定”与“不稳定”,“复杂”与“简单”,“完形”与“破碎”,这两方都是“限制性”的因素,随后在紧张中“反限制”(化解)这些矛盾,作品既符合逻辑,同时也有一种惊心动魄的张力感,在脆弱的平衡中,实现一种异质综合的混杂美学。

图 7.43（a） 斯特尔斯剧院

3. 斯特尔斯剧院

斯特尔斯剧院（Stealth Theatre，Culver City，L.A.，1992，图 7.43）用地南端原为一处有毒石化废料填埋场，剧院背后为保留下来的二战期间建造的大跨度工业厂房，填埋场的有毒物质挖除后留下了大的深坑，设计中就利用这个深坑做剧院的观众席和毗连剧院的草坪庭院，草坪上摆放些临时性的露天座椅。新建办公楼部分架在剧院上方，部分外伸架在露天庭院上空，办公楼的北端山墙为三角形，南端山墙为四边形，长度 91m，两端山墙的造型都很规整、简洁匀称，也很容易辨认，有趣的是“三变四,四变三”的中部，两端是已知的，而中间则是未知的，未知的中间部分在完成“三变四,四变三”的过程中，它的剖截面做着永恒的运动变化。办公楼的中间部位是开放的，从外面就可以看到楼电梯和洗手间，从正立面上看，所有玻璃窗的窗台也都在同一条直线上，像是

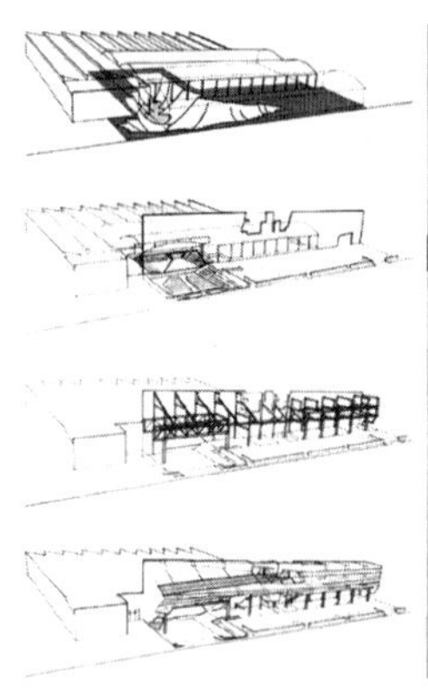

图 7.43（b） 斯特尔斯剧院

一个连续不断的玻璃幕墙，但从侧面看，又不是这样，这是由于建筑形体发生转折所造成的。

这也是个典型的莫斯建筑，建筑师像是个带着镣铐的舞者，而建筑也同样反映出莫斯的特点，形体大胆勇猛、干净利落、出人意料，空间变化丰富，层出不穷，整个建筑物如同儿童折纸游戏，形体构成关系清晰易见，雕塑感极强，灰色的材料表现了工业化时代冷酷的一面。

4. 碧海威

碧海威（Beehive，Culver City，L.A.，2001）是 Medschool 公司总部（图 7.44）的会议和办公用房，总建筑面积 2790m^2，它是个插在旧厂房里的新建筑，它的对面就是“盒子”建筑，位于卡尔弗城，原来两层破旧厂房被部分拆除，在其基地上新建了这个建筑。它三面都被旧建筑包绕，沿街只有 10.7m 宽的立面可被行人看到，业主要把这个规模不大的建筑设计成为公司重要的标志性形象，既能够吸引建筑前面高速快车道上的眼球，也能够为公司创造一个可识别的形象，这样，设计中就对这个宽度范围有限的建筑形象给予特别的关注，它将成为刻画建筑物可识别性的重点所在。

建筑物的内部空间由灵活变通的开放性公共区域、私人办公空间和会议用房组成，主入口和接待区设在首层，一部楼梯通向二楼，这里有多媒体设计展示，会议室和私人办公用房，二楼向上的楼梯成为三跑楼梯形式，围着一个金字塔形的采光锥体，锥体成为屋顶重要的造型元素，为楼梯间、二楼会议室和低层的入口空间带来柔和的顶光。楼梯在屋面继续围绕采光椎体盘旋，形成视野朝向东面洛杉矶市区的倾斜露台，在此可以饱览部分卡尔弗城和远方的市中心景色。

建筑物的竖向受力由四个形式各异的钢柱承载，这四根钢柱在空间的分布上，也根据内部空间构成的需要，呈不同的形式。在水平向，每隔 1.2m，就有

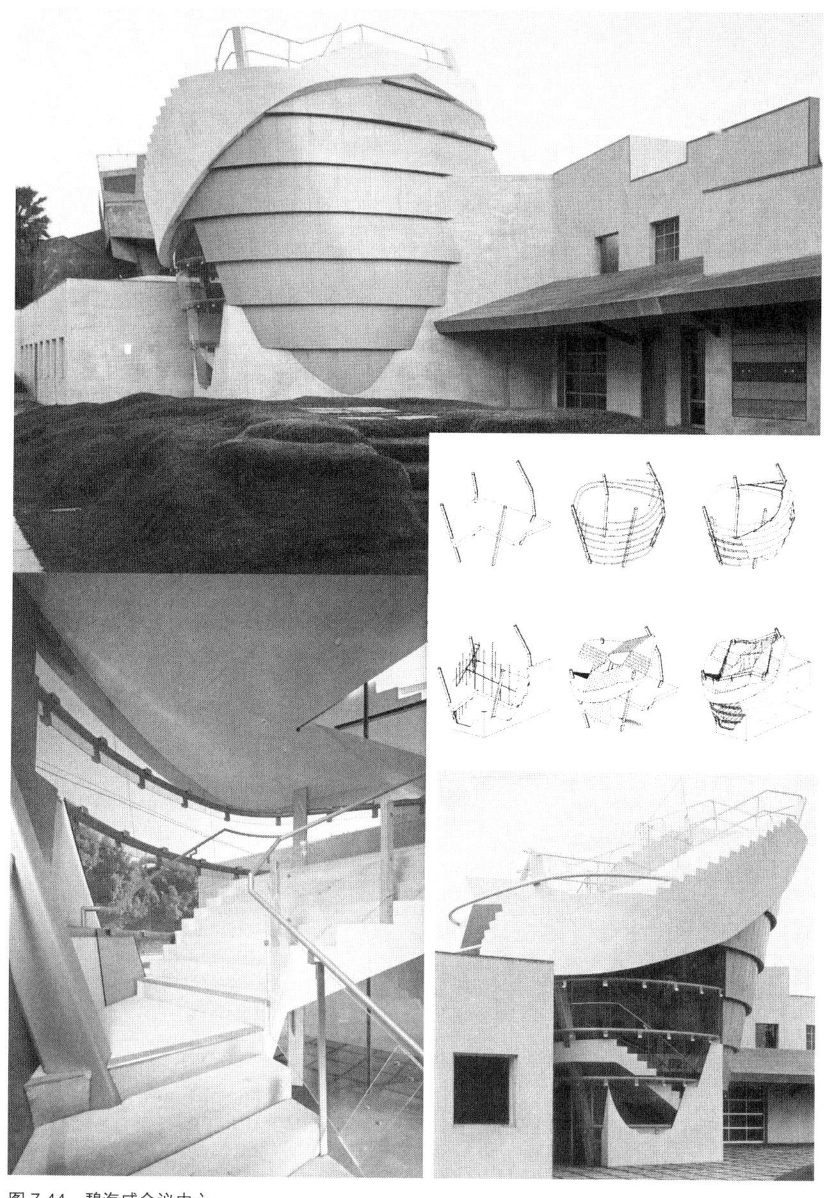

图 7.44　碧海威会议中心

一道钢管小梁箍在四个竖向钢柱的外围，两者组成受力、传力体系，1.2m 间隔的水平钢管小梁，也是墙面板材料的连接固定骨架，墙面板由玻璃和金属板组成，金属板内外两面完全相同，色彩与单层厂房外墙面的色彩接近，玻璃面布置在朝北一侧，金属板布置在朝南一侧，目的是避免南向强烈的直射光，而把北向的柔和的自然光引进来。

碧海威在内部空间的塑造上，创造了亲切宜人的办公环境，这里有贯通两层的共享中庭，有流通感强烈的交通空间，最为动人的是莫斯创造了一个动感强烈的楼梯空间，而其他的空间仿佛是附属于这个从底层到屋面，不断动态旋转的交通空间之上的，楼梯成了建筑物的主角，建筑物就是一部在空中，不断舞动的楼梯，整个建筑物一气呵成，显示了莫斯灵活、丰富的空间塑造能力。这是一个获得美国建筑师学会洛杉矶地区优秀设计奖（AIA/LA Design Merit Award）的项目。

5. 储气罐改建

储气罐位于奥地利维也纳郊区（Gasometer，Vienna，Austria，1996，图 7.45），是四个圆柱体构筑物，每一个都是 65m 高，60m 直径，最早建于 1896 年，是新古典主义的石作立面，里面包裹着装天然气的钢铁罐体，以前服务于城市用气，随着城市更新，现已废弃不用，输气管道也已拆除，只剩下有时用来举办展览或摇滚乐演出的罐体。由于罐体有着悠久的历史和精美的新古典主义立面，所以罐体受到了政府部门的保护，任何的改建都必须原封不动地保持外部结构的完整性，也就是外壳必须保存完好，但屋顶可以有一定的调整，只要原始的穹顶轮廓线能够保持原样即可，即使将其原来的钢木结构拆除。参加竞赛的有让·努韦尔（Jean Nouvel）、蓝天组（Coop Himmelblau）、曼弗雷德·韦德隆（Manfred Wehdorn）和莫斯事务所，每家做一个罐体的改建方案，改建的主要目标是建设大约 15000m^2 的社会住宅、5000m^2 的零售商店、一些小型的办公、聚会空间、主门厅和三个电影院，停车要求在 200 辆左右。设计的难题是在不改变圆柱体外表，不依靠原来石墙支撑的前提条件下，在储气罐内部安置各种功能的房屋，还要满足维也纳住宅法规对采光的规定，这个法规规定除了卫生间和楼梯外，自然光线进入每一个居住空间的角度和最短时间。

莫斯的提案按照规定，把大量功能组织在外壳之内，这与后来实施的让·努韦尔的方案不同，后者在罐体之外加建了一个高层公寓，莫斯的提案由三部分组成：（1）一个由不等边五边形形成的球体切出来的、虚空的空间，高度达到 10 层住宅楼的高度，从内部的第二层至第十二层左右，位于罐体内靠后位置，这样可以尽量减少自身造成的内部光线遮挡，吸取更多的自然光线；这个接近于球体的虚空体，提供公众聚会和集散空间。（2）第二部分为楔形楼，楔形楼的布局原则是与外窗错开，楔形楼的设计按照光线穿过外窗户的角度而布局，这样光线就可以穿过楔形楼到达内部，楔形楼主要提供居住空间。（3）第三部分，是位于顶部的倒置的圆锥台，其顶部轮廓就是原来的圆穹顶，圆锥台与楔形楼之间是分离的，这样光线也可以从顶部照亮圆锥台和楔形楼，这个倒置的圆锥台也是居住的功能。罐体原来就在一个高出道路 9m 的台子上，现在利用它的

图 7.45　储气罐改建（Gasometer）

下部，把停车空间设置在这里，停车场层高 6m，从人行道路上 9m，就到达改造项目的主入口层高，在这里有零售商店和电影院等综合服务设施。

莫斯的提案是个经过精心设计、严格推理过程的结果，它满足了近乎苛刻的各项政策和法规，虽然最后政府并未采纳这个方案，但从方案所表达的内容看，要是建起来的话，也必将是个巧夺天工的建筑物，但设计的工作量是非常巨大的，因为这个提案比后来实施的让·努韦尔的方案要复杂得多，将会出现多种居住户型。从莫斯的模型可以看得出，这个项目的内部空间将是个让人意想不到的巨大而华丽的公共聚会空间，它的内部将弥漫着梦幻般光线，上下左右将展示着各种扑朔迷离的不规则的空间及形体关系（因为虚空部分不是个标准的球体）。顶部的倒置圆锥台与下部公共空间的关系，也是非常反常的，倒置圆锥台里的住家，将有机会可以俯视下面聚会空间。不规则的球形公共聚会空间，在破碎、断裂的球面上，将被楔形楼和倒置圆锥台里的住家所包围，这是一种非常具有戏剧性效果的视觉关系。12 层以上的倒置圆锥台是个悬挑的体积，从底层乘坐电梯可直接到达，而电梯将穿过公共聚会空间，这是一种几乎不会出现在居住建筑类型，而会出现在旅馆建筑类型中的空间组织模式。在这个项目中，莫斯一如既往地沿用他以简单几何形体，塑造复杂建筑的手法。

六、本章小结

本章对埃里克·欧文·莫斯的重要思想展开分析，较为详细地剖析了他的哲学思想及其在建筑设计中的体现。莫斯的思想、理论和方法是丰富、复杂的，相对主义、运动转化、矛盾张力、复杂秩序、脆弱平衡、辩证超越、抒情表达是其思想的重要内容，而最为核心的内容是历史的双向运动和佩涅洛佩建筑理论以及边建边拆的形式策略。

由于他持着相对主义的观点，所以，世界是以一种破碎的片段展现在他的面前，而把片段组织成某种脆弱秩序，则存在着多种可能。他的这种哲学思想无疑是和传统的中心主义和现代主义思想的彻底决裂。他认为世界只是一种过程，所以，他要通过建筑的形体以及矛盾双方的转化，来塑造一种动态的建筑风格；世界是以一种运动中的矛盾状态展现在他的思想里，所以，他要通过矛盾张力来表达这种运动转化的真相；而在脆弱的平衡状态下，他发现了建筑最为惊心动魄的张力之美；由于相对主义，他从不立足于矛盾的一方，而是通观双方的矛盾抗争，借此达到对矛盾张力的表现，从而辩证地超越了矛盾双方的纷争陷阱；而抒情表达，则使他的建筑明显地流出个人表现主义、英雄主义的色彩。

莫斯的建筑思想，闪烁着一个先锋派建筑师的智慧光芒和深刻哲理思辨的色彩，他的思想既是时代的产物，也是美国文化追求英雄主义、信仰进化的产物，他不但在建筑实践领域取得令人瞩目的成绩，他的思想和理论，对开启一个建筑师的设计思维方法，也有着重要的学术价值和指导意义。

第八章　对圣莫尼卡学派的认知和解读

本章导读

这一章为本书的结篇部分，本章将围绕以下几个问题展开：

（1）对圣莫尼卡学派先锋性、革新性、实验性性质的定位与认识；

（2）圣莫尼卡学派核心建筑思想；

（3）圣莫尼卡学派与“解构主义”关系辨析；

（4）断裂文明中的艺术自为与自救——对圣莫尼卡学派建筑革新运动的文化解读；

（5）断裂文明中建筑艺术的奋力自为、自救和实验；

（6）圣莫尼卡学派的时代特征辨析；

（7）圣莫尼卡学派在洛杉矶实验建筑发展史上的地位和影响；

（8）圣莫尼卡学派对数字化设计领域的杰出贡献；

（9）圣莫尼卡学派与南加州建筑学院之间的关系。

一、时代的产儿：对圣莫尼卡学派建筑性质的认识

美国著名建筑评论家、《进步建筑》杂志总编约翰·莫里斯·迪克逊，在该杂志 1995 年 5 月版的文章《圣莫尼卡学派：什么是它的持久贡献》一文中，开宗明义地指出：“圣莫尼卡学派是起于 1970 年代的海边别墅和艺术工作室设计的一场建筑革新运动，它现在已经在世界范围，被看作是洛杉矶的设计商标（L.A. Design Trademark）。”[1] 他的结论和詹克斯先生对该学派的定性是相同的，笔者通过对这个学派的学习和研究工作，也持此观点，即这是一场自 1970 年代以来，发生在美国洛杉矶的当代建筑极其重要的建筑革新运动，带有明显的先锋性和

---

[1] John Morris Dixon，The Santa Monica School: What’ s its lasting contribution? Progressive Architecture，May，1995，P63.

实验性性质。

洛杉矶多元化的社会和文化，一些先锋派艺术思潮的影响（抽象表现主义和极少主义），好莱坞影视界特有的，持有时尚、高端美学趣味业主的建造需求，让这场革新运动起初拥有一定的实践机会，革新运动有一定的生存土壤，使得它的发生、发展成为可能。这个学派起身于一些有着较高艺术水准的影视娱乐机构的室内设计和一些影视界、艺术界从业者的住屋设计，这为圣莫尼卡学派的革新实验提供了得天独厚的条件，加之洛杉矶不像一些历史性城市那样，对建筑风格有着严格的限制，这在一定程度上为圣莫尼卡学派的产生创造了条件。该学派成员也曾多次指出这一点，盖里曾明确表示，他的建筑只可能发生在洛杉矶。在洛杉矶城市的扩张蔓延中，该学派建筑师获得了难得的发展空间，盖里说："在洛杉矶总有一些自由，让我们的建筑可以建起来，我不认为汤姆·梅恩的卡尔特第七街区总部大楼（Caltrans District 7 Headquarters），这样的项目可以在东部的城市建造起来，除了严格的审查外，东部城市纽约还是个花费昂贵的地方，对于建设而言，它还是一个官僚政治令人难以忍受的地方，在过去的半个世纪里，这个城市的天际线不是由建筑师设计的，而是由开发商塑造的。"[1]可见，正是洛杉矶独特的社会、文化状况，为这个学派的产生、发展创造了条件。

圣莫尼卡学派天生具备时代的使命感，它是在一个多元社会里思考建筑如何适应时代，如何让设计适应、反映或重建多元社会及其文化，因为在"一个多元化、开放社会里的建筑师，必须清楚明白相反方的意见，倾听双方，反映双方，并引领时代文化的发展"[2]。这种先锋性思想的成功实验、发展，使得洛杉矶的圣莫尼卡学派，很快取代了东海岸的纽约，而作为全球关注当代建筑发展趋势的一个焦点城市。[3]而洛杉矶，因为有了圣莫尼卡学派的存在，使得该地的建筑文化得到长足的发展，这就是詹克斯把盖里所开创的洛杉矶学派（即本书的圣莫尼卡学派）的建筑提到文化转型的高度来论述的根本原因。在《多元都市》（Heteropolise）一书中，詹克斯正是把盖里的建筑放在整个洛杉矶新建筑文化类型崛起的高度来进行阐释。[4]另外，《埃里克·欧文·莫斯——不确定地实践》的一书作者保拉·贾科尼亚（Paola Giaconia），在谈到圣莫尼卡学派在对洛

[1] Julie V. Iovine, An Iconoclastic Architect Turns Theory Into Practice, Published: Monday, May 17, 2004, http://www.nytimes.com/2004/05/17/arts.

[2] Charles Jencks, Heteropolis: Los Angeles : The Riots and The Strange Beauty of Hetero Architecture, New York, Ernst & Sohn, 1991, P99.

[3] 早在1970年代末、1980年代初期，美国的菲利普·约翰逊就指出，洛杉矶的当代建筑正在发生重要的转化，洛杉矶将成为全世界关注当代建筑发展趋势的一个重要城市。也是约翰逊最早对盖里自宅扩建给予公开赞扬表态，他还劝说伊斯雷尔放弃纽约的工作，前往加州大学洛杉矶分校工作。伊斯雷尔认为，约翰逊对盖里的支持和帮助，如同盖里对圣莫尼卡学派第二代的帮助和支持程度。

[4] Charles Jencks, Heteropolis: Los Angeles · The Riots and The Strange Beauty of Hetero Architecture, New York, Ernst & Sohn, 1991, P124.

杉矶新建筑文化的创造方面，也这样写道："由于盖里建筑的推动和促进，洛杉矶建筑文化得到迅速的发展，首先由墨菲西斯，富兰克林·伊斯雷尔和埃里克·欧文·莫斯这样一批建筑师来推动洛杉矶的建筑文化。由于受到丰富、深厚建筑传统的加强，同时受益于充满刺激和启示的变化环境影响，在短暂的几年时间里，圣莫尼卡学派证明了自己是个'不可替代、不可或缺的、独一无二的、重要的天才能力'，这些建筑师的作品，以其大胆的空间，对任何既存稳定形式的不敬，对复杂性和经济，以及社会政治和文化张力的隐喻，使其能够对当代城市当下永恒的变化，还有它的不稳定性和分解、消散进行解释和物化；其结果是持续不断和强有力的建筑作品得以产生，由专横的东海岸树立起来的沉静壁垒，被圣莫尼卡学派很快攻破，东海岸总是把洛杉矶文化（不仅仅是建筑）大体上看成是第二等的重要位置。1972年，正统现代主义者雷·卡帕（Ray Kappe）建立了新生代的南加州建筑学院（SCI-Arc），以其学位课程和反学院教育的专业化特点，SCI-Arc很快赢得了声誉，对新一代建筑师的形成做出了重要的贡献，这些新生代的建筑师穿越了未曾被涉猎开拓的领域，永远地超越了规范的、正统的现代主义边界。" [1]

时代的使命让圣莫尼卡学派从多元社会及其文化的角度思考，这使得它对传统的建筑学科体系的"智力结构"（intellect structure）产生了革新、改造和转化的要求，这就是圣莫尼卡学派革新性的根本所在。从另一个方面来看，圣莫尼卡学派的实践，也证实了"建筑是石头史书"的论断，只不过，圣莫尼卡学派所写作的史书，不仅仅是采用古老的石材，而是采用包括石材在内的多种自然和工业材料，所撰写的新时代建筑史书。正是时代的变迁所导致的文化发展，要求建筑学科适时改造自身的内在"智力结构"，从而能够记下时代和历史的车轮所留下的痕迹。盖里曾说过，他只有在自己创造的建筑形式中，才能更好地理解洛杉矶这个城市，而梅恩也被称为洛杉矶城市及其文化的速记员、快照者。通观圣莫尼卡学派成员，无一不是感受到了时代的启迪，采取自己所感悟到的语言形式，表达了一个新时代的文化特征。

现代主义建筑学经久不衰的标准是简单化、一致性和直线式的坦率，所有的修辞手法都强调一种还原性的世界观。一代代的建筑师都在这样的价值观统治下，被培养出来。他们认定宇宙、世界、社会、人生和建筑学，可以在一些简单的命题下得到解释：大爆炸理论可以解释宇宙的起源，进化论解释生物起源，阶级斗争解释人类社会的历史运动规律，"力比多"解释人的行为，[2] 而在建筑学上，"形式追随功能"、"少就是多"、"从内到外的设计"成为了经典的

---

[1] Paola Giaconia，Eric Owen Moss，The Uncertainty of Doing，Rizzoli，New York，2006，P10.

[2] 请参看第七章相关内容。

教条。年轻少壮的建筑师们被告诫，只能用一种单一思维、单一美学的模式来整合建筑成为一种整体，这样的结构系统、整体观念才是他们应该追求的目标。偶然性、不确定性、矛盾性被现代主义否定，多元化、多样性被禁止镇压，而所有这些律条在圣莫尼卡学派这里，全部被打破。现代主义强调简单的几何，而他们的建筑总是呈现出复杂性和偶然性，他们的建筑断然肯定地为与现代主义相反的思想而狂喜，在不同分类标准导致的边界模糊和差异并置中，他们找到自己要表现的多样性、差异性、矛盾性和异质性之美。

盖里从艺术领域的启示出发，利用法国一家飞机制造厂原来用于设计飞机的 CATIA 软件，创造了自己的技术巴洛克风格；墨菲西斯从控制论、系统论、洛杉矶的多元文化和科技文明趋势的社会现实中，汲取养分，创造了自己的多系统整合建筑学的理论和技术形态主义的风格；罗通迪从多年第一线的教学、管理和建筑实验中，受到启发，阐述建筑学科“智力结构”适应时代转化的思想；莫斯从文学、绘画、雕塑和古代宗教哲学中获取自己感兴趣的思想，创立“历史双向运动”、“佩涅洛佩建筑理论”和“边建边拆”的设计策略；伊斯雷尔把人文主义传统和抽象表现主义艺术相结合，创立自己的“亲密建筑学”理论。通观圣莫尼卡学派的建筑师，无一不是立足于革新创造的立场，他们在时代巨变的矛盾中，展开了各自对建筑学如何应对、反映，或者重建多元社会及其文化的思索，他们各自从建筑学与其他领域、学科的交叉边缘着手，展开自己的建筑革新实验，对传统建筑学学科“智力结构”体系，努力做出改造、转化的尝试。

圣莫尼卡学派无疑是发生在 20 世纪晚期至今的，一场极为重要的建筑革新运动，它的价值不仅仅局限于建筑学的领域，在对社会文化的塑造与表达上，他们通过建筑实践表达了对多元共存、差异并置的社会文化理想的诉求，在全球化、多元化矛盾不断加深的当今世界，这无疑是一种积极重建世界合理秩序的思想。圣莫尼卡学派建筑革新运动的任务，就是改造传统的建筑学，以满足反映、适应或重建新时代多元社会及其混杂多元文化的要求，从而使得他们的建筑带着鲜明的时代气息和思想力量，这也是这个学派具备世界性、国际性学术价值的一个原因。

二、意义深远的昭示：对圣莫尼卡学派核心建筑思想的认识

通过第三章至第七章对圣莫尼卡学派建筑师思想理论和设计方法的分析，可以清楚地看出：

1. 从这个学派所关注表达价值标准的角度（即思想性）而言，从整体性上来说，这个学派特别关注在建筑中表达以下的价值标准：复杂性、矛盾性、多元化、

差异性、异质性、[1]动态转化、过程性、不确定性、偶然性、运动感、混杂美学。当然，在学派的内部，不同的建筑师所侧重的方面多少有些细微的不同，关注的程度也或多或少有些差异，但这些价值标准，在整体上，构成这个学派思考建筑问题的重要方面和核心价值。

2. 从这个学派的建筑语言特征上来看，这个学派的建筑语言特征表现出以下的倾向，如片段化、多样化和破碎化，差异巨大因素间的矛盾共生和并列而置，建筑形式大胆、鲁莽冲突，建筑姿态动感强烈，建筑材料直白暴露，建筑艺术抽象表达等共同特点。

3. 从这个学派设计方法和态度取向的角度而言，他们的设计手法存在着明显的相似、相同或相通性，如：

（1）对差异性的追求要胜于对一致性的追求；

（2）对创造性的追求要胜于对适宜性的追求；

（3）对非正式的追求要胜于对常规的追求；

（4）对灵活性的追求要胜于对既定模式的采用；

（5）对混杂的喜爱要胜于对单纯的喜爱；

（6）喜爱复杂难解胜于喜爱简单易解；

（7）采用包容、整合而不是排斥、单纯；

（8）喜爱变化断裂的连续感，而不倾向于简单的一致性、连贯性或完全的统一；

（9）喜爱寻找多种可能性，而不是落入常见的模式；

（10）喜爱偶然性而不是确定性；

（11）喜爱特别而不是普通；

（12）喜爱戏剧性的表现而不是平铺直叙的表达；

（13）喜爱大胆勇敢而不是温文尔雅；

（14）喜爱对比而不是一致；

（15）喜爱形式的破损变形而不是完整易读；

（16）强调生疏粗野而不是精致微妙；

（17）强调复杂而不是简单；

（18）强调修修补补而不是完美无缺，强调部分要优于强调整体；

（19）强调奇妙、奇异和不正式，而不是常见、普通和常规。

---

[1] “异质性”是圣莫尼卡学派建筑师作品的一个特征，也是洛杉矶的城市空间与文化的一个重要特征，这个词的英文是“heterogenous”，指由不同的、不相似的（而不是由同性质、同种类的）元素和部分组成，带有完全的不同（completely different）、不协调的（incongruous）、异种的、杂交的之义，这是一个对于理解圣莫尼卡学派思想内容而言，重要的核心关键词，它不同于一般意义上的“复杂性”，它与“复杂性”相比，更强调构成成分的多元、不同种、差异，构成结果的不协调，而“复杂性”是可以通过相同性质的构成元素来造成。

所有这些手法和趣味都构成这个学派的建筑特征，即一种经过精心设计的，但却给人一种非正式感觉的建筑语言（en-formality language）风格，詹克斯把这种风格称为“多元化建筑学”（Hetero Architecture），即差异性很大的因素之间，是一种相互吸引、矛盾共生的关系，而不是一种排斥、冲突的关系，对这种关系的认同，是圣莫尼卡学派建筑最为根本的共同点，在他们的作品中，也鲜明地体现了这种思想，表达了这个学派对多元化、差异性、矛盾性、异质性的表现和追求，这是切合于这个时代的重要的建筑思想。詹克斯在《多元都市》一书中写道：“其实，这种非正式的（en-formality）多元建筑风格，已经快速地成为包括洛杉矶在内的许多地方的统治性风格，这种非正式的风格对于定义一个公共空间是重要的，它可以让不同的民众步入一个流动的社会境况，因为，在一个多元文化中，不存在一个特权的差异轴（即同一性质的差异），可以居于最重要的顶端位置（即它占据统治地位），而是会有较多的差异身份（即不同性质的差异）形成主要维度，多元社会及其文化会是一个复杂的多维度的混合物，它是一个由多维领域，组成的一种带有生态性质的复杂系统。”[1] 也就是说，圣莫尼卡学派建筑思想之所以重要的根本原因，在于它契合了时代的需要，反映了时代的精神，一定程度上，引领、促进了时代的多元文化。

从社会文化的角度来看，圣莫尼卡学派是在呼唤重建一个多元社会及其文化，这是广义“洛杉矶学派”的历史使命，也是圣莫尼卡学派建筑文化的根本特征。它是在多元矛盾的社会中，追求一种复杂的秩序；多种矛盾性因素都有出场表现的机会，这也暗示着这个学派的成员对多元社会中民主思想的追求，这是一种产生于国际性大都市的对差异性抱以包容心态的民主思想，这种民主思想是世界性大城市的历史性遗传思想。“在过去，有些城市如亚历山大，或者今天的罗马、伦敦，都把它们的经济和日常生活建立在一个培养多元文化（Hetero Culture）的基础之上，他们会欢迎或容忍外来部落，存在于他们的都市之内，这种包容性的文化概念是国际性大都市，自古罗马时代起，就成为世人想要的一种国际性大都市的模式。”[2]

圣莫尼卡学派的建筑实验，是旨在培育一种对差异性和多样性喜爱的建筑口味，洛杉矶多元社会的移民文化、不同社会阶层间的矛盾冲突（如 1992 年爆发的社会骚乱），让这些建筑师意识到在一个多元社会模式下，只有相互尊重的民主思想、多文化间的对话成为现实，社会秩序才能真正实现，可靠的城市整

---

[1] Charles Jencks，Heteropolis: Los Angeles · The Riots and The Strange Beauty of Hetero Architecture，New York，Ernst & Sohn，1991，P99.

[2] Charles Jencks，Heteropolis: Los Angeles · The Riots and The Strange Beauty of Hetero Architecture，New York，Ernst & Sohn，1991，P100.

体才能维持。差异性的因素既存在着矛盾冲突的可能，同时也是促进社会进化发展的重要资源，差异并不是冲突的必然原因，他们的建筑思想，在不同程度上都体现了这种民主政治观念。在圣莫尼卡学派建筑师的思想里，“矛盾”、“异质”、“差异”、“多元”都是作为一种积极性的因素而存在的，这些因素，在建筑设计上是作为一种深化、发展、优化建筑设计的积极性因素而受到重视的，这完全不同于现代主义过于强调“一致性”、否定“差异性”的态度，从而表现出圣莫尼卡学派在一个多元化的后现代时期，积极重建社会秩序的文化理想。

三、对圣莫尼卡学派后现代时代特征的认识

圣莫尼卡学派产生于后现代时期，而且是产生于洛杉矶这个被公认为最具有后现代时代特征的城市，因而这个学派也不可避免地深刻地打上了一系列后现代时期文化、艺术的特征烙印。

1. 技术文明导致文化形态、社会心理和艺术标准的转化

近代历史，没有哪一件变革比工业革命给人类文明带来的影响更深刻、更广泛。技术文明的兴起，根本性地改变了人与世界的关系，以及人自己的思考方式和价值观念，并进而导致文化和艺术领域的根本改变。

技术文明以理性为手段，认识改造世界，导致了对传统宗教文化思想的脱魅。以理性为标准的近代知识谱系，瓦解了存活数千年的人类关于“宇宙论”的种种宗教信仰，并在对人的主观性进行分解的基础上，形成了人文与科技，文科与理科，社会科学与自然科学等人为分割、相互独立的知识领域，这样在传统上存在于人们观念中的整一世界，就被现代知识体系人为地切分为一个个不连续的片段状态（当代知识体系的这种状态，对莫斯的思想有很大的启示作用，参见第7章节相关内容），世界的整一性因为现代知识体系的条块分割而被瓦解。因为世界因人的认识而存在，人只能看到被他的意识和智慧所理解的世界及其组织模式，人的认识由知识体系所塑造，这就造成了世界、社会和人自身进入了一种分裂的状态。近代人类对传统宗教文化思想的脱魅，[1] 还导致了一个新上

[1] 脱魅，是指人单纯采用理性思维来认识世界，那些在理性世界无法得到明确答案的议题，就遭到人的断然否定，而其曾经具备的魅力，也随之消失。例如，虽然，灵魂和神的世界在单纯理性世界里，是无法获得确定认识的，但在世界各地的传统文化中，基本上都存在着“天地人神”为一个整体的宇宙认知模式，在这种认知模式里，“灵魂”、“上帝”和“神”具备一种可以规范指导现实世界人的生活行为的影响作用，因而“灵魂”、“上帝”和“神”对人而言，具备一种特殊的信仰魅力。在科技昌明的当代，由于人单纯采用理性模式来认识世界，这些在理性世界无法自明的事物就被逐出了人的思考范围，丧失了对人的行为的规范和指导作用，这种信仰的缺失，直接导致这类事物曾经拥有的魅力的丧失，最典型的例子就是，在科技昌明的今天，传统宗教文化所具备的影响力和魅力，呈现出日渐式微的状态。

帝的诞生，这位新上帝就是“技术理性”和“工具理性”，它代替了传统宗教里的全知全能的上帝，开始主导人的现实世界，以及人对宇宙、社会和人生的认识，而在今天看来，这种认识无不打上了经济学的色彩。

技术文明还导致世界范围内各民族文化，由观念主导型（侧重意义、价值、伦理）的文化形态，向器物主导型（侧重物欲、享乐）文化形态的转变。传统的以宗教崇拜、哲学思辨、诗学体验为主体的文化（如中国传统文化），逐渐转化为以物质满足、技术创新、形式体验为主体的文化。在建筑上，欧洲现代建筑的兴起，就导致了此前以装饰营造的观念化的建筑（神学或皇家权力），经过“新艺术运动”、“德意志制造联盟”而遭到终结，原来仅仅是建筑技术层面的结构、构造、形体和功能，恰恰取代文化寓意成为建筑的主角。技术文明还加速了典雅文化向世俗转化的过程，其结果是传统深度模式的典雅文化遭到抵制，大众文化的兴起造成人文深度的丧失，这就造成了世界迅速的扁平化和庸俗化，崇高、敬畏、超凡入圣等传统文化中的审美心理，在一个讲求现实回报的扁平世界里，变得不合时宜。

以技术理性为主导的现代文明的兴起，还造成了人的意识分裂、混乱和多元，早在 19 世纪的欧洲文学中，文学家们就向世人展现了一连串人格分裂的现代人的形象，他们生活在混乱、焦虑、徘徊、压抑和自相矛盾的状态之中，他们的精神陷入了一种模棱两可的焦灼和矛盾的状态，来自不同方向的两个原则或冲动吸引着他们，使得他们总是处于精神的痛苦之中。如司汤达《红与黑》中的于连·梭黑尔，艾米丽·勃朗特《呼啸山庄》中的希斯克利夫，陀思妥耶夫斯基《卡拉马卓夫兄弟》里的卡拉马卓夫兄弟，乔伊斯《尤利西斯》里的利奥波德·布詹姆，贝克特《等待戈多》里的弗拉基米尔和艾斯特拉贡，以及卡夫卡《审判》、《城堡》里的约瑟夫·K，这些新时代里的新生儿，无不彰显出了一种分裂人格的形象，他们意识的整一性，由于受到价值、知识和生存环境的影响，出现了内部的裂变。这些小说中人物的出现，已经彰显出西方文明中传统的中心原则和整一性开始消退和瓦解，这些 19 世纪的文学作品，暗示了个人心理和意识的分裂与自相矛盾状态，已经开始出现在资本主义的现代文明之中；到了 20 世纪，西方文化精神中的这种分裂现象更趋严重。在解构主义哲学和语言学那里，把人的思想描述为一些零散杂乱的话语“印迹”，传统所谓的中心意义或意义中心荡然无存，话语、符号的意义只不过是人使用这些符号时，所获得的一些片段式的、不连续的体验而已。人道主义和理性主义曾经把人描述成一种具有主体意识和自觉意识的高级生物，而意识的分裂却使人丧失了精神的同一性，人堕落成了由多种生命冲动（包括物欲和精神享受）拨弄着的“物化”了的生命体。

古典艺术由于有先验神学、哲学或伦理学的存在，为其艺术作品预设了艺术意义的源泉，艺术形式的主旨就是表达先在、既定的精神意义，古典主义艺术家无需成为观念的始创者，因为观念、意义已早于作品而存在，艺术家所关注的只是提高如何表现这些先在意义的艺术技巧。进入现代主义时期，由于传统精神家园的丧失，先在的意义已经遭到瓦解，社会群体所认可的中心意义和原则已经遭到破坏，所以现代主义的艺术家们，要在思想和意义消失的、为技术产品所充斥的大地上，重新建立思想和意义的领地，这就要求现代主义艺术家们，既要像哲学家那样追思意义和价值，这些在观念主导型的传统文化中，是不成问题的；同时，也要像诗人和画家那样，将自己的思想彻底、完整、准确地表达和宣泄出来，他们要启用自己的心灵，在因物欲而沉沦的大地上，重新点燃理想主义的光辉，企图用思想和艺术之光，重新使被技术和偏执的理性所遮蔽的大地，得以重见天日，理想和激情唤起他们启用自由的色彩、话语、形式，来开拓一条通向人类重获解放的途径，现代主义艺术也因此而获得一种悲剧美的维度。古典文化的先在本体观念是超越于个人之上的，它排斥主体性，现代主义艺术家们要在“上帝已死”之后，重新探秘主体性的精神家园，他们还需要在这个被技术、理性和物欲严重污染的大地上，寻求安身立命的精神家园，他们还坐在传统文化家园的残垣断壁上，为家园的沦丧、拆毁而痛苦地失落和彷徨，现代主义的艺术家们必须继续下去的探索工作，就是“道成肉身”，他们必须努力尝试着重新建立新的整一性，他们依然怀旧古典家园和传统文化。但现代主义者们的探索，最后以一系列难以治愈的后遗症而告终，他们留下了一堆严重的历史疑难，而匆匆地被迅捷到来的后现代时期所掩埋，这些后遗症包括：艺术存在的危机、艺术意义的丧失以及艺术品形式的不确定。

后现代时期的艺术也就正起步于这些历史的遗留问题，但后现代如同现代主义一样，并没有返回整一性的家园，而是进一步陷身于分裂的状态，由于多元化社会状态、数字技术和资本统治进一步加深，人的生活更进一步远离自然状态、诗化精神家园，工业制成品、数字化、媒介化、消费化、世俗化、游戏化、戏谑化，快速地将世界带入到一种分裂的虚幻现实之中，人吃穿住行的日常生活和思维模式，已被机器、技术和数字化所控制和塑造，机械化、理智化、模式化、规模化、复制化成了一种普遍存在的思维方式，甚至于传统的时空观念也在转变，地球村已经成为不争的事实。如果说现代人生活在精神的痛苦之中，那么后现代人则生活在精神麻木和肉体快感之中，生活在“吃了摇头丸”之后的虚幻、迷离和快感之中，形式代替意义，物质代替精神，肉体代替情感，平面代替深度，虚幻代替真实，一切在颠倒，一切在滑移，一切变得难以捉摸。后现代艺术彻底排斥对整一性的追思，它只需操作能指的符号，进行形式的游戏，正如同埃里克·欧文·莫斯所说，“差异才是意义”。在这个迅速更新换代的商品化时代，喜新厌旧已经成为支撑商业化社会存在的普遍社会心理，只有新奇、奇异附加意义的东西才能成为商品，进入物—物交换的社会供求链条。这样，后现代时期的艺术就必然走向一条不断创造新形式，并在迅速消费、消耗这种新形式之后，加速创造新形式的过程，在数字化的支持下，“图像时代”和“读图时代”成了后现代时期的一个普遍情况，拼贴、消解、变形、复制、拷贝和重构，无一不是达到创造艺术新形式的新手段。以高昂的代价去消费、消耗那些既奇观、又虚幻的形式，已经成为一种普遍存在的社会审美心理，近年来国外一些建筑师在中国所做的大量存在着争议的重要项目，可以说，就是这方面的明证。

2. 新型文明：后现代的时代特征

后现代主义的理论家们普遍认为，从 20 世纪 60 年代开始，随着科技革命、资本主义的高度发展，美国率先步入“后工业社会 ”，它也可以称其为信息社会、高技术社会、媒体社会、消费社会，在文化形态上被称之为“后现代社会”或“后现代时代”，科教文化、社会心理、价值取向、审美情趣等社会领域，在这一时期经历了一系列根本性的变化，这已是不争的事实，这些变化表明它是人类文明历史的全新发展阶段。在这一过程中，最引人注目的就是以制造业经济占主导地位转向以服务经济占主导地位，以专业技术人员为代表的中产阶级取代企业主成为社会的支柱。旧的等级制度岌岌可危，大众文化成为文化进程的主旋律，昔日现代理念对精英文化的倚重受到挑战，大众文化逐渐取代精英文化。同时，由于信息技术的出现，计算机改变了人类的时空观念，多媒体和虚拟技术打破了真实和虚幻的界限，人工智能的设想挑战人类的中心地位，在信息网络中，各种信息都有平等的对话机会，现代意义上的森严的等级制度受到严重的挑战，这也导致了对现代社会出现的文化危机进行批判的后现代主义的产生。此外在信息时代，世界政治、经济和个人生活的多元化也已成为一种必然的趋势。

后现代主义所强调的多元化正体现了社会发展的这样一种趋势，后现代主义是对现代主义的批判和超越，所以要理解后现代主义，首先，要了解现代主义。现代主义是近现代资产阶级的社会实践在文化、意识形态领域的表现，或者说是以文化形态表现出来的近现代资产阶级的社会实践。现代主义的核心是人道主义和理性主义，它提倡人道，反对神道;提倡理性，主张用理性战胜一切、衡量一切。现代主义在推翻宗教神学和封建阶级、帮助资产阶级登上历史舞台、实现西方社会的工业文明和现代化方面是功不可没的。但是恰恰就是在实现工业文明和现代化的过程中，现代主义走向了极端，进而走向了反面：理性变成了纯粹的工具理性或科技理性，人道和人权服从于工具理性，人成为工具理性的奴隶。正是因为现代主义变得反动了，才出现了后现代主义，后现代主义在诸多方面，对现代主义的缺陷提出了批评，并实现了超越，但同时，如同一切人类社会形态那样，后现代主义在这种批判和超越的过程中，也造就了自身一系列的社会、文化问题，其中，如何克服虚无主义、相对主义和极端个人主义的缺陷，成了后现代问题的症结所在。

其次，“后现代主义”之“后”字，首先有“在……之后”的意思，即现代主义和后现代主义的概念包含有时间顺序上的前后相继，或后现代主义是现代主义之后的事情。但后现代主义更是指在内容方面对现代主义的反叛和矫正。后现代主义是一股源自现代主义，但又反叛现代主义的思潮，它和现代主义之间是一种既继承又反叛的关系。“现代主义”和“后现代主义”已经不仅仅特指某一阶段上的艺术风格和美学特征，而是已经形成了西方当代的文化风格，代表着现阶段的内在文化逻辑。哲学是时代精神的集中体现，从后现代哲学的一系列特征中，我们可以清晰地解读出这个急剧变化的时代印迹。[1]

（1）反逻各斯中心主义、反语言中心主义。后现代主义坚决否认本质意义上的形而上学，否认本体论，否认世界有最终的本源、本质存在，否认“基础”、“原则”等问题。后现代主义哲学普遍认为，传统哲学总是假设有一个人无法更改的本质存在，人只要去发现、去认识这一本质就能够达到对宇宙人生和社会的认识，而人的认识又是通过语言来进行的，即传统哲学认为语言可以反映对象，表述或表达对象，人们也可以通过对世界本质、规律的语言描述去认识、了解世界和事物。雅克·德里达（Jacques Derrida）认为，传统哲学这种做法是“逻各斯中心主义”和“语言中心主义”，是强调一种先天的“在场”，这是一种应该被消解和解构的传统认识模式。利奥塔[2]认为这是一种“元叙事”、一种“宏大的叙事方式”，是必须被打破的，它要代之以一种“小型叙事”。罗蒂[3]也认为，不存在指导我们的中立的、永恒的、超历史的框架和原则，人们不曾也不可能达到绝对的基础，人类不曾也不可能得到绝对的真理。因此，后现代主义极力主张颠覆形而上学和本体论，解构“逻各斯中心主义”和“语言中心主义。”

（2）反基础主义、反本质还原主义。它是后现代主义反“逻各斯中心主义”、“语言中心主义”的具体表现。传统哲学总是为世界、事物先验地确立一个不能被证实的“始基”，这个“始基”就是世界的终极基础，宇宙既肇始又复归于此。后现代主义指出，传统哲学所谓对事物的认识就是去追寻事物的“始基”，就是

---

[1] 关于后现代主义的主要特征，参阅百度文库相关词条，http://wenku.baidu.com/view/3e0c3542be1e650e52ea9915.html.

[2] 让 - 弗朗索瓦·利奥塔（Jean-Francois Lyotard，1924–1998），当代法国著名哲学家，后现代思潮理论家，解构主义哲学的杰出代表。

[3] 理查德·罗蒂（Richard Rorty，1931–2007），当代美国最有影响力的哲学家、思想家，也是美国新实用主义哲学的主要代表之一。

还原式寻找事物的终极本质，这种传统哲学就是“基础主义”和“本质还原主义”，而“始基”、“终极本质”就是一种形而上学的“在场”，就是“逻各斯”的一种表现形式。因此，后现代主义要求摧毁和解构这种“基础主义”和“本质主义”。

（3）消解整体性、统一性。后现代主义否认世界是一个互相联系的完美整体，同一性、绝对化、完整性只是某种不能自证的神话，所以，后现代主义者们代之以片段和相对性，他们相信事物之间的联系，但联系的意义只是相对的，这就势必把人的思维引向暂时性、相对性。德里达明确指出，意义是不确定的，是难以捕捉的，他用“分延”来瓦解传统结构主义语境下意义的确定性，并最终瓦解中心性、同一性的符号意义所具有的根本的、终极的本源，使意义成为一系列能指符号的滑动和“游戏”；利奥塔则满怀豪情地说道：“让我们向统一的整体开战，让我们成为不可言说之物的见证者，让我们不妥协地开发各种歧见差异，让我们为秉持不同之名的荣誉而努力。”[1] 与反对“同一性”、“整体性”相适应，后现代主义倡导多元化。对他们来说，异质的、矛盾的东西完全可以拼贴在一起，不需要统一与综合，差异不应该消除，而应保留，分析和表述问题应从微观入手，反对所谓的“宏大叙事”，主张多元主义，由此派生的是后现代主义对于确定性的否定，强调不确定性。

（4）反中心和权威，寻求差异和不确定性。后现代主义摧毁了本体、本质、本原，击碎了整体性、同一性、确定性，那么，“中心性”也就不复存在了。在后现代主义看来，中心的存在就意味着“非中心”的存在，意味着有主要和从属、本质和现象、内与外等二元存在；意味着本质决定现象、内决定着外、中心决定非中心，也意味着人们对事物的认识总是力图通过“外”而揭示“内”，通过“非中心”而揭示“中心”。后现代主义者指出，这实际仍是一种“在场的形而上学”和“逻各斯中心主义”，是理应受到批判和解构的。德里达说，意义不可能像“在场的形而上学”那样由中心向四周散开，而是像撒种子一样，将“分延”的意义随处播撒；哈桑也说，后现代主义具有某种语义的不确定性。总之，后现代主义者强调非中心、差异性和不确定性，以随意播撒所获得的零乱性和不确定性来对抗中心和本原。

（5）反对理性，消解现代性。现代性、科学理性破除了奴役、压抑的根源，却又设置了又一新的奴役和压抑，设置了新的“权威”“本质”“中心”。所以，应拒斥一切现代性的理论，解构和摧毁现代性的观念、理论以及理性。现代性使主体失去了自主性，现代主义虽然确立了主体和主体性，但随着工业文明的发展，主体越来越失去了自主性，同时，还忍受着内外的压力而焦虑、苦闷、

---

[1] 冯黎明，《技术文明语境中的现代主义艺术》，中国社会科学出版社，2003年，P86.

彷徨、忧郁、孤独、无助，随波逐流，无所适从；主体意味着主客二分，主体的存在不仅意味着主客二分的存在，也反观了现代性的缺陷；其实主体只是现代性的一个杜撰，根本不存在。理性和现代性有解不开的历史渊源，"现代性"就是西方社会自启蒙运动以来关于社会进步的种种观念，而启蒙运动最可靠、最强有力的武器就是"理性"，启蒙运动正是借助于现代科学和理性而阔步前进的。理性与科学结盟，演变成单纯的"工具理性"，理性，在摧毁宗教神学乃至封建社会的同时，推动了现代资本主义的物质大发展，给现代人带来了无穷的物质享受和福祉，然而，它也给人类社会带来了许多负面效应，有些甚至是灾难性的，但人们仍寄希望于理性，视理性为拯救人类的解放力量，这样，工具理性、科技文明代替了上帝、神，成了新的崇拜对象。

在后现代主义看来，新的奴役和压迫，正因为设置了新的"权威"、"本质"和"中心"。所以，后现代主义者拒斥一切现代性的理论，把现代性的观念、理论以及理性当作逻各斯中心主义、本质主义、形而上学，而加以解构和摧毁。批判理性主义，崇尚非理性是后现代主义哲学的一个重要特征，哈贝马斯[1]认为非理性主义是后现代主义的主要特征，而非理性主义则是以对传统理性的"非难"和批判为表征的。在后现代主义看来，正是现代主义的理性主义泛滥，造成了一系列社会问题和人类的灾难，因而批判、否定、解构理性主义，推崇非理性，成为后现代主义所致力的目标。事实上，当尼采公布"上帝死了"的时候，就意味着"绝对真理"的终结和理性的死亡，但后现代主义认为要彻底否定理性，就必须反对本质主义，认为以理性或逻辑为基础制定出来的条理和方法论不过是某种类型的游戏规则而已，假如将其当作普遍规范，必然会限制人的个性发挥，束缚人的想象力和创造性。

（6）用微观政治学取代宏观政治学。后现代主义者认为，传统的马克思主义的政治理论是一种宏观政治学，他们则主张应该放弃这种宏观政治学，而转向微观政治学，他们所重视的不再是阶级斗争、社会革命、人类解放，这些宏大的历史命题，而是女性主义、环境保护和生态团体、同性恋组织和反种族歧视等局部的、微观层次上的多元化的政治运动。一定程度上讲，微观政治学的态度把后现代带入了一种讲求生态学的历史阶段。

（7）反对真理符合论。事物的本质不是客观的，只是人解释的结果，事物不存在一个先天的本质、基础，等待人们去客观地、如实地反映和把握，事物的本质、意义只存在于人们对事物的阅读和解释行为中。应坚持实用主义的真理观，知识为销售而生产，在后现代社会里，知识不以知识本身为最高目的，

---

[1] 尤尔根·哈贝马斯（Jürgen Habermas，1929–），德国哲学家，社会学家，法兰克福学派的第二代中坚人物，德国当代最重要的哲学家之一。

只是为销售而生产，因而，知识只是一种商品。

（8）与此相应，在后现代时期人们的思维方式、行为规则、价值观念等也产生了一系列深刻的变化。

①反对简单化，转向复杂思维。后现代时期，对早期直线型的、简单思维进行扬弃，意识到事物极其复杂的一面，复杂性思维代替了此前的简单思维。

②实用主义和商业主义泛滥，知识和理论，包括人自身及其艺术风格和特征，都成了消费社会里用来交换财富和名誉的商品，更有甚者，将其个人某一个方面的特征，借助于传媒的渲染而包装成了可以高价售出的商品。

③极端的个人主义泛滥，先锋派不但要具备超前意识和智慧，还要具备“舍我其谁”的个人英雄主义气概，被这个时代所培育起来这种精神，广泛存在于当今活跃于世界建筑舞台的明星们身上，从另一个角度而言，这也是美国注重民主、自由的文化产物。后现代社会思潮的一个重要价值取向是去中心化，社会在整体上被肢解成一种分离和破碎状态，反抗、质疑和批评似乎成了这个时代的普遍状况。塔夫里明确地指出，否定思维的不可否定性，是资本主义发展到高级阶段的深刻悲哀，在一些社会里出现“孩子不听家长的话，学生不听老师的话，员工不听老板的话，人民不听政府的话”的反常现象，人们普遍主张“个性独立，自我设计，自我选择，自我实现，我行我素”，“走自己的路，让别人去说吧！”“自我中心主义”和“唯我独尊”的情况普遍存在，因而，社会呈现出一种破碎和分裂的状态，中心也随之终结，在这种时代状况下，极端个人主义和自私自利现象十分严重。

④娱乐化、时尚化、媚俗化的物质主义在媒介交流中，进而对建筑领域也产生一定的影响，解释和意义深度丧失，社会呈现出平面化趋势，这是由于传统文化解体转型而导致的结果。艺术中“唯形式主义”、“形式至上”现象严重，后现代是一个“读图时代”和“图像时代”，艺术作品的形式，以惊人的速度不断翻新和消耗，新形式、新风格更迭的频率加快。当今人们的生活消费、思想观念一定程度被时尚化、商业化所主导，为商业广告、大众传媒所左右，人失去了主体性、选择性。以前被社会认为是审美标准的高雅文化渐渐向大众文化转向。“流行时尚”成为这个时代文化词典里使用频率最高的词条，社会的审美心理逐渐地发生变化，日趋浮躁、片面和无深度。宏大叙事时代里的崇高理想，被认为无现实价值而被指责为虚空，感官的满足、情绪的宣泄、现实的享乐现象越来越普遍。

⑤创造性和虚无主义成了一体两面，权威、中心和价值标准的丧失，导致对事物、文化和艺术作品的评价，莫衷一是，传媒的统治力量，刺激和引导着艺术家们，不断创造出令人叹为观止的种种奇观和新艺术形式，最近在迪拜兴建一栋可以根据日照角度，不断转换形体、能“旋转”的建筑，可谓是这方面

的典型例证。

⑥信仰缺失，相对主义盛行。后现代社会思潮抽掉了视自由、理性和主体性为生命最高价值的西方人的生存、价值和信仰根基，一定程度上否定了主体对客观世界本质规律的认识，否定人的理想信念，就等于把人抛入了价值、信仰和生存的真空状态。人们可以用怀疑的眼光审视这个世界所存在的一切现象和理论，紊乱的理想信念，让人生活在相对主义和缺乏准则的状态中，是非观念不明确，对命运和未来充满着不确定感，这就造成了人自身的主体性危机，人的异化日益成为一个严重的社会问题。

总的来看，后现代主义实质上为思维方式的转换和变化，它并未向人们展示一幅完整的社会图景，而强调对现代性的批判和解构。后现代主义最积极的贡献，便是不满足于稳定的、陈述式的基础，而极力地寻求人类理解的阐释性基础，不断地破坏事物的稳定性，以期更充分地揭示各种可能的意义，这就为创造性的产生提供了条件。后现代社会的社会心理、文化形态、价值观念的变化，是产生圣莫尼卡学派重要的时空背景。

3. 圣莫尼卡学派的后现代特征

圣莫尼卡学派设计思想折射出明显的后现代特征，尽管，后现代是一个范畴广泛、内容庞杂的社会和文化问题领域，但后现代主义与现代主义之间，在许多重要的方面表现出明显的差异，这些差异对于理解后现代特性，有着重要的参考价值，美国著名后现代主义学者依哈布·哈桑在 1975 年和 1985 年曾两次对现代主义和后现代主义之间纲要性的差异做出研究（表 8.1）[1]，这张表所罗列出的两者之间的差异，对于理解圣莫尼卡学派后现代属性特征，有着重要的帮助作用，结合此前章节的内容和分析，我们在后现代属性一栏中，可以清晰地辨认出圣莫尼卡学派众多的思想和美学特征。

现代主义与后现代主义之间纲要性差异　　表 8.1

现代主义	后现代主义
浪漫主义 / 象征主义	诡异物理学 / 达达主义
形式（连续的，封闭的）	反形式（分离的，开放的）
目的	游戏
设计	机遇
等级制	无政府状态

[1] 节选自［美］戴维·哈维，《后现代的状况——对文化变迁之缘起的探究》，北京，商务印书馆，2004，P61.

续表

现代主义	后现代主义
控制 / 逻各斯	枯竭 / 沉默
艺术对象 / 完成了的作品	过程 / 表演 / 偶然发生
距离	参与
创造 / 极权 / 综合	破坏 / 解构 / 对立
在场	不在场
集中	分散
风格 / 边界	文本 / 互文性
语义学	修辞学
示例	语段
主从结构	并列结构
隐喻	转喻
选择	合并
根源 / 深度	根茎 / 表面
解释 / 阅读	反解释 / 误读
所指	能指
列举的（读者方面）	改编的（作者方面）
叙事 / 大历史	反叙事 / 小历史
大师代码	个人习语
征候	欲望
类型	变异
生殖的 / 生殖器崇拜的	多形的 / 男女不分的
妄想狂	精神分裂症
起源 / 原因	差异—差异 / 追溯
圣父	圣灵
形而上学	反讽
确定性	不确定性
超越	内在性

四、圣莫尼卡学派与“解构主义”关系之分析

圣莫尼卡学派建筑师在一些杂志、出版物和媒体上，有时与“解构主义”建筑师相提并论，甚至有些评论家和理论家也将盖里和莫斯划入“解构主义”建筑师群体，因而本论文有必要就这个问题展开分析。我们的结论是：虽然圣

莫尼卡学派中的弗兰克·盖里和埃里克·欧文·莫斯两人，在建筑风格和手法上，与广义上的“解构主义”建筑风格存在着相似之处，但从根本上说，他们的思想，以至于整个圣莫尼卡学派的设计思想，与狭义上的“解构主义”则存在着根本性的区别。

1.“反构成主义”建筑展及“解构主义”建筑概念的提出

1988年6月至8月，由菲利普·约翰逊和马克·威格利（Mark Wigley）出面，在纽约的现代艺术博物馆（MOMA）组织了一场题为“反构成主义”（Deconstructive Architecture）的建筑展览，参加本次展览的建筑师包括弗兰克·盖里、雷姆·库哈斯（Rem Koolhass）、扎哈·哈迪德（Zaha Hadid）、丹尼尔·里勃斯金（Daniel Libeskind）、蓝天组（Coop Himmeblau）、伯纳德·屈米（Bernard Tschumi）和彼得·埃森曼（Peter Eisenman）。之后所谓“解构主义”一词开始越来越引起建筑界的关注，而作为圣莫尼卡学派奠基者的盖里，也因为参与（也是他唯一的一次参与和解构主义建筑展览相关的活动）这次展览，被一些评论家们纳入到解构主义建筑师的行列。

在此次展览之前，埃森曼曾向菲利普·约翰逊提交了一份包括有11位建筑师的名单，并把这次展览称之为“扰乱了的完美”，但约翰逊依旧只选择了他们七人，原因是约翰逊认为只有这七个人才符合此次展览的主题要求，即看其作品是否与早期俄国的构成主义有关。[1] 与此同时，1988年的7月9日，在伦敦的泰特美术馆举行了一次国际研讨会，与会者上午观看解构主义哲学家雅克·德里达（Jacques Derrida，1930年7月15日－2004年10月8日）送来的录像带，并在“建筑与艺术中的解构”（Deconstruction in Architecture and Art）主题框架内讨论建筑、绘画和雕塑问题，会后查尔斯·詹克斯帮助策划、整理相关资料，在英国《A.D》杂志当年3/4合刊上以《建筑中的解构》（Deconstruction in Architecture）为题刊出，在这期《A.D》杂志上，还同期刊载了查尔斯·詹克斯就解构主义建筑通过电话采访彼德·埃森曼的全文，我国《新建筑》杂志在1990年的第1期上，刊登了刘珽的译文。

“构成主义”最早出自苏联诺拉迪米尔·塔特林（Nladimir Tatilin，1885–1953）和佩夫斯纳兄弟（Pevsner，1886–1962，Naum Gabo，1890–1977）共同起草的《现实主义宣言》一文，其重点在于采用新型工业材料来塑造物体空间和运动感，艺术效果是构成主义关注的重点所在。构成主义的出现并不是空穴来风，早在19世纪末和20世纪初，迅猛发展的现代主义理论和现代主义艺术

[1] 但菲利普·约翰逊的这个选择标准和观点，在后来张永和采访埃森曼的时候，被埃森曼否定了，详见下文。

实践、设计实践，给讲求几何与抽象的艺术形式，带来了萌发、成长的氛围与土壤，在绘画、雕塑、建筑、设计以及其他艺术门类的共同刺激和推动下，新的艺术思想得到长足的发展，构成主义也正是与立体主义（Cubism）、未来主义（Futurism）、风格派（De Stijl）、至上主义（Suprematism）等现代运动几乎同时演化产生的，几何化和抽象化倾向是这些新型艺术语言和形式特征的共同点。“构成主义”主张在艺术上彻底扬弃从具象形态中提取造型主题，以抽象语言重新发现（而非以具象语言再现）自然形象的几何抽象和表现力，从形态关系（即形态结构）出发来探索纯粹几何形态的构成性，以直观的感觉、自由的形态组合、复杂微妙的均衡为手法来创作抽象表现的艺术作品，这些作品往往采用冲突、穿插、叠合、错位等技巧，辅以构成、动态和广告媒体等因素，来达到对比强烈、不稳定的视觉形象和构图效果，微妙奇异的形态结构和复杂的均衡秩序是构成主义艺术作品的重要特征，因为构成主义在形式结构上也存在着探索超乎想象的、奇异的形式结构可能性的倾向。所以，这个艺术流派也与 20 世纪后半叶掀起的所谓“解构主义”建筑运动取得了某种风格上的联系或联想，探索奇异、超常形式结构关系是理解构成主义思想内容的一个极其重要的方面；另外，采用普通工业等日常材料来制造艺术作品，也是构成主义实现“艺术应该是现实的”这一美学观念的重要途径。塔特林是构成主义重要的代表人物，1919 年他设计的第三国际纪念碑是构成主义的代表作品（图 8.1），这不是一个纯标志性的纪念碑，而是一个具有强烈艺术表现力、感染力，也具有内部实用功能的综合体，它是雕塑、建筑和工程技术融合一体的抽象构成作品；而佩夫斯纳的作品则是在静态设计中，塑造运动幻觉或螺旋面的运动感。构成主义艺术家的群体还包括罗德琴柯（Rodchenko，1891–1956）和嘉博、康斯坦丁·梅尔尼柯夫（Konstantin Melnikov），后者在 1925 年设计的法国巴黎国际艺术及工业展览会的苏联展馆（图 8.2）也是构成主义的优秀建筑作品，这些作品体现了结构的力量和美感。

由于政治形势的变化（苏联共产主义的胜利）和构成主义自身存在着某些空洞、虚伪和脱离现实的倾向，构成主义渐渐被后来兴起的新古典主义所代替而销声匿迹，其成员和思想也开始流向欧洲和世界，但时至今日，普遍认为构成主义、包豪斯和荷兰的风格派是现代主义设计的三个先驱之一。1988 年菲利普·约翰逊之所以用“反构成主义”（Deconstructivism）为主题来组织这次展览，乃是因为他认为，参加这次展览的建筑师作品是在新条件下对 1920 年代早期构成主义建筑设计基本艺术特征的再发现，它扭转了早期的构成主义，这种扭转就是“反构成主义”中的“反”（“Deconstructivism”中的“De”），即它虽从构成主义中脱胎，却是对其激烈的背离。反构成主义建筑形式，相较早期构成主义作品而言，更多强调形式中的冲突性和不稳定性，建筑师们将建筑中的各种部件、元素或系统（在传统的眼光看来，是理性的，也是不容随便更改其

图 8.1　塔特林设计的第三国际纪念碑

图 8.2　康斯坦丁・梅尔尼柯夫设计的苏联展馆

相互之间关系的），采取多种方法进行冲突性的排布，造成建筑呈现出变形、扭曲、错位、颠倒、解体、破碎、拉伸、转折、蔓延、突止等不纯洁、无等级、无秩序（实质是复杂的秩序和微妙的均衡）、不稳定、不和谐的建筑观感，这与正统的古典主义和现代主义建筑所认可的那种纯洁、等级、秩序（实质是易见的简单秩序）、稳定、和谐相去甚远。"反构成主义"建筑也关注功能，但认为"通常所说的功能是理性化了的功能，而实际生活中的功能则是不规则的凌乱现象，因此需要一种不规则的形式。"[1] 这种观点，就会把建筑的受力结构体系置于一种最危险的境地，也就是说，对于反构成主义的建筑师而言，他们要在不稳定的形式前提下，去创造一种看上去不稳定，而实际上是稳定、安全和科学的受力体系。所以，尽管这些作品表达了对现代主义的功能主义思想的质疑，但它们却既符合结构原理，又符合功能的要求。在一些建筑师的作品中，如彼得・埃森曼的作品中，显示出某些"反"（anti-，de，）、"非"（no）的思想，似乎与解构主义哲学思想方法有相当的吻合之处，但展览的主持人威格利在评价文章《反构成主义》中，却极力否认这次展览的建筑师作品与解构主义哲学思想之间存在着某种渊源关系，不是建筑对解构理论的应用，但威格利也不得不承认"反构成主义建筑（Deconstructivism Architecture）"与"建筑中的解构（Deconstruction）"，两者之间存在着差异性同时，在外观形式方面，也存在着偶然的相似性。

[1] 邬烈炎编著，《解构主义设计》，南京，江苏美术出版社，2001，P018.

建筑理论家查尔斯·詹克斯和菲利普·约翰逊从形式风格的角度出发，认为这批建筑师的设计与1920年代的构成主义存在着相似性，詹克斯认为他们的作品是解构主义（哲学）性质的，但这些建筑师大多否认自己属于詹克斯所谓的“解构主义建筑师”的阵营，另外也有学者建议以“反构”或“反构成”来代替“解构”的称谓，因为“解构”往往容易让人联想起分解、瓦解结构等歧义。

我国的主要建筑杂志，在1990年代初期，就有多人、多次翻译、介绍、解释“解构主义”建筑现象，随后有不少文章发表在一些重要的建筑杂志上，如1991年的《建筑师》杂志刊登了由陈同滨翻译的查尔斯·詹克斯讨论解构主义的一篇重要文章《解构：不在场的愉悦》（《建筑师》第43期，1991年12月出版）；张永和先生于1990年的2月间，在纽约曼哈顿岛的埃森曼工作室，采访了参与这次建筑展览、最重要的建筑师之一埃森曼先生，1991年《世界建筑》杂志第2期上，刊登了张永和采访埃森曼的全文，后来对埃森曼进行采访的人士还包括尹一木和朱涛（《世界建筑》1999年第7期）、范凌凯和洛林·奥当娜（《时代建筑》2007年第6期）。另外，这些杂志还刊登了一些对“解构主义”建筑现象解读的文章，如1990年《世界建筑》第3期上刊登的薛求理先生的《解构主义建筑的方法和实践》，1992年《世界建筑》第2期上刊登的李巨川的《后现代主义、解构主义及其他》，以及在《世界建筑》杂志1990年2–3合期上刊登的刘开济的《从巴黎维莱特公园谈起——兼谈解构主义对西方建筑的影响》，我国关于解构主义建筑的文章和国际上对这个问题的讨论相差不大，可谓百家争鸣，畅所欲言，仁者见仁，智者见智。

2. 你的解构，我不赞同：对“解构主义”概念的不同认识

实际上，不同的人围绕着这次“建筑事件”，曾先后提出各种不同的称谓和见解，而且这些说法相互之间却存在着矛盾，参与这次展览的建筑师们也少有承认自己属于“解构主义”建筑师的阵营（除了埃森曼和屈米），对于这次展览，不同的评论者也各持不同的看法，真是所谓众说纷纭、莫衷一是。

（1）菲利普·约翰逊认为，这七个人之所以被选中，关键在于他们的作品风格与1920年代苏联的构成主义，存在着形式和风格上某种相似性，既是脱胎于早期俄国的构成主义，同时也是对构成主义的再叙旧、再发现和再超越。然而，作为这次参展的重要人物之一的彼德·埃森曼则认为，这次展览和苏联的构成主义一点关系也没有，埃森曼的这种观点见于张永和的《采访埃森曼》一文（载《世界建筑》杂志，1991年第2期，P71）。约翰逊认为这次展览是世界范围内不同地区，有着相同倾向建筑师们的联合表演，他在为《反构成主义》7人联展写就的《序言》中说道：“我一方面被我们建筑师彼此之间形式上的

相似性给迷住了，另一方面也被他们和早期俄国的构成主义运动之间的类似性所吸引……"，接着，约翰逊以神秘的老者口气说道，"其中两者之间的某些类似之处，青年建筑师们未必知情，更不用说预先详察了。"[1] 约翰逊同时也承认，这次展出的建筑师们的作品不是一种新风格，他们所表达的也不是一种新运动、新教条。

由此可见，在被认为是美国20世纪建筑历史发展见证人的菲利普·约翰逊看来，这次展览的重要价值在于重新复活和超越了由于苏共执掌国家政权而被迫流向欧美，早于现代主义运动而发生，并被看作是现代主义运动三个重要来源之一的俄国构成主义某些艺术思想。约翰逊的这种观点也印证了艺术史发展的一般规律，即重要的艺术思想，在其后的历史中，会被后人当作重要的历史资源加以利用、改造和复活。

（2）此次展览的另一位重要策展人马克·威格利则认为，这次展览与其说是一个建筑事件，还不如说是在建筑形式上，有着某些相似之处的建筑师们一次历史性的偶然相遇，他们随后会沿着各自不同的方向，走自己的路，这次展览就像是一个十字路口，设计方向、目的地和手段均不相同的建筑师们，在这一刻，相遇在这个路口，相遇在这次展览会上，他们随后要离开这个十字路口，各自朝不同的方向发展。威格利写道："这些作品仅仅是艺术家各自独立发展方向上的一个短暂时刻的产物，他们之间以一种复杂的方式相互影响，但这不是一个小组，也不是一种主义，或一种运动，它最多是一个不稳定的联盟。展览与其说是有关'联盟'的，不如说显示其不稳定性，解构现象将是短暂的，建筑师们将按不同的方向继续发展。"[2]

历史的发展也证实了威格利的预言，虽然后现代主义在解构主义的攻击下，渐渐地退出了建筑的历史舞台，而同样的命运却也落在这个所谓的"解构主义"建筑师们的松散群体上，因为那些关注建筑发展，注重建筑探索的建筑师，也自然不甘落在"解构"的标签之下，当时在"解构"圈内或被划入圈内的一些人都纷纷想跳出这个圈子，例如，在1991年奥地利的维也纳举办了一个题为"今日的建筑"演讲，盖里和库哈斯就拒绝到场，而参加会议的哈迪德、里勃斯金也只字未提自己的建筑创作和所谓"解构主义"有什么关系，另外几个参加者也只两三次提到解构，但都不肯把解构与自己的建筑创作相联系，唯恐沾染上"解构"二字，相对来说，被学者们毫无疑问地认定是"解构主义"建筑师的埃森曼和屈米二人，则大谈解构。然而，前来参加这次会议、来自美国纽约的建筑师兼作家萨金（M·Sokin），则在这次演讲中对解构理论，尤其是对埃森曼

[1] 邬烈炎编著，《解构主义设计》，南京，江苏美术出版社，2001年，P003.
[2] P. Johnson and M.Wigley，Deconstructivist Architecture，New York，Museum of Modern Art，1988.

有关建筑形式和社会之间关系的理论进行了抨击，指出其理论的牵强附会和虚假性，他的发言是对埃森曼在这次会议上所作《强形式与弱形式》（Strang Form and Weak Form）讲演的直接抨击，因为埃森曼在他的发言中大谈当代社会的变化和不稳定，并将消费社会的社会现实状况作为“解构主义”建筑存在的内在原因。埃森曼在《强形式与弱形式》一文中认为“弱形式的思想植根于如下的概念：世界上不存在唯一的真实，也不存在决定性的因素，更没有称之为本质的东西。”[1]

萨金则针锋相对，他提醒人们要警惕那种将个人偏好转化为教义，以及为了谋取权威，便将这种“权威”赋予一种特殊风格化的倾向，他反对任何形式上、思想上的禁锢，无论是后现代主义还是强词夺理的解构主义，他呼吁建筑师应当运用自己的思想、才智和自己的构成手段，来创造新颖的建筑，要有原创精神，他提倡大胆创新、广泛实验，打破后现代和解构的局限，使人们认识到西方消费社会及其丑恶的政治，对艺术创新和自由思考的束缚而有所突破，这次会议被认为是当代建筑一个新的转折点。在随后出版的集子中，思想敏锐的编辑 P. 诺埃弗将其题名定为《转折中的建筑：位于新现代主义和解构之间》，这次会议意味着，解构主义在演讲中，在文集中成为了历史，处在了渐渐被人淡忘的地位上。

詹克斯则在《解构：不在场的愉悦》一文中对所谓的解构主义进行了一番辛辣的嘲讽。他认为，从积极的一面说，“解构”将新思想、新能量注入了至少有 50 年商业化的现代主义运动，而从消极的一面讲，无非是做着现代主义运动后期同样的事情，无非是虚无主义、精英主义以及对文化权威的追逐。而且，詹克斯还影射埃森曼和屈米搞着所谓的“主义”，目的在于谋求学术界的话语霸权，禁锢其他思维方式。詹克斯还嘲笑说，这个所谓的“解构主义”松散的联盟，犹如海湾战争中 30 多个国家抱着不同目标的联盟，只要它的对手（后现代主义）还存在，这个联盟就会存在，但解构自身却无法摆脱在历史、思想、风格和理论变迁更替中所面临的尴尬命运。[2] 因为在詹克斯看来，“解构主义”这个酒壶里，并没有装着什么让人震撼的新思想，因为早在 1977 年，或更早于这个时期，“解构”的倾向，就已经席卷了美国东海岸的常青藤院校，时至今日，已经没人会对这种主义还有表达怀疑的必要，一定程度上讲，这种主义早已产生和传播，言外之意，埃森曼和屈米无非想借着“解构主义”这面旗子，谋求一些广告效应。学术界一般认为埃森曼和屈米是比较公认的解构主义建筑师，而倘若按照埃森曼的看法，恐怕这个群体只有他一个人，而且，在张永和采访埃森曼的谈话中，

---

[1] 沈克宁，《形式与思想—评转变中的建筑》，《建筑学报》杂志，1993 年第 3 期，P57.
[2] 詹克斯，《解构：不在场的愉悦》，载《建筑师》杂志第 43 期，1991 年 12 月出版，P137.

埃森曼则直接否定了这个所谓“解构主义”的建筑与“解构哲学”之间存在任何的关系。

（3）作为这次展览中最为重要的建筑师之一，彼德·埃森曼本人，也在不同的场合表达出近乎自相矛盾的言辞。在查尔斯·詹克斯的采访中，他一方面说如果真有一种所谓的“解构主义”建筑风格在出现，那么他是第一个站出来反对它的人。[1] 原文如下：

埃森曼：我想纠正你的词语“解构主义的工作”。我不能肯定我的工作是解构主义的，也许有可能用你似乎想表达的方式去认识我的早期工作，尽管我并不认为当时我就清楚那是我所做的事情。（这句话的意思是：埃森曼并不认可詹克斯为埃森曼‘们’所准备的“解构主义”标签。）

詹克斯：你认为有一种解构主义的风格正在出现吗？会有某种像哈迪德、她的飞梁以及新构成主义形象的情况吗？

埃森曼：如果真有一种解构主义风格，我一定是最先转而反对它的人。那就是我开始“反”的时刻。我认为，这次现代艺术博物馆展出活动的可爱之处，就在于它将成为某种被反对的东西。我总是在反对某些成为时髦的东西。我是个独行其是者。让我们回到风格问题上，解构主义和风格毫无关系，他只是涉及意识形态，后现代主义的错误正是反意识形态。我认为约翰逊所搞的这个展览，基本上是个意识形态展览会。你将会看到某些人是风格家，另一些人则是意识形态家……我想他们正在弄清，所陈列的并非是一种风格，而是某些你在关心的意识形态的反映，许多人也许不愿意正视这个问题。

詹克斯：彼得，你不用企图回避风格问题，所有意识形态都要透过风格来表现。

埃森曼：我想再度强调，当解构主义成为风格、时髦那一刻，也就是我们群起而攻之的时候，解构主义应该有多种风格。关于多元论，我宁愿称之为多价的，像你所谓的多元论则是那种打扮成具有先验价值的多元论，MOMA（纽约现代艺术博物馆）这次展览的所有作品，约翰逊坚定地认为都来源于久已消亡的构成主义，这就使得展览蒙上了风格的寓意。我自己并非是解构主义者，只不过我的作品受到解构主义的激励。

这段对话表达了这样的意思：埃森曼并不认为“反构成主义”七人展就意味着一种新的所谓“解构主义”建筑风格开始流行，他反对那种成为主义、成为时髦、成为权威的建筑思想和风格、手法，在这一点上，充分反映出埃森曼

[1] 汪坦，《建筑历史和理论问题简介——西方近现代（三）》，埃森曼和詹克斯对话摘录——关于解构主义，《世界建筑》杂志 1992 年第 5 期，P23.

不断拓展建筑理论和方法的先锋者的思想品质。成为时髦和流行，也就意味着将要成为某种权威，埃森曼反对的就是权威，因为权威就意味着中心的存在，而‘反中心’则是埃森曼思想的底色。通观埃森曼的革新思想立场，不难发现这句话的深意，因为成为流行和时髦，就意味着建筑思想、理论和方法的僵化和死亡，埃森曼最为担心的一个建筑问题就是“在信息时代建筑面临灭绝的威胁，因为建筑正在成为一种没生命的语言。”[1] 而埃森曼之为埃森曼，先锋之为先锋的一个重要品质就是批判、质疑和超越。

另一方面，他还否认解构是一种风格，他认为解构是一种思考问题的方式，与风格无关，与俄国的构成主义无关，也不是某种确定无疑的意识形态。[2] 这一说法，则从根本上否定了“反构成主义”展览策展人菲利普·约翰逊当时选择参展建筑师的标准（见前文），他还同时否定参与这次展览的建筑师的思想与德里达的“解构主义”哲学有关。尽管他本人和德里达一起在拉维莱特公园项目上搞合作，但他认为“拉维莱特公园似乎仅是解构理论的一个图解。”[3] 在埃森曼身上所发生的这种现象，完全可以按照查尔斯·詹克斯关于后现代时期建筑师理论观点的一个词汇来解释，就是他们的观点有些飘忽不定，“滑入滑出”，在詹克斯的采访中，埃森曼还否认自己的建筑与哈迪德和盖里建筑之间的类同性。

在谈到“反构成主义”7 人展时，埃森曼说道：“……解构不是他们所谈论的一种风格，……许多人可能不想正视这一点。我不相信哈迪德有催化剂的作用。我还不能说她（指哈迪德）是这次展出的中心人物。我不认为它（指哈迪德的建筑）充分意识形态化了。我不认为有一个中心人物存在（也即无权威存在，每个人都有自己的思想、手法）。”[4] 他还说道：“我觉得解构是一个过程，它可以有多种风格。格雷夫斯可以很容易地成为解构主义者，文丘里可以很容易地成为解构主义者，因此，我不会去论证它是一种风格。”[5] 在接受张永和的采访中，埃森曼还否定了被称为“解构主义”的建筑风格和德里达的哲学之间存在着关系：

张永和：“你认为解构是一种意识形态吗？”

埃森曼：“我不这么认为，我觉得解构的问题是它变成一种风格了。换句话说解构只是一个赋予一些貌似相同的建筑作品的名字。和解构哲学毫无关系，法国后结构主义非常有意思，代表人物如德里达、德鲁斯（Deleuse）、瓜塔瑞（Guattary）、拉康（Lacan）。我们要做的是寻找建筑中类似的态度，不是画些看

[1] 张永和，《采访彼德·埃森曼》，《世界建筑》杂志，1991 年第 2 期，P70.
[2] 张永和，《采访彼德·埃森曼》，《世界建筑》杂志，1991 年第 2 期，P70-73.
[3] 李巨川，《后现代主义、解构主义及其他》，《世界建筑》杂志，1992 年第 2 期，P64.
[4] C·詹克斯就建筑设计问题采访·埃森曼，刘珽译，沈玉麟校，《新建筑》杂志 1990 年第 1 期，P79.
[5] C·詹克斯就建筑设计问题采访·埃森曼，刘珽译，沈玉麟校，《新建筑》杂志 1990 年第 1 期，P79.

上去像解构的东西，而是在建筑中想解构（这就是后来埃森曼为了避免让人产生误解，以‘解图’代替‘解构’的原因），如果有兴趣的话。蓝天组（Coop Himmelblau）的沃尔夫和普利克斯（W. Prix）、伯纳德·屈米和雷姆·库哈斯，从来也没读过德里达的作品，……没准儿屈米是另外。”[1] 即如果按照是否在设计中有意引用德里达的“解构”概念来谈论建筑界的“解构主义”现象的话，埃森曼认为，参加1988年“反构成主义”7人展的建筑师群体中，基本上没有人（但没准儿屈米是例外）读过德里达的作品，也就无从谈起对“解构”概念的引用，所以，埃森曼后来放弃使用“解构”一词，而改用“解图”代替之。

但无论埃森曼自己怎样开脱这次展览和解构主义哲学的关系，但他的手法特征确实和解构哲学之间存在着相似性，而且后来在拉维莱特公园项目中，他本人后来也和哲学家德里达一起合作，所以有必要探讨德里达的解构哲学的一些核心思想，及其对广义的“解构主义”建筑（从建筑外在形象的相似性而言）所产生的影响。

3. 德里达解构论对建筑设计产生的影响

德里达的解构主义是西方反传统怀疑论有影响的批评方法之一，这一学说在哲学、语言学、历史、政治甚至女权运动中均有应用。德里达的解构主义对建筑思潮的影响主要表现于以下三个层次。

（1）哲学意义上的启示。德里达学说最重要的哲学贡献，在于它从语言学的研究入手，瓦解了在西方占统治地位的、二元对立的、典型思维方法的权威性。二元对立的思想方法，指任何以两种截然不同的原理（如精神与物质、善与恶）来解释所有现象的思想方法。这种二元对立的思维习惯深深地植根于以往的历史，不可能在一朝一夕被彻底消除。但德里达相信通过某种做手术的方式，例如“颠倒”，可以把这些对立关系拆散一些，说明某种矛盾对偶中的一方，怎样在本质上也属于另一方。德里达的研究成果从哲学的高度，为建筑界重新认识和评价关于真理与谬误、理智与疯狂、中心与边缘、表与里、内容与形式、形式与意义，以及可接受的事物与不可接受的事物之间的传统界限与对立关系，做出了启示与指导。[2]

（2）内容上的影响。德里达的解构主义学说极大地影响了解构主义建筑思想活动的具体内容。例如后者对传统建筑价值观及等级制度的破坏，对建筑符

---

[1] 以上张永和和埃森曼的对话选自张永和《采访埃森曼》，载《世界建筑》杂志，1990年第2期，P70.

[2] 参阅《德里达与解构理论》，王宁，http://blog.sina.com.cn/s/blog_6e1ec6810100ske9.html.

号“所指”与“能指”问题的讨论,以及在理论研讨中对共时性方法[1]的重视等,都与德里达的解构主义研究在内容上有相似之处。[2]

（3）研究术语的移植及借用。在解构主义建筑思想活动中最常见的跨学科研究术语，除上面提及的“所指”与“能指”、“共时性”与“历时性”之外，还有“文本”、“分延”、“差异”等等。哲学、语言学研究课题及术语的引进，使解构主义的建筑理论与评论活动具有明显的跨学科倾向，并使学习和掌握跨学科的知识成为必要。解构主义的建筑思想活动，从一个特定的角度为推进建筑的发展找到了新支点，为释放被忽视、被抑制的事物扯开了突破口，也为创作活动提供了更多的可能性。其中，比较有影响的贡献体现在以下三个方面：

①挖掘非“正统”或反“正统”的创作主题；

②探索一系列与机遇、偶然性相联系的设计方法与手法；

③探索长期以来一直被排斥在正统审美概念之外，以冲突、破裂、不平衡、错乱、不稳定等为形式特征的新审美趋向。

“解构主义”建筑,具有强烈的开拓意识,并以其激进甚至破坏性的思想理论,尝试从根本上动摇或推翻经过几千年不断完善的现存建筑文化体系。这一尝试已经产生了若干有争议的实践成果。解构主义建筑活动，尽管在许多人看来它是非文化或超文化的，但实际上它仍然是一种文化现象：一种先锋式的文化现象。在解构主义建筑师看来，来自传统、习惯、口味、环境等方面的文化性制约，从来就是变化的、相对的和有弹性的，因而，解构主义的理论前提，在一定程度上具有现实性和可能性，对这种现实性和可能性的肯定，意味着对解构主义建筑活动探索意义的肯定。“解构主义”建筑在特定的条件下，探索建筑自身形式可能存在的语法结构，探索达到所谓“纯建筑”的途径，在相当程度上回避了对建筑创作原有传统观点、范畴、方法的纠缠和争论,避免了沉湎于传统的“是”与“非”、“合理”与“不合理”的界定和判断,从而使思想更为活跃、自由、开放,为建筑理论及创作活动开拓了新的领域。

4. 狭义“解构”与广义“解构”的区别

在接受查尔斯·詹克斯的采访时，埃森曼就他与盖里建筑之间的差异说道：“我可以告诉你我的解构与盖里的区别，盖里的工作是有关碎裂的，碎裂并非解

---

[1] 所谓“共时性”是指审美意识能够在撇开一切内容意义的前提下，把历史上一切时代具有形式上审美价值的作品，聚集在自身之内，使它们超出历史时代、文化变迁的限制，在一种共时形态中全部成为审美意识的观照对象。历时性则侧重于从事物发展的先后顺序中所表现出的规律为基础，来把握事物运动变化，共时性与历时性两者有着辩证统一的关系。共时性和历时性相对，是索绪尔提出的一对术语，指对系统观察研究两个不同方向。

[2] 参阅《德里达与埃森曼——关于解构主义的琉璃河实践》，邬烈炎，http://www.doc88.com/p-706221652743.html.

构。盖里到处扔碎片，并使结构解体，但他基本上是在说一种对消失了的整体的怀念（即埃森曼所反对的、对作为历史传统化身的中心和整体观念的怀旧）。我的工作不是对消失了的整体的怀念，我认为哈迪德的工作与我们俩都不同。我知道哈迪德不同于盖里，而且我觉得我们都和里勃斯金不同。里勃斯金的解构，如果你想那么称呼的话，总是在扩展建筑的形而上学以外的东西，即遮蔽、围合、占据等，如果你不这么认识的话，那么建筑就只有反结构而没有解构了。我认为哈迪德也在建筑的形而上学领域里工作，尽管她也许不这么说，这就是我们与里勃斯金及盖里的区别（即埃森曼认为自己和哈迪德，在建筑中，关注哲学层面的意义要多一些，而里勃斯金和盖里，关注艺术风格层面的意义要多一些）。如何描述哈迪德与我本人的区别，这是更困难的问题了。”[1] 埃森曼还认为，盖里不应该划入解构主义建筑师的群体里，因为盖里缺乏他所谓的意识形态和体系化解构的思想。[2] 实质是，盖里不是像他那样从建筑语法学出发，来颠倒、解构那些为古典和现代主义建筑所公认的建筑构成逻辑，[3]“盖里的‘解构’仅仅停留在形式的层面，而没有涉及对现存建筑体系的‘消解’，因此不属于解构派别。”[4] 埃森曼还否认菲利普·约翰逊所认为的是盖里发起了解构主义建筑的观点，他说道：“我不在意约翰逊是否说盖里发起了解构主义运动，因为我知道盖里没有‘发起’这场运动。”[5] 盖里也对埃森曼的建筑表达出同样的不理解：“彼得建筑最好的东西是他最后做成的疯狂的空间，这是为什么他成为重要建筑师的原因。所有其他东西，那些哲学，所有那些玩意，在我看来，不过是狗屁。”[6] 同样地，埃森曼则非常尖锐地把盖里的建筑，称之为“奇观”文化的代表，并对之进行了强烈的批评。[7]

实际情况是，盖里对埃森曼从语法学出发进行建筑革新突破的方法也是一知半解，“我听德里达和彼得·埃森曼在谈论，好像他们正在讨论不同的主题。我不知道开普尼对他们的看法怎么样，但我从来不认为我是他们这种类型建筑师中的一员。那次展览（指 1988 年在纽约现代艺术博物馆举办的‘反构成

---

[1] C·詹克斯就建筑设计问题采访·埃森曼，刘珽译，沈玉麟校，《新建筑》杂志 1990 年第 1 期，P79.

[2]（英）查尔斯·詹克斯著，陈同滨译，《解构：不在场的愉悦》，《建筑师》杂志第 43 期，1991 年 12 月出版，P130.

[3] 李巨川，《后现代主义、解构主义及其他》，《世界建筑》杂志，1992 年第 2 期，P61.

[4] 何昕，《弗兰克·盖里（Frank O.Gehry）建筑理念及其作品研究》，电子版，P42.

[5] 约翰逊是从建筑风格的角度，即艺术的角度来谈论盖里与“解构”之间的关系的，而埃森曼，则站在意识形态（哲学或语言学）的角度，从这个角度而言，埃森曼当然难以认同约翰逊的观点，而从这个角度而言，“解构主义”的发起人，则当然非他埃森曼本人莫属。C·詹克斯就建筑设计问题采访 P·埃森曼，刘珽译，沈玉麟校，《新建筑》杂志，1990 年第 1 期，P77.

[6] 朱涛，《信息消费时代的都市奇观——世纪之交的当代西方建筑思潮》，《建筑学报》，2000 年第 10 期，P19.

[7] 埃森曼，吴名译，《对“奇观”文化的质疑》一文，载《时代建筑》杂志，2006 年第 5 期，P61.

主义’建筑 7 人展）真滑稽，他们展示的两个模型是我的自宅和友好者住宅（Familian House），……我问菲利普·约翰逊，他是否真的相信我属于那个被称为‘解构主义’的群体，他说他不相信，他只是采用了一种说法，但建筑的形象则捕获了人心。”[1]

盖里这段话的意思是，盖里本人和菲利普·约翰逊都并不认为盖里属于那个被称为“解构主义”的群体，但他的建筑确实在外观上，让人们把他的建筑和“解构主义”建筑放在一起讨论（即“但建筑的形象则捕获了人心”一句）。盖里从来也不曾研究过德里达的哲学，“有一次我和德里达谈论到他的解构理论，我认为他的资料有不同的焦点，我无法感受到他当时正在描述的状况。”[2] 把一个听不懂解构理论的建筑师划入“解构主义”建筑师阵营，看来是不妥当的。实际上，盖里之所以被一些理论家、评论家划入这个阵营的根本原因在于，他的建筑与埃森曼、屈米等人的建筑，在外观存在着某种相似性，这也就是约翰逊和威格利所认为的，参加“反构成主义”建筑展览的建筑师群体，在建筑外观上存在着一定的相似性。但盖里建筑那些变异的造型是直接受到了一些艺术手法和风格的影响而造成的，这与埃森曼和屈米从语法学的角度出发，改变词汇单元（建筑不同的造型元素，如梁、柱、地板等）之间的形式结构关系，而导致建筑形式在整个体系上发生变异，存在着根本性的区别，这也是埃森曼认为盖里不能划入“解构主义”建筑师群体的根本原因。盖里是个实践家，他对理论没有兴趣，对高深的语言学和解构哲学更没什么兴趣，他的设计更多的是来自于艺术的直觉和冲动，如果说埃森曼是个建筑哲学家，那么盖里就是个建筑艺术家，他不会把设计过程弄得和埃森曼那样，像计算机程序算法那样，进行符合一定规则（算法规则）推演过程（在建筑上表现为一定的语法及其变化规则），埃森曼从早期一系列的住宅（从 1 号到 11 号）开始，就刻意借助语法结构的理论来研究建筑，借助更深层而且更抽象的“结构关系”来探讨建筑构形中的“句法学”和“语法结构学”中所可能出现的构成关系，突出建筑句法抽象概念在建筑构形中极其重要的作用，埃森曼也因此获得了“建筑语法学家”的美称。埃森曼利用乔姆斯基“转换生成语法”的理论，从整体上、体系上，将建筑设计过程纳入到一种生成转换的逻辑模式之中。埃森曼在住宅1号至4号中，就从体系出发，将梁、墙、柱等看成是句法中的单元，演绎出各种“形式结构系统”，由线、面、容积三种原型构成系统体系，并以符号性表现出来，再借助“语境自由”（即可以组合出各种可能的句子）和“自动识别机”（把符合要求的句子检出来）概念，把那些可以接受的形式结构进行检出，这样，建筑的形式就摆脱了功能和意义（语

[1] EL Croquis：Frank Gehry 1991–1995，Spanish，P25.
[2] EL Croquis：Frank Gehry 1991–1995，Spanish，P25.

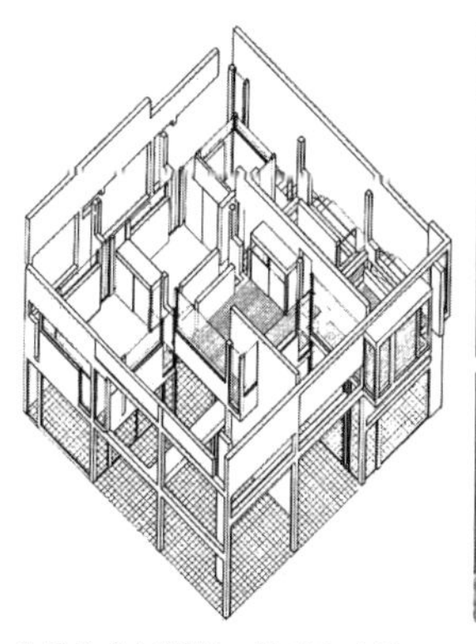

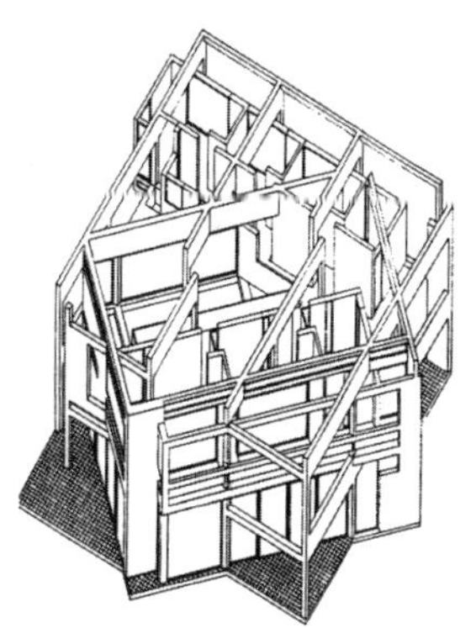

2 号住宅轴测图、模型和实景　　3 号住宅轴测图

图 8.3　埃森曼设计的住宅

义）的束缚，走上自治发展的道路，演绎和推导、整体和体系、自动生成和检出、高度抽象的构成和分解，这些都是埃森曼建筑手法的重要特征（图 8.3 为埃森曼的 2 号和 3 号住宅），由此我们不难看出埃森曼和盖里两者之间的巨大差异，不论埃森曼后来是用“解构”还是“解图”来概括自己的建筑方法，它都和盖里的建筑手法存在着天壤之别。

埃森曼的建筑变革是从语言学的角度切入的，20 世纪西方的语言学从索绪尔的结构主义语言学，发展到乔姆斯基的转换生成语言学，和德里达的后结构主义语言学，极大地颠覆了西方传统文化中的“逻各斯中心主义”的概念。面对语言学和哲学领域这些翻天覆地的变化，埃森曼发出了这样的感慨：“在其他学科，特别在科学和哲学中，自 20 世纪中叶以来，独立存在的形式以及产生意义的方法都已有了极大的改变。今天，将人类、神、自然几者联系起来的宇宙论，已经远远地摆脱了黑格尔辩证哲学的束缚。尼采、弗洛伊德、海德格尔及更近期的雅克·德里达均为我们带来了令人激动的思想转变，以及有关人类和人类世界的思想观念。可是这种转变，在当代建筑学中几乎没有产生什么。当科学界和哲学界对其基本理论进行批评、质疑的时候，建筑界却无动于衷。建筑学无忧无虑地坐在这些源于哲学和科学的基本理论之上，而哲学和科学却正在提出本学科的问题，并自我反省。今天，这些学科的基本理论只留下了一种本质上的不定性。因此，追问建筑学的基本理论是否也存在着一种不定性的状态是理所应当的。对于这一询问建筑学并没有明确地表示，其回答尚未形成条理，也远非系统的阐述。”[1]

[1] 彼得·埃森曼，《蓝线主题》，王冬译，《新建筑》杂志，1990 年第 4 期，P32，原载英国《Architecture Design》，Vol 58，7/8-1988.

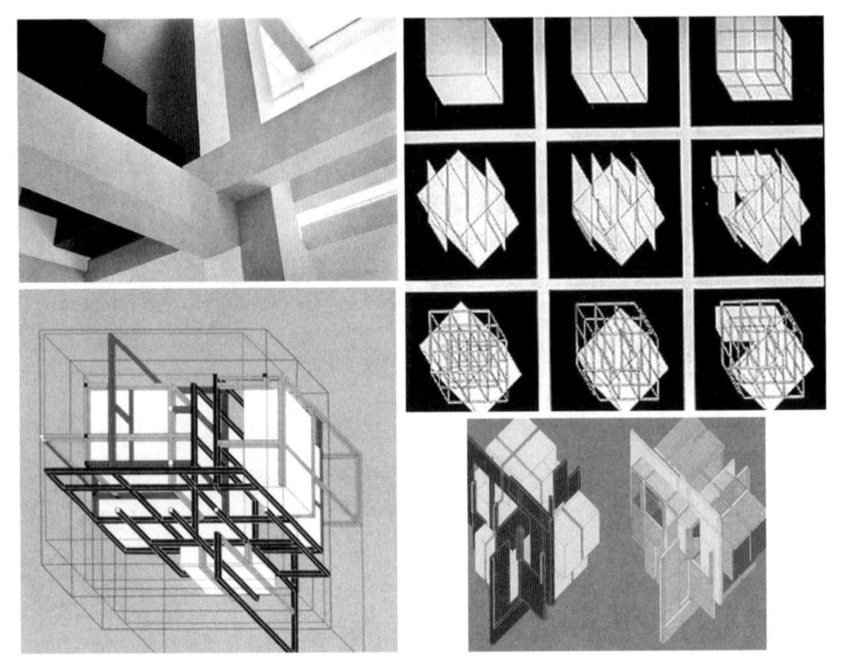

图 8.4　埃森曼从“语言学”出发的解构手法特征及其图解
左上为住宅 X 的内部一角，从语言学出发，导致了建筑内部反常的梁柱之间的关系；左下为住宅 XI 局部的图解，变化的梁柱位置关系，成为建筑语言的重要表现方面；右上为住宅 III 的图解，表明形式是怎样一步步发生变化的，右下为住宅 VI 的图解，反映了不同构件因素之间的语法关系

埃森曼是个带有明显哲学思辨色彩的建筑师，他的理论有两个重点，其一，他把建筑形式看成是一套可以改变相互之间关系的符号；其二，他认为建筑不仅有两重性（即物质和精神），建筑还可以向人们提供一种由建筑形式的深层结构（即语法）所传达出的信息。他的建筑就是把从后结构主义语言学那里借用来的相关理论，进行实验，因为建筑也可以看作是一门语言，它有自身的词汇单元，从语言学的视角看，梁、柱、墙、空间这些建筑构成要素，就可以看作是构成建筑语言的词汇，通过一定的语法规则（建筑上表现为这些构成要素之间的结构和形式关系），这些词汇就可能组合出千变万化的建筑语言，如果建筑的语法规则，即词汇在空间上的排列秩序得以改变，那么，建筑的形态就会产生改变，图 8.4 和图 8.5 为能够表现出埃森曼从语言学着手进行建筑创新特征的例子，在这些例子里，我们能够清晰地辨认出埃森曼通过对建筑的不同构件元素（词汇）进行不同结构形式的组合（语法），创造了令人耳目一新的建筑作品，这种设计方法是埃森曼的本质性方法，也是真正能够反映“解构”或“解图”含义的本质，从这一系列作品中，可以清晰地辨认出埃森曼从语言学角度出发的“解构”手法，所具备的体系性、整体性、生成性的理论特点，

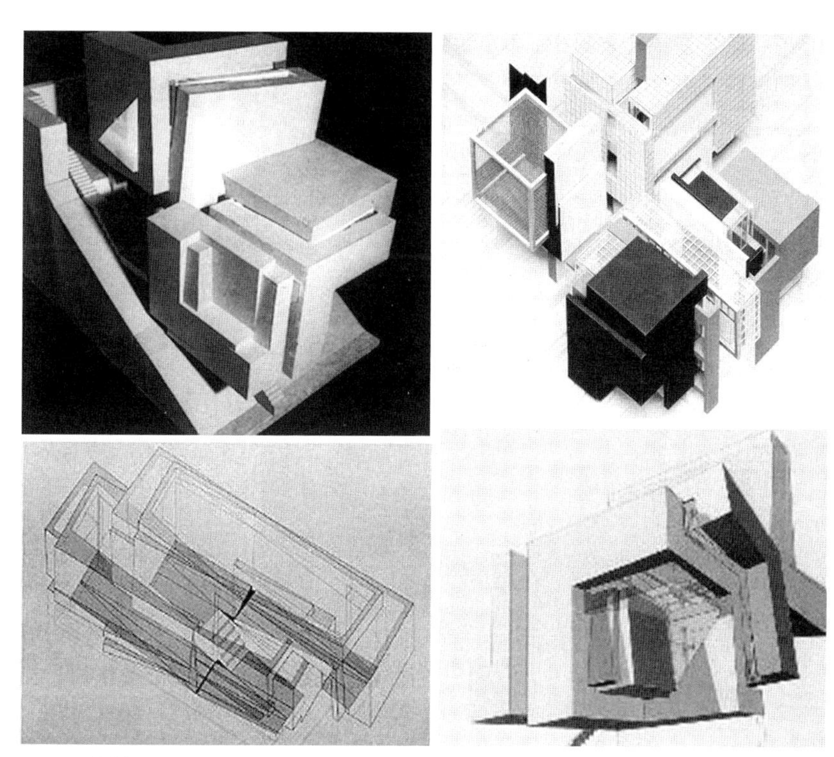

图 8.5　埃森曼解构手法对建筑形态的影响
左上为瓜迪奥拉住宅（Guardiola House）的外部形态，左下为影像亭（Pavillion for Video）；右上为住宅 10 号，方案 H，右下为瓜迪奥拉住宅（Guardiola House）角部仰视

这些特点是盖里所不具备的，所以，埃森曼自始至终也都不认为盖里是解构主义建筑师。

尽管“解构主义”一词，使人难免将埃森曼的建筑与德里达及其解构哲学联想在一起，但德里达本人曾明确表示，不存在解构论的建筑，只存在解构式建筑，因为建筑师们是用解构式的话语在论述建筑。[1] 当建筑界开始出现那些被人们称之为“解构”建筑的现象时，德里达一开始也感到困惑和惊讶，他以为只不过是建筑师们的一种类推手法（注意德里达在这里所使用的类推一词，它暗示着一种由规则模式决定的，带有体系化自动生成的特征）而已，但不久他就发现，将解构论置入作品的最佳方式就是艺术和建筑的途径。而最让德里达对建筑界的这种“解构”现象产生兴趣的原因在于，他从这些被称之为“解构”的建筑中，看到了他所希望出现的情形，即解构是以一种积极性、肯定性的姿

[1]（英）查尔斯·詹克斯著，陈同滨译，《解构：不在场的愉悦（二）》，《建筑师》杂志第 43 期，1991 年 12 月出版，P125.

态出现在建筑艺术领域之中。解构论在这里虽号称解构（deconstruction），但实际上却旨在重建（reconstruction），而非“毁灭”，因而它是一种建设性的、积极肯定的虚无主义，是以一种肯定的姿态去震撼原有的传统建筑体系，因而把解构论视作虚无主义是一种误解。因为解构建筑师们是从所有那些外在的终结性中，外界的目标中解放建筑，也就是说，解构派建筑师们要把建筑，从无法证明的、先在既定的，但却拥有合法性和权威性的原则、标准和意义中解放出来，他们不是为了去重建那种单纯的、原教旨的、始基性质的原初建筑，相反，他们恰恰是为了将建筑置入与其他媒介、艺术、思想的对话和交流中，把建筑设计的思想理论和方法，从一种封闭的状态，转向开放的状态，因而，也就必然地要拓展建筑理论方法的边界，实现对一切先在的历史和现存的现实不可阻挡的超越。

实际上，虽然盖里的作品和 20 世纪晚期新出现一些“解构主义”建筑师作品，在外在风格确实存在着相似之处，而且，圣莫尼卡学派的埃里克·欧文·莫斯的作品也存在着这种情况，但我们不能据此就将盖里和莫斯划入所谓的“解构主义”行列，我们还是要看他们本人就“解构主义”这个现象是怎样看待的。盖里本人面对理论界将他的作品划入“解构主义”阵营，则这样说道：“我不知为何，那些评论家将我的作品归为解构的类型，但在我看来，杂志社的记者是那些极富好奇心的一类人，我也并不反对他们这种做法，因为，如果你从十个人那里，听到关于你的同样的事情，他们对你的评价都差不多，那么你可能应该注意这些评价了，虽然，他们不是刻意的，但他们不可能都出错，必定他们从我的作品上看出一些信息（即自己的建筑和‘解构主义’建筑在外观存在着某些相似的地方）。”[1]

埃里克·欧文·莫斯则在这个问题上表达得更为明确，在作为他自己设计思想概述的《感知建筑学》一书中，他明确提出了自己对“解构主义”思想不赞同的观点，详见第七章相关内容。而汤姆·梅恩的建筑不论是在设计思想，还是在建筑的外观特征，这两方面都基本上难以和“解构主义”概念放在一起来讨论。这样，探讨圣莫尼卡学派和“解构主义”之间的关系，就牵涉到狭义的解构概念和广义的解构概念，[2] 因为从不同的角度会得出不同的结论：一方面有些理论家和评论家把盖里也放在解构主义阵营里来讨论，另一方面，盖里本人、埃森曼和菲利普·约翰逊也难以说服自己，去承认盖里是那个“解构”建筑师群体里的一员，这样就牵涉对“解构主义”概念的认识。

解构主义哲学家德里达认为，倘若“消解了一切建筑哲学、建筑的假定性

---

[1] EL Croquis：Frank Gehry 1991–1995，Spanish，P24-25.

[2] 参见何昕《弗兰克·盖里（Frank O.Gehry）建筑理念及其作品研究》，P45.

前提——例如美学霸权、美的霸权，实用性、功能性及生活、居住的霸权——的构成的时候”解构主义建筑就发生了。也就是说，如果人们可以抛开一切原则、标准、规范等固有思想理论的束缚，不再受“功能第一性”或者“空间是建筑的主角”等明显的等级差异和逻辑秩序的左右，也不再关注建筑在美学标准和霸权奴役下的视觉效果，以及那些无法证明的、标准化的功能评价和使用效果的话，那么解构也就自然而然地发生了。至于人们会采用何种手段来达到这一结果，德里达并没有给出具体的处理手法，他只是讲解了解构理论的精神实质——造反（anti-）、破坏（de-）、否定（non-），因此解构建筑没有什么风格可言，它只是建筑师依据自己的“游戏规则”而创造出的非理性形式。如果按照德里达的这个标准，盖里肯定不能划入“解构主义”阵营，因为从盖里的设计过程可以清晰地看出，他的建筑起于严格的功能布局分析，“弗兰克·盖里从直接解决建筑的基本功能问题开始着手设计，在这一点上，他是个地道的现代主义者的做法，随后，他开始改变方案，并将一些未知的因素引入他的工作程序。”[1] 在盖里的章节中，我们曾经详细地分析过盖里的设计过程和方法，可以说，盖里是个非常严格的功能主义者，他的设计在最起初就是以一个个不同颜色的体块，代表着不同的功能区块，建筑形态变异是建立在功能合理布局基础之上的，盖里对埃森曼作品中那些穿过夫妇双人床的柱子，也是无法接受的。

（1）从狭义的“解构”概念看，即从建筑思想理论与德里达的“解构”理论有无关系看，公认的“解构主义”建筑师只有两个人，即彼得·埃森曼和伯纳德·屈米，因为他们两人的思想与德里达的“解构”理论有某种语言学上的可比性，两人对“解构”理论比较理解，并在作品中有所体现。埃森曼所追求的“之间”（the Between），即为解构主义哲学中的一个重要概念，“之间”牵涉到德里达哲学的一个重要理论概念，即“分延”（Differance）。这是德里达自己杜撰的一个哲学术语，他用字母“a”换掉了英文 Difference 中的一个“e”，以示有别于该词原意“差异”，造成一种发音不变字形变的奇特概念。这个词的词意可概括为三点：

①区别（difference），或者说是差异，意思是不相同，不相等，如一个符号不同于另一个符号，一个文本不同于另一个文本，造成这种不同，不是因为它们自身包含着一个肯定的内核，而是由于符号、文本等在不同场合或系统中的作用方式不同。

②播散（dissemination），意思是向四面八方进行散布，不同于直线传递的信息。

---

[1] 引自《Gerhy Ascendant》，Architecture Record，9905，P171.

③拖延（to deffer），意思是推迟，延拖，暂搁一边，待定。这种拖延或延迟不是一个例外的事情，不是一种正常进行中的突然中断，而是一个积极的过程，事物的存在总是由于词语意义差异而被拖延，这种拖延的原因是由永无穷尽的互文性[1]造成的，由于语言脱离其表达的事物而独立存在，事物本身并不在场，文本的作者也不在场，这样就使得对文本意义的认知和解释处在一种相对的、不断参照他文（other text）的过程中。也就是说，这种观点打破了传统的语言符号是由一一对应的能指和所指构成的观点，符号系统也不存在固定的结构，它更像个互相变化流通的网络，语言不存在确定无疑的中心意义，它总是飘忽不定，这种观点是对传统中心认知模式的消解。德里达的"反逻各斯中心论"和巴尔特的"反本文中心论"、福柯的"反人本中心论"一样，都是旨在打破一种根本性、本质性、权威性的限制。

与此相应，埃森曼的"之间"也带有明显的解构色彩，埃森曼认为，"解构寻求'之间'，即丑在美中，非理性在理性中，去发现被压制的东西、现实的反抗者，去打断本文性（textruality），并使系统错位。"[2] 埃森曼认为只有达到系统错位、歧义阅读、矛盾混杂、互文难尽的状态，才是"解构主义"建筑真正出

[1] "互文性"（Intertexuality，又称为"文本间性"或"互文本性"），这一概念首先由法国符号学家、女权主义批评家朱丽娅·克里斯蒂娃在其《符号学》一书中提出："任何作品的本文都像许多行文的镶嵌品那样构成的，任何本文都是其他本文的吸收和转化。"这个概念的基本内涵是：每一个文本都是其他文本的镜子，每一文本都是对其他文本的吸收与转化，它们相互参照，彼此牵连，形成一个潜力无限的开放网络，以此构成文本过去、现在、将来的巨大开放体系和文学符号学的演变过程。概而言之，互文性概念主要有两个方面的基本含义：（1）"一个确定的文本与它所引用、改写、吸收、扩展或在总体上加以改造的其他文本之间的关系"；（2）"任何文本都是一种互文，在一个文本之中，不同程度地以各种多少能辨认的形式存在着其他的文本，譬如，先时文化的文本和周围文化的文本，任何文本都是对过去的引文的重新组织。"互文性"概念强调的是把写作置于一个坐标体系中予以关照：从横向上看，它将一个文本与其他文本进行对比研究，让文本在一个文本的系统中确定其特性；从纵向上看，它注重前文本的影响研究，从而获得对文学和文化传统的系统认识。应当说，用"互文性"来描述文本间性的问题，不仅显示出了写作活动内部多元文化、多元话语相互交织的事实，而且也显示出了写作的深广性及其丰富而又复杂的文化内蕴和社会历史内涵。作为一种重要的文本理论，互文性理论注重将外在的影响和力量文本化，一切语境无论是政治的、历史的，或社会的、心理的都变成了互文本，这样文本性代替了文学，互文性取代了传统，自主、自足的文学观念也随之被打破。互文性理论将解构主义的、新历史主义的，乃至后现代主义的文学批评的合理因素都纳入了其体系之内，从而也使自身在阐释上具有了多向度的可能。互文性理论吸取了解构主义和后现代主义的破坏逻各斯中心主义的传统，强调由文本显示出来的断裂性和不确定性。互文性理论以形式分析为切入点，最终让自己的视线扩展到整个文学传统和文化影响的视域之内，即一个从文本的互文性到主体的互文性（也可称之为"互射性"或"互涉性"）再到文化的互文性的逻辑模式。互文性理论以"影响"为其核心要素，将众多的影响文学创作的因子纳入其关注的领域，从而也使自己超越了单纯的形式研究的层面，而进入到多重对话的层面。而互文性理论的对话主要是从三个层面进行：文本的对话、主体的对话和文化的对话。参阅百度百科，http://baike.baidu.com/view/829740.htm. 互文性是德里达哲学理论产生的重要前提，德里达正是在互文性中，看到了字词意义的滑移不定，进而提出了他的"分延"概念，这样概念与埃森曼的"之间"概念，可谓是殊途同归。

[2] 邬烈炎编著，《解构主义设计》，南京，江苏美术出版社，2001 年，P045.

现的时候，而“之间”和“不定”是这种状态的根本特征。埃森曼的解构方法带有明显的模式化倾向，实质是他要编造一种产生新建筑的形式结构模式（类似于某种程序语言），来引导建筑形式发生改变，这种模式是先于形式发生改变之前，所必然产生的规则，体系化、整体性是其方法的明显特征，埃森曼也正是站在这个语言学、哲学化的立场上，反对把盖里划入“解构主义”建筑师的群体。因为，盖里与他的方法明显不同，他更多是来自艺术直觉和冲动，盖里没有发展出某种类似于埃森曼的模式语言，即便在单一建筑中，正如埃森曼所言（盖里到处扔碎片），盖里的建筑形态也是千变万化，难以预期，所用的材料多种多样，而不像“白色派”出身的埃森曼那样，把建筑材料和形式浓缩成“卡纸板”的形态，以此来表达他的哲学理论。另一方面，盖里的建筑是直面社会现实的产物，他的“吝啬鬼美学”就是在好莱坞影视界近乎苛刻的要求下产生的，要求既有高品质的美学效果，造价也异常低廉；与盖里相似，埃里克·欧文·莫斯被菲利普·约翰逊称之为“垃圾珠宝匠”，意思是他具备把普通庸常的材料，转变成具有高品质视觉效果的能力。

不论是盖里还是莫斯，他们与埃森曼一个显著的不同就是他们的建筑是现实条件下的产物，而不是语言学理论和模式化、体系化的产物，正如詹克斯所言，如果不存在西方传统“二元对立”的思维模式，即存在矛盾的双方，埃森曼则无法建立起“反叛”建筑的产生规则；因为，反叛首先就是建立在一方反对另一方的规则之上的，如果，不存在“之间”的双方，那么，埃森曼的方法似乎就难以产生，这是埃森曼的“解构”的方法，不同于圣莫尼卡学派的重要区别。即在反叛之前，埃森曼必须首先找到“反叛”的对象，即某种既存的规则，然后，对之进行“颠倒”和“反转”。这在实质上，还是以一种“二元对立”，反对另一种“二元对立”思维模式，以一种“执着”反对另一种“执着”，以一种“确定”反对另一种“确定”，所不同的是基于“反叛”的立场，而出现的“颠倒”和“反转”手法，笔者认为这种思考方法，乃西方传统的概念思维所导致的，这是西方从根本上难以抛弃的根本性的思考方式，它完全不同于中国传统的象思维[1]模式，而究其根源，乃因为中西方语言造字的差别所致：西方文字以一个一个字母按照线性、直线化的排列方式组成，而中国文字是一种关注于整体形象、意象（起源于象形）的文字，在这种文字中，那种微妙的整体观（象思维）就得以超出“二元对立”的逻辑思考方式。

伯纳德·屈米则把解构的理论方法，作为探索分化瓦解传统的对建筑边界认知的手段，所以，对于屈米而言，解构也不是某种运动和风格，屈米强调元

---

[1] 参见后文 8.5.2 节中关于“象思维”的页注。

图 8.6 屈米在拉维莱特公园里设计的构筑物

素的综合、谐调、构图，并把潜在的根本不同的各部分，天衣无缝地缝合在一起，从而达到建筑形式远离文化寓意的状况，变成了无感觉和无意义，进而达到了反形式的目标。在拉维莱特公园的设计中，屈米创造了一个无头无尾的隐喻群体，通过重复、畸变、叠置，使秩序和等级的传统思想受到打击，来暗示在哲学、心理学和电影领域中，那些处在界限上的状态，这种状态类似于埃森曼的“之间”概念，如哲学—非哲学，文学—非文学，建筑—非建筑。对于屈米而言，观念的混合和置换就是这个时代的最好的暗示，他通过把不同建筑功能类型进行转换、混合和交叉，把不同的传统功能空间类型进行叠合，创造了一系列令人耳目一新的设计手法模式，如交叉程序设计、横断程序设计和解析程序设计，但如同埃森曼的方法一样，屈米的这些手法，也都带有模式化、程序化、自动生成的特点，这是他们两人立足于语言学的领域对建筑进行变革，而必然带有的手法特征，而这种特征和圣莫尼卡学派的建筑师们从艺术直觉和社会现实出发，临机决断而产生的千变万化的建筑形态是存在着根本区别的，关于这一点请参看前面章节，关于圣莫尼卡学派建筑师在设计过程中对偶然性和博弈性、临机性特别关注的内容，图 8.6 为屈米在拉维莱特公园里设计的小型构筑物。

实际上，“什么是解构主义建筑的原则和特征，至今仍无公认的看法，有些论者的见解虚悬深奥，非常难懂。事实上，纽约展览会展出的 7 位建筑师的作品，都是先前发表过的，原来并没有被戴上解构主义的帽子，有的人自己也不认为自己是解构主义的建筑师。另外，有的论者认为，解构主义建筑的系谱可以上溯到 20 世纪 20 年代前后俄国构成主义派的雕刻和未实现的建筑方案。”[1]

综上所述，从狭义的“解构”概念来看，即从建筑理论与解构主义哲学和语言学关系的角度来看，不但整个圣莫尼卡学派，甚至连盖里和莫斯这两个经常被理论界将他们的作品与“解构主义”相关联的建筑师，都与解构主义没有

[1] 吴焕加，百年回眸——20 世纪西方建筑纵览，《世界建筑》杂志，1995 年，第 3 期，P58.

什么关系，而且这一论断在他们的言论和文集中，都有明确的表述。这也是我国著名旅美学者沈克宁先生在他的《当代美国建筑流派概览》(载《美术观察》杂志 1996 年第 7 期)和《当代美国建筑设计理论综述》,(载《建筑师》杂志第 80 期，1998 年 2 月出版，P86)等介绍美国当代建筑潮流的文章中，并没有将圣莫尼卡学派包括在“后现代主义、解构主义”章节内，而是赞同詹克斯和莫里斯·迪克逊的观点，为圣莫尼卡学派单设一个章节。其实，作为这个问题的延伸，还牵涉到盖里与海杜克、文丘里和埃森曼这三位美国东部地区建筑师的区别问题(参看盖里章节的相关内容)。拜茨基在《破坏了完美》一书中，将上述四人合称为美国当代建筑的四教父，一定程度上，可以这么说，正因为盖里以及他所开辟的圣莫尼卡学派与上述另外三位建筑师的不同，才使得盖里获得了美国当代建筑四教父之一的身份，限于文章的篇幅，这里不打算对此进行赘述。

(2)倘若从建筑外在形象而言，即从广义的“解构”概念而言，盖里的建筑正如其所言,“但建筑的形象则捕获了人心”[1](见前文),即他的建筑毕竟如同埃森曼所言，和“解构主义”(广义上的)其他建筑师作品存在着一些“貌似”的特征。这就是盖里和莫斯,甚至有时还包括汤姆·梅恩的作品,往往被划入“解构主义”的阵营的原因，这种现象可以有两个解释：

①广义上的、从建筑外在形象上来讲，“解构”的阵营，实际上包括的建筑师名单长达 20 多名，除了盖里、埃森曼、屈米、哈迪德、库哈斯、里勃斯金、蓝天组外，还包括藤井博己(Hiromi Fuji)、约翰·海杜克(John Heiduk)、毛纲毅旷等人。可以说，当今国际上明星建筑师少有不包含在这个阵营里的。

②如果仅仅从外在形象而言，那些散乱、残缺、突变、动势、奇绝的建筑作品都可以划入“解构”阵营的话，那么，我们甚至可以说，现在的中国也有不少的建筑师可以划进这个阵营里了。如此之多的建筑师在设计中创作出那些反常、畸变，充满着动感、力量和矛盾、模糊特征的建筑形象，正是从一个侧面，反映出当今全球文明的一个侧面,一定程度上,可以这么说,这些所谓“解构主义”的建筑,正是当今这个“解构主义”时代的缩影,在世界范围内出现了这种现象，究其根源，可以说是时代使然。

20 世纪后半叶，随着世界进入多元化社会的普遍现象，人们对建筑多元化也提出了普遍的呼声，那些具有创作热情和激情的建筑师，也不再满足于既定的理论方法，他们对设计的规律、方法和技巧等等方面进行怀疑、批评、拆解、重构，抛弃了过去公认的、简单的和谐、统一等权威规定和审美原则，

---

[1] EL Croquis：Frank Gehry 1991–1995，Spanish，P25.

大胆尝试不统一、不和谐、不连续、不完整，这些被传统规则视为“非法”的美学特征在建筑领域的出现，创造了极具视觉震撼力的建筑形象。传统的美学法则是针对建筑形态结构而言，它是确定的、不变的，这种统一观往往把对象置于一种事先确定的、不变的形式结构之中，来推敲各部分之间的形式和位置关系，从而产生一种确定的、线性的、二元的、非此即彼的整体统一模式，这是一种静态的、简单的统一模式。而解构主义的建筑师们则创造了一种动态的形式结构模式，它充满着变化、偶然和随机。以动态的视角来安排各部分之间的关系，建筑呈现出一种非简单线性推理的设计逻辑，和动感的建筑姿态，建筑的复杂性、矛盾性、丰富性是这类复杂秩序建筑的共同特征。这种动态形式结构模式，能够较好地反映出建筑师们的内心世界：不安、躁动和力量，通过形式运动的强与弱，快和慢，流动和截止，冲突和制衡，确切地表达了建筑师们的内心世界。

然而，隐藏在建筑变革背后那只看不见的手，正如著名的后现代主义学者杰姆逊所指出的那样，正是当代西方社会经济、政治的最新发展状况，埃森曼也深刻地洞见到了这一点，他说道：“跨国资本的政治体系已经规范好了一种空间、时间、城市和建筑的组织。在既有制造和消费模式中，寻求一种激进的变化，制造一种‘空白’状况，一种不能消费的东西，不仅仅是一个美学的论争，更是一个政治性的论争。”[1] 另外，当代西方社会在经济技术、社会心理、审美意识等各方面所发生的新变化，通过不可阻挡的学科交叉互融的渠道，对当代建筑学的设计思想也产生了难以估量的冲击力，传统不再具有先天的权威，不再获得先验的合法性，一切真理都可以放在时代的天平上“重估”其价值，一切都可以加以怀疑、探讨、试验。可以说，解构建筑现象的出现，反映了当代西方社会文化发展的一个侧面。问题的另一个方面，如同“解构”理论所暗示的情形，一旦文本的意义变得模糊不定，难以界定，那么对形式的评价将会面临莫衷一是的尴尬局面，从这个角度来讲，“解构主义”建筑现象的出现，既是西方社会文化发展危机的体现，也是危机里所释放出震撼力量的一种内爆方式。雷姆·库哈斯（Rem Koolhaas）在2000年5月接受普利茨克建筑奖时，发表了近乎耸人听闻的预言：“在数十年，也许近百年来，我们建筑学遭遇到了极其强大的竞争，我们在真实世界难以想象的社区正在虚拟空间中蓬勃发展。我们试图在大地上维持的区域和界限，正以无从察觉的方式合并、转型，进入一个更直接、更迷人和更灵活的领域——电子领域，我们仍沉浸在砂浆的死海中，如果我们不能将我们自身从‘永恒’中解放出来，转而思考更急迫、更当下的新问题，建筑

[1] 朱涛，信息消费时代的都市奇观——世纪之交的当代西方建筑思潮，《建筑学报》，2000年第10期，P18.

学不会持续到 2050 年。”[1] 库哈斯要求建筑师们，要清晰地意识到“更紧迫、更当下”的现实时代里，所涌现出来的建筑新问题，尽快地从传统的“砂浆死海”里猛醒过来，面向现实，寻找建筑的新形式、新思维，解决新问题。

（3）“解构主义”与圣莫尼卡学派之间相似性的分析。不论是“解构主义”还是圣莫尼卡学派的建筑师群体，有一个为他们所共享的思想价值，那就是对批评和质疑价值的肯定，它意味着固步自封和自以为是局面的终结，这就决定了它们的建筑实践，都具有开拓创造的使命。虽然在事实上，以“质疑”为基础的建筑活动，难以从根本上排除虚无主义的破坏性影响，但这是开拓创新所必须付出的代价，可喜的是，我们看到了它们在揭示和发展古典形式美以外的事物，即秩序、稳定、统一、和谐、完整、韵律等之外或与之对立的东西；揭示和发展建筑功能、结构和形式组织中的非理性、非逻辑成分；揭示和发展“非”文化的、极端个性化的艺术形式；以及，在向建筑的几何纯洁性质疑；向功能主义、功能象征主义质疑；向以传统历史符号为手段的文脉主义质疑，在这些方面，圣莫尼卡学派和解构主义都表现出了相同的态度，也都做出了极其重要的历史性贡献。

五、断裂文明中的艺术自为与自救——对圣莫尼卡学派的解读和评价

后现代时期“中心”和“标准”的消解与丧失，往往意味着“怎么都行”状态的产生；多元化社会的出现，则可能导致虚无主义的蔓延，圣莫尼卡学派就是在这个快速无根化、断裂的时代中，所展开的建筑艺术的奋力自为和自救。称其为自为，是因为多元文化的深入发展、与传统的告别，以及现代主义建筑运动所遗留的历史难题，造成了对建筑形式、意义评判莫衷一是的局面；在一切都已经成为商品的社会里，一切知识和理论、艺术和风格也都成了一种商品和消费品。在消费时代、商业文化背景下的建筑舞台上，留给先锋派建筑师只有一条实验性的自为道路了，先锋派建筑师只有通过个人形式和风格的建立，才能证实建筑设计和艺术，在这个被称为“终结”的时代里，还有继续存在的必要性和合法性，否则，建筑设计将会面临如同埃森曼和库哈斯所担心的那样局面：即建筑设计将因其乏味、无价值、毫无生命力的理论方法和形式风格，而被逐出历史舞台，建筑师的存在价值，将会遭到时代的抛弃。

多元化社会里，建筑设计与艺术的评判会面临一个尴尬的局面，即由于中心被消解，权威被搁置，对先锋派建筑的评判只能依赖于对建筑师个人实验性、风

---

[1] 朱涛，信息消费时代的都市奇观——世纪之交的当代西方建筑思潮，《建筑学报》，2000 年第 10 期，P10.

格化艺术语言和设计方法的认可。面对断裂的文明、无根的文化、迷茫的方向，开拓性的建筑师只能走上自为、自救的实验性道路了，因为历史和传统已经在一定程度上被遗忘冷淡，一切昨天刚刚发生过的，也已经被这个消费社会，通过快速传播的电子文件所消耗掉，一个产生于美国纽约的建筑新形式，就会在下个星期出现在中国建筑师的设计方案中，在商业交换的行为模式下，建筑师们只能殚精竭虑地、被迫不断创作出新的风格式样，为社会源源不断地提供“建筑艺术消费品”。21 世纪之初，展现在我们面前的建筑设计，就是这样新式的职业规则。

詹克斯曾经对埃森曼说，不论你谈论什么样的意识形态，对于建筑设计而言，最后，都得要通过建筑的形式语言和艺术风格表达出来。所以，形式一旦被剽窃、复制和模仿，则意味着起初的、可以附加高额商业利润的原初性设计构思和语言风格，立即贬值。而互联网时代，电子网络每时每刻都在吞没掉世界各地建筑师们苦思冥想得出的原创性构思，这样，建筑师们就成了一批被消费市场和电子网络所驱使的、风格样式的“开拓者”和“拾荒者”，毕竟对于建筑设计而言，如同盖里谈论自己的作品为什么被划入“解构主义”群体时所言，风格样式是最能捕获业主眼球的，有时甚至“一张效果图，可以搞定一切。”这是“图像时代”或“读图时代”对建筑艺术品进行鉴定和标价的简单规则。

1.《呐喊》：一个失语时代的化身

圣莫尼卡学派产生于后现代时期的洛杉矶。后现代时期，首先在社会文化和个人精神世界的领域内是一个断裂的时代，是一个无根化的时代，当代建筑艺术就是产生于这样一个特殊的时代里，这样的时空背景正是圣莫尼卡学派建筑革新运动的历史起点，而它的一切也就必然深刻地打上这个断裂和无根化时代的鲜明烙印。

在这个时代里，人已经渐渐远离自然状态，人的异化日益成为一个严重的社会问题。前一段时间，在上海出现了一种称为“摔破”的民间组织，究其根源，乃是当代人生活之苦闷，已经难以用语言来表述，或者说，语言的表述，一方面难以宣泄他们内心的苦闷，另一方面，这个组织的参与者们还难以找到心灵的倾诉对象。所以，他们寻求借助“摔破”活动，通过摔砸等一系列破坏性的动作来宣泄自己内心的苦闷，并因此形成了“摔破”民间组织。这种社会现象，鲜明地表达了后现代时期一个严重的社会问题，即失语现象。人，在现实面前，已经懒得“废话”，懒得言说。我们可以在人遭受到重大精神重创的时候，发现这种现象，比如 2008 年“5·12”汶川大地震之后，幸存者们在巨大的悲伤面前，往往选择沉默无语，而据权威的社会心理学家们分析，在这种表面的沉默之后，则隐藏着巨大的心理痛苦。

当然，在作为文化、艺术探寻着和继承者的建筑师群体里，也早就弥漫着这样的情景氛围，从国内前几年关于建筑师们失语现象的讨论，即可以分辨出我国建筑设计界也普遍地存在着这种失语现象。在本书的写作过程中，笔者不止一次地深刻感受到，圣莫尼卡学派的建筑师们，在时代巨大的虚无感面前，所感受到的彷徨和迷茫，尽管有时，这种迷茫被他们外在表面事业的功成名就功所遮掩，我们可以在盖里未成名前，在洛杉矶由于被排挤，而处在边缘状态时的那些历史照片中，看到他的彷徨、迷茫，这些照片鲜明地表达出此时的盖里，正严重地处在失语状态之中，事实上，孤独的盖里，因为实验建筑的不顺利和重重艰难，连自己的婚姻也因此而触礁，他只能带着两个女儿一直生活到 1976 年，可以说，盖里在追求实验建筑的道路上，尝遍了酸甜苦辣、百味人生。

而梅恩则坦率地宣称他从未想过自己会成为普利茨克奖的得主，梅恩这句率真话，也揭示了他自己和这个时代现实之间的巨大差异和冲突。梅恩在 1990 年代中期之后，所取得的成就，是以他对自己一直坚守的建筑学理论和方法的折中为代价的，因为，他非常清楚，倘若继续按照他以前面对现实的态度，那么，他从现实所获得的结果，就是两个字："失败"。"我已经改变了自己，我知道要想获得我所想要的东西，我必须得这样做，这更多意味着要磋商，而不是把我的拳头猛击桌面来捍卫我作品的自治性。……所以，我非常清楚，我要是捍卫自治性，我就走向自我发展的相反方向。这是一种本能性的反应，这对于保持作品自我性的一面来说，这也是我最感兴趣的那一部分，是很重要的；但今天，在我们的文化中，它处于危险之中。……"[1] 对于莫斯而言，在他相对主义的世界观之下，我们则可以清晰地体察到这位建筑狂想家内在的精神苦闷和矛盾紧张的心理状态，他经常以"建筑学是一个绝望的男人，在现实世界所采取的行动"[2] 为开端。通观圣莫尼卡学派建筑师们的成长经历，他们都不同程度地遭遇到个人内在精神、价值和社会现实之间的巨大矛盾和冲击，这种矛盾在早期往往表现出一种失语的现象，伴随着彷徨和迷茫，但对建筑艺术的执着追求，让他们没有在这种彷徨中消沉下去，而是继续着自己的实验和探索。由于他们的探索具备了独立、内省的高尚品质特质，真正契合了时代性、地方性，他们的建筑语言展现出了强大的生命力，才使得这个学派在洛杉矶地区实验建筑的发展历史上，占据了极其重要的历史性地位。

失语现象，这个时期，在浮华的科技文明表面外表之下，所隐藏的真实的人的精神状态，它在昭示着语言表达能力不充足（语言难以达意）的同时，也暗示着人的内心所隐藏着的深刻的精神分裂和矛盾冲突。其实，失语现象早已

---

[1] Anna Tilroe，'The idea of the future is Dead' -Interview with Thom Mayne，http://www.netropolitan.org/morphosis/tilroe_english.html.

[2] Eric Owen Moss，Gnostic Architecture，Monacelli，New York，1999，P3.29.

存在于现代文明之中，这种精神的苦恼，也早被那些敏锐的思考者所洞察，乔伊斯在《尤利西斯》中，用那些稀奇古怪的语言形式，就是要在言不尽意、言难达意的情况下，通过古怪的语言形式，来隐喻内心难以言表的失落和分裂状态，而非作者故弄玄虚，制造那些奇怪的文学表达形式。J.M. 科茨在《语言学与文学》中写道："某些偏激的现代主义诗歌的特征之一，就是使用一种打破或歪曲了各种语法规则、并在语义上包含了许多复杂隐喻的语言。"[1] 文学家是语言大师，他们之所以这样做的根本原因，乃是他们发现了这样的问题：倘若借用传统的语言文法、规则，已经难以表达其个人在断裂的新型文明中，他们在情感、精神上的感受，因为传统的语言文法是来自于那个已经渐渐远去的整一性时代，那是一个人与自然、宇宙整合为一体的文化形态，一切都还尚未分裂。在那样的时代中，作为工程师的达·芬奇，可以画出传世的绘画作品，而托马斯·阿奎那对几何学的研究，其目的也不在于以科学精确的方式，来考察事物的形体组合方式，而是为了证明全知全能的上帝的存在。可是，进入了现代主义时期之后，由于自我的体验往往会溢出传统的规定性之外（个性化、多元化的结果），那么在表达个性化的自我与由规定性约束的语言代码之间就出现了"裂缝"，造成个体化的生命体验，难以用由传统积淀、社会契约、整一文化所形成的语言方式来完备、准确地表达出来。这样，就在集体性的语法规则、语言形式所规定的言说方式，与个体化自我生命体验所需要的言说方式之间，造成巨大的紧张，因为这是两个难以完全相容的言说方式和话语系统，个体体验与传统文化的通则之间，很难建立起合理准确的表现通道，倘若非要真实地表现出来的话，则往往通过艺术语言展现出一种分裂的力量和感伤。歌德在《浮士德》里就淋漓尽致地披露了自己内在精神的分裂状况：

有两种精神居住在我的心胸，
一个要想与另一个分离！
一个沉迷在迷离的爱欲之中，
执拗地固执于这个尘世，
另一个要猛烈地离开风尘，
向那崇高的灵的境界飞驰。[2]

荒诞派戏剧家阿达莫夫（Arthur Adamov）在其自传体小说《自白》中，也以极富色彩的文学语言，刻画了这种来自灵魂深处的痛楚："我痛苦受难，因为我在我的本源之处就是残缺不全与分离。我是被分离了，跟什么东西分开了，

[1] J.M. 科茨，《语言学与文学》，载于《当代西方文学理论导引》，罗里·赖安，苏珊·范·齐尔编，李敏儒，伍子恺译，四川文艺出版社，1986 年，P123.
[2] 歌德著，郭沫若译，《浮士德》，人民文学出版社，P54-55.

我叫不上它的名字，过去叫做上帝，现在它却连名字也没有。”[1] 可见，内在分裂是自现代主义以来就一直存在于西方文明中的一个问题。

西方文明的这种分裂状况，给现代人所造成的内在痛苦，也被现代表现主义绘画的先驱人物爱德华·蒙克[2] 的名画《呐喊》表现得淋漓尽致。1890 年，蒙克开始着手创作他一生中最重要的系列作品“生命组画”，这套组画题材范围广泛，以讴歌“生命、爱情和死亡”为基本主题，采用象征和隐喻的手法，揭示了人类“世纪末”的忧虑与恐惧。蒙克 1893 年所作的油画《呐喊》，是这套组画中最为强烈和最富刺激性的一幅，也是他重要代表作品之一，在这幅画上，蒙克以极度夸张的笔法，描绘了一个变了形的尖叫的人物形象，把现代人类极端的孤独和内在精神分裂所造成的痛苦，以及在无垠宇宙和嘈杂世界面前的恐惧之情，表现得淋漓尽致。蒙克自己曾叙述了这幅画的由来：“一天晚上我沿着小路漫步，路的一边是城市，另一边在我的下方是峡湾，我又累又病，停步朝峡湾那一边眺望，太阳正落山，云被染得红红的，像血一样。我感到一声刺耳的尖叫穿过天地间，我仿佛可以听到这一尖叫的声音。我画下了这幅画，画了那些像真的血一样的云。那些色彩在尖叫，这就是‘生命组画’中的这幅《呐喊》(图 8.7)。”[3]

在这幅画上没有任何具体物象暗示出引发这一尖叫的恐怖。画面中央的形象使人毛骨悚然。他似乎正从我们身边走过，将要转向那伸向远处的栏杆。他捂着耳朵，几乎听不见那两个远去行人的脚步声，也看不见远方两只小船和教堂尖塔；否则，那紧紧缠绕他的整个孤独，或许能稍稍地得以削减。这一完全与现实隔离了的孤独者，似已被他自己内心深处极度的恐惧彻底征服。这个因恐惧、孤独和绝望而尖叫的形象被高度地夸张了，那变形和扭曲的尖叫的面孔，完全是漫画式的。那圆睁的双眼和凹陷的脸颊，使人想到了与死亡相联系的骷髅。这简直就是一个尖叫的鬼魂。“只能是疯子画的”，蒙克在该画的草图上曾这样写道。[4]

为什么真正在历史上获得重要地位的艺术家，往往都会采取这种被正统、传统认为是“颓废”、“反常”的艺术形式，来表达他们真实的主观世界呢？这

---

[1] 冯黎明，《技术文明语境中的现代主义艺术》，中国社会科学出版社，2003 年，P67.

[2] 爱德华·蒙克（Edvard Munch，1863–1944），堪称 20 世纪表现主义艺术的先驱，具有世界声誉的挪威艺术家。他的作品带有强烈的主观性和悲伤压抑的情调，毕加索、马蒂斯就曾吸收他的艺术养料。他的绘画，对于德国表现主义艺术产生了决定性的影响，他成了“桥派”画家的精神领袖。评论家指出：“蒙克体现了表现主义的本质，并在表现主义被命名之前就彻底实践了它。”（罗伯特·休斯著，刘萍君等译，《新艺术的震撼》，上海人民美术出版社，第 246 页）

[3] Thomas M. Messer 著《爱德华·蒙克》，NewYork，Harry N. Abrams，INC，Publishers，1989，P84.

[4] 沈志胜，蒙克的《呐喊》，http://gz.fjedu.gov.cn/meishu/ShowArticle.asp?ArticleID=5683.

图 8.7
爱德华·蒙克名画《呐喊》(《尖叫》)

就牵涉到自现代主义（及其之后）文化中交流危机的问题，其根本原因是个人内在精神的分裂、社会整体性的分裂和文化精神的分裂，这就造成了个体心灵与（艺术）语言媒介之间所存在的冲突和分裂，而作为这种分裂的外在表现形式，就是普遍存在的失语状况，这是一种可怕的麻木、冷漠和沉默，它隐藏了被繁华外表所掩饰了的巨大的时代谎言，也充分暴露了技术文明彻骨的荒谬性。著名后现代主义学者杰姆逊关于断裂文明中的失语状况，曾做过精彩的论述，“在那些伟大的现代主义小说家和诗人中，我们会发现他们并不是发明了一种新的语言，而是使用语言以达到这样的目的：那就是传达出他们使用的语言后面还有另一种语言。而这种语言又是他们所不能企及的；总之，表达问题是现代主义已经面临的一个重要问题，表达出现了一种危机；在早期，比如现实主义、浪漫主义时代，语言并没有成为一个问题，人们仍然认为如果你感觉到什么，你就可以说出来。我们可以依赖修辞学，而伟大的诗人就是能够比他人说得更好的人，‘最好词汇的最好排列’就是诗。而现代主义的到来，带来了这样一个意识：不管你感觉到了什么，你都不能说出来。”[1] 我们从杰姆逊对艺术表现困难的阐发中，也可以感知到蒙克《呐喊》的艺术价值所在，因为蒙克正是以一种触目惊心的、“反常”的艺术形式，把他内心刹那间的孤独、绝望、狂躁、恐惧和忧伤，彻底、全面、准确地表现了出来。

---

[1] F. 杰姆逊著，唐小兵译，《后现代主义与文化理论》，陕西师范大学出版社，1986 年，P161-162.

杰姆逊这里所谈论的问题，就是语言陈述的可证实性问题，一旦语言符号与其所指之间，不能建立起一一对应的关系，那么，一切既存的言说和思想理论，就将产生严重的表达和交流危机，这个问题不但是语言文字的问题，而且，由语言文字所衍生出来的艺术表现，及其意义也随之将面临同样的危机，因为艺术作品所表达的意义，也必须通过转化为语言文字形式的思想和意义后，才能够进入人的思想意识，并进而在读者和作者间建立起信息交流的关系，如果语言符号与意义之间“一一对应”的关系链断裂，就必然造成作者不知怎么言说，怎么表达的状况，对于作者而言，这就是严重的失语状况；而对于读者来讲，就是不知作者所云。所以，维特根斯坦曾发出这样的感慨：“我们正在与语言搏斗，我们已经卷入与语言的搏斗之中。”[1]

一定程度上讲，西方近代文明的危机正是出自于语言的言说表达和传播交流的危机，其实罗素[2]也已经洞察到西方近代文化，由于语言与指涉物之间的关系趋向松散，而必将出现文化危机，但他相信语言的指称能够产生意义。维特根斯坦则相信语言的用法能够产生意义，其实，这就已经为能指符号经过排列游戏来产生意义，打通了路径。作为结构主义语言学家的列维·施特劳斯[3]相信语言的结构能够产生意义，他的这种思想，我们完全可以在埃森曼早期一系列“卡纸板”住宅研究方案中得到证实，埃森曼依然在以结构主义的手法，拓展结构所能够表达意义的范围，只不过他的结构，相对于传统的结构形式而言，是一种变异了的结构；海德格尔相信语言活动能够产生意义，即不同言说者之间，通过话语的交流活动产生意义，哈贝马斯也相信语言的交往能够产生意义，胡塞尔则把概念的意义进行“悬置”处理，对意义而言，胡塞尔的“悬置”和德

---

[1] 维特根斯坦著，黄正东，唐少杰译，《文化和价值》，清华大学出版社，1987 年，P15。路德维希·维特根斯坦（Ludwig Wittgenstein，1889–1951），出生于奥地利，后入英国籍。哲学家、数理逻辑学家。语言哲学的奠基人，20 世纪最有影响的哲学家之一。其主要思想包括："语言的图象论"，"不可说"，"意义即使用"，"语言游戏"，"私人语言" 等。

[2] 伯特兰·亚瑟·威廉·罗素（Bertrand Arthur Wieeiam Russel，1872–1970）无疑是 20 世纪最伟大的学者，他是这个时代理性主义和人道主义的代言人，是西方思想解放与言论自由的见证人，他因为对现实社会的悲观看法，而特别强调人类行为的理性化。1946 年，74 岁的罗素发表了著名的巨著《西方哲学史》，他的一生的追求就是力图作为大众良知最热烈的发言人，其著作总能出色地把艰深的学术思想深入浅出地普及于大众，这些著作即使是从纯文学的角度看，也是无与伦比的。他的《西方哲学史》、《人类知识的范围与界限》（1948）。《怀疑论》（1948），《权威与个人》（1949）以及《我的哲学思想的发展》均无例外。1950 年由于他“多产而重要的哲学著作，并以此成为人道主义与自由思想的代言人”而获得了该年度的诺贝尔文学奖。

[3] 克洛德·列维·施特劳斯（Claude Levi-Strauss，1908–2009），法国著名的社会人类学家，哲学家，法兰西科学院院士，结构主义人类学创始人。早年在巴黎大学主修哲学与法律，1934–1937 年在巴西圣保罗大学教授社会学，并从事巴西土著之田野研究。1948 年返法，1959 年出任法兰西学院教授。作为 20 世纪最伟大的人类学家之一，他的影响波及人类学、语言学、哲学、历史学等诸多领域。主要著作有《结构人类学》（1-2）、《神话学》（4 卷）、《野性的思维》等。

里达的“分延”有着异曲同工之妙，[1] 都反映了对以前既定的、先验意义的怀疑。由这些西方近代哲学巨匠对语言问题的看法，我们可以清楚地洞察到当代西方文化流变与对待语言功能的认识之间，存在着极其重要的联系，它涉及文化交流中理解方式和代码形式之间的排列关系问题。而对于一切以造型为基础的艺术而言，包括建筑艺术在内，在 20 世纪晚期以来，这个问题也日益凸显出了其严重性。我们可以看到，在建筑界，包括一些其他门类的艺术，作者要么选择失语的态度，选择这种态度无非是不产生无意义的新形式罢了，因为谈论意义，在这个时代，似乎本身就无意义；要么选择发表狂的态度，即疯狂地不停言说和发表，一旦持着发表狂的态度，也就离原创性相去甚远，其作品也就难以产生什么新的意义，但依靠发表狂式的行为，作者可以在一段较长的时间内，被观者和受众所记住，而不至于被迅速地遗忘。

2.“幻象”文化与断裂文明

通过前文的分析，我们不难看出埃森曼的建筑创新和德里达的解构理论，都是从语言学着手进行的，这就牵涉到一个当代建筑艺术话语交流及其危机的问题。埃森曼在建筑领域里从语言学的角度，对建筑学进行的改造，正是西方当代语言学和哲学领域的理论变化，对建筑学领域产生影响的鲜活例证。人的存在、意识、语言和意义，在古典时代一直是被认为有着确定不移的指涉链条的，因为，语言作为一种人造符号，必须与其指涉物之间存在着“一一对应”的关系，即“能指”的符号与“所指”的事物间，必须存在确定不移的对应关系，否则，语言符号就成了一种空洞无物的东西，而且，它也将失去作为人类话语、思想交流的工具价值，哪怕这种符号是个抽象的概念。人是语言的动物，人的思想为语言所塑造，离开语言，人的思想就将死亡。所以，语境、语义对于人的思想精神而言，就具有极其重要的社会意义。

在 20 世纪的西方，语言问题成了一个受到高度重视的学术问题，一定程度上可以讲，20 世纪的西方哲学就是围绕着语言问题而展开的，这对于中国人来说，确实有些匪夷所思，但究其根源，乃是中国汉字与西方语言的差别造成的。我国汉字基于象形，而且口语与文字分离，即“语（口语）”与“文（文言文）”

---

[1] 胡塞尔的悬置是最普遍、最彻底的融怀疑和创造为一体的哲学概念，一切事情的存在都在悬置之列，胡塞尔的悬置是为了最终能从一个可靠的基础上将被悬置的存在推出来，使之得到非独断的、合理的解释。因此，悬置是针对“超验”存在的，其结果却是使这些存在都成为了“内在的”，即由意识本身的结构得到解释因而不再与（人的）意识相外在、相对立、相异化。所以真正悬置的是存在的超验性，为的是最终达到“内在的超验性”。这样，在悬置了事物的存在之后，剩下的是一个摆脱了独断论束缚的无限广阔的现象领域，一个真正自明的而又无所不包的显现领域。因此，悬置不是限制了而是扩大了哲学考察的范围。参考梅琼林《胡塞尔现象学导引》，载《中州学刊》1996 年第 6 期，P34.

分开，我们聪明的祖先，在很早之前就意识到，如果不把口语和文字（文言文）分开，道德文章、千古大义将会随着口语的变化，而变得面目全非，把文字和口语分开，就可以保持文字的意义独立于口语之外，就可以使文字能够超越时间，而保持意义不变，我国古代的文言文就是这种语言形式，它有着自己完备的规则，意义可以保持几千年基本上不变。正因如此，我们才能够读懂几千年前的经史典籍，当我们展开古籍，如同和我们的圣哲先人生活在同一个时代，我们的思想和他们是相通的，可以在精神上与他们进行交流，从而达到被教化的教育目的；虽然，我们的文字意义也存在着一定程度的变异，但并没有随着口语变化和时代变迁，变得面目全非，而是几千年以来一直保持着语言意义的连贯性、确定性，所以作为中国人是难以理解德里达的“分延”概念的。另外，中国的文字造字术，还造就我们民族不同于西方逻辑思维的“象思维”[1]和“整体思维”的东方思维特点。而对于基于语音和由一个个字母按照前后逻辑、直线铺展西方语言文字而言，由于口语的变迁，口语和文字的同一，一些古老的文字，如拉丁文、希腊文，在今日，甚至已经成为几乎无人能够读解的话语符号，而另外还有一些语种，因为无人能解，渐渐消亡了，究其根源，乃是因为这种的语言的意义流变性很大，以至于这种问题上升到了严重的哲学问题。

语言学领域的理论变革，通过哲学等人文学科的相关领域，对建筑创作产生了极其重要的影响，因为，建筑师们意识到并赞同德里达的“分延”概念，所以，他们才会在建筑设计中将这种“分延”的概念，转译成“歧义”、“之间”、“矛盾”或“模糊”等具体的建筑手法，进而对设计的过程和最终的结果，产生了根本性的影响。我们可以想象得到，倘若建筑师们不赞同这种“分延”概念，

---

[1] 关于“象思维”的概念及内容，可参看王树人著作《回归原创之思:“象思维”视野下的中国智慧》，该书由江苏人民出版社 2005 年出版。该著作既是对中国传统思想基本特征的概括，同时也为这一思想文化研究开拓了一个新的方法论和视角，“象思维”作为动态整体直观的悟性思维，最富于原创性，这种“象思维”模式比概念思维（西方文明所擅长的所谓模式）更为本质，而且这种思维模式正是中国华夏文明的发源之处、特长和脊髓本质所在，这种具有原创性的思想文化在我国古代一系列重要的典籍中都有着明确的表达，包括《周易》、《老子》、《庄子》，以及禅宗思想、古代诗歌、书道、画论等。“象思维”大致可以分为三个层次：具象、意象、体悟之象。其中体悟之象最为重要，是一种“大象无形”之象。周易中讲“观物取象、象以尽义”，这里的“观”是一种体悟，和老子中的“玄之又玄”中的“玄”具有异曲同工之妙，都侧重于对事物整体的实质性把握。“象思维”不是下定义、找概念、划清界限（这几点乃西方认识方法的特征），而是要超越二元对立，进入与宇宙天地相契合的境界。中西方思维方式的不同，根本原因在于语言文字的不同。“象思维”的文化背景正是中国的文字，汉字“六书”中的象形、指示、形声、会意都与“象”的各个层次有着紧密的联系，而西方的“概念思维”则和有利于思辨的拼音文字是分不开的，因为这种语言的字词是按照字母，以直线排列先后而成，如果当中有某个或几个字母变化，则整个字词就会变化，这是一种比中国文字更具逻辑性的造字方法，因而也造成了西方文明中，讲求逻辑性、分析性的思维特点。王树人先生指出，中国的真正复兴，必须建立在我国原创性文化思想精神的复兴、重塑文明古国的自信和庄严的基础之上。因此，我们除了掌握西方的概念思维以外，还必须回到中国传世古典著作中去，去挖掘、把握我们传统文化中悟性的、直觉性的、原创性的思维智慧。

那么，他们是不可能去实践这种思想的。由此可见，西方语言中所存在的这种现象，是一个能够被在这种文明形态下生活的个人，普遍感受得到的现象，这样，他们作品中所出现的种种“分延”或“之间”的情况，就不足为怪了。

对于语言学一代宗师索绪尔来说，“能指”与“所指”之间的关系，已经并不那么紧密，他倾向于在“能指”的诸多区分中确立意义，他将词分为“能指”和“所指”两个构成部分，这完全是一种科学分析式的、解剖式的研究方式，而这种认识世界的方式，从根本上说，则是由于他们直线性铺展的语言形式所造成的。索绪尔的这种划分，就为词的书写（语言文字）和它的发音（话语活动），同这个词的概念意义之间进行分离，奠定了理论依据。对他而言，“能指”和“所指”相结合的基础是约定俗成，而非必然的。在此我们可以看出东西方造字术的巨大差异，对于中国人来讲，难以想象把动物的马，写成“美”，因为我们的古人就是根据马的形态造出“马”字，而根据女子端庄、高贵的体态之美，造出“美”字，即我们的文字一定程度上讲是“性相一体”的，难以将“性（意义）”和“相（形式）”两者剥离开来认识。另外，倘若从对我国文化产生几千年影响作用的大乘佛法的角度来说，解构论更是一个虚假的设定。在大乘佛法中，不止一次地道出“凡所有相，皆是虚妄，一切有为法，如梦幻泡影”的认识论，既然相（包括色界一切现象，当然就包括一切艺术形式）和法（思想理论）皆因姻缘而生，无自体自性，如云聚云散，处在刹那转换之中，了无可得。那么，执着于不断变化的“相”和“法”，从根本上来讲，将会面临一种“无所得”的尴尬局面，你的努力将被证明是一种徒劳的执着，[1]这种观点倒是与后现代的一些理论相符合。而且，如果我们一旦认识到“相”和“法”的无常本性，那么，建筑师和理论家们或许都会变得谦逊一些，理论上的争执和自大的状况，也或许会有所改观，因为一切都是在转变之中，那些片面、执着地夸大自己理论价值的做法，就有待商榷，只要我们回顾现代主义以来的理论发展状况，就会对此有深刻的理解。而一直把文化植根立足于自然和人伦的中国文化，相对来说，很少会在语言问题上出现不必要的纠结。

由此可见，我们在学习西方近代理论时，不可不采取比较的态度，西方文明危机中的语言问题，在我国文化中，可能是不会产生的，语言意义的稳定状态，能在一定程度上保证持有这种语言的文明不会断裂。我国著名的美籍华裔学者

---

[1] 从这个角度看，圣莫尼卡学派的迈克尔·罗通迪则显示出明显的东方思维品质和智慧，离开 SCI-arc 之后，罗通迪在亚利桑那州立大学，从事一种对形进行深度探索的教育和实验，他希望通过形来象征和隐喻天地和自然，这是一种对于中国人来说，较为亲切的艺术之路，因为罗通迪的探索是走在“象思维”的东方道路上的，而抛弃了一般西方建筑师以逻辑推理来探求艺术形式的方式，而罗通迪之所以发生这样的转变，乃是因为他在一系列项目中，有缘接触到古印第安人的宗教思想和东方的佛教思想。

张光直先生[1]也提出过东西方文明是“连续”（Continuity）和“断裂”（rupture）的两种截然不同形态的理论，张光直指出：“世界文明形成的方式主要有两种形态，一是世界式的（非西方式的），也就是中国式的，包括美洲的玛雅文明在内，社会财富的积蓄主要是靠政治程序完成，它的特点是连续性。二是西方式的，从两河流域的苏美尔人（Sumerian）的乌鲁克（Uruk）文化到地中海的爱琴文明，它们的文明社会出现，在社会演进过程中是一个突破性的变化，…… 它的特点是突破性的，也就是断裂性的。”[2]（这一观点详见张光直《中国文明的形成及其在世界文明史上的地位》一文）他还说：“中国文明社会的产生，不是生产技术革命的结果，也不是商业贸易的起飞，而是逐渐通过政治程序所造成的财富极度集中的结果。”他认为，东西方这两种文化现象在文明初始阶段就已经形成了，由种种考古材料都可以看得出来；不仅如此，两者都分别延续到了今天。[3]即西方文明的断裂性、中国文明的连续性是两者根本不同的本质属性。

从索绪尔把“能指”和“所指”区别开正式开始，经过结构主义、解构派，语言、话语的形式（能指）与其指涉物（所指）的关系日益松散，而进入后现代时期之后，由于人们日常生活中，除了语言代码外，还有媒体化语码、数字化语码和技术物品标志语码，从而造成了后现代时期指涉物消失，而以代码游戏构成意义的“幻象”文化的出现，比如一些奢侈品牌就意味着主人的尊贵和社会地位与财富，经过包装的大量广告，可谓是这种“幻象”文化的助推者，“BMW”和“BENZ”，不仅仅代表着汽车，它还是一种社会身份、财富和地位的象征，功能性的技术物品的代码，变成了意义的“幻象”。

“能指”和“所指”的这种关系，到了德里达的解构主义那里，其松散关系进一步恶化，德里达认定，“能指”意义链条处在无穷尽“互文”追踪关系之中，“互文”关系中字义的差异性，构成了词义“印迹”，就是语言和话语的全部内容，与指涉物无关（这有多危险！）。通过这样的手术，解构派就把人的思想描述成一些零散、杂乱、不连续的话语踪迹。德里达的解构论，把欧洲传统的逻辑经验主义的实证主义意义论，转变成了“所指”缺席的、游戏性的意义论，“能指”

---

[1] 张光直（1931–2001 年），男，原籍中国台湾，在北京出生。当代著名的美籍华裔学者，人类学、考古学家。2001 年因帕金森氏症在美国马萨诸塞州去世。张光直是在国内外享有盛誉的考古学家，生前曾任美国哈佛大学人类学系教授，毕生从事中国历史与考古学研究，张光直在中国青铜时代、中国的聚落形态、商王庙号、青铜纹饰、台湾史前史等方面有深入研究，在研究机构创办田野考古活动、中外学术交流、两岸学术互动等方面贡献巨大，在国际考古学界享有崇高地位。他一生出版专著十余本，论文一百多篇，最具代表性的著作有《中国青铜时代》（二集）、《商文明》、《古代中国考古学》、《美术、神话与祭祀》、《考古学再思》、《中国考古学论文集》、《考古人类学随笔》、《番薯人的故事》等。

[2] 参考互动百科，张光直词条，http://www.hudong.com/wiki/%E5%BC%A0%E5%85%89%E7%9B%B4.

[3] 李亦园教授在第二届人类学高级论坛（银川）的讲演（节选），《连续与断裂——张光直博士的中西文明理念差异论》，http://6148655.blog.hexun.com/13927934_d.html.

代码几乎彻底地摆脱意义的束缚，进入了一种重构的游戏，其实这种游戏在立体派开始的“无物象绘画”和“形式主义”文学之中，就已经初见端倪；意义无他，意义就是代码的重组、重构。后现代时期，代码（能指）和幻象替代了真实存在的所指，成了人们现实生活中的重要组成因素，能指的解放达到了史无前例的重要地位，以至于它的指涉物（所指），却几乎为世人忘却。而现实人，一旦执着于这种幻象文化之中时，则不知不觉地，自己对自己实现了无声的异化和分裂手术，从而，进一步地陷入到内在分裂的灾难之中。

其实，索绪尔的认知方式，也是西方人所擅长的科学理性的认知方式，而科学理性认知方式本身，就可能暗含着一种分裂、断裂的趋向，这种趋向一旦结合了技术的力量，就会对社会生活和文化形态产生破坏性的影响。“西方传统思想有一个与中国思想明显不同的特色，那就是以逻各斯中心主义[1]为基础的科学性认识方式，在整个思想体系中一直占有一席之地，而不像中国传统思想那样，将以精确化见长的技术理性，置于形而下的技艺活动之中，任人文思想自我发展。包容着技术理性的西方传统思想，因此也潜在着一种比中国思想大得多的危险，即整一性的破碎。一旦技术理性自身的发展，使其获得了对社会生活的独立支撑力量，它便极力摆脱附庸于人文精神的从属地位，甚至成长为与人文精神对抗的一种精神力量。工业革命正好提供了促使技术理性独立的历史语境，因为工业革命导致了技术主导型文明范式的成熟。人文与科技两种连接方式和价值原则一旦对立，传统文化精神的整一性便不复存在，由此开始，欧洲文化就进入了一个覆水难收的阶段。”[2]技术理性通过工业技术制成品，深刻地改造了这个时代的生活背景，造成文化转型、内在精神分裂、思维方式转变等一系列社会结果，最终导致当下碎片状的社会和文化境况。尤其重要的是，作为现实生活总结的当代西方哲学，通过语言学的改造，促进了词义链条的断裂、词义的模棱两可和文化的难明就里状况，这就造成了文化意义的废墟和艺术作品的终结问题，而这两个问题，则是当代建筑必须予以回答的问题，否则，建筑将面临

---

[1] “逻各斯中心主义”是西方形而上学的一个别称，这是德里达继承海德格尔的思路对西方哲学的一个总的裁决。顾名思义，逻各斯中心主义就是一种以逻各斯为中心的结构，为此我们首先要明白“逻各斯”的含义。“逻各斯”出自古希腊语，为 λoyos（logos）的音译，因为它有很多含义，汉语里很难找到相对应的词。著名哲学史家格思里在《希腊哲学史》第一卷中详尽地分析了公元前5世纪及之前这个词在哲学、文学、历史等文献中的用法，总结出十种含义：（1）任何讲出的或写出的东西；（2）所提到的和与价值有关的东西，如评价、声望；（3）灵魂内在的考虑，如思想、推理；（4）从所讲或所写发展为原因、理性或论证；（5）与“空话”、“借口”相反，“真正的逻各斯”是事物的真理；（6）尺度，分寸；（7）对应关系，比例；（8）一般原则或规律，这是比较晚出的用法；（9）理性的能力，如人与动物的区别在于人有逻各斯；（10）定义或公式，表达事物的本质。希腊语“逻各斯”，意即“语言”、“定义”，其别称是存在、本质、本源、真理、绝对等等，它们都是关于每件事物是什么的本真说明，也是全部思想和语言系统的基础所在。参看百度知道网站，http://zhidao.baidu.com/question/9138281.html.

[2] 冯黎明，《技术文明语境中的现代主义艺术》，中国社会科学出版社，2003年，P7.

埃森曼所担心的状况，即建筑设计因为其语言的无意义、无生命，而丧失自身存在的价值，甚至面临被迫退出历史舞台的命运。

3. 意义废墟中的艺术自为与自救

圣莫尼卡学派不但产生于一个断裂的、无根化的文明形态里，它还是产生在一个语言产生了严重危机的当代西方文明中。后现代时期，一定程度上讲，是个充满了文化危机的多元化时代，建筑艺术的表达、表现，因为社会、文化整一性的破裂，越发成为重要的艺术难题，圣莫尼卡学派建筑师们的建筑实践，展现的正是这个建筑师群体，在如此的时代背景下，对建筑艺术所进行的自为、自救、探索和实验运动。

现代主义建筑和其他艺术门类一样，在20世纪上半叶，取得巨大成就的同时，也产生了严重的危机。现代主义建筑以叛逆的姿态，以全然相异于传统建筑艺术的模式而出现，极大挑战了人们思想中关于建筑艺术的观念，但与其发展过程相伴随，现代主义建筑也出现了面临着被终结的危机，这种危机表现在三个方面：（1）存在的危机；（2）意义丧失的危机；（3）建筑艺术形式不可确定的危机。

现代主义建筑以先锋和实验的方式，全面颠覆了传统的对建筑艺术的属性、意义和体制的规定性，引发了建筑师与观众之间的对抗性关系，从艺术交流和对话的角度而言，建筑创新要挑战观众的艺术观，而观众则怀疑建筑师创作活动的艺术属性，这种趋势的进一步发展，就造成了艺术（包括建筑艺术）的自为和自治的主张，建筑艺术有仅仅属于自己的阐释对象，艺术变得远离社会现实和历史传统，甚至只能在懂得学术话语编码游戏规则的圈子里，它的意义才能够被解读，建筑艺术已有远离民众的危险。而后现代（历史）主义，因为自身对历史符号不加甄别的应用、与商业化的结合，造成了虚假的历史幻象，在解构主义的攻击下，也很快地退出了历史舞台。

在界定艺术意义上，由欧洲写实主义支撑的艺术观念，一直存在着两个核心概念，作为艺术意义的基本内涵：

（1）真理，即艺术以表现某种客观事物或真理为内容，这种概念类似于中国的“文以载道”的观念。

古典时代的艺术以提供一套范式，表现了这个历史时期中的人们对世界的理解，这些理解经过历史的长期发展和积淀，而成为一种意识形态化了的意义结构和元素，这也就是德里达等后现代学者们所极力反对的。当艺术的受众接受了这种艺术所酝酿和表达的理解方式时，他们也就接受了这种艺术作为范式的规定性，然后又用这种范式作为标准，反过来衡量鉴别艺术作品的意义。所以，传统的艺术总是依据某种具有普适性的意识形态即真理观念（意味着中心和权威的存在），对世界做出解释。而现代主义运动之后，一系列对传统建筑样式的挑战，在直接导致了经典范式建筑艺术观念遭到瓦解的同时，也间接地为自己的存在留下了历史遗存问题。

进入后现代时期，由于关于真理这样“宏大叙事”的历史话题，已经渐渐地淡出大部分容易健忘人们的记忆，艺术与真理的关系日趋疏远，由于一元（决定）论几乎彻底地退出历史舞台，中心和权威遭到致命的打击，对艺术与真理间关系的评价就几乎已无从谈起。艺术世界就渐渐溢出了真理的范畴，这样就造成了关于（建筑）艺术意义客观性的丧失、意义评判标准相对主义的局面，这在一定程度上，产生了艺术作品（包括建筑艺术在内）的存在和意义危机。同时，由于多元化的深入发展，艺术和非艺术之间、艺术品质好与坏之间的评价界限日趋模糊，造成了建筑艺术表现上的迷茫和困惑。在这样的局面下，许多建筑作品往往表现出一种形式抄袭、符号拼贴、能指游戏、片段组合的状态。

（2）精神。艺术的意义还包含着时代精神和艺术家的主观精神。在一个封闭的、传统文化占据主导地位的时代，个人的精神在一定程度上，几乎完全由历史文化所塑造，只是在工业革命之后，世界进入快速演化发展之后，尤其是在进入多元化的当代，个人的主观精神，才会在很大程度上溢出传统文化，甚至溢出这个时代占主流地位思想文化的限制范围。在后现代时期，要求建筑既要表达某种时代精神，同时更为重要的是，艺术作品还有表达作者自身的世界观、真理观和美学观的必要。历史地看，正是由于整一性的瓦解，实验建筑才得以出现（出场）。这时期建筑艺术中所表达出的艺术精神，就呈现出了多元并存的局面，其消极的方面，是进一步瓦解中心和权威，其积极的方面，就是由于多元对话成为可能，多元化信息片段同时存在的局面，极大地刺激了艺术思潮更新换代的频率，促进了艺术走向实验性、创造性的步伐，这也是当今世界各种建筑思潮在时空上错综交合的根本原因。

倘若从真理、从终结意义、从中心和权威来谈论圣莫尼卡学派的实验，我们或许难以得出这个学派的实践，具备怎样永恒性的价值。但从他们的实践中，我们可以看出建筑学的“智力结构”，怎样面对时代危机和挑战，在建筑意义的废墟上，奋力自为自救，直面时代困局，寻找那些可以反映时代精神面貌的其他领域的理论信息，嫁接到建筑设计的领域中，努力突破历史的局限，反映时代的现实，实现建筑的创新。埃里克·欧文·莫斯认为，在一个信息爆炸的时代，各种理论、信息和思想已经成了一种片段状存在的状态，作为建筑师，在面对时代提供的如此之多、之复杂的思想资源时，完全可以用一种表现矛盾和张力的建筑语言，来表达、记录这个时代的思想状况和精神风貌。圣莫尼卡学派的建筑革新运动为建筑艺术怎样在一个莫衷一是的多元化时代，表达社会现实文化，服务现实生活提供了杰出的典范，这或许就是建筑师在今天这样的时代，所能够做到的、真正有意义的事情了。

美国《进步建筑》杂志主编约翰·莫里斯·迪克逊在《圣莫尼卡学派：它的持久性贡献是什么？》一文中这样写道："为什么圣莫尼卡学派建筑师的作品引起了评论界和其他建筑师的广泛关注？为什么这个群体的成员被频繁邀请发表演讲，并在建筑院校任教？为什么这些建筑师以出人意料的混合、精致、复杂和成熟老练的设计，一直吸引着顾主？我想关键在于他们开创了一条充满希望的途径，使现代主义的一些理论和方法适应于这个后教条时代（post-dogma era）。在这样的时代里，当后现代主义正通过那些带着反讽色彩（tinged with irony）的建筑语言，表达着对过往的怀旧和依恋之情，圣莫尼卡学派的建筑实践却起始于这样的信念前提：现实还真的确实不错。他们吸收利用现代主义的理论和方法，将其结合到当地注重实际效果的建造方法中去。他们的作品通过对一些非理性和非稳定（irrationality and instability）元素的采用，塑造了一种强烈的自由释放和丰富繁盛（liberation and abundance）的视觉效果"[1]

4. 圣莫尼卡学派在洛杉矶实验建筑发展史上的地位和影响

洛杉矶地区是个多元化特征非常明显的地区，这里几乎居住着世界上所有的人种，他们有着不同的文化、语言、生活方式和宗教信仰，它是美国最大的移民城市。多元文化并存的局面，使得该地的建筑在历史上就一直存在着多元折中的传统。1920 年代，随着鲁道夫·申德勒、理查德·诺伊特拉等第一批欧洲建筑师移居此地，洛杉矶地区就开始了上世纪的建筑革新之路的探索（这一点请参看伊斯雷尔章节的相关内容），后来，在二战后有倡导《住宅案例研究》[2]（The Case House Study Program）的建筑师，如查尔斯·埃姆斯（Charles Eames）、克雷格·埃尔武德（Craig Elwood）、皮埃尔·柯尼希（Pierre Koenig）等加以继承和发扬，在 20 世纪 80 年代到 90 年代，又在圣莫尼卡学派实验建筑下继续发展。此后，在洛杉矶地区，由于航空航天业、汽车制造业、好莱坞影视娱乐业，积累了数字设计技术的基础，在新世纪之初，当地一些建筑师把盖里、

---

[1] John Morris Dixon, The Santa Monica School: What's its lasting contribution?*Progressive Architecture*; May 1995, P70.

[2] 住宅案例研究计划，由《艺术与建筑》（Arts & Architecture）杂志在 1945 年发起，研究对象为洛杉矶地区从 20 世纪初期以来的优秀现代主义住宅，随后，组织一批优秀的洛杉矶地区建筑师参加住宅设计，并从中选择一批优秀的建筑建造起来。该地区的优秀建筑师雷·埃姆斯（Ray Eames）、皮埃尔·柯尼希（Pierre Koenig）、鲁道夫·辛德勒（Rudolph Schindler）和理查德·纽特拉（Richard Neutra）、查尔斯·埃姆斯（Charles Eames）等，都有作品被收集在这个计划中而建设起来，1945–1962 年期间，该计划在洛杉矶地区建造了 36 栋优秀的独立住宅，对推动当地的住宅设计和现代主义建筑的发展起到了极其重要的历史性作用，这个计划已经成为学习、了解洛杉矶地区现代主义建筑历史的活生生的教材，每年都有来自洛杉矶，以及洛杉矶以外地区的大量人群，前去参观，围绕该项计划，也有大量出版物发行。可参看网站，http://www.artsandarchitecture.com/case.houses/.

林恩等先锋建筑师所开创的自由形态和计算机数字控制（computer numerically controlled）技术结合起来，形成了今天在该地区颇具影响的新生态学设计思潮。

洛杉矶一直存在着鼓励先锋派建筑实验的传统，这正是多元文化所赐予该城市最佳的建筑创新精神，这些锐意革新的建筑师在广阔的领域里，个性鲜明地在各自感兴趣的领域展开探索和创新。从洛杉矶街头巷尾的俚俗建筑，到弗兰克·劳埃德·赖特、鲁道夫·辛德勒和理查德·诺伊特拉所付出的不懈努力，从《住宅案例研究》中所发展出来的现代主义建筑实验，到约翰·劳特纳对空间主题的探讨，[1]再到圣莫尼卡学派在后现代时期对建筑形式和材料用法的突破，在洛杉矶这种根源于历史的探索追求、超越历史的精神无处不在。加州大学洛杉矶分校艺术与建筑学院、建筑与城市设计系主任阿部仁史（Hitoshi Abe）在谈到洛杉矶地区实验性建筑的特征时说道："与东京或上海的建筑发展模式不同，洛杉矶欣然接纳甚至鼓励大量的建筑实验，……实验建筑最初以极端个人主义的姿态展现于城市之中，从这个角度讲，洛杉矶的实验建筑是具有内省精神的独立个体，力求拓展自身能力和突破可能性限制的结果。个人的即兴之作，最终将在更大范围的社会语境下得到检验。如今，全球化与互联化正在使个体的概念发生转化，从而也在改变着洛杉矶实验建筑所具有的意义。"[2] 在阿部仁史的这段评价中，蕴含着几个重要的方面：

（1）洛杉矶的实验建筑具有自己的内省精神，就是具备独立思考的能力，而不是随波逐流、人云亦云，这种独立的内省精神，使得圣莫尼卡学派的建筑实验，不但具备了先锋性的色彩，同时也带有洛杉矶本地多元文化的浓厚色彩，这是一种多元并置、异质共存的语言形式，与解构主义有着完全不同的思考角度和出发点。

（2）先驱者个人主义的作品到底具备不具备时代价值，将要在更大范围内的社会语境下接受检验，在全球化的今天，洛杉矶圣莫尼卡学派建筑师们实验建筑及其思想理论，能不能在世界范围内，受到重视、转化为后来者设计思想资源，是对圣莫尼卡学派学术价值的评判标准。从这个角度观察，我们可以明确地得出这样的结论：这个学派对美国乃至世界范围的实验建筑产生了重要的示范、启发作用，他们的一些思想直接转化为后来者的设计技巧和方法，在后继者的建筑语言中，我们能够鲜明地区分出那些来自圣莫尼卡学派这一代开拓

---

[1] 约翰·劳特纳（1911–1994，出生于密歇根州）是美国 20 世纪重要的当代建筑师，他的作品以关注人和空间以及空间和自然之间的关系而著称，他的建筑实践时间跨度达到 55 年，在洛杉矶及其周边地区，劳特纳留下大量优秀的作品。

[2] 加州大学洛杉矶分校，艺术与建筑学院，建筑与城市设计系主任阿部仁史（Hitoshi Abe）为《a+u，建筑与都市》中文版 2008 年第 10 期所撰写的前言，《a+u，建筑与都市》中文版，2008 年第 10 期，总第 023 期，洛杉矶的新生态学 - 设计和技术（The New Ecologies in Los Angeles-Design and Technology），宁波出版社，2008 年。

者所发展起来的语言和技巧。

因而，我们可以进一步明确地得出这样的结论：在洛杉矶实验建筑的发展历史上，圣莫尼卡学派起到了极其重要的承前启后的桥接作用。从承前性的角度讲，该学派在现代主义和后现代主义遇到危机的时候，本着内省、独立的精神，面对社会现实，创造性地从形式和材料使用两方面着手，在整合历史资源的同时，创立了一系列能够契合时代要求、反映时代风貌的建筑理论和方法；洛杉矶正因为有着时间跨度接近一个世纪建筑革新的传统精神，和圣莫尼卡学派在该地区成功的建筑实验，使得这个城市成为世界上拥有伟大建筑的城市之一；先锋派建筑师们的创造性工作，几乎重组了洛杉矶的城市环境。[1] 从启后性的角度讲，该学派的多元并存、讲求差异性的语言，对数字技术应用推广、积累和提高，尤其是通过 SCI-Arc、盖里与梅恩的事务所对数字设计的推广，对今天该地区的建筑语言模式和数字化设计都产生了重要的影响作用。圣莫尼卡学派的建筑实践不但极大地解放了该地建筑师们的思想，而且，作为对这种实验思想的响应，洛杉矶实验建筑的繁荣，还吸引了美国一大批优秀的建筑师聚集此地，从而使得现在的洛杉矶依旧保留着强劲的建筑创造力，在这个城市里生息繁衍的各种先锋性的设计团体，在继圣莫尼卡学派之后，依旧保持着执着的探索精神，为当代世界建筑舞台，带来了令人惊异的一道风采。

需要指出的是，圣莫尼卡学派最重要的价值是其革新性和实验性的建筑态度和精神，即对常规的打破，对禁锢的超越，对那些不想走传统、平常道路的后来者们的启发。纵观圣莫尼卡学派的实验建筑，和当前洛杉矶地区新生代年轻建筑师们所进行的实验建筑实践，可以鲜明地分辨出圣莫尼卡学派对后继者们的历史性影响作用：

（1）圣莫尼卡学派把多元化的思想深深地注入了后来者的灵魂深处。这种精神是实现建筑革新、艺术自为必不可少的精神力量，同时，对多元化、多样性的尊重，为实验建筑的进一步深入发展，营造了一种包容、开发的社会气氛，实验建筑要想生存和发展，这种社会气氛是必要的。盖里和梅恩以及圣莫尼卡学派其他成员建筑师，不止一次地谈到这个问题，欣慰的是，通过圣莫尼卡学派的建筑实践，在洛杉矶这种社会气氛得到了延续和弘扬。圣莫尼卡学派建筑师所开创的，多元化的语言和技巧，也在一定程度上，被后继者所继承，我们只要按照时间顺序来阅读洛杉矶地区实验建筑的发展历程，对此就会有深刻的理解。

---

[1] Sylvia Lavin，An Architect is not a Bee，《a+u，建筑与都市》中文版，2008 年第 10 期，总第 023 期，洛杉矶的新生态学 - 设计和技术（The New Ecologies in Los Angeles-Design and Technology），宁波出版社，2008 年，P17.

（2）盖里和梅恩在职业生涯取得成功和一定声誉之后，都非常重视科技因素对设计的影响作用，并自觉地在设计中强调科技因素的作用，这一点对后来者也产生了重要的影响作用，我们在洛杉矶新生代的建筑实验中，可以看到一些建筑师非常重视技术性因素对设计的影响，甚至是决定性的影响作用，如在洛杉矶利用数字化技术，发展起来的新生态学设计思潮。

（3）特别重要的是由于盖里、梅恩和莫斯通过不同途径，对数字化设计方法的强调、趋势的重视，对该地区数字化发展起到了重要的推动作用，洛杉矶地区的数字设计,已成了对整个世界建筑领域的数字设计有着重要影响的区域。[1]

5. 南加州建筑学院与圣莫尼卡学派之间的特殊的教学相长的关系

圣莫尼卡学派的 5 位建筑师中，除了富兰克林·伊斯雷尔之外，其他 4 位曾先后任教于南加州建筑学院（SCI–Arc），其中盖里、梅恩和罗通迪还是 SCI–Arc 的创立者（1972 年），盖里和梅恩先后在 1989 年和 2005 年获得普利茨克建筑奖，罗通迪在 1987–1997 年间，担任该校校长，莫斯则从 2002 年担任该职至今，他们 4 位都是或曾是该校的董事会成员，梅恩于 1991 年退出董事会，而其他 3 位依旧担任董事会成员至今，可见，圣莫尼卡学派与 SCI–Arc 之间所存在的特殊关系。如果，通观 Sci–arc 师生的建筑作品，SCI–Arc 的教学体系特征，不难发现圣莫尼卡学派建筑师们（4 位），对这所在当今世界上先锋派建筑教育领域占有重要地位之院校的独特影响作用，[2] 莫斯在关于 SCI–Arc 的《使命陈述》中这样写道："Sci–Arc 的创立者们反对当时流行的建筑教育模式，更倾向于在教学之间建立一种批评性的互动模式，以期不断更新教学方法，它的教学模式是暂时性的（provisional paradigm），永远保持着开放的姿态，如果，SCI–Arc 的教学模式，在某一天成为了一种固定的模式，那么，新的教学方法就会再次产生，SCI–Arc 的董事会的任务，就是贯彻执行这所学校在 30 多年前成立时所立

[1] 限于篇幅，本文未对洛杉矶地区的数字化设计进行深入的剖析，有兴趣的读者可以参阅格雷格·林恩（Greg Lynn）和其他新兴设计公司，在数字化设计方面的作品和著述。如林恩六本有影响力的著述:《活跃形式》（Animate Form）、《错综复杂》（Intricacy）、《论文集：折叠，团块和流体》（Folds, Bodies & Blobs: Collected Essays）、《格雷格·林恩的形式》（Greg Linn Form）、《建筑中的折叠》（Folding in Architecture）、《建筑实验室》（Architectural Laboratories）。另外，下面这些年轻建筑师也都是在当今数字化设计领域的佼佼者，是了解这方面知识的重要阅读对象，他们是汤姆·维斯考姆（Tom Wiscombe，是突进建筑事务所的创始人）、佛罗伦西亚·皮塔（Floreencia Pita）、艾琳娜·曼弗尔蒂尼（Elena Manferdini）亚历克西斯·路查斯（Alexis Rochas）、海文·鲍姆戈特勒（Herwig Baumgartner）、赫南·迪亚兹·阿隆索（Hernan Diaz Alonso）、约翰·恩瑞特（John Enright）。

[2] 可参看 SCI-Arc 师生作品集，由迈克尔·罗通迪主编，From the Edge: Southern California Institute of Architecture Student Work，Princeton Architectural Press，New York，1991，以及 From the Center: Sci-arc Design Process，Monacelli，New York，1997. 另外，还可参看 SCI-Arc 师生作品的网页，http://www.sciarc.edu/portal/work/index.html.

下的目标：挑战建筑学的极限，以便将现存条件转化为未来的设计。”[1] 其中“挑战建筑学的极限，以便将现存条件转化为未来的设计”，也几乎就是他自己和圣莫尼卡学派的核心建筑思想，由此可见，这所先锋性建筑院校开拓精神之一斑。SCI-Arc 在 2007 年美国建筑院校排名为第 12 位，[2] 这对于一所私立建筑院校来说是难能可贵的，而且，排在其前面的院校都是综合性的大学，只有 SCI-Arc 是一所纯粹的建筑院校。而在 2008 年，该校在全美最激进建筑设计课程（most progressive and design based curriculum）的排名中，则位于第二位，仅排在哈佛大学之后，[3] 由此可见，该校在先锋建筑教育领域的地位。

SCI-Arc 无疑成了圣莫尼卡学派重要的宣传基地和阵营，在 SCI-Arc 与圣莫尼卡学派之间形成了教学相长的良好互动关系，可以说，圣莫尼卡学派的 4 位成员，对这所世界著名的先锋派建筑院校的发展，都做出了极其重要的历史性贡献，而该学院也因为和圣莫尼卡学派建筑师之间的特殊渊源关系，在先锋派建筑教育的领地，保有了十分突出和重要的地位。随着一批批 SCI-Arc 毕业生走向建筑设计的岗位，这所先锋派建筑院校对洛杉矶地区建筑设计的影响也在不断扩大，盖里、梅恩和莫斯的事务所也是洛杉矶地区喜爱先锋派建筑的学生们乐于工作的处所，这三个事务所在过去的几十年中，也向社会输送了一批批非常优秀的建筑师，这些年轻的建筑师，有的后来走向教学岗位，有的自己开设事务所，他们有的还声称是一个新的建筑组织“新洛杉矶学派”（New Los Angeles School）的成员，但是“新洛杉矶学派”还是一个比较模糊的概念，其影响力还需要继续观察。

六、圣莫尼卡学派的历史性贡献和意义

圣莫尼卡学派作为一个学派，给当代建筑留下了丰富的历史性贡献和意义：

（1）从哲学的层面看，这个学派的兴起与 20 世纪后半期西方的后现代思潮息息相关，后现代思潮的多元化、矛盾性、无中心等诸多特征，在这个学派的思想理论和具体的设计手法上，都留下了深刻的影响烙印。这种历史现象，为建筑师们广泛地吸取时代哲学思想改造自己的设计思想理论和方法，树立了典范，展现了在一个急剧变革的时代，建筑设计通过与时代哲学思潮的结合，自主变革设计理论方法，勇于突破传统的先驱者的精神风采。

---

[1] Eric Owen Moss，Mission Statement，http://www.sciarc.edu/portal/about/history/index.html.

[2] 最新美国大学建筑学排名，http://www.egoedu.cn/yuanxiao/view_yuanxiao.asp?id=539.

[3] What are the best M.Arch 1 programs for design / theory? 资料来源：http://www.archinect.com/forum/threads.php?id=78367_0_42_0_C.

（2）从文化的层面看，圣莫尼卡学派充分展现了洛杉矶当地的多元文化（也是当代全球化文明的一个共同特点）影响，真实地表达建筑自身所处地区的地域文化是这个学派最为突出的文化意义，可以说，没有洛杉矶地区的多元文化，就不会出现圣莫尼卡学派。圣莫尼卡学派的出现，为建筑与地域文化的结合创造了杰出的典范。

（3）从时代性的层面看，圣莫尼卡学派建筑革新的历史，就是一部建筑与时俱进，顺应历史潮流，适时改造自身智力结构和方法论的历史，从圣莫尼卡学派建筑师群体的理论和方法上，可以明显地辨析出新时代的艺术潮流、数字设计、系统理论、新哲学、新文学理论等对该学派的深刻影响，圣莫尼卡学派正是这些新时代诸多因素综合影响下的新生儿。

（4）从建筑形式的创造性方面而言，圣莫尼卡学派最为突出的历史性作用和贡献是，它在现代主义和后现代主义纷争不下的 1970–1980 年代，在时代剧变的多元化社会现实中，以超越的姿态独辟蹊径，走出一条实验性的道路，在形式探索、材料使用、美学特征的创新方面，取得了举世公认的成就，反映了多元化社会的文化要求，他们的事务所在全球范围内的建筑实践，和 SCI–Arc 实验性教学体系不断增强的影响，对全世界建筑系学生和年轻建筑师，产生着极其深刻、深远的影响，圣莫尼卡学派的建筑实验和实践，极大地拓展和丰富了当代建筑理论和方法的边界范围。

（5）笔者想借用美国时代杂志主编、著名建筑评论家约翰·莫里斯·迪克逊，在《进步建筑》杂志 1995 年第 5 期上的一篇《圣莫尼卡学派：它的持久性贡献是什么？》文章中，对该学派的先锋性探索革新运动的历史性贡献和意义的阐发，来作为本书的结束和总结：“这个学派通过自己的革新性建筑作品证明，今天的建筑学依旧可以保有创造性的品质，他们那些来自于历史资源的创作自由，依旧呈现出积极性重建价值和力量，他们多种多样的创作形式和肌理，表达着当代社会的多元主义文化，同时展现出从等级制度抽身而出后，所获得的活力和自由，在一个充满着怀疑和怀旧情绪的时期，这些建筑师通过自己的建筑革新实验和实践，依旧能够鼓舞我们去深思创造性的形式创造（innovative form–making）对表达文化和提高生活，依旧保有无限的潜能。”[1]

---

[1] John Morris Dixon，The Santa Monica School: What' s its lasting contribution? Progressive Architecture，May，1995，P114.

参考文献

[1] 丹尼尔·贝尔,《后工业社会的来临——对社会预测的一项探索》, 北京：商务印书馆, 1984

[2]（美）戴维·哈维著, 阎嘉译,《后现代的状况——对文化变迁之缘起的探究》, 北京：商务印书馆, 2004

[3] 佟立,《西方后现代主义哲学思潮研究》, 天津：天津人民出版社, 2003

[4]（美）阿瑟·A. 伯格著, 洪洁译,《一个后现代主义者的谋杀》, 桂林：广西师范大学出版社, 2002

[5]（德）科斯洛夫斯基著, 毛怡红译,《后现代文化——技术发展的社会文化后果》, 北京：中央编译出版社, 2006

[6]（韩）C3 设计, 连晓慧译, 世界著名建筑师系列 -8, 埃里克·欧文·莫斯和查尔斯·柯里亚, 郑州：河南科学技术出版社, 2004

[7] 刘松茯, 李鸽《弗兰克·盖里》, 北京：中国建筑工业出版社, 2007

[8]（英）内奥米·斯汤戈编著, 陈望译,《弗兰克·盖里》, 北京：中国轻工业出版社, 2002

[9] 方海,《现代建筑名家名作系列——弗兰克·盖里毕尔巴鄂古根海姆博物馆》, 北京：中国建筑工业出版社, 2005

[10] 沈克宁,《美国南加州圣莫尼卡建筑设计实践（圣莫尼卡学派）》, 重庆出版社, 2001

[11]《GA》杂志 87 期, Morphosis 专辑

[12]（美）里昂·怀特森（Whiteson Leon）,《建筑新纪元：加州当代建筑师作品选辑》, 台北：台北当代艺术馆, 2002

[13] 倪晶衡,《汤姆·梅恩的建筑——矛盾性》研究（电子版）, 中国知网

[14] Aaron Betsky, John Chase and Leon Whiteson, Experimental Architecture in Los Angeles, New York, Rizzoli, 1992

[15] Los Angeles Forum For Architecture and Urban Design, Forum Publication NO.10, Los Angeles and Los Angeles School : Postmodernism and Urban Studies, California, Marco Cenzatti, 1993

[16] Charles Jencks, Heteropolis: Los Angeles · The Riots and The Strange Beauty of Hetero Architecture, New York, Ernst & Sohn, 1991

[17] Allen J. Scott and Edward W. Soja, The city: Los Angeles and Urban Theory at the end of the Twentieth Century, Los Angeles, University of California Press, 1996

[18] Laurence B. Chollet，The Essential Frank O. Gehry，Harry N. Abrams，Inc.，Publishers New York，2001，P31

[19] EL Croquis 117 : Frank Gehry 1996–2003 : from A–Z，Spain，EL Croquis，2004

[20] Gehry Partners，Gehry Talks: Architecture + Process，New York，Rizzoli，2007

[21] Sydney Pollack，Sketches of Frank Gehry（DVD），Sony picture home entertainment，2006

[22] Frank D. Israel，Frank D. Israel，buildings and projects，New York，Rizzoli，1992

[23] Architectural Monographs No 34，Franklin D Israel，New York，Academy Editions，1994

[24] Fresh Morphosis 1998–2006，Rizzoli，New York，2006

[25] Thom Mayne，Morphosis，New York，Phaidon，2003

[26] Future Architecture 8+9，Madrid Now，Spain，Future Arquitecturas，2007

[27] Michael Rotondi，From the Center，Design Process of SCI–Arc，The Monacelli Press，New York，1997

[28] Michael Rotondi，From the edge，SCI–Arc Student Work，New York，Princeton Architectural Press，1991

[29] Michael Rotondi and Clark P. Stevens，Rotoworks : Stillpoints，New York，Rizzoli，2006

[30] Eric Owen Moss，Gnostic Architecture，Monacelli，New York，1999

[31] Paola Giaconia，Eric Owen Moss，The Uncertainty of Doing，Rizzoli，New York，2006

[32] Philip Johnson and Wolf D. Prix，Eric Owen Moss. Buildings and Projects，New York，Rizzoli，1991

[33] Eric Owen Moss，Buildings and Projects 2，Rizzoli，New York，1996

[34] Eric Owen Moss，Building and Project 3，Rizzoli，New York，1999，P11

[35] Aaron Betsky，John Chase and Leon Whiteson，Experimental Architecture in Los Angeles，New York，Rizzoli，1992

[36] Bill Lacy，Susan de Menli，Angels & Franciscans: Innovative Architecture from Los Angeles and San Francisco，New York，Rizzoli，1992

[37] Planet Architecture，Eric Owen Moss，（DVD），Los Angeles，In–D，2000

[38] Planet Architecture，Morphosis，（DVD），Los Angeles，In–D，2000

[39] 佚名，《弗兰克 · 盖里访谈录》. http://www.aaart.com.cn/cn/theory/show.asp?news_id=2522

[40] 佚名，《现代建筑派大师 : 法兰克 · 盖里》. http://build.woodoom.com/zhuanjia/200711/20071121171729.html

[41] 周榕，《物质主义 : 弗兰克 · 盖里的建筑主题与范式革命》. http://www.jzcad.com/bbs/archiver/tid–25262.html

[42] 里昂 · 怀特森（Leon Whiteson），《建筑新纪元》，http://arts.tom.com/1004/2003/10/31–54551.html

[43] 章建刚，《后现代建筑出现的意义》，《江苏社会科学》，南京，2000 年第 05 期

[44] Christopher Hawthorne, Architect of Unyielding Designs Takes Top Prize, http://articles.latimes.com/2005/mar/21/entertainment/et-mayne21

[45] John Morris Dixon, The Santa Monica School: What' s its lasting contribution? Progressive Architecture, May Edition, 1995

[46] Jayne Merkel, Architecture of dislocation: the L.A. school, http://findarticles.com/p/articles/mi_m1248/is_n2_v82/ai_15011465/

[47] Richard Lacayo, The Frank Gehry Experience, http://www.time.com/time/magazine/article/0, 9171, 997295, 00.html

[48] Robert Ivy, Architectural Record interview with Frank Gehry, http://www.arcspace.com/gehry_new/index.html?main=/gehry_new/html/ar.html

[49] Frank Gehry, Ceremony Acceptance Speech, http://www.pritzkerprize.com/laureates/1989/ceremony_speech1.html

[50] Lynn Becker, Frank Gehry, Millennium Park and the development of the Techno-Baroque, http://www.lynnbecker.com/repeat/Gehry/gehrybaroque.htm

[51] New York Times, Frank Israel, Architect Inspired by California, is Dead at 50, http://www.encyclopedia.com/doc/1S1-9199606110010790.html

[52] Herbert Muschamp, Architecture view ; In California, an Art Center Grown From Fragments, http://www.nytimes.com/1994/08/28/arts/architecture-view-in-california-an-art-center-grown-from-fragments.html

[53] 洛杉矶地区建筑图片网站, http://www.you-are-here.com/modern/plating.html

[54] Herbert Muschamp, Architecture ; A City Poised on Glitter and Ashes, http://www.nytimes.com/1996/03/10/arts/architecture-a-city-poised-on-glitter-and-ashes.html

[55] Herbert Muschamp, Architecture View ; An Enterprise Zone for the Imagination, http://query.nytimes.com

[56] 查理·罗斯访谈录, An interview with Frank Israel, http://www.charlierose.com/guest/view/4537

[57] Jonathan Glancey, I m an outsider, http://www.guardian.co.uk/artanddesign/2005/mar/23/architecture

[58] Orhan Ayyuce, Thom Mayne in Coffee Break, http://archinect.com/features/article.php?id=61129_0_23_0_C 3 Julie V. Iovine

[59] Orhan Ayyuce, Transversing Michael Rotondi, Mar 09, 2007, http://www.archinect.com/features/article.php?id=53581_0_23_0_C

[60] Karen Templer, Frank Gehry, http://www.salon.com/people/bc/1999/10/05/gehry/print.html

[61] Arthur Lubow, How Did He Become the Government's Favorite Architect? http://www.nytimes.com/2005/01/16/magazine/16MAYNE.html?_r=1&oref=slogin

[62] Julie V. Iovine, An Iconoclastic Architect Turns Theory into Practice, http://www.nytimes.com/2004/05/17/arts

[63] Julie V. Iovine, F.D.I-After The Torch Has Passed, http://www.nytimes.com/1997/10/09/garden/after-the-torch-has-passed.html

[64] Ann Jarmusch，Innovator picked for top architecture prize，http://www.signonsandiego.com/news/features/20050321-9999-1c21prize.html

[65] Los Angeles Business Journal，Built to last: Thom Mayne，Published in 28-Jan-2002，http://goliath.ecnext.com/coms2/gi_0199-1353243/Built-to-last-Thom-Mayne.html#abstract#abstract

[66] 视　频，Talks Thom Mayne on architecture as connection，http://www.ted.com/talks/thom_mayne_on_architecture_as_connection.html

[67] Lebbeus Woods，An Essay on Thom Mayne，http://www.pritzkerprize.com

[68] Anna Tilroe，The idea of the future is Dead: Interview with Thom Mayne，http://www.netropolitan.org/morphosis/tilroe_english.html

[69] Witold Rybczynski，Thom Mayne's U.S. Federal Building，http://www.slate.com/id/2195682

[70] King Danny，Built to last: Thom Mayne，http://goliath.ecnext.com/coms2/gi_0199-1353243/Built-to-last-Thom-Mayne.html#abstract#abstract

[71] Ted Smalley Bowen，The ArchRecord Interview: Thom Mayne on Green Design http://archrecord.construction.com/features/interviews/0711thommayne/0711thommayne-1.asp

[72] Pilar Viladas，Meta-Morphosis，http://www.nytimes.com/2007/07/01/magazine/01stylehouse-t.html?_r=1

[73] Robin Pogrebin，American Maverick Wins Pritzker Prize，http://www.nytimes.com/2005/03/21/arts/design/21prit.html

[74]《a+u，建筑与都市》中文版，2008 年第 10 期，总第 023 期，洛杉矶的新生态学 - 设计和技术（The New Ecologies in Los Angeles-Design and Technology），宁波出版社，2008 年

[75] 冯黎明，《技术文明语境中的现代主义艺术》，北京：中国社会科学出版社，2003 年

图片索引

[1] 图 3.1　引自 Laurence B. Chollet，The Essential Frank O.Gehry，New York，The Wonderland Press，2001.

[2] 图 3.2　引自 Gehry Partners，Gehry Talks: Architecture + Process，New York，Rizzoli，2007.

[3] 图 3.3　引自 www.thearchitectpainter.com.

[4] 图 3.4　引自 www.eikongraphia.com.

[5] 图 3.5　引自 Gehry Partners，Gehry Talks: Architecture + Process，New York，Rizzoli，2007.

[6] 图 3.6　引自 Laurence B. Chollet，The Essential Frank O.Gehry，New York，The Wonderland Press，2001.

[7] 图 3.7　引自 www.concierge.com.

[8] 图 3.8　引自 Gehry Partners，Gehry Talks: Architecture + Process，New York，Rizzoli，2007.

[9] 图 3.9　引自 Gehry Partners，Gehry Talks: Architecture + Process，New York，Rizzoli，2007.

[10] 图 3.10　引自 Gehry Partners，Gehry Talks: Architecture + Process，New York，Rizzoli，2007.

[11] 图 3.11　引自 Laurence B. Chollet，The Essential Frank O.Gehry，New York，The Wonderland Press，2001.

[12] 图 3.12　引自 www.concierge.com.

[13] 图 3.13　引自 Gehry Partners，Gehry Talks: Architecture + Process，New York，Rizzoli，2007.

[14] 图 3.14　引自 Charles Jencks，Heteropolis: Los Angeles · The Riots and The Strange Beauty of Hetero Architecture，New York，Ernst & Sohn，1991.

[15] 图 3.15　引自 Charles Jencks，Heteropolis: Los Angeles · The Riots and The Strange Beauty of Hetero Architecture，New York，Ernst & Sohn，1991.

[16] 图 3.16　引自 Gehry Partners，Gehry Talks: Architecture + Process，New York，Rizzoli，2007.

[17] 图 3.17　引自 Charles Jencks，Heteropolis: Los Angeles · The Riots and The Strange Beauty of Hetero Architecture，New York，Ernst & Sohn，1991.

[18] 图 3.18　引自 Charles Jencks，Heteropolis: Los Angeles · The Riots and The Strange Beauty of Hetero Architecture，New York，1991.
[19] 图 3.19　引自 www.morphosis.com.
[20] 图 3.20　引自 Future 8，9 Arquitectuas.
[21] 图 3.21　引自 Michael Rotondi，Clark P. Stevens，Roto Works: Still Points，New York，Rizzoli，2006.
[22] 图 3.22　引自 Gehry Partners，Gehry Talks: Architecture + Process，New York，Rizzoli，2007.
[23] 图 3.23　引自 http://en.wikipedia.org.
[24] 图 3.24　引自 http://en.wikipedia.org.
[25] 图 3.25　引自 http://www.juergennogai.com.
[26] 图 3.26　引自 http://images.google.cn.
[27] 图 3.27　引自 http://www.flickr.com.
[28] 图 3.28　引自 http://www.youworkforthem.com.
[29] 图 3.29　引自 http://www.somerset.kctcs.edu.
[30] 图 3.30　引自 http://www.publicartinla.com.
[31] 图 3.31　引自 https://www.moma.org.
[32] 图 3.32　引自 http://en.wikipedia.org.
[33] 图 3.33　引自 http://en.wikipedia.org.
[34] 图 3.34　引自 http://www.reverent.org.
[35] 图 3.35　引自 www.sprayblog.net.
[36] 图 3.36　引自 Laurence B. Chollet，The Essential Frank O. Gehry，Harry N. Abrams，Inc.，Publishers，New York，2001 .
[37] 图 3.37　引自 Laurence B. Chollet，The Essential Frank O. Gehry，Harry N. Abrams，Inc.，Publishers，New York，2001.
[38] 图 3.38　引自 Laurence B. Chollet，The Essential Frank O. Gehry，Harry N. Abrams，Inc.，Publishers，New York，2001.
[39] 图 3.39　引自 Laurence B. Chollet，The Essential Frank O. Gehry，Harry N. Abrams，Inc.，Publishers，New York，2001.
[40] 图 3.40　引自 Laurence B. Chollet，The Essential Frank O. Gehry，Harry N. Abrams，Inc.，Publishers，New York，2001.
[41] 图 3.41　引自 Gehry Partners，Gehry Talks: Architecture + Process，New York，Rizzoli，2007.
[42] 图 3.42　建筑部分引自 Gehry Partners，Gehry Talks: Architecture + Process，New York，Rizzoli，2007；绘画部分引自法国米歇尔·瑟福著，王昭仁译，《抽象派绘画大师》，广西师范大学出版社，2002.
[43] 图 3.43　建筑部分引自 Gehry Partners，Gehry Talks: Architecture + Process，New York，Rizzoli，2007；绘画部分引自法国米歇尔·瑟福著，王昭仁译，《抽象派绘画大师》，广西师范大学出版社，2002.
[44] 图 3.44　引自 EL Croquis 117：Frank Gehry 1996–2003，Madrid，el Croquis editorial，

Inc., Publishers, New York, 2001.
[66] 图 3.66　引自 Gehry Partners, Gehry Talks: Architecture + Process, New York, Rizzoli, 2007.
[67] 图 3.67　引自 Gehry Partners, Gehry Talks: Architecture + Process, New York, Rizzoli, 2007.
[68] 图 3.68　引自 Laurence B. Chollet, The Essential Frank O. Gehry, Harry N. Abrams, Inc., Publishers, New York, 2001.
[69] 图 3.69　引自 Laurence B. Chollet, The Essential Frank O. Gehry, Harry N. Abrams, Inc., Publishers, New York, 2001.
[70] 图 3.70　引自 Laurence B. Chollet, The Essential Frank O. Gehry, Harry N. Abrams, Inc., Publishers, New York, 2001.
[71] 图 3.71　引自 Laurence B. Chollet, The Essential Frank O. Gehry, Harry N. Abrams, Inc., Publishers, New York, 2001.
[72] 图 3.72　引自 Laurence B. Chollet, The Essential Frank O. Gehry, Harry N. Abrams, Inc., Publishers, New York, 2001.
[73] 图 3.73　引自 http:\\www.thecityreview.comgehgug.html.
[74] 图 3.74　引自 Gehry Partners, Gehry Talks: Architecture + Process, New York, Rizzoli, 2007.
[75] 图 3.75　引自 Gehry Partners, Gehry Talks: Architecture + Process, New York, Rizzoli, 2007.
[76] 图 3.76　引自 EL Croquis 117：Frank Gehry 1996–2003, Madrid, el Croquis editorial, 2004.
[77] 图 3.77　引自 Sydney Pollack, Sketches of Frank Gehry（DVD）, Sony picture home entertainment, 2006, 视频截图。
[78] 图 3.78（a）　引自 EL Croquis 117：Frank Gehry 1996–2003, Madrid, el Croquis editorial, 2004.
[79] 图 3.78（b）　自摄。
[80] 图 3.78（c）　自摄。
[81] 图 3.79　引自 Sydney Pollack, Sketches of Frank Gehry（DVD）, Sony picture home entertainment, 2006, 视频截图。
[82] 图 3.80　自摄。
[83] 图 3.81　自摄。
[84] 图 3.82　自摄。
[85] 图 3.83　自摄。
[86] 图 3.84　引自 Gehry Partners, Gehry Talks: Architecture + Process, New York, Rizzoli, 2007.
[87] 图 3.85　引自 EL Croquis 117：Frank Gehry 1996–2003, Madrid, el Croquis editorial, 2004.
[88] 图 3.86　引自 Gehry Partners, Gehry Talks: Architecture + Process, New York, Rizzoli, 2007.

[89] 图 3.87 引自 Gehry Partners，Gehry Talks: Architecture + Process，New York，Rizzoli，2007.

[90] 图 3.88 引自 Gehry Partners，Gehry Talks: Architecture + Process，New York，Rizzoli，2007.

[91] 图 3.89 引自 Gehry Partners，Gehry Talks: Architecture+ Process，New York，Rizzoli，2007.

[92] 图 3.90 引自 Sydney Pollack，Sketches of Frank Gehry（DVD），Sony picture home entertainment，2006，视频截图。

[93] 图 3.91 引自 Sydney Pollack，Sketches of Frank Gehry（DVD），Sony picture home entertainment，2006，视频截图。

[94] 图 3.92 引自 Paola Giaconia，Eric Owen Moss，The Uncertainty of Doing，Rizzoli，New York，2006.

[95] 图 3.93 引自 Sydney Pollack，Sketches of Frank Gehry（DVD），Sony picture home entertainment，2006，视频截图。

[96] 图 3.94 引自 Gehry Partners，Gehry Talks: Architecture + Process，New York，Rizzoli，2007.

[97] 图 3.95 引自 Sydney Pollack，Sketches of Frank Gehry（DVD），Sony picture home entertainment，2006，视频截图。

[98] 图 3.96 引自 Sydney Pollack，Sketches of Frank Gehry（DVD），Sony picture home entertainment，2006，视频截图。

[99] 图 3.97 自摄。

[100] 图 3.98 引自 Sydney Pollack，Sketches of Frank Gehry（DVD），Sony picture home entertainment，2006，视频截图。

[101] 图 3.99 引自 Gehry Partners，Gehry Talks: Architecture + Process，New York，Rizzoli，2007.

[102] 图 3.100 自摄。

[103] 图 3.101 引自 Gehry Partners，Gehry Talks: Architecture + Process，New York，Rizzoli，2007.

[104] 图 3.102 引自 Sydney Pollack，Sketches of Frank Gehry（DVD），Sony picture home entertainment，2006，视频截图。

[105] 图 3.103 引自 http://www.gehrytechnologies.com.

[106] 图 3.104 引自 Sydney Pollack，Sketches of Frank Gehry（DVD），Sony picture home entertainment，2006，视频截图。

[107] 图 3.105 引自 Sydney Pollack，Sketches of Frank Gehry（DVD），Sony picture home entertainment，2006，视频截图。

[108] 图 3.106 引自 Gehry Partners，Gehry Talks: Architecture + Process，New York，Rizzoli，2007.

[109] 图 4.1 引自 http://www.charlierose.com/view/interview/6959.

[110] 图 4.2 引自 Franklin D. Israel，building and projects，Rizzoli，New York，1992.

[111] 图 4.3 引自 http://www.greatbuildings.com/buildings/Sea_Ranch_Condominium.

html.
[112] 图 4.4 引自 Franklin D. Israel，building and projects，Rizzoli，New York，1992.
[113] 图 4.5 引自 http://www.greatbuildings.com/cgi-bin/gbi.cgi/Brion-Vega_Cemetery.html/cid_2439197.html.
[114] 图 4.6 引自 Franklin D. Israel，building and projects，Rizzoli，New York，1992.
[115] 图 4.7 引自 http://architecture.about.com/od/greatbuildings/ig/Modern-and-Postmodern-Houses/The-Lovell-House.htm.
[116] 图 4.8 引自 http://en.wikipedia.org/wiki/Strathmore_Apartments.
[117] 图 4.9 引自 http://en.wikipedia.org.
[118] 图 4.10 引自 http://www.you-are-here.com/architect/sturges.html.
[119] 图 4.11 引自 Franklin D. Israel，building and projects，Rizzoli，New York，1992.
[120] 图 4.12 引自 Franklin D. Israel，building and projects，Rizzoli，New York，1992（左图）；Architectural Monographs No 34，Franklin D Israel，New York，Academy Editions，London，1994（右图）。
[121] 图 4.13 引自 Franklin D. Israel，building and projects，Rizzoli，New York，1992.
[122] 图 4.14 引自 Franklin D. Israel，building and projects，Rizzoli，New York，1992.
[123] 图 4.15 引自 Architectural Monographs No 34，Franklin D Israel，New York，Academy Editions，London，1994.
[124] 图 4.16 引自 Franklin D. Israel，building and projects，Rizzoli，New York，1992.
[125] 图 4.17 引自 Franklin D. Israel，building and projects，Rizzoli，New York，1992.
[126] 图 4.18 引自 Architectural Monographs No 34，Franklin D Israel，New York，Academy Editions，London，1994.
[127] 图 4.19 引自 Charles Jencks，Heteropolis: Los Angeles · The Riots and The Strange Beauty of Hetero Architecture，New York，Ernst & Sohn，1991.
[128] 图 4.20 引自芭芭拉·卡拉斯和史蒂文·肖利奇事务所网站，http://www.callas-shortridge.com.
[129] 图 4.21 引自 Franklin D. Israel，building and projects，Rizzoli，New York，1992.
[130] 图 4.22 引自 Franklin D. Israel，building and projects，Rizzoli，New York，1992.
[131] 图 4.23 引自 Franklin D. Israel，building and projects，Rizzoli，New York，1992.
[132] 图 4.24 引自 Franklin D. Israel，building and projects，Rizzoli，New York，1992.
[133] 图 4.25 引自 Architectural Monographs No 34，Franklin D Israel，New York，Academy Editions，London，1994.
[134] 图 4.26 引自 Architectural Monographs No 34，Franklin D Israel，New York，Academy Editions，London，1994.
[135] 图 4.27 引自 Architectural Monographs No 34，Franklin D Israel，New York，Academy Editions，London，1994.
[136] 图 4.28 引自 Architectural Monographs No 34，Franklin D Israel，New York，Academy Editions，London，1994.
[137] 图 5.1 引自 http://www.guardian.co.uk/artanddesign/2005/mar/23/architecture.
[138] 图 5.2 引自 http://www.sciarc.edu.

[139] 图 5.3　引自 http://www.ted.com.

[140] 图 5.4　引自 http://www.ted.com.

[141] 图 5.5　引自 http://morphopedia.com/files/crawford–residence–photo–4.

[142] 图 5.6　引自 http://morphopedia.com/projects/chiba–golf–club.

[143] 图 5.7　引自 http://community.re1001.com/props/2323/.

[144] 图 5.8　引自 El Croquis: Morphosis 1979–1993.

[145] 图 5.9　引自 Thom Mayne，Morphosis，New York，Phaidon，2003.

[146] 图 5.10　引自 www.morphosis.com.

[147] 图 5.11　引自 www.morphosis.com.

[148] 图 5.12　引自 www.morphosis.com.

[149] 图 5.13　引自 www.morphosis.com.

[150] 图 5.14　引自 www.morphosis.com.

[151] 图 5.15　引自 Thom Mayne，Morphosis，New York，Phaidon，2003.

[152] 图 5.16　引自 Thom Mayne，Morphosis，New York，Phaidon，2003.

[153] 图 5.17　引自 Fresh Morphosis 1998–2006，New York，Rizzoli，2006.

[154] 图 5.18　引自 Fresh Morphosis 1998–2006，New York，Rizzoli，2006.

[155] 图 5.19　引自 www.morphosis.com.

[156] 图 5.20　引自 www.morphosis.com.

[157] 图 5.21　引自 www.morphosis.com.

[158] 图 5.22　引自 www.morphosis.com.

[159] 图 5.23　引自 Fresh Morphosis 1998–2006，New York，Rizzoli，2006.

[160] 图 5.24　引自 www.morphosis.com.

[161] 图 5.25　引自 Fresh Morphosis 1998–2006，New York，Rizzoli，2006.

[162] 图 5.26　引自 www.morphosis.com.

[163] 图 5.27　引自 www.morphosis.com.

[164] 图 5.28　引自 Future 8，9 Arquitectuas.

[165] 图 5.29　引自 Fresh Morphosis 1998–2006，New York，Rizzoli，2006.

[166] 图 5.30　引自 www.morphosis.com.

[167] 图 5.31　引自 www.morphosis.com.

[168] 图 5.32　引自 www.morphosis.com.

[169] 图 5.33　引自 El Croquis: Morphosis 1979–1993.

[170] 图 5.34　引自 www.morphosis.com.

[171] 图 5.35　引自 www.morphosis.com.

[172] 图 5.36　引自 David Gebhard and Robert Winter，An Architectural Guidebook to Los Angeles，Salt Lake，Gibbs Smith，Publisher，2003.

[173] 图 5.37　引自 Thom Mayne，Morphosis，New York，Phaidon，2003.

[174] 图 5.38　引自 Thom Mayne，Anthony Vidler，and Tony Robins，Morphosis，Vol. 3: Buildings and Projects，1993–1997（v. 3），New York，Rizzoli，1998.

[175] 图 5.39　引自 www.morphosis.com.

[176] 图 5.40　引自 Fresh Morphosis 1998–2006，New York，Rizzoli，2006.

[177] 图 5.41　引自 Thom Mayne，Morphosis，New York，Phaidon，2003.
[178] 图 5.42　引自 Thom Mayne，Morphosis，New York，Phaidon，2003.
[179] 图 5.43　引自 GA Document Special Issue Competitions，87，Morphosis.
[180] 图 5.44　引自 www.morphosis.com.
[181] 图 5.45　引自 www.morphosis.com.
[182] 图 5.46　引自 Thom Mayne，Morphosis，New York，Phaidon，2003.
[183] 图 5.47　引自 Future 8，9 Arquitectuas.
[184] 图 5.48　引自 Fresh Morphosis 1998-2006，New York，Rizzoli，2006.
[185] 图 5.49　引自 Thom Mayne，Morphosis，New York，Phaidon，2003.
[186] 图 5.50　引自 www.morphosis.com.
[187] 图 5.51　引自 www.morphosis.com.
[188] 图 5.52　引自 www.morphosis.com.
[189] 图 5.53　引自 www.morphosis.com.
[190] 图 5.54　引自 www.morphosis.com.
[191] 图 5.55　引自 www.morphosis.com.
[192] 图 5.56　引自 www.morphosis.com.
[193] 图 5.57　引自 www.morphosis.com.
[194] 图 6.1　引自 http://www.archinect.com/features/article.php?id=53581_0_23_0_C.
[195] 图 6.2　引自 Michael Rotondi and Clark P. Stevens，Rotoworks：Stillpoints，Rizzoli，New York.
[196] 图 6.3　引自 Michael Rotondi and Clark P. Stevens，Rotoworks：Stillpoints，Rizzoli，New York.
[197] 图 6.4　引自 Michael Rotondi and Clark P. Stevens，Rotoworks：Stillpoints，Rizzoli，New York，2006.
[198] 图 7.1　引自 Eric Owen Moss，Gnostic Architecture，New York，Monacelli，1999.
[199] 图 7.2　引自 Paola Giaconia，Eric Owen Moss，Italy，Skira，2006 .
[200] 图 7.3　引自 Paola Giaconia，Eric Owen Moss，The Uncertainty of Doing，Rizzoli，New York，2006.
[201] 图 7.4　引自 Eric Owen Moss，Gnostic Architecture，New York，Monacelli，1999.
[202] 图 7.5　引自 Eric Owen Moss，Gnostic Architecture，New York，Monacelli，1999.
[203] 图 7.6　引自 Eric Owen Moss，Gnostic Architecture，New York，Monacelli，1999.
[204] 图 7.7　引自 Eric Owen Moss，Gnostic Architecture，New York，Monacelli，1999.
[205] 图 7.8　引自 Eric Owen Moss，Gnostic Architecture，New York，Monacelli，1999.
[206] 图 7.9　引自 Eric Owen Moss，Gnostic Architecture，New York，Monacelli，1999.
[207] 图 7.10　引自 http://www.ericowenmoss.com/index.php?/projects/project/smithsonian_institution_patent_office_building/.
[208] 图 7.11　引自 Paola Giaconia，Eric Owen Moss，The Uncertainty of Doing，Rizzoli，New York，2006 .
[209] 图 7.12　引自 Eric Owen Moss，Gnostic Architecture，New York，Monacelli，1999.
[210] 图 7.13　引自 Eric Owen Moss，Gnostic Architecture，New York，Monacelli，1999.

［211］图 7.14 引自 Paola Giaconia，Eric Owen Moss，The Uncertainty of Doing，Rizzoli，New York，2006 .
［212］图 7.15 引自 Eric Owen Moss，Buildings and Projects 3，New York，Rizzoli，2002.
［213］图 7.16 引自 Eric Owen Moss，Buildings and Projects 2，New York，Rizzoli，1996.
［214］图 7.17 引自 Eric Owen Moss，Buildings and Projects 3，New York，Rizzoli，2002.
［215］图 7.18 引自［韩］C3 设计，连晓慧译，河南科学技术出版社。
［216］图 7.19 引自 www.phys.ncku.edu.tw.
［217］图 7.20 引自［韩］C3 设计，连晓慧译，河南科学技术出版社，P54-55.
［218］图 7.21 引自［韩］C3 设计，连晓慧译，河南科学技术出版社，P146.
［219］图 7.22 引自［韩］C3 设计，连晓慧译，河南科学技术出版社，P115-119.
［220］图 7.23 引自 http://media.photobucket.com/.
［221］图 7.24 引自 Eric Owen Moss，Buildings and Projects 3，New York，Rizzoli，2002.
［222］图 7.25 引自 Eric Owen Moss，Buildings and Projects 3，New York，Rizzoli，2002.
［223］图 7.26 引自 www.nationalgalleries.org.
［224］图 7.27 引自 Eric Owen Moss，Buildings and Projects 2，New York，Rizzoli，1996.
［225］图 7.28 引自 Eric Owen Moss，Buildings and Projects 2，New York，Rizzoli，1996.
［226］图 7.29 引自 Paola Giaconia，Eric Owen Moss，The Uncertainty of Doing，P19，Rizzoli，New York，2006.
［227］图 7.30 引自 Eric Owen Moss，Buildings and Projects 2，P48，New York，Rizzoli，1996.
［228］图 7.31 引自 Eric Owen Moss，Buildings and Projects 2，P48，New York，Rizzoli，1996.
［229］图 7.32 引自 Eric Owen Moss，Buildings and Projects 2，New York，Rizzoli，1996.
［230］图 7.33 引自 Paola Giaconia，Eric Owen Moss，The Uncertainty of Doing，Rizzoli，New York，2006.
［231］图 7.34 引自 Eric Owen Moss，Buildings and Projects 2，New York，Rizzoli，1996.
［232］图 7.35 引自 Paola Giaconia，Eric Owen Moss，The Uncertainty of Doing，Rizzoli，New York，2006.
［233］图 7.36 引自 Paola Giaconia，Eric Owen Moss，The Uncertainty of Doing，Rizzoli，New York，2006.
［234］图 7.37 引自 Eric Owen Moss，Buildings and projects 3，Rizzoli，New York，2002.
［235］图 7.38 引自 Paola Giaconia，Eric Owen Moss，The Uncertainty of Doing，Rizzoli，New York，2006.
［236］图 7.39 引自 Paola Giaconia，Eric Owen Moss，The Uncertainty of Doing，Rizzoli，New York，2006.
［237］图 7.40 引自 Paola Giaconia，Eric Owen Moss，The Uncertainty of Doing，Rizzoli，New York，2006.
［238］图 7.41 引自 Paola Giaconia，Eric Owen Moss，The Uncertainty of Doing，Rizzoli，New York，2006；Eric Owen Moss，Buildings and Projects 2，Rizzoli，New York，1996.

[239] 图 7.42　引自 Eric Owen Moss，Buildings and Projects 2，Rizzoli，New York，1996.
[240] 图 7.43（a）　引自（上 2 图）Contemporary Architecture，The Image Publishing Group Pty Ltd，Australia，2003，（下图）Eric Owen Moss，Buildings and Projects3，Rizzoli，New York，2002.
[241] 图 7.43（b）　引自 http://www.ericowenmoss.com/index.php?/content/projects.
[242] 图 7.44　引自 Contemporary Architecture，The Image Publishing Group Pty Ltd，Australia，2003.
[243] 图 7.45　引自 http：//www.ericowenmoss.comindex.phpprojectsprojectgasometer_d_1.
[244] 图 8.1　引自邬烈炎，《解构主义设计》，江苏美术出版社，南京，2001.
[245] 图 8.2　引自邬烈炎，《解构主义设计》，江苏美术出版社，南京，2001.
[246] 图 8.3　引自 http://wenwen.soso.com/z/q137257496.htm?cid=w.house.
[247] 图 8.4　引自 http://www.e-c-o-l-e.com/classics/eisenman/.
[248] 图 8.5　引自 http://www.e-c-o-l-e.com/classics/eisenman/.
[249] 图 8.6　引自 http://www.photosparis.fr/parc-villette/html/01parc-villette.html.
[250] 图 8.7　引自 http://uuiuu.net/blog-img/xanadu1.jpg.